科学出版社“十三五”普通高等教育本科规划教材

小动物产科学

黄群山　杨世华　编著

赵兴绪　审

科学出版社

北　京

内 容 简 介

小动物产科学是研究小动物生殖生理和生殖疾病的临床学科。小动物产科学的主要内容可分为生殖内分泌学、生殖生理学、产科疾病、母畜科学、乳腺疾病、仔畜科学、公畜科学和繁殖节制。小动物产科学具有理论体系和医疗实践并重的特点，医疗实践又有药物治疗和手术治疗并重的特点。小动物产科工作者既要治疗生殖疾病，保证和提高某些动物的繁殖效率，又要阻止另外一些动物的繁殖来解决宠物过剩问题。本书全面系统地介绍了犬猫生殖生理和常见生殖疾病的病理过程及其诊断治疗，介绍了宠物过剩的成因、危害及解决措施，还介绍了常用的繁殖节制技术。

本书可作为兽医专业本科生的教科书和执业兽医的参考书。

图书在版编目（CIP）数据

小动物产科学 / 黄群山，杨世华编著. —北京：科学出版社，2017.6
科学出版社“十三五”普通高等教育本科规划教材
ISBN 978-7-03-052433-1

Ⅰ. ①小… Ⅱ. ①黄… ②杨… Ⅲ. ①家畜产科-高等学校-教材 Ⅳ. ①S857.2

中国版本图书馆 CIP 数据核字（2017）第 068443 号

责任编辑：丛 楠 马程迪 / 责任校对：郭瑞芝
责任印制：张 伟 / 封面设计：图阅盛世

科学出版社出版
北京东黄城根北街 16 号
邮政编码：100717
http://www.sciencep.com
北京凌奇印刷有限责任公司 印刷
科学出版社发行 各地新华书店经销
*
2017 年 6 月第 一 版 开本：787×1092 1/16
2023 年 7 月第七次印刷 印张：19
字数：451 000

定价：69.80 元

（如有印装质量问题，我社负责调换）

前　言

兽医的职责是维护动物健康，防治人畜共患病，保护生态和公共卫生，建立人类疾病模型，保证动物性食品的安全生产和卫生检疫。由此可见，兽医直接为人类服务，与人的身体健康、精神文明等生活质量有密切关系。在西方发达国家，兽医教育是以小动物诊疗为主要内容的职业教育，多数兽医专业的毕业生从事小动物临床诊疗，兽医是受人尊敬和令人向往的职业。我国小动物诊疗已经发展多年，但兽医教育中小动物诊疗内容所占的比重依然很低，到现在大学还没有一本小动物产科学教科书，执业兽医也没有一本像样的小动物产科学参考书。作者本科学习兽医专业，接着在兽医产科学方面继续学习和深造，先后获得硕士学位和博士学位，毕业后从事兽医产科学的教学和研究工作至今。出于教学和实践的需要，作者借助自己的知识和经验，系统地收集、阅读和整理了大量文献资料，尤其是生殖内分泌学和小动物产科临床方面的资料，编写成了这本《小动物产科学》。

小动物产科学是研究小动物生殖生理和生殖疾病的临床学科。从整体来看，小动物产科学的主要内容可分为生殖内分泌学、生殖生理学、产科疾病、母畜科学、乳腺疾病、仔畜科学、公畜科学和繁殖节制。小动物产科学具有理论体系和医疗实践并重的特点，医疗实践又有药物治疗和手术治疗并重的特点。小动物产科工作者既要治疗生殖疾病，保证和提高某些动物的繁殖效率，又要阻止另外一些动物的繁殖来解决宠物过剩问题，履行和实现保护动物生殖健康、解除动物病痛和恐惧、保护动物资源、促进公众卫生的职责，发展医学知识，为社会谋取利益。本书较为系统地介绍了犬猫生殖生理和常见生殖疾病的病理过程及其诊断治疗，介绍了宠物过剩的成因、危害及解决措施，还介绍了常用的繁殖节制技术，可作为兽医专业本科生的教科书和执业兽医的参考书。本书可能不能为读者提供某个问题的最终答案，但作者希望本书能够为读者提供犬猫生殖生理和常见生殖疾病的简明、新颖、完整、适用的信息；读者在阅读本书的时候需要经常交叉参考解剖、生理、药理、病理、诊断、外科等教科书，以获得补充信息。由于小动物产科学及其相关学科发展迅猛，作者的知识和经验有限，书中难免有疏漏及不足之处，恳请同行和读者批评指正；作者在编写本书的过程中，学习、参考和借鉴了许多相关著作和论文作者的经验和成果，在此向这些作者表示衷心的感谢！

小动物的发情、妊娠和分娩数据在不同的个体和品种之间存在很大差异，与此相关疾病的数据更是如此，这造成生理和病理数据之间出现较大重叠，作者在编写本书时对此进行了艰难的判断和取舍。兽医在参考这些数据对小动物生殖疾病进行诊断时，要全面结合动物的典型症状、全身状态、辅助检查结果和个人经验作出决定，争取做到既不过早干预，又不延误处置。在诊疗实践中，兽医一方面要遵循标准和安全的诊疗程序，另一方面要学习和采用新的研究成果，吸收和积累新的临床经验，改进诊断方法和治疗方案。作者致力于确保书中提及的药物及其剂量符合国家标准，作者仅使用过其中的某些药物，更多地是参考了相关著作和论文。读者要注意阅读制药商为每种药物提供的最新说明书，核实给药的剂量、途径、时间间隔及禁忌征候是否有了变化，这对新药和不经常使用的药物尤为重要。兽医有责任依自己的专业技能和经验来决定最好的治疗方案和合理的用药剂量，判断用药的收益能否超过伴随的风险。小动物诊疗是个不断变化的领域，兽医有责任和义务用一生的时间和精力不断地增进专业知识和技能，包括从小动物身上学习和扩展生殖生理和生殖疾病知识。

作　者

2016 年 10 月 10 日

目　录

第一章　生殖器官解剖

生殖系统由性腺、生殖道和外生殖器组成。生殖系统功能因性别差异而不同，雄性生殖系统主要是产生精子和分泌性激素；雌性生殖系统除产生卵子和分泌性激素外，还是精卵结合、胚胎附植及胎儿生长发育的场所。

第一节　性 腺 分 化

动物的性别存在着三个层次，即染色体性别、性腺性别和表型性别。受精时精子的性染色体构型决定着哺乳动物的性别，精子与卵子相遇而受精时就已决定了哺乳动物的性别。犬体细胞中的染色体数目为 78 个或 39 对，猫为 38 个或 19 对，其中都包含一对性染色体。在胚胎发育期间，起源于卵黄囊内胚层的原始生殖细胞（后来分化为卵原细胞或精原细胞）沿肠系膜迁移并且植入生殖嵴，形成原始性腺。胚胎生殖系统的其余成分起源于中胚层，最初由两个原始性腺、两套原始生殖管道和原始外生殖器组成。尽管胎儿的性别在受精时就已经决定，但此时胚胎的生殖系统没有雄雌之分。雄性性别决定基因 *SRY* 存在于 Y 染色体的短臂上，该基因编码睾丸决定因子，启动原始性腺向睾丸分化和发育。如果受精精子有 Y 染色体，则胚胎性染色体的组成是 XY，原始性腺的分化和发育较早，首先主动发育为睾丸；如果受精精子有 X 染色体，则胚胎性染色体的组成是 XX，原始性腺的分化和发育较迟，最后自动发育为卵巢。直到妊娠 30 天才能在形态上辨别性腺性别。性腺最初位于腹中部，在以后的发育过程中不断地向尾部迁移。雄性动物睾丸最终移至阴囊之中，雌性动物的卵巢仍留在腹腔内。

性腺分化之后就开始了生殖管道和外生殖器的分化和发育。雄性和雌性个体同时具有两套原始生殖管道，即中肾管和缪勒氏管；雄性和雌性个体具有完全相同的外生殖器，即尿生殖窦和生殖结节。雄性睾丸支持细胞分泌抗缪勒氏管激素，引起缪勒氏管退化；睾丸间质细胞分泌睾酮，使中肾管发育成附睾、输精管和精囊腺。睾酮再转化为二氢睾酮，使尿生殖窦发育成尿道、尿道球腺、前列腺与膀胱，使生殖结节发育为阴囊和阴茎。雄激素的另一个重要作用是破坏了丘脑下部的周期中枢，仅保留了持续中枢，这是雄性生殖活动缺乏周期性变化的主要原因。如果没有睾丸，则中肾管退化，缪勒氏管分化成输卵管、子宫、子宫颈和阴道，尿生殖窦发育成尿道、膀胱与阴道前庭，生殖结节发育成阴唇和阴蒂。

由于在胚胎发育期间的相似性，雌雄两性动物的生殖器官存在同源性（表 1-1）。同源性结构可能具有相似的功能（如性腺产生配子），并产生相似的物质（如雄激素、雌激素和抑制素），而且受相似激素的刺激（如阴茎包皮和阴道受雌激素刺激的作用，阴茎和阴蒂受雄激素刺激的作用）。

表 1-1　哺乳动物的雌雄生殖器官的同源性

雄性	雌性
睾丸	卵巢
睾丸系膜	卵巢系膜
附睾	输卵管
睾丸韧带，附睾尾韧带	卵巢固有韧带，子宫圆韧带
尿道球腺，前列腺	阴道前庭
阴茎	阴蒂
阴囊	阴唇

第二节　雌性生殖系统

雌性生殖系统由性腺（卵巢）、生殖道（输卵管、子宫和阴道）和外生殖器（阴道前庭、阴门）组成。

一、卵巢

卵巢（ovary）是一对卵圆形实质性器官，位于第3～4腰椎横突腹侧、肾脏后端1～3cm处，有产生卵子和分泌激素的功能。卵巢借卵巢系膜附着于腰下部两旁，右卵巢比左卵巢位置靠前，悬韧带从卵巢的腹侧向前向背行走至最后两个肋骨，卵巢固有韧带从卵巢的腹侧向后与子宫角尖端相连。子宫阔韧带由前向后分为三个部分，即卵巢系膜、输卵管系膜及子宫系膜。卵巢、输卵管和子宫附着在腹腔的背外侧壁和骨盆腔的外侧壁。血管、淋巴管和神经由卵巢系膜缘进入卵巢，该处称为卵巢门。

卵巢位于卵巢囊（ovarian bursa）内。卵巢囊的腹内侧中部有狭缝状开孔，称为卵巢囊裂口，卵巢囊裂口随发情周期的变化而开闭。输卵管伞附着在卵巢门对侧面的卵巢囊裂口处，发情前期输卵管伞增大膨胀呈深红色，堵塞卵巢囊裂口，卵巢囊内开始积聚浆液；卵泡成熟到排卵前，浆液在犬可达3.0～5.0mL，充满于卵巢囊内。输卵管从卵巢囊腹侧向外穿出卵巢囊壁，向子宫方向延伸。卵巢系膜将卵巢囊完全覆盖，浆膜之间包有脂肪组织，不易直接看到卵巢囊壁中的输卵管。成年犬的卵巢囊富含脂肪而不透明，卵巢囊裂口太小，由此看不清楚卵巢。图1-1为母犬卵巢区域的解剖模式图。

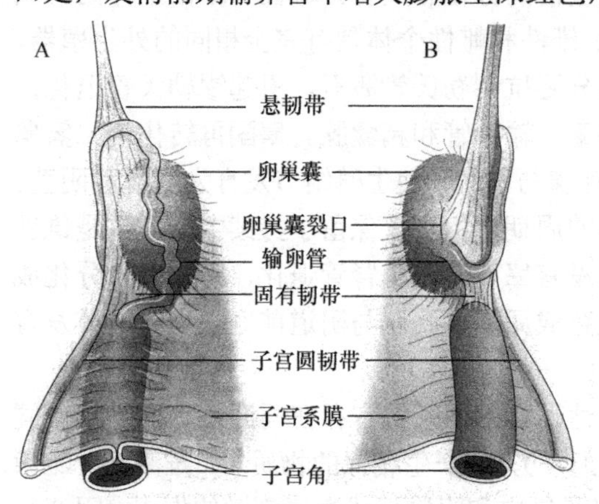

图 1-1　母犬卵巢区域的解剖模式图
（引自 Aspinall and Reilly，2004）
A．侧面观；B．内侧观

卵巢表面被覆有一层与腹膜相连接的单层立方或低柱状的表面上皮，以后随年龄增长变为扁平状。上皮下为致密结缔组织构成的白膜，白膜内为卵巢实质。卵巢实质可分为皮质和髓质两部分，皮质包在髓质外面。皮质内有许多大小不一、发育阶段不同的卵泡，大卵泡位于卵巢表面，肉眼可见。卵泡成熟后将卵子排出，排卵后血液进入卵泡腔形成红体，随后残留在卵泡内的颗粒细胞和卵泡内膜细胞增殖分化形成黄体，黄体退化后被结缔组织代替称为白体。卵巢髓质由疏松结缔组织和弹性纤维组成，富含血管、淋巴管和神经，经卵巢门和卵巢系膜相联系。除卵巢门外，卵巢的表面各处均能排卵。

犬卵巢大小为（1.2～1.8）cm×（0.8～1.4）cm×（0.7～1.0）cm，重350～2150mg，完全位于卵巢囊内。犬卵巢囊外包裹着大量脂肪。卵巢囊裂口为0.8（0.2～1.8）cm。卵泡发育接近成熟时突起于卵巢表面，成熟卵泡直径为7～11mm，约11%的卵泡有1个以上卵母细胞。黄体为肉红色，发育良好的黄体直径为6～10mm，突出部中心凹陷。

猫卵巢大小为1.0cm×0.3cm×0.5cm，重220mg，完全位于卵巢囊内。猫卵巢囊外面没有脂肪包裹。乏情期卵巢表面光滑，可见直径约0.5mm的卵泡；在发情期卵巢有5～8个直径为2.5～3.5mm的卵泡。约4%的卵泡有1个以上卵母细胞。黄体为橘黄色，在排卵后16天达到最大直径4.5mm。卵巢内会出现多核卵子和多卵子卵泡。

二、输卵管

输卵管（oviduct）是一对细长而弯曲的管道，位于卵巢和子宫角之间，可将卵巢排出的卵子输送到子宫，同时也是卵细胞受精的部位。输卵管由输卵管系膜固定。

输卵管可分为漏斗（infundibulum）、壶腹（ampulla）和峡（isthmus）三部分。漏斗为输卵管前端接近卵巢的扩大部，漏斗边缘有许多不规则的皱褶，呈花边状，称为输卵管伞（fimbriae tubae）。漏斗壁面光滑，脏面粗糙，脏面上有一小的输卵管腹腔口，与腹腔相通，卵子由此进入输卵管。输卵管前段较粗而弯曲，称为壶腹，为发生受精的部位。壶腹的后端和峡部相通，称为壶腹峡结合部。峡为输卵管的后段，较细而直，其末端称为宫管结合部，在子宫角腔的开口称为输卵管子宫口。

输卵管壁由内向外由黏膜层、肌层和浆膜层构成。壶腹部黏膜形成许多纵形皱襞，峡部黏膜皱褶少而平滑。黏膜层为单层柱状上皮细胞，分为有纤毛和无纤毛两种细胞。有纤毛细胞的纤毛可来回摆动，有助于卵子的运送。无纤毛细胞为分泌细胞，分泌的黏液成分主要为黏蛋白及黏多糖，可供给卵细胞营养。肌层主要由内环形或螺旋形平滑肌和外纵形平滑肌组成，具有蠕动功能，可使管腔发生节段性地扩张与收缩。浆膜层由疏松结缔组织和间皮组成。

犬输卵管的长度通常为6.5～10.0cm，明显弯曲呈螺旋状，输卵管与子宫角的界限非常明显。输卵管直接进入卵巢囊，包埋在卵巢囊的脂肪中。壶腹和峡部之间没有明显的界线，为自然移行。

猫输卵管长为4.0～6.0cm，输卵管伞位于卵巢头侧中部，卵巢囊没有脂肪，输卵管子宫口由一圈平滑肌形成乳头。

三、子宫

子宫（uterus）是孕育胚胎的器官，前接输卵管，后与阴道相连。子宫可分为子宫角（uterine horn）、子宫体（uterine body）和子宫颈（uterine cervix）三部分。子宫角与子宫体不同程度地向前伸入腹腔，由子宫系膜悬吊附着于腹腔或骨盆腔的体壁上，子宫系膜附着的部分也是血管神经出入之处，两侧子宫血管不相通。子宫圆韧带附着在子宫角的顶端，向后为固有韧带的连续。圆韧带在阔韧带里向后下延伸，穿过腹股沟管终止于阴门附近皮下。两子宫角后部会合为子宫体。子宫颈为子宫后端的缩细部，黏膜形成许多纵褶，内腔狭窄，称为子宫颈管。子宫颈管的前端以子宫颈内口与子宫体相通，后端突入阴道内，称为子宫颈阴道部，开口称为子宫颈外口。子宫颈位于骨盆腔内，背侧为直肠，腹侧为膀胱。

子宫壁从内向外由黏膜层、肌层和浆膜层构成。黏膜层较厚，由黏膜上皮和固有层构成，又称为子宫内膜。黏膜上皮为单层柱状上皮，有分泌作用，其上皮细胞游离缘有时有纤毛（暂时性纤毛），黏膜上皮随动物发情周期发生变化。固有层内分布有丰富的分支管状腺，开口于黏膜表面，称为子宫腺。子宫角腺体多，向子宫体逐渐减少。子宫肌分为两层，外层为纵行肌纤维，内层较厚，为螺旋状的环行肌纤维。浆膜层是一层由疏松结缔组织和间皮组成的坚韧的膜，它与子宫阔韧带的浆膜连接。

子宫颈是子宫肌和阴道肌的附着点，壁特别厚，富有致密的胶原纤维和弹性纤维。子宫颈黏膜的分泌活性在发情期达到峰值。子宫颈在发情期开放，在发情周期的其他阶段闭合。

犬的子宫角直而细长，前端较粗后端较细。子宫体呈半圆柱状，仅有 2～3cm 长。由于子宫角后端的结合部形成中隔，子宫体实际上更短。子宫体和子宫颈较短，位于骨盆腔内。在乏情期，子宫角相对变短，蜷曲至最小；在发情前期和发情期，子宫的长宽都有所增加，呈现大波纹状弯曲；在发情间期，子宫呈现小波纹状弯曲的螺旋状。在发情前期和发情期，通常可以通过腹部触摸到子宫颈。中型犬子宫角长 12～15cm，子宫角宽 8～9mm，子宫体长 2～3cm，子宫颈长 1.5～2.0cm，子宫体和子宫颈粗约 1.0cm。子宫颈管壁肥厚，呈 45°角与阴道相接于阴道顶端的背侧，并在阴道的接入点向下形成一个小突起，阴道在最前端形成了一个穹隆状盲端。结果，导管插入子宫颈管比较困难。

猫的子宫是一个 Y 形的器官，重仅约 1.5g。子宫角长 9～11cm，子宫角宽 3～4mm，子宫体长 2～4cm，子宫颈长 5～8mm，子宫体和子宫颈比犬细。

四、阴道

阴道（vagina）位于盆腔内，背侧为直肠，腹侧为膀胱和尿道，为母畜的交配器官和分娩时软产道的一部分。阴道前接子宫颈，子宫颈由前向后下倾斜突入阴道腔，因而形成环形或半环形的隐窝，称为阴道穹隆。阴道向后与阴道前庭相连接，阴道和阴道前庭在腹侧壁的交界处有尿道外口。在尿道外口紧前方，黏膜形成一横襞或环形襞，称为阴道瓣，在未交配过的幼年母畜比较明显。阴道排列有纵行的皱襞，阴道壁由黏膜层、肌层和外膜构成。腔面主要衬以复层扁平上皮，上皮细胞随发情周期的变化而变化。乏情期阴道上皮仅有几层细胞，阴道上皮从发情前期开始迅速增厚，到发情期上皮细胞达到 20～30 层，浅层上皮细胞角质化脱落，发情期过后阴道上皮又变薄。黏膜下有血管网，但无腺体。肌层由两层平滑肌构成，内层为厚的环形肌，外层为薄的纵形肌。外膜是疏松结缔组织，与邻近器官的结缔组织相接。

犬的阴道（图 1-2）较长，从子宫颈延伸到阴道前庭，以不太明显的阴道瓣分界。阴道腔柔软有弹性可扩张，但阴道前庭结合处狭窄而缺少弹性。中型犬阴道长度为 12～

15cm，腔径 1.5～2.5cm。阴道前端从子宫颈后 2.5～3.0cm 开始，阴道背侧中线组织向下隆起 0.2～1.0cm，形成阴道背侧纵褶，背侧纵褶向后延伸 1.5～4.2cm。背侧纵褶占据阴道腔约 2/3 空间，形成了独特的前窄后宽的阴道构型，从后向前看，前端阴道腔变为新月状，常常有人误认为此处便是子宫颈。阴道插管时导管在此常常遇到明显的、富有弹性的阻力，导管通过此狭窄后才到达阴道前端的穹隆，这又会使人误认为导管插入了子宫。在 X 线检查和超声波检查时，阴道前端的液体（阴道脓肿）常被误认为是来自于子宫的液体。犬阴道腔内有许多纵行的黏膜皱襞和纵沟，这些皱襞和纵沟在阴道的中部最为发达和明显。

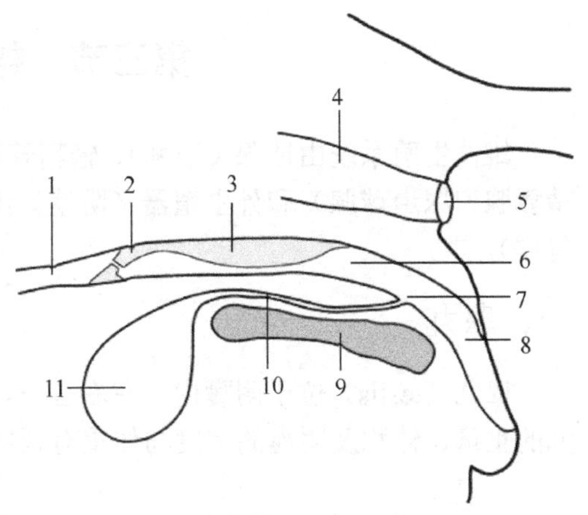

图 1-2　犬阴道的结构模式图

1. 子宫；2. 子宫颈；3. 背侧纵褶；4. 直肠；5. 肛门；6. 阴道；7. 尿道外口；8. 阴道前庭；9. 耻骨；10. 尿道；11. 膀胱

猫的阴道长为 2～3cm，直径不足 2mm。猫的阴道亦有背侧纵褶结构，阴道前端狭窄，穹隆位于子宫颈外口的腹侧面。

五、阴道前庭

阴道前庭（vaginal vestibule）为阴道瓣至阴门裂的一段短管，为雌性交配器官和软产道的一部分。尿道外口位于阴道前庭的底壁，开口处的隆突称作尿道结节。阴道前庭的腔面为黏膜，常形成纵褶，呈淡红色至黄褐色，衬以复层扁平上皮。阴道前庭黏膜周期性变化不太明显。阴道前庭腺分泌黏液，交配和分娩时增多，有润滑作用，还含有吸引异性的外激素。阴道前庭的黏膜下具有静脉丛。阴道前庭肌薄，除平滑肌外，还有环形的横纹肌束，构成阴道前庭缩肌。

犬的阴道前庭长为 5～6cm，由后向前约以 45°夹角升高。犬只有阴道前庭小腺，位于阴道前庭腹壁的黏膜正中部，纵行两列并排开口。

猫的阴道前庭平行于脊椎，长为 2～3cm，前庭黏膜有前庭腺。刺激阴道前庭的前端可引起母猫类似交配时出现的叫声。

六、阴门

阴门（vulva）由左右两阴唇构成。阴唇构成阴门的两侧壁，其上下端为阴唇的上下角，两阴唇间的开口为阴门裂。阴唇外面为光滑柔软的皮肤，具有丰富的汗腺和皮脂腺，内有脂肪组织和平滑肌。阴唇内为复层扁平上皮黏膜。上角与肛门之间没有明显界线，这个部分称为会阴。下部连合的前端稍离体下垂，呈突起状。在阴唇腹侧联合之内的阴蒂隐窝内有阴蒂（clitoris），睾酮会引起阴蒂肥大。阴蒂脚附着在坐骨弓的中线两旁，阴蒂体属勃起器官，表面被覆厚的白膜。

犬和猫的阴蒂都很大，特别是犬。犬阴蒂体长约 4cm，游离部分长 0.6cm，直径 0.2cm。猫阴蒂含有一小块软骨。

第三节 雄性生殖系统

雄性生殖系统由性腺（睾丸）、输精管道（附睾、输精管和尿道）、副性腺（前列腺、精囊腺和尿道球腺）和外生殖器（阴茎）组成。此外，还包括附属结构（精索、阴囊、包皮）。

一、睾丸

睾丸（testis）位于阴囊内，左右各一，呈卵圆形，长轴自后上方向前下方倾斜。睾丸的重量、体积及阴囊的宽度与体重有很明显的关系。

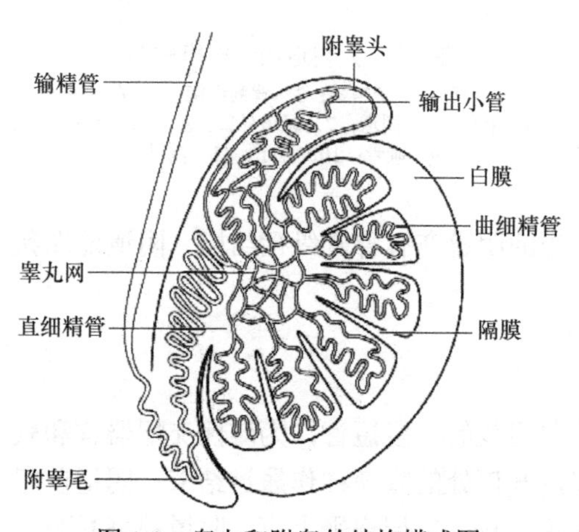

图 1-3 睾丸和附睾的结构模式图

如图 1-3 所示，睾丸的表面覆盖有固有鞘膜，其下是由致密结缔组织构成的白膜。白膜由睾丸头向内伸入，将睾丸分出许多锥体形小叶，每个小叶内含有 2～5 条曲细精管。曲细精管是一种特殊的复层上皮管道，是精子生成的部位。曲细精管的上皮主要是由两种细胞构成，即精原细胞和支持细胞。精原细胞位于基膜之上，分裂分化产生精子；支持细胞上附着精子，越接近管腔的精子越成熟，支持细胞对精原细胞和精子起支持和营养作用。曲细精管间有很多成群的上皮样细胞，称为睾丸间质细胞，它们分泌睾酮。每个小叶的曲细精管伸向纵隔，在纵隔附近变直成为直细精管，直细精管在纵隔中相互吻合，形成睾丸网。睾丸网又汇合成若干条睾丸输出小管，构成睾丸头。睾丸输出小管汇合成的附睾管构成附睾。睾丸输出小管的管壁由薄层的疏松结缔组织和少量平滑肌构成，在管壁的基膜上衬以假复层柱状纤毛上皮，包括立方细胞和柱状细胞。立方细胞具有分泌功能；柱状细胞游离端具有纤毛，能帮助精子向附睾管方向运动，柱状细胞也有分泌作用，可营养精子。

中型成年犬睾丸平均为 3.0cm×2.0cm×1.5cm，右侧睾丸比左侧睾丸靠前，两个睾丸总重约 30g，相当于体重的 0.32%。

猫睾丸呈球形，光滑坚硬，两侧对称，中型成年猫睾丸平均约为 13mm×8mm×6mm，两睾丸总重为 2～4g。

精原细胞可分为 A 型精原细胞和 B 型精原细胞，A 型精原细胞又分为 A_1 型和 A_2 型两种。A_2 型细胞分裂成两个中间型精原细胞。两个中间型精原细胞分裂增殖成 4 个 B 型精原细胞。4 个 B 型精原细胞经 2 次分裂，形成 16 个初级精母细胞，这时曲细精管出现管腔，此阶段总的平均时间约为 14 天。初级精母细胞进行第 1 次减数分裂，形成两个次级精母细胞，其中的染色体数目减半。这个阶段经过的时间较长，大约需要 21 天。次级精母细胞进行第 2 次减数分裂，形成 2 个精细胞，移近曲细精管管腔，附着在支持细胞顶端上。这个阶段经过的时间很短，需要 0.5 天。精细胞不再分裂，从支持细胞获得发育所必需的营养物质，经过形态改变过程，细胞核伸长成为精子头的主要部分，高尔基体成为顶体，中心小体变为精子尾等，细胞质小滴丢失，精子进入曲细精管腔内，这个过程称为精子形成。精子从曲细精管中释放出来，然后直接进入睾丸丛膜层，最后到达附睾，并储存在附睾的尾部。精子进入附睾时在精子颈部仍有残余的细胞质小滴。精子在附睾内大约需要 14 天才能成熟。输精管道内有 4～5 代的精子群存在。曲细精管各处精子生成是连续不断的周期性过程。从理论上讲，1 个 A_2 型精原细胞能够形成 64 个精子，整个精子发生周期在犬体内大约需要 62 天。

二、附睾

附睾（epididymis）附着于睾丸背外侧面。附睾头长而弯显得膨大，附着在睾丸头的凹陷处，此处有血管和神经进入睾丸；附睾体很细，位于睾丸后缘的外侧；附睾尾附着在睾丸尾。12～25 条睾丸输出小管汇合成一条较粗而长的附睾管。睾丸输出小管与附睾管的起始部共同组成附睾头，附睾管盘曲而成附睾体和附睾尾。附睾尾处附睾管增粗变直，延变为输精管从附睾延伸出去。附睾外表也有固有鞘膜和白膜，白膜伸入附睾内，将附睾分成许多小叶，内部为一堆盘曲的管道。精子在附睾中发育、成熟、浓缩和储藏、运输。精子通过附睾的时间约为 12 天。射精时精子从附睾出来进入输精管，之后再进入尿道排出。

睾丸和附睾表面的固有鞘膜是阴囊的总鞘膜于后缘转折而来的，其转折处所形成的鞘膜褶称为睾丸系膜，将睾丸与附睾固定于阴囊内。附睾尾和睾丸尾之间连接有睾丸固有韧带，此韧带由附睾尾延续到阴囊总鞘膜的部分称为阴囊韧带（为胎儿期睾丸引带的遗留物）。施行睾丸摘除术时，切断阴囊韧带和睾丸系膜后才能摘除睾丸和附睾。

猫附睾的生长速度非常快，出生时两侧附睾的重量为 14mg，断奶时为 200mg，20 周龄时为 500mg。

三、输精管和精索

输精管（deferent duct）是输送精子的管道，起始于附睾尾，是附睾管的延续，成熟的精子从其中通过。输精管沿着睾丸背侧表面穿行，进入精索后经腹股沟管进入腹腔，然后进入骨盆腔，绕过同侧的输尿管，在膀胱颈背侧的尿生殖褶内继续向后延伸，在穿过前列腺之前由壁内的腺体形成壶腹。最后穿过尿道壁，末端开口于阴茎基部的尿道（骨盆部）。

精索（spermatic cord）是索状器官，下端附着于睾丸和附睾上，顶端至腹股沟管的内口，穿行于腹股沟管中。精索内含有睾丸动脉、睾丸静脉、淋巴管、交感神经、睾丸内提肌和输精管。精索内的睾丸动脉长而盘曲，伴行静脉细而密，形成精索的蔓丛，它们构成精索的大部分，具有延缓血流和降低血液温度的作用。中型犬的精索长为 8～10cm。

猫的输精管没有壶腹。

四、副性腺

副性腺有精囊腺、前列腺和尿道球腺，它们的分泌物参与构成精液，有稀释精子、改善阴道环境的作用，有利于精子的生存和运动。

犬前列腺（prostate）非常发达，位于膀胱后上方尿道起始部背侧，耻骨前缘，为两块对称的黄色球状腺体，质地结实。前列腺尿道口通过腺体中央部，呈V形直达尿道口顶部。前列腺的体积随年龄而增大。成年中型犬前列腺的长度为1.4～1.9cm，最大为2.5～2.8cm，体积为6～15cm^3。前列腺液是精液的主要组成部分，参与精子的活化和运送，增强精子活力。前列腺是雄激素依赖型器官，睾丸切除之后很快萎缩。犬没有精囊腺（seminal vesicle）和尿道球腺（bulbourethral gland）。

猫前列腺不发达，是四片扁平球状叶（两个在前方，两个在后方）的器官，长度大约为1cm，由不同直径的复合管状腺组成，覆盖尿道背侧和膀胱颈侧面2～3cm。猫的尿道球腺是两个直径为5mm的豌豆形管泡状腺体，由横纹肌包裹，位于坐骨联合处阴茎壶腹的背侧部，在阴茎基部经由细管与尿道相连。猫没有精囊腺。

五、阴茎

阴茎（penis）是交配器官，平时退缩在包皮内，有交配欲望或交配时勃起，伸长变粗变硬。阴茎可分为阴茎根、阴茎体、龟头和包皮四个部分。

阴茎根为阴茎的起始部，具有左右两个阴茎脚，附着在坐骨弓两侧的坐骨结节上，是分布阴茎血管和神经的入口。阴茎脚外包裹着发达的海绵体肌。

阴茎体是阴茎脚的延续，构成阴茎的大部。阴茎内有两个勃起体，即阴茎海绵体和尿道海绵体。海绵体外包有一层较厚的致密结缔组织（白膜），白膜有无数的小梁伸入海绵体构成支架，小梁内有平滑肌纤维，小梁分支之间形成许多间隙，这些间隙实际上是具有扩张能力的毛细血管窦。在神经调节作用下，小梁内的平滑肌纤维可以舒张，让血液进入毛细血管窦内，使阴茎勃起交配。交配结束后同样在神经调节作用下，平滑肌纤维收缩，促使血液从毛细血管窦排出，海绵体收缩变小。

龟头是阴茎体的延续部分。

包皮是阴囊和腹壁皮肤的延续，完全覆盖着阴茎，外层为皮肤，内层为黏膜，具有保护阴茎的作用（调节温度、润滑、防损伤）。

阴茎内部的细小动脉平滑肌纤维丰富，勃起时血管扩张，大量血液输入海绵体血管窦，有助于阴茎的勃起。阴茎静脉内腔狭窄，静脉瓣非常发达，这种结构的特征是能承受较高的血压。分布于阴茎的神经来自于阴部神经和骨盆神经。

犬的阴茎海绵体不发达，勃起时阴茎体不起主导作用，在公母犬交配锁结后，随着公犬的转身相向，阴茎体则随之弯曲作一个 180° 转弯。犬的龟头由龟头体和龟头球两部分构成。龟头体呈圆柱状，游离端为一尖端，勃起时的龟头体前端明显看出有龟头颈、龟头冠、尿道突起。龟头球是龟头体后方突起的两个圆形膨大部，龟头中央是阴茎骨。阴茎骨呈三棱锥形，前端较细，后端膨大，腹侧有沟，沟内有尿道和尿道海绵体。大型成年犬的阴茎骨长达16cm或更长。公犬阴茎勃起时阴茎龟头球膨胀体积增大2倍，交配时插入阴道的仅是阴茎的龟头部分，被母犬阴道的收缩而锁住，形成犬类动物特有的交配锁结现象。

猫勃起的阴茎长为 21.2±2mm，直径为 5.1±0.5mm，龟头长 5～10mm。有些猫的龟头中有 3～5mm 的长阴茎骨，阴茎骨不包围尿道。阴茎的游离端有 6～8 圈，120～150 个朝向阴茎基部的角质化乳头（图 1-4），长 0.7～1.0mm。角质化乳头是睾酮依赖性组织，成年猫切除睾丸 5～6 周后退化成毛发样组织，体积只有原先的一半，外源性雄激素可使角质化乳头恢复。交配结束时公猫阴茎抽出阴道，阴茎的角质化突起强烈刺激母猫阴道，母猫发出尖叫声。

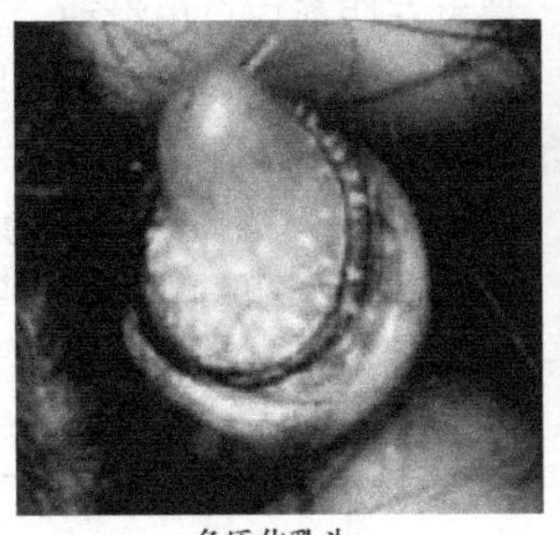

角质化乳头

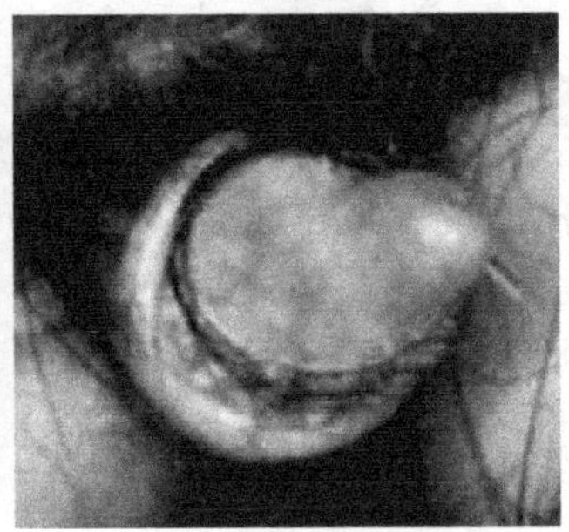

无角质化乳头

图 1-4　公猫的龟头（引自 England and Heimendahl，2010）

六、阴囊

阴囊（scrotum）位于腹股沟部与肛门的中央，呈一袋状囊腔，有明显的阴囊颈，内有睾丸、附睾和部分精索（图 1-5）。阴囊有保护睾丸、附睾、精索和调节睾丸、附睾温度的作用。阴囊的结构与腹壁相似，由外向内依次为皮肤、肉膜、睾外提肌和总鞘膜。

阴囊皮肤较薄而具有弹性，表面毛短而细，有一定的汗腺，阴囊表面沿正中线有一条阴囊缝际。

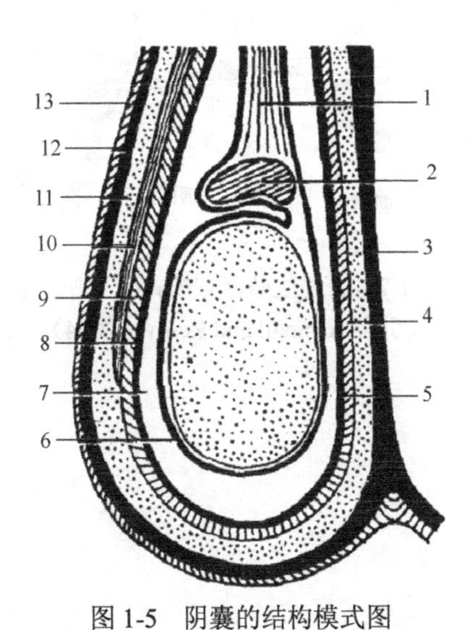

图 1-5　阴囊的结构模式图

1. 精索；2. 附睾；3. 阴囊中隔；4. 总鞘膜纤维层；5. 总鞘膜；6. 固有鞘膜；7. 鞘膜腔；8. 总鞘膜；9. 总鞘膜纤维层；10. 睾外提肌；11. 筋膜；12. 肉膜；13. 皮肤

肉膜位于皮肤内面，相当于皮下组织，与阴囊皮肤紧贴在一起，不容易剥离，是含有弹性纤维和平滑肌的结缔组织。肉膜在阴囊正中形成阴囊中隔，将阴囊分为左右两个不相通的腔。中隔的背侧分为两层，包围阴茎两侧，固定在腹横筋膜上。天冷时肉膜收缩，可使阴囊皮肤起皱；天热时肉膜松弛，阴囊下垂，皮肤变得光滑。肉膜内面还有一层由腹壁延伸而来的筋膜，称为阴囊筋膜，将肉膜和总鞘膜疏松相连，容易分离。

睾外提肌是由腹内斜肌后部分出来的纵行肌带，包在总鞘膜的外侧面和后缘。睾外提肌的收缩和舒张可升降阴囊，改变阴囊（包括睾丸）与腹壁间的距离，起调节温度的

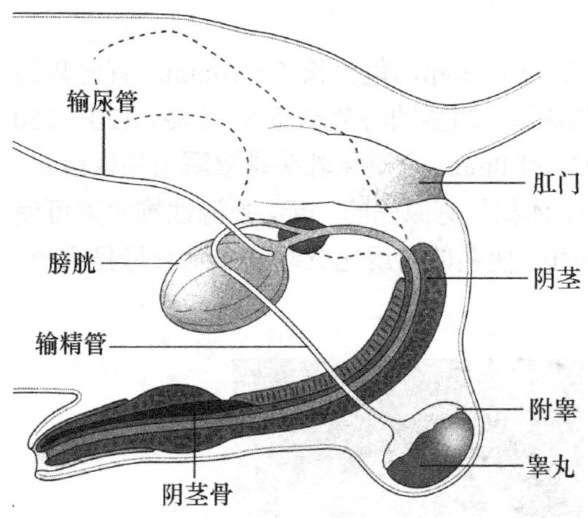

图 1-6　公犬生殖器官模式图（侧面观）
（引自 Aspinall and Reilly，2004）

作用。

总鞘膜是阴囊的最内层，由腹膜壁层延伸而来，其外表还有一层来自于腹横筋膜的薄的纤维组织。总鞘膜转折覆盖于睾丸和附睾上，成为固有鞘膜，在总鞘膜与固有鞘膜之间，形成鞘膜腔。鞘膜腔其实是腹膜腔的继续，腔内有少量浆液，可使睾丸在阴囊内自由滑动。鞘膜腔的上段变细窄，形成鞘膜管，通过腹股沟管而以鞘膜口或鞘环与腹膜腔相通。

图 1-6～图 1-8 分别为公犬、公猫的生殖器官模式图的侧面观与背面观。

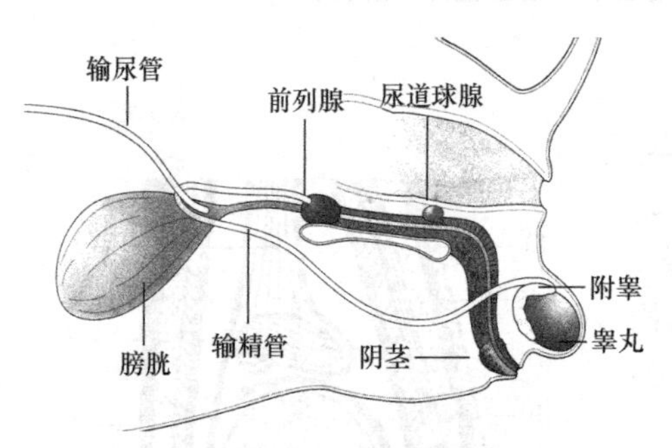

图 1-7　公猫生殖器官模式图（侧面观）
（引自 Aspinall and Reilly，2004）

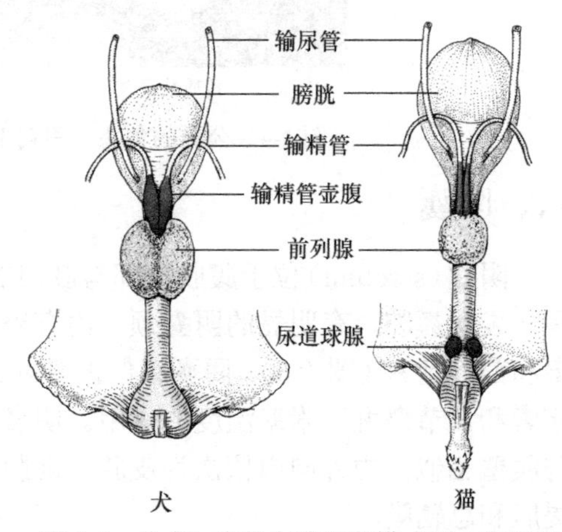

图 1-8　公犬、公猫生殖器官模式图（背面观）
（引自 Konig and Liebich，2007）

第二章　生殖内分泌学

动物的许多腺体或组织细胞能够分泌一种或多种生物活性物质，这些物质或在局部或通过血液运输，到达某一对激素敏感的靶器官或靶组织，调节其分泌或代谢功能，这种现象称为内分泌（endocrine）。内分泌是动物机体的一种特殊分泌方式，它作为一种传递信息的工具，调节着各有关器官、组织的生理功能，使机体表现出各种奇妙的生命现象。研究这种基本生命现象及其异常变化的科学称为内分泌学，专门研究动物生殖活动的内分泌调控的学科称为生殖内分泌学。研究动物生殖内分泌学的目的，是掌握生殖内分泌的活动规律，利用这些规律去调控生殖活动，诊断、治疗和预防生殖疾病，提高动物繁殖效率和经济效益，或者限制动物繁殖，解决宠物数量过剩问题。因此，生殖内分泌学是小动物产科学发展的重要基础和核心内容。

第一节　内分泌学概述

一、内分泌学的基本概念

现代内分泌学概念的建立与形态学和生理学研究的进展密切相关。19 世纪的形态学家已经认识到了无管腺体的存在，而且能够清楚地区别排泄作用与分泌作用。20 世纪初，Bayliss 和 Starling 发现，当酸性食物从胃进入十二指肠时，其黏膜细胞可释放出一种分泌物，通过血液循环到达胰腺，刺激胰腺经胰管分泌胰液。这是第一次明确地证明，在没有神经系统参与下可以出现化学调节，从而肯定了某些特异腺体产生化学因子的观点，这些因子进入血液循环，并对远距离的靶器官和组织发挥调节作用。1905 年，Starling 首先把激素（hormone）这个名词用于分泌素的研究；1909 年，Nicola Pende 创建了内分泌学（endocrinology）这个术语。

从进化上讲，激素是细胞与细胞之间相互交流的一种信息分子，其合成部位并没有严格的局限性。不论进化到哪个阶段，激素都是传递信息的工具。例如，单细胞生物，激素只能在细胞内起自分泌作用；多细胞的个体才需要建立旁分泌；而在哺乳动物，随着个体的增大和细胞的分化，形成了靶组织和靶器官，腺体也进化到能大量产生激素，这就具备了远距离通信的装置，使远距离通信成为必要和可能。根据信息分子与所作用的靶器官的距离的远近，可将细胞外信息传递的方式分为三类。

1．自分泌（autocrine）　为细胞内信息交流的一种机制，一般是指细胞分泌某种激素或细胞因子后，该因子结合到这个细胞表面的受体上，将信息传递给自己而发挥作用。

2．旁分泌（paracrine）　信息分子通过组织扩散作用于邻近的细胞。

3．内分泌（endocrine）　信息分子即激素，由内分泌器官合成及分泌，经血液流经全身作用于远距离的靶器官。

二、内分泌系统的生理作用及其调节

（一）内分泌系统的生理作用

1. 保证机体内环境的相对稳定　各种激素相互作用，调节体液和物质代谢，使其保持动态平衡，控制机体正常的生长、发育和成熟。

2. 调节机体与外界环境的相对平衡　神经系统和内分泌系统互相配合，对外界环境的变化起着重要的适应性调节。环境的突然变化要求机体能迅速作出反应时，由神经冲动来承担；而较长期的变化要求动物能作出适应性反应，就需要有内分泌系统的参与。

3. 调节生殖功能　内分泌与生殖的关系极为密切，从配子的产生、发育、成熟到受精、妊娠的建立、识别、维持，以致分娩和泌乳，都受着内分泌系统的调节，使动物得以繁衍。

（二）内分泌系统的调节作用

内分泌系统调节作用是一个极为复杂的过程，它涉及内分泌腺功能的相互调节，以及神经、内分泌和免疫三大系统之间的相互调节，从而实现对机体功能的全面、准确、精细调节，这是体内各系统、各器官进行正常功能活动的重要保证。

1. 内分泌腺功能的相互调节　内分泌腺之间可以相互协同或刺激，也可相互抑制，有时还必须有另一个腺体的参与。例如，抗利尿激素和醛固酮对水和钠代谢的调节往往起着协同作用。当体液丢失出现脱水、失钠时，体液容量和有效血容量降低，抗利尿激素和醛固酮的分泌都增加，于是尿量减少，尿钠降低，起到潴水潴钠的作用；反之，当体内水、钠过多体液容量扩张时，抗利尿激素和醛固酮的分泌都受到抑制，于是尿量增多，尿钠排出增加，从而解除体液的过剩。激素之间的拮抗或协同作用，也不是在任何场合都一致，它们在一种场合可以相互拮抗，在另一种场合却可以相互协同。例如，雌二醇与孕酮对生殖的调节作用就有拮抗与协同的双重关系；甲状腺素与胰岛素在糖类代谢与蛋白质的合成代谢中也是如此。这些腺体之间和激素之间相互关系的多样性，显示着调节的复杂性。

2. 神经系统和内分泌系统的相互调节　神经系统对内分泌功能起着重要的调节作用，如丘脑下部的神经分泌细胞就控制着垂体，并通过垂体控制靶腺的功能。丘脑下部的神经内分泌功能又受着更高级中枢神经及周围感觉神经的影响。例如，环境改变、精神紧张等应激状态就可使肾上腺皮质的分泌功能增强，严重的精神创伤可诱发甲状腺功能亢进。刺激感觉器官对内分泌功能的影响更为明显。例如，动物的性腺活动与嗅觉、视觉、听觉都有密切关系，对生殖道的机械刺激可以诱发排卵；肢体的痛觉可通过传入神经引起丘脑下部-垂体-肾上腺轴系的活动增加。公畜对母畜的生殖功能来说，是一种天然的强烈刺激，它能够通过视觉、听觉、嗅觉及触觉对母畜的神经系统发生影响，并通过丘脑下部促使垂体促性腺激素分泌频率增高，促进母畜发情或者使发情征象增强，加速卵泡的发育及排卵。因此，实践中可以利用公畜进行催情，如可以将公畜施行阴茎移位术后放于母畜群中作为催情之用。从广义上讲，神经系统直接或间接支配着所有的内分泌功能，内分泌系统可以视为神经系统中反射弧的传出环节。

内分泌系统也影响神经系统的功能，对维持高级神经中枢的功能起着重要作用。一些激素（如甲状腺素、皮质醇等）过多或过少都可以引起神经系统的功能障碍，严重时可以引起精神失常甚至昏迷。糖皮质激素可迅速改变丘脑下部神经元的放电频率，皮质醇和皮质酮都可以使交感神经节细胞膜电位超极化，雌二醇可引起丘脑弓状核细胞膜超极化。

同一种分子可以是神经递质也可以是激素。例如，当儿茶酚胺由肾上腺髓质释放时为激素，而由神经末梢释放时则为神经递质。从某种意义上来说，神经递质是以旁分泌方式起作用的。神经系统和内分泌系统的活动有明显的周期性变化，既有季节性节律又有昼夜节律。

3. 内分泌系统和免疫系统的相互调节　内分泌系统对免疫功能具有调节作用。免疫细胞表面有多种激素的受体，大多数激素具有免疫抑制效应。例如，在T淋巴细胞、胸腺表皮细胞和鸡的法氏囊细胞中都有雌激素和孕酮的受体，表明雌激素和孕酮能直接作用于免疫细胞和免疫器官。性激素可以引起淋巴细胞，特别是胸腺退化。睾酮具有免疫抑制作用，糖皮质激素抑制细胞免疫及体液免疫应答，两者均能延长性腺切除动物的移植排斥。动物被去势后可致脾脏和淋巴结增大，对移植皮肤的排斥反应增强。雌激素具有提高体液免疫和抑制细胞免疫的作用，可增加脾脏重量和降低胸腺重量。初情期之后雌性动物比雄性动物的免疫反应更为活跃，B淋巴细胞数更多，抗体滴度更高，对皮肤移植物排斥反应更强，易患自身免疫性疾病。孕酮具有免疫抑制作用。妊娠之后雌性动物的免疫反应较为低下，这有助于防止母体对胎儿组织的排斥，也常使自身免疫性疾病减轻，但对许多病毒和真菌易感性增高。血液肾上腺皮质激素浓度降低，有助于淋巴细胞的分化和成熟，并可促进胸腺素的释放，后者具有促进淋巴细胞成熟及增强淋巴细胞功能的作用。前列腺素是一类强有力的局部免疫调节剂，能抑制B淋巴细胞产生抗体和巨噬细胞的吞噬功能。少数激素具有免疫增强效应。甲状腺素对体液免疫和细胞免疫均有促进作用。生长激素具有免疫增强功能，它几乎对所有免疫细胞具有促进分化和加强功能的作用。催产素和促乳素也可增强免疫应答。

内分泌腺中存在细胞因子受体，免疫系统能通过释放细胞因子及与垂体前叶激素相似的激素而对内分泌系统产生调节作用。淋巴细胞受抗原刺激被激活后可产生多种细胞因子，如IL-1、IL-2、IL-6、TNF等，它们可作用于内分泌系统传导相关信息，影响和调节内分泌系统功能。例如，丘脑下部神经元上有IL-1受体，IL-1通过受体作用于丘脑下部的促肾上腺皮质激素（ACTH）释放因子合成神经元，促进ACTH释放因子的合成和分泌。同时，IL-1具有与ACTH释放因子同样的生物学效应，可以直接或协同ACTH释放因子作用于垂体前叶腺细胞，促进ACTH合成与分泌，通过ACTH促进血液肾上腺皮质激素浓度升高。免疫细胞释放的ACTH能够刺激肾上腺皮质产生和释放皮质激素。将刀豆球蛋白A活化的淋巴细胞上清液注入大鼠腹腔，可使血液皮质醇水平明显增高。血液肾上腺皮质激素浓度升高后增加了对免疫细胞的抑制，使得细胞因子的浓度降低，导致皮质激素合成减少。TNF能够阻滞垂体释放生长激素。

T淋巴细胞和B淋巴细胞也有周期性波动，白天数目减少，夜间数目增加，并与血液皮质醇浓度呈此消彼长的相反关系。

4. 免疫系统与神经系统的相互调节　神经系统可以明显地影响免疫功能。各种免疫器官均具有十分丰富的自主神经支配，免疫细胞本身也存在神经递质的受体，从形态上体现出神经系统对免疫系统的直接影响。神经系统调节免疫组织和器官的血流，淋巴细胞的分化、发育、成熟、移行和再循环，细胞因子的合成与分泌，免疫应答的强弱和持续时间的长短等。肾上腺素能受体的α受体激动剂对淋巴细胞及辅佐细胞具有直接抑制作用，乙酰胆碱可增加淋巴细胞和巨噬细胞的数量，神经肽（如阿片肽）可作用于淋巴细胞、粒细胞、肥大细胞和补体系统，调节抗体生成、T 淋巴细胞玫瑰花结形成及淋巴细胞增殖。应激可引起肾上腺皮质肥大、胸腺萎缩、外周血淋巴细胞减少。发生应激反应时肾上腺糖皮质激素可调整机体的免疫反应和炎症过程，前者包括抑制淋巴细胞增生，抑制免疫球蛋白、细胞因子及炎症介导物质的产生，抑制细胞毒性物质的生成；后者包括改变血管的张力及通透性。因此，应激反应对免疫系统的影响主要是抑制性的，可保护机体免受更严重的损伤，但降低了机体对病原的抵抗力和免疫力，容易引起感染或肿瘤性疾病。经过训练，动物可以建立和形成免疫增强、免疫抑制、非特异免疫、特异免疫、移植免疫和肿瘤免疫等条件反射，说明神经系统对免疫功能的调控。

神经细胞的膜上存在细胞因子受体，免疫系统通过释放细胞因子可以影响神经系统的功能。体液免疫过程中下丘脑某些核团的放电频率明显增加，动物血液糖皮质激素浓度上升，动物外周淋巴器官中去甲肾上腺素浓度减少，说明免疫系统的变化引起了神经系统的反应。动物摘除胸腺后，肾上腺的组织结构发生变化，丘脑下部-垂体-肾上腺轴活动减弱。IL-1 可作用于大脑皮质影响动物行为，可作用于丘脑下部体温调节中枢引起发热反应。

免疫系统与神经系统在功能上存在某些相似之处，如两者均有感受功能并能对刺激产生应答，均存在记忆功能，均通过产生活性物质作用于靶器官的相应受体而介导效应。免疫系统可视为神经系统反射弧的传入环节，或者机体的另一种感觉器官，识别神经系统不能感知的刺激因子，如细菌、病毒、异体组织细胞及蛋白质。

一般情况下，神经系统在三大系统间的关系中居主导地位，神经系统影响内分泌和免疫的资料丰富。由于神经系统组织取材困难，内分泌和免疫影响神经系统的资料则明显欠缺。

神经、内分泌及免疫三个系统的细胞可以合成及释放多种神经递质、激素及细胞因子，其中许多是三大系统间的共享信息分子或共同介质，即共同语言，它们的受体也在三个系统之间交叉分布，由此而形成一个复杂网络。神经、内分泌、免疫各自释放信息物质，通过作用于相应受体而实现系统间的作用，系统间作用的方式既有直接和间接之分，又有同时和先后之分，系统间作用的性质可为增强、减弱、协同等方式体现。神经、内分泌、免疫系统虽有各自不同的功能，但在信息分子和细胞表面标志、信息储存和记忆、周期性变化、正负反馈调节及与性别和衰老的关系等方面具有不同程度的相似之处，它们的功能是相互联系、补充、配合和制约的，甚至在某些方面是相互重叠的，三者共同完成调节机体功能及代谢的作用，使机体对各种刺激包括损害性刺激等作出相应反应，保持动物机体内环境的稳态平衡，维持机体的健康和生命的延续。

三、激素作用的特点

（一）激素作用的基本特点

1. 特异性 激素被释放进入血循环，随着血流到达全身各处。激素虽然能与组织、细胞广泛接触，但却是有选择地作用于该激素的靶器官、靶腺体或靶细胞，如垂体分泌的促性腺激素只作用于性腺。有的激素作用虽然比较广泛，如睾酮，除能刺激副性器官发育和维持第二性征外，还能刺激各种组织的生物合成，但这也是与细胞质内的特异受体结合而发挥作用的。所以，就分子水平来说，还是具有特异性的。

2.高效性　激素是一种高效的生物活性物质，在作用过程中都经历信号放大过程，极少量的激素就可引起很大的生理变化。在生理状况下，血液中激素浓度很低，一般为10^{-12}～10^{-9}g/mL，如类固醇激素为1×10^{-8}g/mL，前列腺素为1×10^{-9}g/mL。血液激素浓度很低，但却表现出了强大的生理作用，这就是激素的高效性。如果某种内分泌腺分泌的某种激素稍微过量或不足，都会分别表现出功能的亢进或减退。

3．协同性与拮抗性　动物体的各内分泌腺所分泌的激素之间是相互联系和相互影响的，由此构成了一套精细的调节网络，来维持机体内环境的稳定性。激素之间的相互作用主要表现为相互增强和相互拮抗两种形式。协同性，如子宫的发育是雌二醇和孕酮共同作用的结果，排卵是促卵泡素和促黄体素协同作用的结果。雌二醇和催产素都可促进子宫收缩，当两者同时存在时促进子宫收缩的效应就会增强，表现出相互加强的作用。拮抗性，如雌二醇能引起子宫兴奋，孕酮可以抑制子宫收缩，当孕酮和雌二醇同时存在时，两者就会相互抵消一部分作用。激素的协同作用和拮抗作用还与剂量大小有关，如大剂量的孕酮对雌二醇引起的发情有抗衡作用，而小剂量的孕酮和雌二醇有协同促进雌性动物发情的作用。

4．复杂性　激素的作用极为复杂，这种复杂性反映在，一种激素在不同组织及同一组织的不同生长阶段可以发挥不同的作用；有些生物学过程受一种激素的调节，而有些生物学过程则受多种激素相互作用的调控。

（1）一种激素多种作用　最为典型的例子是睾酮，在胚胎生成时可引起雄性胚胎阴唇囊褶的融合，诱导沃尔夫管向雄性发育，引起雄性尿生殖道的生长，诱导精子生成，促进肌肉生长，引起氧潴留，增加血红蛋白的合成等。睾酮这些不同的作用是受一种机制调节的，激素作用的不同并非是由于作用的机制不同，而是由于不同发育阶段的细胞以不同的方式与激素-受体复合物发生反应，而且激素的作用还可因其他激素或非激素类调节因子的作用而被促进或抑制。

（2）一种功能多种激素参与　受内分泌调控的所有复杂生理过程都受一种以上激素的调节。例如，血糖浓度的上限受胰岛素的调节，而升高血糖的激素则主要是胰高血糖素。此外，肾上腺素、去甲肾上腺素、皮质醇和生长激素对血糖浓度也发挥重要的调节作用。再如，泌乳，促乳素、糖皮质激素、甲状腺素、雌二醇、孕酮和催产素均发挥重要的调节作用。这样一种功能受多种激素调节的方式，可以使对生理功能的调节更加精细更加完善，如果一种激素功能异常，可以通过其他途径得到补偿。

（二）受体与激素作用

1．受体的功能

（1）识别和结合　受体某一部分的立体构象具有高度选择性，能准确识别并特异性结合某些立体特异性配体，这种特定结合部位也称为受点（receptor site）。单一细胞可能存在不同类型的受体。配体是指细胞外信息物质或称为第一信使，如激素。有些激素不进入细胞而是与膜表面的特异性受体结合，有些则进入细胞，与细胞质内的受体结合，进而改变受体的构象。能激活受体的配体称为激动剂（agonist），能抑制受体的配体称为拮抗剂（antagonist）。

（2）传导信号　第一信使与受体相互作用产生的信号，通过第二信使将获得的信息增强、分化、整合并传递给后续的效应机制。

（3）产生生理效应　依每种激素的不同，产生的生理效应也不相同。

2. 受体的特点

（1）特异性　一种特定的受体只与特定配体结合而产生特定效应。

（2）饱和性　配体与受体达到最大结合后，生理效应不再随配体浓度增高而加大。

（3）组织特异性　受体以不同密度存在于靶细胞的不同区域。

（4）高亲和性　受体对配体的亲和力高，结合力强。

（5）结合可逆性　配体与受体的复合物可以解离，也可被其他配体置换。

四、激素的分类及其转运方式

（一）激素的分类

激素的种类很多，分类方法也各不相同，可以根据化学性质、产生部位或作用进行分类。

根据化学性质，可将激素归纳为3类：①含氮激素，包括蛋白质、多肽、胺类激素（氨基酸衍生物）。这一类激素最多，分子结构变化很大，肽链由数个到近200个氨基酸组成，如丘脑下部产生的促垂体调节激素，垂体和胎盘产生的促性腺激素，垂体后叶激素及卵巢中的松弛素等。②类固醇激素，基本结构是以环戊烷多氢菲为共同核心的一类化合物，如雌二醇、睾酮和孕酮。③脂肪酸激素，由部分环化的20碳不饱和脂肪酸组成，如前列腺素。

与动物生殖关系密切的激素可以根据产生部位及其作用分为7类：①松果腺激素；②丘脑下部激素；③垂体激素；④胎盘激素；⑤性腺激素；⑥局部激素；⑦外激素。

（二）激素的合成与释放

内分泌细胞是特异化的细胞，自身代谢中用于合成激素的比例很高；在动物机体的细胞群体中，内分泌细胞所占的比例则很低。机体对于激素的生理需要是处于动态变化之中的，激素是以固定频率阵发式地分泌出来的。

1. 含氮激素　含氮激素在腺体内产生后常储存于该腺体内，当机体需要时分泌到邻近的毛细血管中。

2. 类固醇激素　类固醇激素产生后立即释放，并不储存。血液中含有运载类固醇激素的载体蛋白，如皮质类固醇结合球蛋白、性激素结合球蛋白等。这种结合作用可以增加血液激素浓度，限制激素扩散到组织中去，并能延长激素的作用时间。

3. 脂肪酸类激素　目前所知，此类激素只有前列腺素。它是在机体需要时合成和分泌的，并不储存。前列腺素主要在局部发挥作用，只有个别进入循环对全身发挥作用，如PGA_2。

（三）激素的转运

激素的转运方式随激素种类的不同而有差异。一般来说，水溶性激素分泌后，在血液中无需特殊机制就可转运，而水溶性低的激素则需要结合蛋白。结合形式的激素没有活性，只有游离的或未结合的激素才能发挥作用。例如，妊娠期间与蛋白质结合的甲状腺素或碘增多，但基础代谢率并无多大变化，这是因为在组织中呈游离状态的甲状腺素仍保持着常量。某些哺乳动物在妊娠期间结合睾酮的蛋白质显著增加，这可防止大量睾酮对母体和胎儿的敏感组织产生有害作用。因此，结合蛋白在游离激素和结合激素的动态平衡中起调节库的作用。结合蛋白对激素的清除率有很大影响。一般来说，结合蛋白对激素的亲和力越高，结合能力越大，激素的清除率越低。游离激素进入细胞后，结合蛋白可以马上释放激素去补充游离激素的数量，这样可确保激素能够到达所有细胞。

结合蛋白可以分为两类。第一类为白蛋白和前白蛋白，它们是通用型结合分子；第二类为特异性结合蛋白，如甲状腺素结合球蛋白、睾酮结合球蛋白、皮质醇结合球蛋白，它们对相应激素的亲和力高，但结合位点有限，与激素的结合就特异性而言，更类似于细胞的受体结合蛋白。

激素通过在细胞外液中的运输才能到达靶器官或靶组织，血液是激素信息迅速运转的通道。从宏观上讲，进入血流的激素在整个血液循环中的浓度基本上一样，机体所有细胞接受相同浓度的激素信号。然而亦有例外，如分泌量极少的释放激素在垂体门脉循环系统浓集，到达垂体时可以保持有效浓度，在进入全身血液循环后因大比例稀释浓度就会大幅度下降。

（四）激素的失活

失活是指激素在体内降解或从体内消除，使血液激素浓度降低。激素以恒定的速度进行降解，避免激素受体饱和，由此来保持靶细胞的动态反应能力。激素主要靠浓度变化来传递信息，血液激素浓度是激素产生和失活之间动态平衡的结果。由于激素的失活速度比较恒定，血液激素浓度可以近似地反映激素产生的速度。

激素失活是激素作用的终点。含氮激素与受体结合最初可逆，随后变得不可逆，发挥作用后进入细胞降解。类固醇激素经代谢失活或在肝脏与葡萄糖酸或硫酸结合而失活，随尿、胆汁（粪）排出体外。脂肪酸激素 $PGF_{2\alpha}$ 主要在肺脏代谢失活后随尿排出。有一些激素在排出体外时仍保留着一些生物活性，如各种促性腺激素。

第二节 生殖激素

哺乳动物的生殖活动是一个与多种激素密切相关的复杂过程。有些激素，如生长激素、促甲状腺素、促肾上腺皮质激素、甲状腺素、甲状旁腺激素、胰岛素、胰高血糖素和肾上腺皮质激素等，主要是维持动物机体正常的生理状态，为动物的生殖活动提供基础。而另一些激素则直接调节雌性动物的发情、排卵、生殖细胞在生殖道内的运行、胚胎附植、妊娠、分娩、泌乳、母性，以及雄性动物的精子生成、副性腺分泌、性行为等生殖环节，这些直接影响动物生殖功能的激素称为生殖激素（表 2-1）。多数生殖激素来自于生殖器官以外的腺体，有的生殖激素则是由生殖器官本身所产生。如果某种生殖激素缺乏或过量，将会导致生殖功能的障碍，常常会造成不育。

表 2-1　生殖激素的类别、名称、简称、主要来源、化学特性和靶器官（引自赵兴绪，2009）

类别	名称	简称	主要来源	化学性质	靶器官
松果腺激素	褪黑素	MLT	松果腺	胺类	丘脑下部
丘脑下部激素	促性腺激素释放激素	GnRH	丘脑下部	十肽	垂体前叶
	促乳素释放因子	PRF	丘脑下部	多肽	垂体前叶
	促乳素抑制因子	PIF	丘脑下部	多肽	垂体前叶
垂体激素	促卵泡素	FSH	垂体前叶	糖蛋白	卵巢、睾丸
	促黄体素	LH	垂体前叶	糖蛋白	卵巢、睾丸
	促乳素	PRL	垂体前叶	蛋白质	卵巢、乳腺
	催产素	OT	神经垂体	九肽	子宫、乳腺
胎盘激素	人绒毛膜促性腺激素	hCG	胎盘	糖蛋白	卵巢
	马绒毛膜促性腺激素	eCG	胎盘	糖蛋白	卵巢
性腺激素	雌二醇	E_2	卵泡、胎盘	类固醇	生殖道、乳腺
	孕酮	P_4	黄体、胎盘	类固醇	生殖道、乳腺
	睾酮	T	睾丸	类固醇	生殖器官、副性腺
	抑制素	inhibin	卵泡、睾丸	糖蛋白	垂体前叶
	松弛素	relaxin	黄体、胎盘	多肽	生殖道、骨盆
局部激素	前列腺素 $F_{2\alpha}$	$PGF_{2\alpha}$	子宫、精囊腺	不饱和羟基脂肪酸	子宫、黄体
外激素	外激素	pheromone	体表腺体	混合物	口、鼻

在畜牧业生产实践中，要求动物的生殖活动更多地在人为控制的条件下进行，而生殖激素则经常用于控制动物生殖活动，如诱导发情、同期发情、超数排卵和胚胎移植等技术的发展，正确应用生殖激素则是这些技术的基础。

一、松果腺激素

松果腺位于间脑顶端后背部，为缰联合和后联合之间正中线上的一个小突起。松果腺的血液供应十分丰富，如按单位重量计，松果腺的血流量仅次于肾脏，而超过其他内分泌腺。此处不存在血脑屏障，活性物质或重金属离子可自由进入松果腺。哺乳动物松果腺内含有颈上交感神经节的节后纤维，还含有中枢神经纤维和副交感神经纤维。切除颈上交感神经节不仅可减少松果腺的代谢功能，而且可使松果腺的血流量减少 1/3。松果腺能合成和分泌多种激素，在镇痛、镇静、应激、睡眠、生物节律、抗肿瘤、免疫等方面起着重要作用，而且具有调节生殖系统的功能。松果腺内存在着三类化学性质不同的激素，即胺类、肽类和前列腺素，其中主要为胺类的褪黑素（melatonin，MLT）。

褪黑素的合成受光照变化的影响。黑暗能刺激褪黑素合成，光照则能抑制褪黑素释放，因而褪黑素的合成和分泌具有明显的昼夜节律和季节节律。光照信号通过刺激视网膜，将神经冲动依次传递给丘脑下部视交叉上核—室旁核—中间旁核，最后到达颈上神经节，由颈上神经节将交感传入信号传递给松果腺，松果腺把此神经信号转变为内分泌信号输出。不同动物褪黑素昼夜变化规律存在着一定差异，这种差异主要表现为三种类型：①暗相开始后几个小时褪黑素仍维持低浓度，然后褪黑素合成迅速增加，到达高峰后又快速下降。②暗相开始时褪黑素浓度逐渐增加，在中期到达高峰，然后下降，大约在光照开始时呈白昼浓度。这种类型最普遍，大部分哺乳动物褪黑素昼夜节律变化属此类型，如大鼠、人类等。③暗相开始时褪黑素浓度迅速增加达到峰值，维持整个暗相，当光照开始时褪黑素浓度又迅速下降至白昼低浓度，如羊等。

动物利用褪黑素变化所提供的信号，协调机体的生殖、冬眠、迁移、体温调节及皮毛的生长等生理功能，增加动物生存的适应能力。一般来说，褪黑素对生殖系统的作用主要发生在丘脑下部，通过抑制促性腺激素释放激素（gonadotropin-releasing hormone，GnRH）的分泌而表现出对生殖系统广泛的抑制作用。但是，动物在利用褪黑素信号的生物学机制上存在着种属差异，不同的动物及不同的内外环境条件下，褪黑素的生理作用表现出多样性。

二、丘脑下部激素

（一）丘脑下部的结构与垂体的联系

丘脑下部是间脑的一部分，位于间脑之下，并构成第三脑室侧壁的一部分及其底部，通常认为其主要结构包括视交叉、灰结节、乳头体、正中隆起、漏斗及垂体神经部六部分。丘脑下部与垂体前叶之间的激素传递是通过丘脑下部-垂体门脉系统进行（图 2-1）。

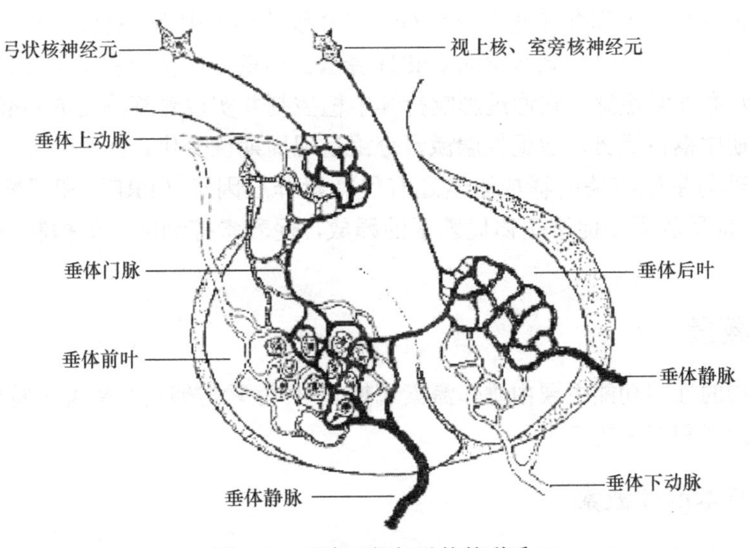

图 2-1　丘脑下部与垂体的联系

门脉系统的动脉起源于垂体上动脉和垂体下动脉。垂体上动脉在丘脑下部形成一级毛细血管丛，与正中隆起组织及神经紧密接触。一级毛细血管丛汇入垂体门脉血管，再进入腺垂体形成二级毛细血管丛，分布在腺垂体分泌细胞之间。垂体下动脉进入腺垂体后形成的毛细血管丛也分布在腺垂体分泌细胞之间，腺垂体的毛细血管丛汇合为垂体外侧静脉传出。

丘脑下部激素在丘脑下部神经元合成之后，经过神经轴突输送到神经末梢释放入血循环。丘脑下部激素依输送神经轴突的长短分为两类，一类沿着短神经轴突输送到正中隆起的神经末梢释放，由此进入正中隆起的毛细血管，然后经门脉系统传至垂体前叶发挥作用；另一类沿着长神经轴突输送到垂体后叶的神经末梢释放分泌，由此进入体循环，到机体的其他部位发挥作用。前者有释放激素和抑制激素，后者主要为催产素。

（二）促性腺激素释放激素

丘脑下部与生殖有关的释放激素主要是促性腺激素释放激素。GnRH 是由 9 种氨基酸组成的直链式十肽，即焦谷-组-色-丝-酪-甘-亮-精-脯-甘。哺乳动物 GnRH 的结构完全相同。GnRH 神经元数量少，分布分散，主要集中于正中隆起和弓状核，少量存在于腹中核。正中隆起位于第三脑室的底壁，既含有丰富的轴突末梢，又具有丰富的毛细血管，两者密切交织。GnRH 合成后借轴浆流动转运到正中隆起的轴突末梢，在丘脑下部的弓状核区脉冲发生器的控制下，正中隆起神经细胞的轴突末梢同步释放 GnRH，形成 GnRH 脉冲式分泌；GnRH 被毛细血管吸收后，经垂体一级毛细血管丛和垂体门脉进入垂体二级毛细血管丛，分配给周围的腺垂体分泌细胞，激发促性腺激素的分泌。GnRH 半衰期为 2～4min，释放后快速代谢失活，因而作用时间短。

GnRH 的生理作用是刺激垂体合成与分泌促卵泡素（follicle stimulating hormone，FSH）和促黄体素（luteinizing hormone，LH）。

雌性动物的丘脑下部存在两个控制 GnRH 释放的调节中枢：持续中枢位于弓状核和腹内侧核，控制并实现着基础浓度的 GnRH 释放；周期中枢位于视交叉上核和内侧视前核，对内外刺激非常敏感，它通过影响持续中枢控制并实现着高浓度的 GnRH 释放。雌性动物的周期中枢占优势，故促性腺激素分泌呈现周期性变化。

丘脑下部与生殖有关的释放激素还有促乳素释放因子（PRF）和促乳素抑制因子（PIF）。促乳素释放因子促进垂体促乳素的释放，促乳素抑制因子则抑制垂体促乳素的释放。

三、垂体激素

哺乳动物的性腺功能主要由垂体激素调控。垂体激素与卵巢和睾丸上特定受体结合，调节类固醇激素和配子的产生。

（一）垂体前叶激素

垂体前叶由不同类型的细胞构成，前叶中各种激素都与固定的细胞类型有关。根据有无染色颗粒，垂体前叶细胞可分为嫌色细胞和嗜色细胞两大类，细胞内部的这种染色颗粒就是激素的前身。根据嗜色细胞的性质不同，又可将垂体前叶细胞分为嗜酸性细胞和嗜碱性细胞两类。在激素的合成过程中，嫌色细胞产生染色颗粒以后就转成嗜色细胞；

在激素的分泌过程中，嗜色细胞释放出去染色颗粒后就转成嫌色细胞。因此，根据释放或积累染色颗粒的不断变化，这些细胞有时处于嫌色状态，有时则处于嗜色状态。分泌FSH和LH的细胞为嗜碱性细胞；分泌促乳素的细胞为嗜酸性细胞。

1. 促卵泡素　促卵泡素是由α亚基和β亚基组成的糖蛋白，两者以共价键结合。β亚基有种属特异性和激素特异性，α亚基无种属特异性和激素特异性。糖基在不同动物和不同激素之间的差异很大，与激素的构效有关，能延缓激素的水解速度。亚基N端的氨基酸残基数目在同一种动物的同一种激素上也往往不同。FSH分泌缓慢持久，半衰期为120～150min，主要生理作用是：①刺激卵泡的生长发育。卵泡生长至出现腔体时，FSH使颗粒细胞增生，内膜细胞分化，卵泡继续发育。②刺激卵泡产生雌二醇。FSH作用于卵泡颗粒细胞活化芳香化酶，芳香化酶将来自内膜细胞的睾酮转变成雌二醇。③促进生精上皮发育和精子形成。FSH作用于支持细胞来调节精子的生成。

2. 促黄体素　促黄体素是由α亚基和β亚基组成的糖蛋白，两者以共价键结合在一起。LH分泌迅速短暂，半衰期为30min，主要生理作用是：①促进卵泡成熟。LH作用于卵泡内膜细胞，使内膜细胞合成睾酮。②触发排卵。LH达到一定浓度时导致排卵，并使卵泡内膜细胞和颗粒细胞黄体化，促进黄体产生孕酮。③刺激睾丸间质细胞发育和产生睾酮，促进精子成熟。

3. 促乳素　促乳素（prolactin，PRL）是一种单链的纯蛋白激素，由190～210个氨基酸组成。外周血液促乳素浓度在排卵前达到高峰，临产时再次达到高峰。促乳素半衰期为30min，主要生理作用是：①妊娠期间刺激和维持黄体功能。②促进乳腺发育，发动和维持泌乳。促乳素与雌二醇协同作用促进乳腺腺管系统发育，与孕酮协同促进乳腺腺泡系统发育，与皮质醇协同发动和维持泌乳。③刺激阴道分泌黏液，引起子宫颈松弛。④增强雌性动物的母性，如脱毛和造窝、护仔等行为。

（二）神经垂体激素

来自丘脑下部视上核和室旁核的分泌性神经元的轴突组成了丘脑下部-神经垂体束，通过正中隆起中带，经漏斗柄进入神经垂体。神经垂体的分泌性神经纤维属于无髓神经纤维，其终末以盲端止于毛细血管。神经垂体激素有两种，即催产素（oxytocin，OT）和加压素（vaso- pressin），均为九肽，两个分子中只有第3位和第8位的氨基酸不同，因此二者的生物学活性有一定的相互交叉。催产素相对分子质量为1007，在酸性溶液中较为稳定。催产素分子中第1位和第6位半胱氨酸形成的二硫键对生物活性至关重要，环内6个氨基酸的增减或置换均会影响其活性。

催产素的主要合成部位是丘脑下部的视上核和室旁核，并且呈滴状沿丘脑下部-神经垂体束的轴突被运送至神经垂体储存。当阴道或乳房受到机械刺激时，神经冲动沿脊髓传入中脑和丘脑下部，引起垂体后叶催产素脉动式分泌。催产素半衰期约1min，每次脉动式分泌30～40s，作用约5min。催产素的主要生理作用是：①刺激输卵管平滑肌收缩，帮助精子和卵子的运送。②使子宫发生强烈阵缩，排出胎儿。③刺激乳腺腺泡的肌上皮细胞收缩，使乳汁从腺泡通过腺管进入小导管，发生泌乳。④松弛乳腺大导管的平滑肌，乳汁由小导管进入大导管和乳池，发生放乳。

四、胎盘激素

胎盘可以分泌多种激素，除孕激素、雌激素外，还能分泌促性腺激素。胎盘产生的促性腺激素主要有两种，即马绒毛膜促性腺激素和人绒毛膜促性腺激素。

1．马绒毛膜促性腺激素　马绒毛膜促性腺激素（equine chorionic gonadotropin，eCG）是一种糖蛋白激素，由两个亚基构成，含糖量约45%，半衰期为40～125h。eCG是马在妊娠40～120天时由子宫内膜杯（由胚胎的绒毛膜滋养层细胞构成）分泌，产量与母马品种、年龄、胎次和体格大小有关。一般而言，eCG产量随着年龄和胎次的增加而递减，母马体格的大小也与eCG峰值的高低呈负相关。影响eCG产量最突出的因素是胎体的遗传型，母马怀马驹时eCG的产量很高，马怀骡驹时eCG的产量很低。

eCG的生理作用类似于FSH，但也有一定的LH活性。

在动物繁殖工作中，eCG主要用于促进各种动物的卵泡发育。

2．人绒毛膜促性腺激素　人绒毛膜促性腺激素（human chorionic gonadotropin，hCG）是孕妇早期绒毛膜滋养层的合胞体细胞所分泌的一种糖蛋白激素，由两个亚基构成，含糖量为30%，由尿中排出。在胚胎附植的第1天（受精第8天）即开始分泌hCG，孕妇尿hCG浓度在妊娠45天时升高，妊娠8～10周达到最高峰，持续1～2周后迅速下降，21～22周降到最低以致消失。

hCG的生理作用类似于LH，但也有一定的FSH活性。

在动物繁殖工作中，hCG主要用于促进各种动物的排卵。肌肉注射后6h达血药高峰，双相排出，始半衰期为11h，终末半衰期为23h。

五、性腺激素

性腺激素是指卵巢和睾丸产生的激素。性腺激素包括两大类：一类属于蛋白质或多肽；另一类为类固醇，类固醇激素是带有不同侧链的环戊烷多氢菲的衍生物。卵巢产生的主要是雌二醇、孕酮和松弛素；睾丸产生的主要是睾酮。此外，卵巢和睾丸都能够产生抑制素。肾上腺皮质也可产生少量雌激素和雄激素，有些性腺激素还可来自胎盘。通常所说的性激素则仅指雄激素和雌激素。应该注意的是，雌性动物能产生少量雄激素，雄性动物也能产生少量雌激素，雌激素和雄激素的命名只是相对而言。

1．雌激素　雌激素（estrogen）主要由卵泡和胎盘产生，主要包括雌二醇（estradiol，E_2）、雌酮（estrone，E_1）和雌三醇（estriol，E_3），其中以雌二醇的生物学活性最强，雌三醇最弱。雌激素在卵泡内的生成过程为：卵泡内膜细胞在LH作用下合成雄激素（雄烯二酮和睾酮），它们穿过基底膜进入卵泡；颗粒细胞在FSH作用下促使芳香化酶活化，雄烯二酮和睾酮在芳香化酶催化下转化成雌酮和雌二醇，后两者又可以相互转化（图2-2）。雌激素的主要生理作用是：①使雌性动物产生并维持第二性征，如促进骺软骨骨化，使骨盆宽大、皮下易于沉积脂肪、皮肤软薄等。②刺激并维持雌性动物生殖道的发育。发情时血液雌二醇浓度增加，引起生殖道充血、黏膜增厚、黏液分泌增强，子宫颈松软，阴道上皮细胞增生和角质化；引起子宫孕酮、雌二醇和催产素受体增加，肌肉层增厚、蠕动性增强。③刺激性中枢，使雌性动物出现性欲和性兴奋。④低浓度时对丘脑下部持续中枢产生负反馈，抑制GnRH释放，使GnRH的分泌维持在基态；

高浓度时对丘脑下部周期中枢产生正反馈，促进 GnRH 释放，引起 LH 排卵峰（增高 20～40 倍，持续 24～72h），从而导致排卵。增加垂体对 GnRH 的敏感性，增加垂体促乳素的合成和分泌。⑤刺激乳腺管道系统的生长发育。

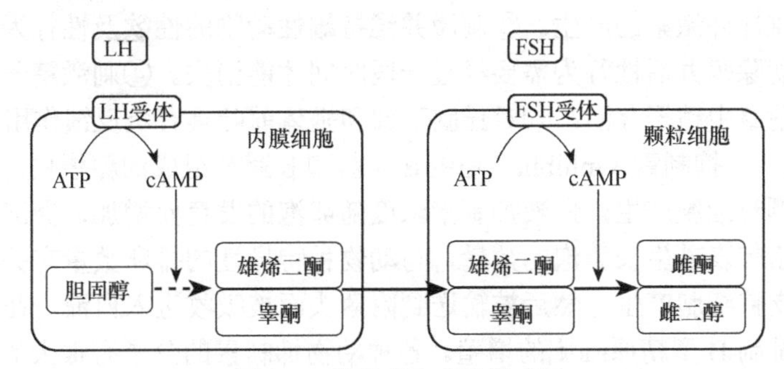

图 2-2 雌激素合成的模式图

雌二醇对性中枢和丘脑下部有比睾酮更高的亲和性，睾酮可能是在这两个部位转变为雌二醇后再发挥作用。公马是最具有雄性悍威的动物，血液雌二醇浓度也很高。用雌二醇处理切除睾丸公马，虽不能恢复交配能力，但性欲明显增强。雌二醇和睾酮合并处理可以恢复睾丸切除小鼠、大鼠、兔和猪的性行为和侵袭行为。因此，雌二醇在维持雄性动物的性欲方面可能起一定作用。

2．孕酮 孕酮（progesterone，P_4）主要由黄体及胎盘（马及绵羊）产生。在发情周期中，LH 排卵峰使卵泡发生明显的生物化学变化，由合成雌二醇转而合成孕酮。所以，卵泡在排卵前产生少量孕酮。在黄体形成过程中，黄体合成孕酮的能力迅速增加。妊娠以后，黄体继续产生孕酮来维持妊娠。孕酮的主要生理作用是：①促进生殖道充分发育。②抑制发情和排卵。孕酮对性中枢有很强的抑制作用，使雌性动物不表现发情。孕酮对丘脑下部的周期中枢有很强的负反馈作用，抑制 GnRH 分泌，进而抑制 LH 排卵峰的形成。孕酮降低垂体对 GnRH 的敏感性，抑制 LH 的合成和分泌。所以，在黄体溶解之前，卵巢上虽有卵泡生长，但雌性动物不表现发情，卵泡也不能排卵。对具有发情周期的动物来说，黄体就成为发情周期长度的调节器。一旦黄体停止分泌孕酮，很快就出现 LH 排卵峰，随之出现发情和排卵。雌性动物的性中枢在经过孕酮作用之后再受到雌二醇的刺激，动物才能表现性欲和性兴奋。否则，卵巢中虽有卵泡发育并且发生排卵，但雌性动物经常没有发情的外部表现，出现通常说的安静发情。③维持妊娠。在发情周期中，孕酮浓度随着黄体的发育而升高，形成一个相对较长时间的黄体期。在黄体期，孕酮加快阴道上皮细胞脱落，促进子宫内膜增生，引起子宫孕酮、雌二醇和催产素受体减少，降低子宫肌的兴奋性，抑制子宫肌的自发性活动，保持子宫安静，子宫颈口闭合，为妊娠做好准备。胚胎到达子宫后，母体随即发生妊娠识别，子宫内膜不再向血液释放 $PGF_{2\alpha}$，黄体得以继续存活。孕酮刺激子宫内膜腺的分泌活动，为早期胚胎提供营养；孕酮促进子宫颈及阴道上皮分泌黏稠黏液，形成子宫颈黏液塞，防止外物侵入子宫；孕酮抑制母体对胎儿抗原的免疫反应，使胎儿得以在子宫中生存。④刺激乳腺腺泡系统的发育。

3．雄激素 雄激素（androgen）主要是由睾丸间质细胞产生，肾上腺皮质也能分泌少量，主要形式为睾酮（testosterone，T）。睾酮半衰期约 3min，分泌后很快即被利用或发生降解。睾酮的降解产物为雄酮，通过尿液和粪便（胆汁）排出体外。雄激素的主要生理作用是：①使雄性动物发生并维持第二性征。②刺激并维持雄性性器官和副性腺的发育，调节雄性外激素的产生。③刺激并维持雄性动物的性欲及性行为。有交配经验的雄性动物，切除睾丸后性行为需要经过一段时间才能消失。④刺激精子发生，促进精子成熟，维持附睾中精子存活。⑤对丘脑下部和垂体前叶具有负反馈作用。

4．抑制素　抑制素（inhibin）是由 α 亚基和 β 亚基组成的糖蛋白。雌性动物的抑制素由卵泡的颗粒细胞产生，血液抑制素浓度随卵泡的发育而增加，卵泡发生闭锁后浓度下降。抑制素代表着生长卵泡的数量，与动物种特异性的排卵数量有关。雄性动物的抑制素由睾丸支持细胞产生，然后被输送到附睾头而被吸收进入血液。在雄性动物中，抑制素能直接抑制 B 型精原细胞的增殖。各种动物抑制素的分子有很大的同源性。抑制素的半衰期较长。

抑制素的生理作用是抑制垂体 FSH 的合成和分泌。

采用免疫技术中和内源性抑制素，可增加 FSH 分泌和排卵数量。

5．松弛素　松弛素（relaxin）是一种结构类似胰岛素的多肽，主要来源于颗粒性黄体细胞，胎盘也能产生少量。母体血液松弛素浓度一般是随着妊娠期的增长而逐渐增加，分娩前达到高峰，分娩后即从血液中消失。在经过雌二醇和孕酮的作用后，松弛素才能显示出较强的作用。松弛素是一种妊娠期特有的激素，可以用来进行妊娠诊断。松弛素的生理作用主要与动物的分娩有关：①松弛骨盆韧带，软化产道，利于分娩。②促进乳腺发育。

六、前列腺素

前列腺素（prostaglandins，PGs）是一类长链不饱和羟基脂肪酸，基本结构为含一个环戊烷及两个脂肪酸侧链的二十碳脂肪酸，相对分子质量为 300～400。根据环外双键的数目，目前已知的天然前列腺素可分为 PG_1、PG_2、PG_3 等 3 类，又根据环上取代基和双键位置的不同而分为 A、B、C、D、E、F、G、H、I 等 9 型，其中在 C-9 有酮基，在 C-11 有羟基的为 PGE，在这两处都有羟基的为 PGF。和动物生殖关系密切的主要为 PGE 和 PGF。

前列腺素广泛存在于动物的各种组织和体液中。生殖系统，如精液、卵巢、睾丸、子宫内膜及脐带和胎盘等，都含有前列腺素。前列腺素产生最活跃的场所是精囊腺，其次是肺脏和胃肠道。此外，脑、肾上腺、脂肪组织、虹膜及子宫内膜等组织也能合成较多的前列腺素。

前列腺素的作用极其广泛，对生殖系统的影响最为突出。前列腺素的主要生理作用是：①溶解黄体。$PGF_{2α}$ 是溶解黄体的激素。子宫内膜产生的 $PGF_{2α}$ 通过子宫静脉时被卵巢动脉吸收，经逆流传递到达卵巢。$PGF_{2α}$ 作用于黄体抑制孕酮的合成，$PGF_{2α}$ 收缩血管平滑肌降低黄体血流量，导致黄体细胞萎缩继而死亡。②影响排卵。$PGF_{2α}$ 有促进排卵的作用，PGE_1 能抑制排卵。③影响输卵管的收缩。PGE 能使输卵管上段（卵巢端）3/4 松弛，下段 1/4 收缩；PGF 则能使各段输卵管收缩。这对精子和卵子在输卵管中的运行具有一定的调节作用，因而能够影响受精。④刺激子宫肌收缩。PGE 和 PGF 对子宫肌具有强烈刺激作用。⑤影响精子生成、精子运输和精液体积。给大鼠注射$PGF_{2\alpha}$可使睾丸重量增加，精子数目增多。若服用前列腺素抑制剂阿司匹林或消炎痛，可抑制精母细胞转化为精子细胞，精子数目减少。小剂量前列腺素能促进睾丸网、输精管及精囊腺收缩，有利于精子运输和增加精液体积。

七、外激素

外激素（pheromone）是动物向周围环境释放的化学物质，这些物质多有挥发性，借助于空气和水等媒介传播，通过嗅觉引起同类动物特定的行为和/或生理反应，维持群体的生理和行为协调。外激素在生殖方面的主要生理作用是刺激和活化同种动物的其他个体，主要是异性个体的生殖内分泌系统。

动物体产生外激素的腺体遍及身体各处，大部分靠近体表。释放外激素的腺体有皮脂腺、汗腺、颌下腺、腮腺、泪腺、包皮腺、尾下腺、会阴腺、肛腺、腹腺、跖腺、跗腺及掌腺等，有些动物的尿液和粪便中也含有外激素。有些外激素的合成和释放受生殖激素的影响，有些外激素的化学结构与某些激素相似，如公猪的外激素与睾酮的化学结构就很相似。动物体产生的外激素，有些是边合成边释放，并不储存或很少储存；有些是合成后先储存后释放，或是在需要的时间释放。

雄雌性动物养在一起，能提前结束乏情期，加速发情进程，缩短发情期，从而使发情和排卵趋于集中或同步，受胎率提高。公猪包皮孔和会阴部、乳用公山羊的皮肤等都能产生特殊的气味，并通过母畜的嗅觉刺激其性功能。公猪的唾液、尿液、精索静脉血也能对母猪产生强烈的刺激。同样，母畜发情时从阴门中流出的黏液、尿液及腹股沟部的气味，也能引诱公畜和刺激公畜的性欲，可用棉签采集放入塑料袋中冻存等以后使用。在采集精液之前，将对羟基苯甲酸甲酯涂于非发情母犬的阴门周围和尾尖，可以激发公犬的性欲。将一头成年公猪放入青年母猪群后5～7天，母猪即出现发情高峰，初情期提前30～40天。气味之所以能够刺激动物的性功能，是由于外激素的作用。

第三节　性腺功能的内分泌调节

从初情期开始，动物生殖器官迅速发育，出现第二性征。丘脑下部-垂体-性腺系统在初情期迅速发育，充分发挥功能，是初情期神经内分泌变化的主要部分，称为丘脑下部-垂体-性腺轴系。丘脑下部分泌GnRH，激发腺垂体分泌促性腺激素（gonadotropin，Gn），即FSH和LH。在垂体促性腺激素的作用下，性腺分泌性腺激素，引起动物的体内外性征的发育成熟。丘脑下部、垂体和性腺三者形成一个整体，指挥和协调动物机体的生殖过程。

一、丘脑下部-垂体-性腺轴的建立

在胎儿时期，胎儿性腺的重量随着胎儿体重的增加而增加。胎盘分泌的促性腺激素和/或胎儿腺垂体分泌的促性腺激素激发胎儿性腺产生和分泌类固醇激素，胎儿性腺分泌的类固醇激素基本与促性腺激素的分泌保持同步。胎儿性腺分泌的类固醇激素，加上胎盘所分泌的类固醇激素，转而抑制胎儿丘脑下部和腺垂体的内分泌活动，所以胎儿垂体促性腺激素浓度很低。出生后，胎盘激素来源被切断，新生仔畜类固醇激素浓度突然下降，减弱了对丘脑下部和腺垂体的抑制作用，腺垂体促性腺激素短暂上升。可见，腺垂体此时已经具备对丘脑下部的完全反应能力。但是，促性腺激素的增加必然会激发性腺类固醇激素分泌的增加，加强对丘脑下部和腺垂体的负反馈，同时丘脑下部和腺垂体对负反馈系统的敏感性也有所提高，从而降低促性腺激素浓度，最终形成低浓度促性腺激素和低浓度类固醇激素的平衡稳定状态。雄性动物丘脑下部的周期中枢在胎儿期受雄激素抑制而无活性，仅由持续中枢控制着丘脑下部 GnRH 的阵发性分泌。因此，雄性动物的生殖活动不表现出雌性动物那样的周期性活动变化。

在动物出生后相当长的一段时间，丘脑下部和腺垂体的分泌活动受少量性腺激素的负反馈控制处于抑制状态。到初情期，丘脑下部和腺垂体对类固醇激素的敏感性降低，低浓度类固醇激素已经不足以抑制腺垂体促性腺激素的分泌，GnRH 和促性腺激素浓度增长，由此逐渐形成高浓度类固醇激素和高浓度促性腺激素的平衡稳定状态。随着类固醇激素浓度不断提高，逐步达到各种不同靶细胞的激发浓度，于是先后出现了生殖器官的快速生长，生殖配子的分化和成熟，出现第二性征等。初情期的内分泌变化是丘脑下部-垂体-性腺轴长期相互作用的继续和顶峰。

二、丘脑下部-垂体-性腺轴的内分泌调节

（一）丘脑下部促性腺激素释放激素

丘脑下部分泌的 GnRH 通过垂体门脉循环到达垂体前叶，刺激和调节垂体 FSH 和 LH 分泌。在不同的生殖状态，GnRH 释放的频率和振幅有所不同。在初情期之前，GnRH 的频率和振幅都维持在极低浓度的基态，不足以启动和维持性腺活动；到了性成熟期，GnRH 的频率和振幅都增加，在较高浓度上重新构建基态，启动并维持性腺活动；在发情期，GnRH 的脉冲频率和振幅都显著增高，在达到最高时触发 LH 排卵峰。外界环境变化，如光照、温度、性刺激、应激等，会转化成为神经冲动传入丘脑下部影响 GnRH 分泌。环境条件合适、有异性动物在场、饲管条件及健康状况良好等，都有利于释放激素的产生和释放；反之，如疼痛、禁闭等则不利于它们发生作用。季节性繁殖动物的丘脑下部对性腺类固醇激素负反馈作用的敏感性随季节和光照长短而发生变化，从而改变 GnRH 和促性腺激素的脉冲式释放，引起繁殖季节的开始或停止。

（二）腺垂体促性腺激素

垂体主要由腺部和神经部组成，两部的功能和产物各不相同。腺垂体分泌 FSH 和 LH 两种促性腺激素，同属于糖蛋白；神经垂体则分泌催产素和加压素等，均是多肽激素。

GnRH 到达腺垂体后能很快诱导促性腺激素的分泌，因此垂体促性腺激素表现出与 GnRH 类似的波动式分泌特性，但促性腺激素的波幅比 GnRH 宽，促性腺激素的波峰比 GnRH 高，并表现出一定的滞后时差，从而起到对丘脑下部 GnRH 信号的放大和传递作用。低频低幅的 GnRH 脉冲主要用来维持 FSH 分泌，高频高幅的 GnRH 脉冲主要用来引发 LH 分泌，是发生 LH 排卵峰的关键。GnRH 刺激垂体 FSH 产生的速度较 LH 产生的速度慢，FSH 在血液的代谢清除率也较 LH 慢，因此血液 FSH 浓度的波动不如 LH 明显。小剂量 GnRH 使 FSH 和 LH 浓度升高，反映促性腺激素分泌细胞内储存激素的释放，代表垂体对 GnRH 反应的敏感性。在 GnRH 继续作用之下，FSH 和 LH 浓度再次上升并

维持在高浓度，这反映新合成 FSH 和 LH 的释放，代表垂体对 GnRH 反应的持续性。FSH 和 LH 一方面直接调节性腺激素的分泌，另一方面通过负反馈抑制丘脑下部 GnRH 的分泌。

（三）性腺激素

1. 卵巢激素 小卵泡产生少量的雌二醇对丘脑下部的持续中枢发生负反馈，使促性腺激素分泌受到抑制（图 2-3）。性腺切除后或性腺失去功能时，FSH 和 LH 的合成和分泌显著升高。随着卵泡逐渐长大，卵泡合成的雌二醇逐渐增多，黄体溶解后解除了孕酮对性中枢的抑制和对丘脑下部周期中枢的负反馈。当血液雌二醇达到一定浓度时，一方面刺激性中枢使动物出现发情表现，另一方面对丘脑下部的周期中枢产生正反馈使 GnRH 分泌脉冲发生改变，激发 LH 突然大量释放形成 LH 排卵峰，使卵泡发育成熟排卵。排卵之后雌二醇浓度下降，动物的发情也随之停止。进入黄体期后，孕酮抑制 GnRH 和促性腺激素分泌，LH 回到基础浓度。

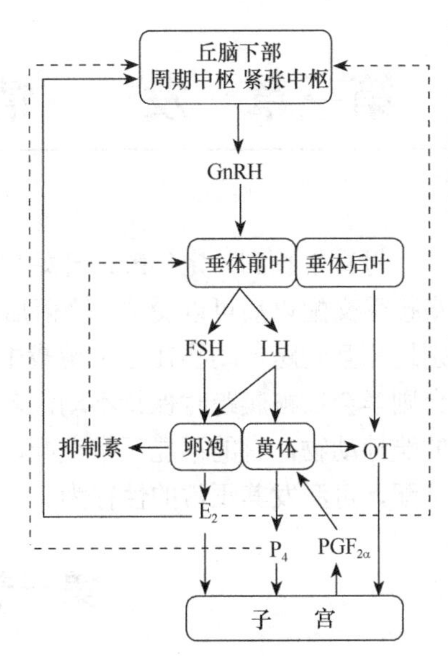

图 2-3 丘脑下部-垂体-卵巢轴内分泌调节模式图

→为分泌，刺激；- →为抑制

2. 睾丸激素 间质细胞在曲细精管之间散布成簇，能合成睾酮、雄烯二酮和脱氢表雄酮。睾酮占雄激素总量的 95%。睾酮分泌入细胞外液后，一部分睾酮与雄激素结合蛋白结合，在曲细精管和附睾处形成远远高于血液睾酮浓度（50 倍以上）的局部环境，使精子发生与成熟过程得以完成；另一部分睾酮穿过血管上皮进入血液循环，通过负反馈作用抑制丘脑下部 GnRH 的释放，抑制垂体 LH 分泌。在有些靶细胞和靶组织里，如支持细胞、前列腺和外生殖器，睾酮是被 5α-还原酶变为二氢睾酮后才发挥作用的。

睾酮产生的总量与睾丸的大小有关，但按单位体重计算，不同动物所产生的睾酮差别不大。母畜的身影、声音和气味对于性成熟的公畜都是天然的生物学刺激，这些刺激反射性地引起垂体 LH 分泌增加，使睾丸局部血流量增加，引起睾酮浓度增加。长时间过高的环境温度可以降低许多动物睾丸的生精和内分泌功能。在炎热的夏季，公畜睾丸缩小，精液品质下降，性欲减退，受胎率下降，胚胎死亡率上升。动物长期处于应激状态下睾酮分泌减少，导致性欲减退、阳痿、睾丸变软变小、前列腺萎缩等病症。

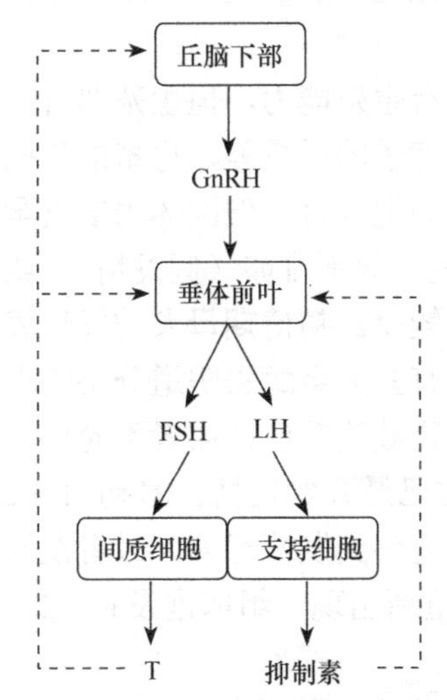

图 2-4 丘脑下部-垂体-睾丸轴内分泌调节模式图

→为分泌，刺激；- →为抑制

丘脑下部-垂体-睾丸轴（图 2-4）是一个只存在着负反馈的自平衡和自稳定的封闭式调节系统，几乎不存在对其进行人为干预的空间。在临床上使用雄激素、FSH、LH 或 GnRH 治疗公畜常见的生育能力低下和阳痿，刚开始还能见效，在连续使用后结果往往令人失望，其根本原因就在于此。

第三章 发　情

母畜生长到一定年龄，开始出现周期性的发情和排卵活动，进入这一发育阶段的母畜接受交配以后可以受孕，繁衍后代。犬在3～4周龄时就出现性行为，开始时是不分性别地相互爬跨。动物在这种游戏中逐渐形成性别取向，雄性仔犬学会爬跨雌性，雌性仔犬则学会在被爬跨时保持不动。若将动物从小离群饲养，会妨碍性行为的发生。被隔离的雌性动物，有的不能正常交配，有的发情期缩短。让缺乏性经验的动物观摩同类动物交配，可激发其正常的性行为。

第一节 生殖功能的分期

动物生殖功能的发展与机体的生长发育基本同步，有一个发生、发展至结束的过程，身体和生殖器官在出生后经一定时间的生长发育才能达到成年体况。动物从进入初情期开始获得生殖能力，发育到性成熟时生殖能力基本达到正常，体成熟时进入最适生殖期，到一定年龄之后身体功能开始衰老，生殖能力下降而进入绝情期。各期的确切年龄因畜种、品种、饲养、管理及自然环境条件等因素而不同，即使是同一品种，也因个体生长发育及健康情况不同而有所差异。

一、初情期

初情期（puberty）是指母畜初次表现发情并发生排卵的时期。进入初情期后，性腺才真正具有了生成配子和分泌激素的双重作用，动物有了妊娠的可能。犬初情期一般在6～8月龄，猫通常于7～9月龄达到初情期。

进入初情期后，生殖器官的发育明显加快，母畜开始具有生殖能力，但生殖器官尚未发育充分，生殖功能亦不完全，发情和排卵往往不规律，卵子的质量差，母畜的生殖能力有限，母畜的体重也不适合繁殖。初情期时卵巢上虽有卵泡发育，但因体内缺乏孕酮而无发情表现（安静发情）；或者虽有卵泡发育和发情表现，但不排卵（假发情）；或者能够排卵但不易受孕；或者多胎动物虽然妊娠但胎儿数目较少。初情期母犬的发情表现很弱或持续时间很短，阴道很少或没有流出带血分泌物。有些犬会舔去阴道分泌物保持自身清洁，有尾的长毛犬（如纽芬兰犬）阴门和阴道分泌物被掩盖住，或者不允许公犬接触。遇到这些情况，只有有经验的畜主才能鉴别出动物已经开始发情。最初1～2个周期可能会不规律，虽然发生了排卵却没有表现出或没被观察到发情行为，或者发情时间很短发情很快结束，或者发情后没有排卵，卵泡闭锁后重新出现一组卵泡发育，2～10周后动物再次发情，可能会这样反复几次。

1. 启动机制　初情期的开始和垂体释放促性腺激素具有密切关系。动物出生后丘脑下部及垂体对性腺类固醇激素的负反馈极为敏感，性腺产生很少量的性腺激素就可抑制GnRH和促性腺激素的释放。生殖器官的生长速度比身体生长缓慢，卵巢虽有卵泡生长，但后来退化闭锁而消失，新生长的卵泡又再出现，最后又再退化，如此反复进行。摘除小牛犊卵巢，消除性腺类固醇激素的抑制作用，丘脑下部就能释放出 GnRH，从而使垂体释放 LH，血液 LH 浓度升高。此外，动物体内可能还存在着类固醇激素以外的一些抑制 GnRH 分泌的因素。

随着机体发育和初情期的来临，丘脑下部对性腺类固醇激素负反馈的敏感性逐渐减弱，GnRH 分泌的频率增加，血液促性腺激素浓度也相应提高，性腺受到的刺激强度增大，从而引起卵巢的卵泡发育。随着卵泡的增长，卵巢的重量增加，导致卵巢上出现成熟卵泡，雌激素分泌增加；雌激素刺激生殖道的生长和发育，母畜出现发情，初情期开始。至此，性腺才真正具有了产生配子和分泌激素的双重作用，生殖器官的增长速度明显加快。

2. 影响因素 不同畜种由于遗传性和寿命长短的差异，初情期也有显著差异。同一种动物的初情期也会受品种、气候、出生季节、环境、营养等因素的影响而略有差别。

（1）品种 一般而言，小型品种比体格大者初情期要早，杂交后代早于纯种，近亲繁殖后代达到初情期的年龄较迟。小型犬 6～7 月龄进入初情期，大型犬 20 月龄进入初情期，有些要到 2 岁甚至 2.5 岁才进入初情期。本地家猫的初情期比纯种猫要早，短毛猫的初情期比长毛猫要早。波斯猫的初情期要到 12 月龄，暹罗猫和缅甸猫则常常 4 月龄就到初情期了。

（2）气候 温度、湿度和光照等因素对母畜的初情期也有很大影响。例如，我国南方动物的初情期一般比北方的早，热带动物的初情期也较寒带或温带的早。

（3）出生季节 季节性繁殖的动物，初情期的年龄受出生时间早晚的影响。例如，早春出生的羔羊，在当年的秋季便可开始第一次发情，而在晚春或早夏出生的羔羊，则须等到第二年秋季才发情，差别很大。1～2 月出生的马，在翌年 5～6 月，亦即 16～17 月龄时达到初情期，而在 7～8 月出生的马则一直要到 21～22 月龄。一年中春、夏或秋季出生的母猫通常是在来年春季初次发情，冬季出生的母猫可能就要等到来年的春季之后才能初次发情，公猫初情期受出生季节的影响要比母猫小。

（4）环境 异性动物对生殖功能发育是一个天然的生物学刺激，雌雄混居比雌雄隔离饲养者初情期早，自由闲逛的犬猫比关在家里的犬猫到达初情期要早。把初情期之前幼畜的性腺移植于成年动物，移植的卵巢上会出现卵泡发育；给初情期前的动物注射促性腺激素可诱发其早熟，使卵巢排出可以受精的卵母细胞。

（5）营养 初情期与体重密切相关。通常个体发育达到成年体重 80%时才开始初情期。一般来说，营养水平高、生长速度快的动物，达到初情期体重所需时间较短，故初情期较早；而营养水平低、生长缓慢的动物，要达到初情期体重自然需要时间较长，故初情期较迟。动物生来就具有生殖的遗传潜能，初情期的启动在很大程度上是身体成熟程度的功能性表现。母猫初情期体重平均为 2.3～2.5kg，公猫初情期通常会比母猫迟 1～2 个月，体重为 3.5kg。营养水平对母畜初情期的影响，因畜种不同而略有差异，牛和绵羊受生长速度的影响大，猪主要受月龄的制约。青年黑白花母牛营养水平低，初情期年龄晚，但初情期体重与正常牛对比则相差不大。将猪所吃的饲料量限制在自由采食量的 2/3，初情期并不受影响，但若养得过肥，反而使初情期延迟。

二、性成熟

母畜生长发育到一定年龄，生殖器官和生殖功能已经发育完全，具备了正常的生殖功能，称为性成熟（sexual maturation）。性成熟时，母畜身体生长发育尚未完成，假如在此时进行繁殖，会妨碍母畜继续发育，甚至影响母畜的终身生育能力，导致后代数量少、体形小、体质弱，甚至出现死胎增多，可能造成难产，故一般不宜配种。

动物性成熟的年龄大致取决于动物种类，即使是同种类的动物，也往往因品种、地理气候条件、饲养管理状况及个体情况不同而有所差异。通常情况下，小型犬性成熟早，可见于出生后8～12个月，大型犬性成熟晚，可见于出生后12～18个月。比格犬的性成熟时间为11（7～23）个月，小型苏格兰牧羊犬为12（6～15）个月，拉布拉多犬为11（7～16）个月。

三、体成熟

当母畜身体发育完全并具有雌性成年动物固有的特征与外貌时，便达到体成熟，就可以进行正常配种繁殖。初配时不仅要看年龄，而且要根据畜种、品种、饲养管理条件、生长发育情况及不同地区的气候条件而定。从性成熟到体成熟须经过一定的时期，如果在此期间生长发育受阻，必然延缓达到体成熟的时期。犬猫的初配年龄约为1.5岁，犬最佳生殖年龄为2～6岁，猫最佳生殖年龄为2～7岁。

四、绝情期

母畜至年老时，生殖功能逐渐衰退，继而停止发情，最终完全丧失生殖能力，称为绝情期（menopause）。绝情期的年龄因品种、饲养管理、气候及健康状况不同而有差异。母畜生殖年限基本上取决于两个因素：一是衰老使生殖功能丧失；二是疾病使生殖器官的形态和/或功能严重受损，生殖活动也会停止。对于食用动物来说，母畜丧失了生殖能力便无饲养价值。在生产实践中，经营者为了追求最大经济效益，母畜在绝情期之前就被淘汰。对于伴侣动物和珍稀动物，母畜从此进入老年期。

犬5岁后受胎率和窝产仔数都低于品种的平均数，6～9胎窝产仔数明显下降，仔犬死亡率显著升高；8岁后乏情期延长，受胎率显著下降。随着年龄的继续增长，绝大部分母犬停止排卵。有些母犬虽然停止排卵，但仍有性行为和发情征状。有些母犬在6岁左右就不能生殖，个别犬在10岁时还能受孕产仔。通常情况下，母犬绝情期为9岁左右。比格犬10岁进入老年，大丹犬8岁即为老年。犬的平均寿命在12岁左右，很少活到15岁。犬的寿命与品种及饲养管理等条件有关，如杂种犬比纯种犬的寿命长，小型犬比大型犬的寿命长，公犬比母犬的寿命长，室内饲养犬比室外饲养犬的寿命长。

猫6岁以后窝产仔数减少，8岁以后发情周期通常趋于不规则，并常常伴有流产及先天性缺陷等问题，超过8岁一般就不再用来繁殖了。猫的平均寿命在10～15岁，生殖年龄通常可以达到8～10岁，11～13岁发情周期活动停止，偶尔有超过14岁还能发情和生殖的个例。

第二节　卵 泡 发 育

哺乳动物的卵子发生和精子发生过程十分相似，都要经过增殖期、生长期和成熟期。但两者各有特点，如卵子发生的两次减数分裂都是不均等分裂，每个卵母细胞（oocyte）只形成一个卵子（ovum）；卵子在发生过程中不像精子那样发生明显的形态变化，而是始终呈球形；卵子在发生过程中合成、积累了大量胚胎发育所需的物质；卵泡发育与卵母细胞的发育同步，亦呈现阶段性发育特点。因此，卵子具有独特的结构特征和代谢特点。

一、卵泡的个体发育

原始生殖细胞（primordial germ cell，PGC）起源于卵黄囊内皮，沿卵黄囊系膜迁移到生殖嵴，在此分化为卵原细胞（oogonia）。原始生殖细胞在迁移过程中不断增殖，卵原细胞形成后也不断地增殖并散布于生殖嵴中。卵原细胞增殖后形成初级卵母细胞（primary oocyte），进入并停滞于第一次减数分裂前期，生长发育极其缓慢。一个大而圆的初级卵母细胞包被一层扁平的卵泡细胞（follicular cell）就形成了原始卵泡（primordial follicle），卵泡细胞是由卵巢上皮向内生长发育而成。绝大多数动物的原始卵泡形成于胎儿期，动物出生后不会再形成新的原始卵泡，随后由于卵泡的闭锁，出生时卵母细胞的数量已大大减少，动物达到初情期时卵母细胞的数量再度减少。在每个发情期，卵巢上都有一群或数百个卵泡发育起来，但只有一个或数个卵泡得以发育成熟排卵。通过这种周期性的重复，最后耗竭卵巢上的所有卵泡，动物的生殖活动停止。新生母犬卵巢上约有 700 000 个卵泡，到初情期减少至 250 000 个，5 岁时 30 000 个，10 岁时只有几百个。

成年动物的卵巢上有两种卵泡，一种是数量较少的生长发育中的卵泡，另一种是数量较多作为储备的、处于相对静止状态的原始卵泡。卵泡细胞的生长发育相对较快，先是由单层扁平细胞变成单层立方细胞，在卵泡细胞与间质细胞之间形成一层基底膜，卵泡发育成初级卵泡（primary follicle）；卵泡细胞分裂增殖变成复层，包围在卵泡细胞外侧的间质细胞形成卵泡膜，卵母细胞表面出现一层折光性强的凝胶状糖蛋白，称为透明带（zona pellucida），形成次级卵泡（secondary follicle）；卵泡细胞继续分裂增殖并分泌卵泡液，卵泡细胞间出现间隙，形成三级卵泡（tertical follicle）；以后卵泡细胞间隙越来越大，逐渐融合为一个完整的卵泡腔，腔内充满卵泡液。卵泡细胞大量增殖，立方形的卵泡细胞积聚在一起形同颗粒，称为颗粒细胞（granulosa cell）。随着卵泡的发育，卵泡腔逐渐增大，颗粒细胞可从形态或在卵泡中所处部位分成三部分：①基底膜内面 5～7 层颗粒细胞形成卵泡的粒膜；②卵母细胞周围及其一侧的颗粒细胞突出于卵泡腔内形成卵丘，构成卵丘的颗粒细胞称为卵丘细胞（cumulus cell）；③包围在透明带周围的颗粒细胞变成高柱状并呈放射状排列，称为放射冠（corona radiata）。放射冠细胞有微绒毛伸入透明带内，为卵母细胞提供营养。在卵泡生长过程中透明带相应增厚，卵泡膜则分化为内外两层：内层为细胞性膜，初期大约由两层变形的梭状成纤维细胞组成，以后增大成为多面形的类上皮细胞；外层为结缔组织膜，由 5～7 层成纤维细胞组成，与卵巢间质无明显界线。卵巢的血管神经分布到卵泡内膜，止于卵泡内膜与颗粒细胞之间的基底膜。随着卵泡的生长，卵泡体积和卵泡腔逐渐增大，卵泡突出于卵巢表面。卵泡壁变薄，粒

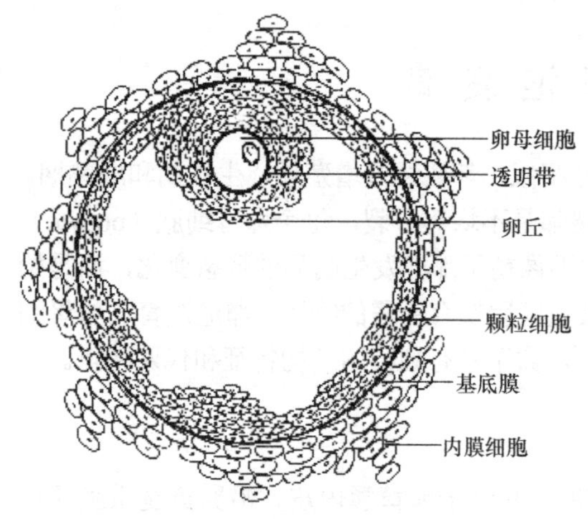

图 3-1 卵泡结构的模式图

膜的颗粒细胞层数减少到 2～3 层，卵母细胞不再生长，卵丘和粒膜的联系越来越小，甚至和粒膜分开而游离于卵泡液中。至此，卵泡发育成为成熟卵泡（mature follicle）（图 3-1）。在卵泡的发育过程中，卵泡中包裹的卵母细胞都是初级卵母细胞，直到排卵前完成第一次减数分裂，形成次级卵母细胞。

二、卵泡的群体发育

动物卵巢上众多的原始卵泡形成一个原始卵泡库。原始卵泡库中的卵泡以随机的方式启动发育，开始缓慢而漫长的卵泡发育进程，并且在发育过程中大量闭锁。随着卵泡体积的缓慢增大，卵泡数量不断减少。卵泡在腔前期开始具有 FSH 受体，获得了对 FSH 发生反应的能力，卵泡发育到了有腔阶段就必须依赖于 FSH 才能继续生长。在初情期之前，由于没有 FSH 支持，卵泡发育最多到有腔阶段便止步。在初情期之后，每一次 FSH 峰都会引发一组获得对促性腺激素发生反应能力的卵泡在相对集中的时间内同步生长，形成一个生长卵泡群体，称为卵泡波（follicular wave）。所以，卵泡波的数量与 FSH 峰的数量一致。这些小卵泡产生少量的雌二醇对丘脑下部的持续中枢发生负反馈，使促性腺激素分泌受到抑制，卵泡发育缓慢。后来，卵泡开始具有 LH 受体，卵泡的发育进程逐渐加快，卵泡波中最后所剩的数个卵泡仍然保持同步发育。由于每个卵泡中颗粒细胞的数量不同和/或促性腺激素受体的数量不同，其中 FSH 受体多的大卵泡生长发育较快而成为优势卵泡（dominant follicle）。卵泡在发育过程中合成和分泌抑制素和雌二醇的能力逐渐增强，优势卵泡合成及释放抑制素和雌二醇的能力要比其他卵泡强。抑制素特异性地抑制垂体 FSH 分泌，引起血液 FSH 浓度下降。优势卵泡由于血液供应充足和 FSH 受体丰富，可在低 FSH 环境中生存。结果，优势卵泡引起同波的其余卵泡及前一波的优势卵泡退化，同时也抑制下一个卵泡波的出现。黄体溶解之后，解除了孕酮对丘脑下部周期中枢的负反馈和对性中枢的抑制。当血液雌二醇达到一定浓度时，一方面刺激性中枢，动物开始出现发情表现，另一方面对丘脑下部的周期中枢产生正反馈，使 GnRH 分泌脉冲发生改变，激发 LH 突然大量释放，形成 LH 排卵峰，使卵泡发育成熟，最终引起排卵。排卵之后，雌二醇浓度下降，动物的发情也随之停止。各种动物都具有种属特异性的排卵卵泡数量，一个卵泡波中优势卵泡的数量通常就是排卵卵泡数量。在黄体期，孕酮抑制 GnRH 和促性腺激素分泌，LH 回到基础浓度，优势卵泡不能进一步发育成熟，因而代谢活动减弱，抑制素产量减少，FSH 再度升高启动新的卵泡波周期。发情周期中一直存在卵泡波的周期性活动，但只有在黄体溶解时存在的那个优势卵泡才能成为该发情周期中的排卵卵泡。因此，优势卵泡的命运有两个，或者闭锁（不排卵优势卵泡），或者排卵，其决定因素是该优势卵泡的生长期是否与黄体溶解相重合。每个发情周期中有 500～600 个原始卵泡生长发育，结果却只有一个或几个卵泡排卵，说明卵泡的生长、发育和排卵是一个选择性极强的生理过程。

牛在大多数发情周期中可出现 2～3 个卵泡波，每个卵泡波中通常只有一个卵泡得以生长而成为优势卵泡，只有最后一个卵泡波的优势卵泡可发育成熟并排卵，其余卵泡则全部闭锁。优势卵泡在哪侧卵巢生长发育并无明显的规律，其生长速度和最大体积不受同一卵巢上是否有黄体存在的影响。二波周期长度平均为 20 天，三波周期长度平均为 23 天。三波周期的排卵卵泡显著小于二波周期的排卵卵泡。黄体溶解时排卵卵泡越大，从黄体溶解到 LH 排卵峰的时间间隔就越短，发情前期也越短。牛在妊娠期的前半期，卵巢上仍然有规律地出现卵泡波。

犬通常由乏情期进入发情前期，进入发情期就开始排卵，不存在黄体抑制发情和排卵的问题。

猫多数直接进入发情期，一旦交配就引起排卵。在黄体期，可以观察到卵泡的生长和衰退。

三、排卵

排卵（ovulation）是指卵泡发育成熟后，突出于卵巢表面的卵泡发生破裂，卵子随同其周围的颗粒细胞和卵泡液排出的生理现象。

（一）排卵方式

动物按其排卵方式可以分为自发性排卵和诱导性排卵两大类。

1．自发性排卵（spontaneous ovulation） 在发情周期中，卵泡发育成熟后自发地排出卵子。如果动物受精，则进入妊娠期；如果卵子没有受精，则进入新的发情周期。大多数动物为自发性排卵，这类动物发情周期长度相对恒定。

自发性排卵的动物，根据排卵后如何形成功能性黄体又可分为两种。第一种为排卵后自然形成功能性黄体，如牛、羊、马、猪、犬等；第二种为排卵后需经交配才形成功能性黄体，如啮齿类动物。这类动物排卵后如未经交配，则形成的黄体无内分泌功能，因而使这个周期缩短 4～5 天。

2．诱导性排卵（induced ovulation） 这类动物需经一定的刺激后才能出现 LH 排卵峰，才能发生卵泡破裂和排卵。这类动物的发情周期完全不同于自发性排卵的动物，并非典型意义上的发情周期。

诱导性排卵的动物，按诱导刺激的性质不同又可分为两种。第一种为交配引起排卵的动物，这类动物包括有袋目、食虫目、翼手目、啮齿目、兔形目和食肉目的某些动物，其中研究最多的有兔和猫。兔交配后 10min 左右开始释放 LH，0.5～2h 时 LH 峰为基础值的 20～30 倍，9～12h 后发生排卵。猫交配后十几分钟 LH 就显著增加，排卵一般发生在交配后 25～30h。兔和猫只有在阴道和子宫颈受到刺激后才能排卵，可见神经系统对于调节排卵起着重要作用。第二种为精液诱导性排卵动物，见于驼科动物，其排卵依赖于精清中的诱导性排卵因子。在卵泡发育成熟后，自然交配、人工授精或肌肉注射精清均可诱发排卵，精清进入体内 4h 后外周血液中出现 LH 排卵峰，30～36h 发生排卵。

（二）排卵过程

随着卵泡的发育成熟，卵泡液不断增加，卵泡体积增大并突出于卵巢表面。突出于卵巢表面的卵泡膜扩张变薄，卵泡膜血管分布增加，毛细血管通透性增强。随着卵泡液的增多，卵泡外膜的胶原纤维分解，卵泡壁变得柔软并富有弹性。突出于卵巢表面的卵泡壁中心形成无血管的透明区，称为排卵点。接下来排卵点处的卵泡膜破裂，卵泡液把卵母细胞及其周围的放射冠细胞带出卵泡进入输卵管伞或卵巢囊。

（三）排卵机制

排卵是一个复杂的渐进性生理过程，受神经、内分泌等因素的调节。伴随着黄体溶解，雌二醇分泌持续增加，血液雌二醇浓度升高并达到峰值。在雌二醇的正反馈作用下，GnRH 由波动性分泌转变为数小时之久的持续性分泌，形成排卵的神经内分泌信号。在GnRH 持续分泌的作用下，形成 LH 排卵峰。在 LH 排卵峰的刺激下，优势卵泡的卵母细胞重新开始减数分裂，生发泡破裂，释放出第一极体。LH 排卵峰使优势卵泡的内膜细胞和颗粒细胞发生黄体化，优势卵泡由合成和分泌雌二醇逐渐转变为合成和分泌孕酮，血液雌二醇浓度迅速降低，血液孕酮浓度逐渐升高。优势卵泡的代谢增强，产生大量的透明质酸，毛细血管通透性增加，卵泡腔进一步增大。卵泡液中促使卵泡壁破裂的各种酶活力增加，纤维蛋白溶解酶被激活，卵泡外膜胶原纤维解离加快，卵泡壁变薄、张力降低，卵泡内压下降，卵巢平滑肌收缩，最终导致卵泡破裂，卵泡液带着卵母细胞从卵泡中流出。

四、黄体

排卵后，卵泡残留下来的组织细胞很快就增生发育形成了一个暂时性的内分泌器官——黄体（corpus luteum）。卵泡液流出后，卵泡壁收缩并向卵泡腔内塌陷形成皱襞，内膜细胞和颗粒细胞之间的基膜崩解，毛细血管侵入、增生形成血管网，结缔组织向内腔发展形成黄体的间质组织。颗粒细胞和内膜细胞混合、肥大、增生，逐渐向内腔增殖，形成黄体的实质组织。颗粒细胞形成体积较大的粒性黄体细胞（granulose lutein cell），细胞具有 $PGF_{2\alpha}$受体，对 LH 的刺激缺乏反应性，除维持基础浓度的孕酮分泌之外，还具有分泌催产素和松弛素的功能；内膜细胞变为体积较小的膜性黄体细胞（theca lutein cell），细胞具有 LH 受体，在 LH 刺激下分泌孕酮。排卵时在卵泡破裂处有少量出血，黄体形成以后还可在突出卵巢表面部分见到黑色血迹。黄体腔内的血凝块为黄体提供最初的营养，并使黄体最初呈现红色，称为红体（corpus hemorrhagicum）。黄体腔内的血凝块吸收后形成黄体颜色，黄体颜色的深浅与排卵时出血的多少有关。出血多的红体和黄体的颜色都深，出血少的红体和黄体的颜色都浅。牛、马和肉食动物的黄体呈黄色；水牛的黄体为粉红灰色；羊的黄体为灰黄色；猪的黄体为肉色。

发情周期的黄体称为周期黄体。排卵后 7～10 天（牛、羊、猪）或 14 天（马），黄体发育至最大程度。例如，卵子未受精，分别到排卵后 14～15 天（牛）、12～14 天（羊）、13 天（猪）、14 天（马），子宫生成 $PGF_{2\alpha}$ 引起黄体细胞凋亡，黄体分泌孕酮的功能停止。血液孕酮浓度下降到基值，解除了对丘脑下部周期中枢与性中枢的抑制，动物得以发情和排卵，新的发情周期由此开始。所以，黄体期的长短决定了发情周期的长短。黄体溶解之后，剩下的结缔组织颜色变白称为白体，最后白体也被吸收。若卵子已受精，黄体体积在妊娠初期继续稍微增大。妊娠期黄体称为妊娠黄体（corpus luteum of pregnancy）。马在妊娠初期 eCG 刺激卵泡生长和黄体化，可以形成若干副黄体。

第三节 犬的发情周期

母畜达到初情期以后，其生殖激素、生殖器官及性行为发生一系列明显的周期性变化，生殖活动的这种周期性变化称为发情周期（estrous cycle）。发情周期的计量，通常是从一个发情期的第1天算起，到下一个发情期之前的一天为止的一段时间。发情周期周而复始，一直到绝情期为止。但母畜在妊娠或非繁殖季节内，这种变化暂时停止；分娩后经过一定时期或者进入繁殖季节后又重新开始。根据发情周期的表现形式，可将动物分为三类，一类为单次发情动物（monoestrous animal），这类动物每年只有一个发情周期，如大多数野生动物；第二类为多次发情动物（polyestrous animal），如牛和猪在全年大部分时间都有发情周期循环；第三类为季节性多次发情动物（seasonal polyestrous animal），其发情具有明显的季节性，如猫、马和绵羊。

犬是单次发情而排多卵的非季节性繁殖动物。群养犬的发情活动在全年中均衡分布，在一年中任何时候都可以发情，在一年中的任何一个月份都可以产仔，生殖活动基本上无季节性。26%的犬一年发情一次，65%发情两次，3%发情三次。多数犬的发情间隔为半年或一年左右，发情多集中在春秋两季，生殖活动似乎又有季节性。公犬本身不受季节性限制，只要母犬允许，任何时候都可交配。也就是说，犬的生殖取决于母犬的发情和排卵时期。

一、发情周期

犬的发情周期由发情前期、发情期、发情间期和乏情期组成。犬是单次发情动物，每次发情后不论受孕与否，都要接续一个很长时间的乏情期，然后才能再次发情。因而，犬的发情周期较长，范围变化很大，与通常意义上动物的发情周期有很大差别。犬在发情期的前期发生排卵，发情期结束时已形成功能黄体，血液孕酮浓度增高，因而没有发情后期。

1．发情前期　发情前期（prooestrus）为8.2±2.5天，是母犬阴门开始肿胀并排出血样黏液至接受公犬爬跨交配的时期。此期卵巢体积增大，卵泡发育加快，许多卵泡突出于卵巢表面，一些卵泡很快达到排卵体积。卵巢上还有许多小的和中等大小的卵泡。输卵管卷曲呈螺旋状，管壁增厚，上皮细胞肥大，约60%上皮细胞具有纤毛。子宫角伸长，子宫断面逐渐变圆，子宫内膜和子宫肌增厚，子宫肌层对催产素的敏感性增强，腺体活动增加，分泌液增多，子宫颈增大逐渐松弛。子宫黏膜毛细血管发生破裂，血液渗漏出来进入子宫，结果阴门排出暗红色血样分泌物。随着时间的推进，阴道分泌物量增多，颜色变红呈水样，再逐渐变为浅红色。阴道伸长，阴道黏膜肿胀增厚形成许多粉红色的波浪状纵行皱襞和纵沟。阴唇明显肿胀发硬，触摸后躯和阴门时，尾巴上翘摇动，后腿微蹲。此时期母犬变得兴奋不安，注意力不集中，涣散漫游，服从性差，饮水量增加，排尿频繁。先是吸引公犬，然后主动接近并挑逗公犬，甚至爬跨公犬，但不接受交配。

2．发情期　发情期（estrus）为11.0±3.1天，是母犬接受交配的时期。生殖道充血、肿胀、松软和分泌达到最为明显的程度。输卵管分泌、蠕动及纤毛波动增强。

子宫显著肿胀增大而呈轻微分节的螺旋状，子宫宽度增加 50%，子宫壁增厚一倍。子宫内膜血管充血稍减轻，出血色暗，黏膜为淡红色。子宫内膜腺体变粗弯曲，分泌逐渐增强。子宫颈松弛柔软，分泌增多。阴道黏膜肿胀减退，阴道皱襞上出现横向波纹而变成锯齿状，在最佳配种时间的后期锯齿形状最为明显，形如堆积的浮冰。随后阴道黏膜的颜色变为深奶油色至白色，分泌物减少呈肉水样，阴道皱襞变得扁平。阴门在临近排卵时消肿变得柔软松弛，之后再次肿胀。母犬兴奋喜动，烦躁不安，声粗眼亮，敏感性增强，食减尿频，子宫、阴道和阴唇出现节律性收缩。母犬喜欢挑逗公犬，低头拱背举尾，阴门频频开闭。公犬接近时或用手按压母犬的腰部或抚摸尾部时，母犬站立不动，尾巴抬起偏向一侧，露出阴门，接受交配。

排卵前 2～3 天部分颗粒细胞黄体化，卵母细胞完整地附着在卵丘上；排卵前 1～2 天更多的颗粒细胞黄体化，卵丘细胞排列松散，卵母细胞与卵丘的连接逐渐松开，接近游离漂浮状；排卵时颗粒细胞黄体化的程度更高，卵丘细胞松散分开，卵母细胞脱离卵丘漂浮于卵泡液中。颗粒细胞黄体化伴随着细胞肥大，发情开始时卵泡壁变厚，所以犬成熟卵泡的卵泡壁远比其他动物的厚，排卵后卵泡不会塌陷。腹部超声扫描可能看到许多不反射超声波的大卵泡，卵泡数量在 1～2 天减少说明发生了排卵。排卵后卵巢变成圆形或椭圆形，卵巢表面出现许多与卵泡难以区分的囊状无回声结构。黄体位于卵巢的表面，排卵后 10 天内为充有液体的淡红色红体，以后变为黄体。

犬在发情期初期发生排卵，排卵后发情持续很长一段时间，这是不同于其他动物的特征。犬在发情的第 2 天出现 LH 排卵峰，LH 排卵峰后 48～60h 排卵，排卵过程持续约 12h。两侧卵巢排卵功能相同，通常情况下排卵 6.0±1.7 枚。排卵数依品种和个体差异很大，同一个体也常不固定，不同季节的排卵数未见差异。小型犬（体重＜10kg）排 5.5±0.7 枚卵，中型犬（体重 10～20kg）排 7.8±0.7 枚卵，大型犬（体重＞20kg）排 10.1±1.4 枚卵，年轻犬排卵数少，接近老年期犬的排卵数也减少，年轻犬比年老犬的排卵要略慢。犬的卵巢有卵巢囊包裹，输卵管与卵巢囊相接，排出的卵直接进入卵巢囊。

卵子可以发生受精的时期称为可受精期，母畜配种或授精可以发生妊娠的时期称为可受孕期。犬排出的卵为初级卵母细胞，要经过 48～60h 完成第一次减数分裂形成次级卵母细胞，才开始具有受精能力，并在此后的 2～3 天保持受精能力。此时卵母细胞已进入了输卵管 2/3 处。因此，卵子的可受精期是 LH 排卵峰后的 4～7 天或排卵后的 2～5 天。犬精子在雌性生殖道内保持受精活力的时间至少 6 天，犬子宫颈在 LH 排卵峰后 6～8 天关闭。犬的可妊娠配种时间是从允许交配或 LH 排卵峰前 3 天到 LH 排卵峰后 7 天，而对于高质量精液来说时间可能更长。可见，犬的可妊娠配种时间比其他动物长得多。犬的最佳配种时间则是卵子的受精时间或在此时间稍前，即 LH 排卵峰前 1 天到 LH 排卵峰后 5 天或 6 天，在此期间配种可获得最高妊娠率和最大产仔数。在此期之前或之后配种，妊娠率或产仔数都会降低。阴唇肿胀消退明显变软时通常出现 LH 排卵峰，阴唇肿胀程度的变化可以指示犬的排卵时间。在发情期的第 4 天，或阴唇肿胀的一过性消肿期（发情期的第 3～5 天），或 LH 排卵峰后第 4 天交配 1 次 95% 的母犬可妊娠；在 LH 排卵峰后第 6 天交配受孕率会降至 80%，到 LH 排卵峰后 10 天交配受孕概率下降至零。在发情期的前 4 天内首次配种，48h 后再进行第 2 次配种，受孕率最高；在发情间期开始前 4～10 天受精可达最大产仔数。季节和配种对发情期的长短没有明显影响。

3. 发情间期 发情间期（diestrus）约为 58 天，是发情结束到黄体功能结束的一段时间。输卵管细胞的纤毛减少，分泌减弱。子宫内膜增生，子宫壁增厚，子宫肌松弛，子宫颈收缩。子宫腺体扩张分泌功能加强，子宫腔内积有红褐色到黄绿色絮状分泌液。由于腺体和腺管间的结缔组织增生不均衡，子宫腺的排泄管受到压迫，分泌物聚积使腺腔扩张，子宫内膜表面出现许多直径为 4～10mm 的半透明囊泡，外观呈鹅卵石状，称为子宫内膜囊性增生（cystic endometrium hyperplasia）。雌激素和孕酮对子宫内膜有累加效应，大龄犬的这种情况显著。子宫角变粗增长卷曲，子宫的最大体积与最高血液孕酮浓度的时间相一致。阴道黏膜上皮层变薄，皱襞变得低而长。阴门肿胀经过 3 周逐步消肿复原，不再松弛，偶尔见到少量黑褐色排出物。母犬变得安静、驯服、乖巧，不再吸引公犬。到了发情间期后期，子宫角变细屈曲消失，子宫内膜变薄呈灰白色，子宫内腔增大，但子宫肌的厚度不变。子宫内膜腺体数量减少，分泌停止，黏膜皱襞边缘圆滑。乳腺从排卵后 35 天开始明显发育，腹区乳腺发育比胸区乳腺更为明显，颜色逐渐变成粉红。发情间期结束时，有的母犬可能出现少许泌乳。

发情间期从 LH 排卵峰后的第 8 天开始。黄体位于卵巢的表面，10 天内呈亮的淡红色。在发情间期的前半期，黄体内部有大空腔。随着黄体的发育，大约在 20 天时黄体的腔体被黄体组织和结缔组织填满，黄体达到最大体积（直径 6～10mm）。此时的黄体与妊娠时的黄体没有差异，呈红色的突起块。42 天左右黄体细胞逐渐开始萎缩变小，黄体细胞排列松散，有的细胞内有空泡，黄体内部有发达的树枝状结缔组织。60 天时黄体为淡黄色，与基质颜色相近但界线清晰，黄体细胞完全变性，形态不清。

4. 乏情期 乏情期（anestrus）约 4.5 个月，为黄体功能结束后到下一个发情前期开始前的时期，卵巢处于静止状态，卵巢表面没有肉眼可见的卵泡，性腺激素处于基值，内外生殖器官和乳腺处于体积最小状态。输卵管的上皮细胞为短立方上皮细胞，纤毛显著减少。子宫细而柔软呈扁平状，黏膜很薄呈灰白色，子宫腺体和毛细血管少，肌层不发达。子宫内膜有深的纵沟，表面有少量透明的分泌液。阴道和阴唇变得很小，阴道黏膜黑红色，无阴道分泌物。阴道皱襞变得很低，接近皱纹状。乳腺很小。子宫要在乏情期恢复到发情前期之前的状态。子宫要从发情期恢复到发情前期之前的状态，这个过程大约要到发情期之后的 120 天才能完成。分娩犬的乏情期包括泌乳期。在快进入发情前期的数天，卵泡开始缓慢发育，卵巢表面出现直径接近 4mm 的卵泡。大多数母犬变得无精打采，态度冷漠，食欲下降，偶见处女犬出现拒食现象。

犬发情周期中各期的时间长短变异很大，很难预测它们何时出现及它们的长度；发情间期与乏情期之间的转换变化不显著，没有明显的临床差异或界限，很难识别什么时候发情间期结束及乏情期开始。乏情期母犬与卵巢（和子宫）切除母犬之间也没有明显的临床差异或界限。

发情间隔通常为 7（5～11）个月，长短主要取决于乏情期的长短。乏情期长短与品种、健康、年龄、季节、环境及其他众多因素有关。犬的发情间隔在 2～6 岁相对稳定，7 岁之后则大多数延长，体重过高或过低也会延长。虽然小型品种犬的乏情期较短，如考卡犬可 4 个月发情一次；大型品种较长，如大丹犬 8 个月发情一次，但并不总是这样。例如，德国牧羊犬和洛特维勒犬的发情间隔 4.5～5 个月，生育能力强，一年中的发情次数可能比波士顿小猎犬和猎獾犬的多；非洲小猎犬巴辛吉、藏獒及澳洲野犬都是一年发情一次的品种。发情间隔明显较短的品种包括德国牧羊犬、罗特威尔牧犬、贝塞猎犬、西班牙长耳猎犬、拉布拉多猎犬等。图 3-2 描述了犬生殖活动周期中各期的持续时间及它们之间的相互关系。

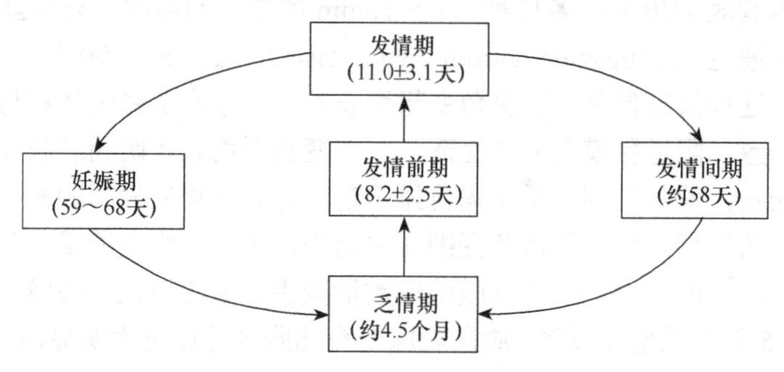

图 3-2　犬生殖活动周期的模式图

二、生殖内分泌

在乏情期，丘脑下部-垂体-卵巢轴处于静止状态，卵巢上既无卵泡又无黄体，血液雌二醇和孕酮处于基础浓度。乏情期快要结束时，丘脑下部-垂体-卵巢轴逐渐活化，GnRH 分泌缓慢而持续增加，引起 FSH 和 LH 出现脉冲式分泌，卵泡开始发育，分泌少量雌二醇。进入发情前期，血液 FSH 浓度升高，卵泡发育加快，血液雌二醇浓度明显和持续升高；血液雌二醇浓度在发情前期的最后 1～2 天达到峰值，血液 FSH 浓度则在此时降低。此时卵泡开始黄体化，由合成和分泌雌二醇转而合成和分泌孕酮，结果血液雌二醇浓度逐渐下降，血液孕酮浓度逐渐升高，1～2 天后血液孕酮浓度达到 1ng/mL，动物开始接受爬跨和交配，发情期开始。

进入发情期后，血液孕酮浓度很快达到 1.5～2.0ng/mL，此时丘脑下部周期中枢大量分泌 GnRH，引发 FSH 和 LH 大量分泌，两者同时达到峰值。FSH 峰出现的时间比 LH 排卵峰早，FSH 峰持续的时间比 LH 排卵峰长。LH 排卵峰（>10ng/mL）持续 16～24h，加快卵泡的黄体化进程。LH 排卵峰后 2 天发生排卵，排卵时血液孕酮浓度约为 4ng/mL。LH 排卵峰后血液孕酮浓度迅速上升，4～7 天时为 5～15ng/mL，通常在 20～30 天达到峰值并在峰值浓度（15～60ng/mL）维持 10 天。在此之后的 1～2 周，黄体功能慢慢衰退，血液孕酮浓度逐渐下降，在降到基础浓度时发情间期结束。从 LH 排卵峰算起，未孕犬的黄体期持续 66 天。发情期血液雌二醇浓度继续降低，减少到基础浓度时发情期结束，并在以后一直维持在基础浓度。发情间期血液 FSH 和 LH 恒定在较低浓度。

犬的子宫缺乏溶黄体因子，不需要胎儿来延长黄体寿命，切除子宫不会影响黄体寿命，未孕犬黄体期的长度与妊娠犬的长度相当。大约到发情间期的中期，血液孕酮浓度达到峰值时开始分泌促乳素；发情间期后半期血液孕酮浓度降低过程中血液促乳素浓度升高，到发情间期结束时血液促乳素浓度增加2～3倍。孕酮和促乳素引起乳腺发育，发情间期结束时有的母犬出现泌乳。LH和促乳素具有促黄体作用，尽管发情间期的后期血液LH和促乳素浓度在增加，但由于子宫中没有胎儿，缺乏胎儿对黄体的刺激作用，黄体功能还是不断降低并最后终止。黄体表达LH受体、促乳素受体、雌激素受体和孕酮受体，黄体内部的自分泌和旁分泌及黄体局部的免疫状态可能在决定黄体寿命方面起主要作用。

发情前期血液雌二醇浓度达到峰值，发情期血液雌二醇浓度降低并且出现高浓度的孕酮，是母犬生殖内分泌的一个特征。给切除卵巢的母犬注射9天雌二醇，注射3天后开始表现发情前期的行为特征，注射结束后出现5天的发情行为，注射结束后给予孕酮埋植剂则会出现9天的发情行为。可见，血液雌二醇浓度下降时血液孕酮浓度升高对犬充分表现发情行为可能是必要的。虽然雌二醇能诱导犬表现发情行为，但是孕酮能加强犬的发情行为。

当血液雌激素浓度降低和孕酮浓度升高时，母犬通常第一次表现接受交配行为，发情期开始（第1天）。对于典型的发情期，第2天为出现LH排卵峰的时间，第3天是卵泡最后成熟的时间，第4～7天是排卵的时间，第6～9天是受精时间，第12天是发情间期的第1天。图3-3所示为犬发情周期内分泌变化。

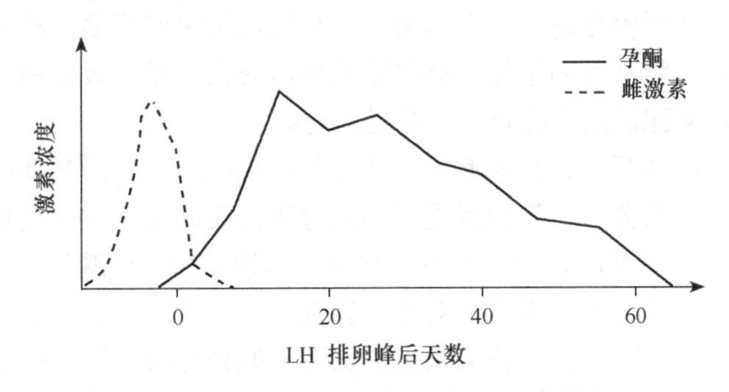

图3-3 犬发情周期孕酮和雌激素分泌的模式图

第四节 猫的发情周期

猫是季节性多次发情的动物，在繁殖季节中通常重复出现多个发情期，直至妊娠而中断。在北半球，猫的繁殖季节一般从1月下旬开始，到9月下旬结束，10～12月为乏情季节。距离赤道越远，猫生殖活动的季节性越明显。一般来说，长毛猫的繁殖季节比短毛猫的明显。如果允许交配，许多母猫可以一年产仔2～3胎。1月发情交配后在3月产仔，5～6月发情交配后在7～8月产仔，有些母猫在乏情季节到来之前还能再次发情和妊娠。

一、发情周期

猫的发情周期由发情前期、发情期、发情间隔期、发情间期和乏情期组成。猫是诱导性排卵动物，发情期没有交配或交配后没有发生排卵的进入发情间隔期，交配排卵后受精失败的进入发情间期，排卵并受精的进入妊娠期。由此可见，猫的发情周期更为复杂。猫的阴唇对雌激素不敏感，在发情前期和发情期变化很小并覆盖有阴毛，发情完全表现在行为上。所以，猫的发情只能通过性行为来鉴别，有公猫相伴时才能准确鉴定发情前期和发情期。猫发情行为的出现、高峰和结束滞后于血液雌激素浓度相应变化约 2 天。如果在发情期发生了排卵，发情期结束时已形成功能黄体，血液孕酮浓度增高，因而没有发情后期。

1．发情前期　发情前期为 1.2（0.5～2）天，是母猫对公猫感兴趣、能够吸引公猫但不接受交配的时期。当母猫允许公猫爬背和交配时，这个阶段结束。开始时卵泡直径不到 1mm，此后卵泡快速生长，48h 内长成直径 2～3mm 的半透明小囊。血液雌激素浓度快速升高，发情表现快速发展。母猫搔抓头部，靠在直立的物体或畜主身上磨蹭脖子，将耳朵下方皮毛稀疏部位分泌的油腻物质涂抹标记在这些地方，持续鸣叫，脊柱前弯，在地上翻滚，但不接受交配。大多数情况下，当观察到发情表现时，猫已经进入发情期。

2．发情期　发情期为 7（2～10）天，是母猫接受交配的时期。母猫前半身俯地半蹲，后脚踏步，脊柱前弯，尾巴偏翘向一侧，摩擦鸣叫和地上翻滚变得更剧烈，尿频，舔舐阴门，用手抚摸时尾巴松弛下垂。仅在一半猫的阴门处可观察到少许透明分泌物。厌食，不安好动，在屋内漫游，蹲在门旁，外出次数和时间增多，静卧休息时间减少。有些猫发情时对畜主特别温顺亲近，有些猫发情时异常凶暴，攻击畜主。猫的发情表现在夜间更加强烈，交配活动多在夜间僻静处进行。

在自由状态下，会有几只公猫追求发情母猫。母猫经过一段时间的熟悉过程后，才会从中选择和接受一只公猫。年轻或无经验的母猫需要的熟悉时间会更长一些。每次交配用时 0.5～5.0min。交配时公猫不断调整体位，母猫后脚不停踏步。公猫阴茎抽出时母猫发出尖叫声，并迅速转过身来以头对着公猫发出嘶嘶声，伸出爪子撞击公猫。母猫一旦脱离公猫，在 1～7min 表现独特的交配后反应：疯狂打滚（发生概率 100%），舔舐阴门（发生概率 92%），追打公猫（发生概率 77%），尖叫（发生概率 54%），有的晕头转向、伸懒腰，拒绝公猫再次接近。此时公猫通常守在母猫附近，几分钟后试图再次接近母猫。如果被母猫拒绝，会重新坐下继续等待。交配后反应消退以后，母猫可能伸出爪子触探公猫，或者是接近公猫，呈现脊柱前弯和踩踏姿势，在 20～30min 与原来的公猫或另一只公猫再次进行交配。在开始 24h 内，母猫通常可以交配 10～30 次。此后每次交配间隔时间延长，每天交配次数减少。发情持续时间与交配与否和排卵与否的关系不大。

猫是诱导性排卵型动物。公猫阴茎角质化突起强烈刺激母猫阴道，交配立即引起 GnRH 释放，交配后 15min 血液 LH 浓度升高，2h 内达到高峰，8h 恢复基础浓度。在血液 LH 浓度升高期间，LH 浓度随交配次数的增加而升高，通常 4h 交配 8～12 次 LH 浓度比只进行 1 次交配时高 3～6 倍，达到最高浓度，24h 回到基础浓度。在血液 LH 浓度下降期间，交配活动就不能引起 LH 浓度再次增加。猫的排卵是一个全或无现象，血液 LH 浓度达到阈值后所有成熟卵泡都会排卵。猫通常在交配后 27±3h 排卵 4～5 枚，大部分猫要在 2～4h 交配 4 次以上才排卵，交配一次仅有 1/4～1/2 的母猫排卵。交配后反应说明发生了交配，与是否发生排卵无关。发情期的第 3 天或第 4 天通常是发情高峰期，母猫在此期间每天至少交配 3 次，这样 90%母猫会发生排卵。交配次数不足，或在发情期内交配太早或太晚，都会降低排卵率，发情期只交配 1 次的母猫几乎不能排卵。

猫虽然是诱导性排卵型动物，但从来没有交配过的母猫有时可以发生自发性排卵，在繁殖季节猫每 30～60 天就排 1 次卵，或 35%母猫会自发排卵而后进入发情间期。用不育公猫交配，敲击背部或尾根部，或用玻璃棒或棉签在 5～20min 内对阴道进行 4～8 次刺探，每次刺探 2～5s，这些刺激可能诱发排卵。在发情第 2～3 天肌注 250IU hCG 或 25μg GnRH，可有效地增加母猫的排卵反应。

3．发情间隔期 发情间隔期（interestrus）为 8～10 天，发情期结束时没有排卵就进入此期。卵巢上原有卵泡功能停止，血液雌激素保持在基础浓度，无发情表现，不吸引公猫，也不接受交配，子宫和卵巢处于功能恢复重建过程，卵巢孕育着新一波的卵泡发育。此期结束时通常返回发情期，只是在恰逢进入乏情季节时才转入乏情期。

发情间隔期为诱导性排卵动物所特有，与自然排卵动物的发情后期有所不同。经历过交配但没有排卵的母猫，发情间隔期比没有经历交配的要短。

4．发情间期 发情间期为 40 天，是发情周期中的黄体期阶段，排卵后没有妊娠进入此期，黄体溶解后此期结束。黄体位于卵巢表面，颜色从呈棕褐色到橙色，黄体功能维持 35～37 天，卵巢上仍有卵泡发育。子宫内膜增厚，子宫卷曲形成螺旋状，子宫角胀满。未孕子宫在发情间期最大，随着年龄增长有时也会发生子宫内膜囊性增生，尤其是 3 岁以上的母猫。通常仅表现出乳头增大而不会出现乳腺发育，不会表现母性行为或泌乳。最明显的现象是停止了发情行为的周期性循环。在一年的繁殖季节中，猫可以出现 4～5 个发情间期。

5．乏情期 乏情期约 90 天，为每年的 10～12 月，是卵巢处于静止状态的时期。母猫不会吸引公猫，也不接受交配。

光照对猫卵巢活动开始及周期性变化起重要作用，长毛品种似乎比短毛品种对光更具有敏感性。光照强度不够是乏情期延长的一个主要因素。可以清晰阅读报纸的光线强度称为白天或光照时间。每天 14h 光照可使母猫全年表现发情活动；光照时间从每天 14h 减少到 8h 时，猫的周期性活动很快就会停止。保持 10h 最小强度人工光照（相当于在 $4m^2$ 房间里用一个 100W 的灯泡），可使母猫在较长时间内保持卵巢活动，推迟乏情期。先是每天 8～10h 的光照持续一周，然后每天 12～14h 光照持续 4～8 周，这个方案可以重复使用来诱导母猫发情。暹罗猫对光照的敏感性不高，全年都能发情。图 3-4 描述了猫生殖活动周期中各期的持续时间及它们之间的相互关系。

猫发情间期结束后子宫和卵巢快速恢复，只需 8～10 天就会再次出现发情。这 8～10 天没有发情表现，像是发情间期仍在继续，所以有人认为猫发情间期的长度是 50 天。从生理学角度来讲，在这 8～10 天里，子宫和卵巢处于功能恢复重建过程，并且孕育着新一波的卵泡发育，其实质与发情间隔期相似。母猫产后如果没有哺乳仔畜，也会于 8～10 天后出现发情，其实质也与发情间隔期相似。基于这三者在形式（8～10 天）和内容（子宫和卵巢功能恢复重建）方面相似，图 3-4 中给出了从妊娠期到发情间隔期的箭头和从发情间期到发情间隔期的箭头，但此时仍用发情间隔期这个名称在逻辑上有些不合适，敬请读者注意。乏情期中，子宫和卵巢功能已经完成恢复；乏情

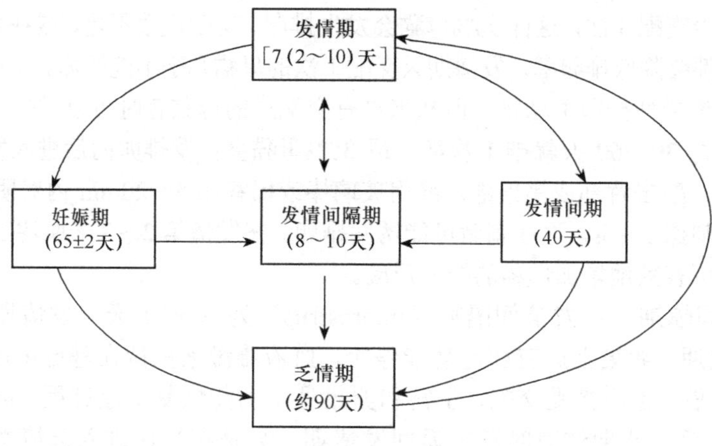

图 3-4　猫生殖活动周期的模式图

期结束时，子宫和卵巢功能只需进行重建，动物很快进入发情期，并不经过一个完整意义上的发情间隔期。

二、生殖内分泌

在乏情期，丘脑下部-垂体-卵巢轴处于静止状态，卵巢上既无卵泡又无黄体，血液雌二醇和孕酮处于基础浓度。乏情期快要结束时，丘脑下部-垂体-卵巢轴逐渐活化，开始出现 FSH 和 LH 脉冲式分泌活动，卵泡开始发育和分泌少量雌二醇。进入发情前期后卵泡发育加快，血液雌二醇浓度迅速升高，24h 可增加 2 倍。血液雌二醇浓度达到 25pg/mL，动物迅速进入发情期。在发情期的第 2 天血液雌二醇浓度达到 40～50pg/mL 并且持续 3～4 天，峰值可达到 70pg/mL。如果没有排卵，卵泡功能停止，血液雌二醇在 2～3 天内降至基础浓度，垂体促性腺激素也在基础浓度波动，动物进入发情间隔期。充分的交配刺激引起丘脑下部 GnRH 释放增加，血液 LH 浓度很快升高形成 LH 排卵峰（>90ng/mL）。排卵后血液雌二醇浓度急剧下降，通常在 2～3 天内返回并在以后维持在基础浓度，动物的发情行为也逐渐停止。排卵后 1～2 天黄体开始分泌孕酮，血液孕酮浓度逐渐升高，动物进入发情间期。约在 25 天时血液孕酮浓度达到峰值，通常会高于 20ng/mL。血液孕酮维持峰值浓度 5～8 天，然后逐渐下降。到 35～37 天后黄体功能结束，血液孕酮浓度迅速下降，40 天降至 1ng/mL 以下。在发情间期的早期切除子宫，不影响黄体寿命和孕酮浓度，说明子宫不参与黄体功能结束的调节。图 3-5 所示为猫发情周期内分泌变化。

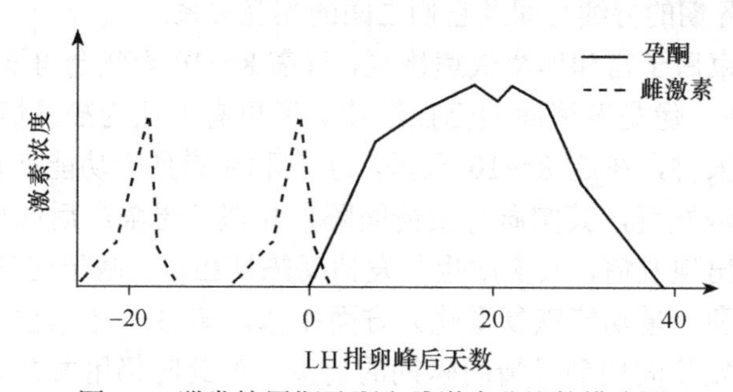

图 3-5　猫发情周期孕酮和雌激素分泌的模式图

第五节　阴道细胞学

阴道上皮是卵巢激素的靶组织之一，雌激素使阴道上皮细胞出现特征性变化。血液雌激素浓度升高刺激阴道上皮生长，阴道上皮由乏情期的几层细胞变成发情前期结束时的20～30层细胞。当阴道上皮变厚时，浅层上皮细胞角质化，出现鳞片状细胞，脱落细胞的数量也增加，动物进入发情期。从发情后期开始，阴道上皮逐渐退化。可见，阴道细胞学（vaginal cytology）反映的是外周血液雌激素浓度，可以用来反映和监测卵泡功能。每天或隔天采样和涂片一次，连续性地分析这些系列涂片。各种阴道上皮细胞百分数的变化可以区分发情前期、发情期和发情间期，确定发情周期的进程，粗略预测配种时机，回顾母犬配种时间是否适当并预测分娩日期。

阴道细胞学是一种简单、经济的判断动物生殖状态或阶段的补充性判定工具，结合发情行为观察的结果，如阴门肿胀程度、尾巴上翘摇摆等，通常足以监测大多数母犬排卵前后的变化。但阴道上皮细胞最大角质化（也就是表层细胞最大百分比）的时间和程度在动物个体间或自身的变异较大，阴道细胞学无法准确预测和鉴别发情第1天、最佳配种日期、LH 排卵峰时间、排卵时间和受精日期，不能区别妊娠期和发情间期，不能用于妊娠诊断，不能完全替代发情观察。

非发情期和切除卵巢动物不会出现角质化的阴道上皮细胞。如果出现角质化的阴道上皮细胞，说明血液雌激素浓度增加，可见于卵巢残留综合征、卵泡囊肿、卵巢肿瘤或雌激素用药。

一、采样和涂片

对于要进行阴道上皮细胞涂片采样的动物，要给予确实和妥当的保定，最好进行局部或全身麻醉。采样时助手一只手抓住动物的后颈，另一只手抓住尾巴，慢慢抬高动物身体的后部，暴露、清洗和擦净动物的阴唇。兽医一只手分开犬的阴唇，另一只手持长柄棉签，由阴门背侧以45°向上向前插入阴道前庭，待棉签越过尿道开口触及阴道的背部后转而向前插，最后到达阴道前端或深处。猫的阴道前庭短而直，棉签直接向前就可插入阴道。将棉签贴在阴道壁上向左右各捻转一整圈，然后轻轻退出。整个采样过程只需要几秒钟，不会造成疼痛。与发情前期和发情期阴道有足够的分泌物不同，非发情期动物阴道没有分泌物，采样之前棉签要在生理盐水中浸润一下。阴道上皮细胞对雌激素敏感，角质化程度受雌激素影响的特征明显，与阴道前庭上皮细胞有很大区别。因此，要尽量从阴道中部或前部采集阴道上皮细胞，保证阴道细胞学诊断的可靠性。体重10kg犬的阴道长度为10～14cm，借助开膣器能够方便地从阴道中部或前部进行取样。阴道上皮细胞涂片表皮细胞的类型和相对数量，可随黏膜增生的程度及前几次擦除的细胞层数的不同而不同。假如在相对较短的时间里多次擦拭同一地方，阴道上皮细胞涂片上细胞类型和相对数量可能发生改变。因此，连续采样时，要有意在阴道的不同深度和/或阴道壁的不同侧面进行轮流采样，以保证诊断结果的可靠性。兽医可以告诉畜主怎样采样和涂片，畜主将干燥好的涂片带给兽医人员进行染色分析。

棉签从阴道取出后就要马上涂片。棉签在载玻片上从一端向另一端轻轻单向滚动，共涂出2～3条彼此平行的区域，每个区域只能涂片1次。涂片时不要用力压和来回摩擦棉签，以免损伤细胞。一根棉签通常含有足够的细胞，可制出几张涂片。玻片通常先是自然干燥，然后用甲醇或乙醇固定30min，用吉姆萨染液、瑞特染液、新亚甲蓝染液或苏木精曙红染液染色10～30min，水洗、干燥、镜检。阴道上皮细胞染色比血细胞染色所需的时间要长，假如细胞染色太浅，可将玻片浸入染色液再次染色。未染色和已染色的涂片可在玻片盒里保存数月到几年。涂片不要相互紧挨，以防涂片之间粘连，或细胞间污染。封上盖玻片是最佳保存方法。

二、阴道上皮细胞

阴道上皮如同皮肤的表皮一样，位于基膜上的基底层细胞（basal cell）是圆形小细胞，它不断分裂更新离开基膜，补充表层角质化脱落的细胞。基底层细胞离开基膜也就远离了血液供应，接着便开始了细胞死亡过程，表现出形态上的相应变化。基底层细胞离开基膜后变大而且形状变得不规则，细胞核浓缩变小，崩解前变为无核细胞，在此过程中形成了阴道上皮细胞涂片中所有上皮细胞类型。阴道上皮细胞从深到浅根据形态分为如下三种类型，这些不同的细胞类型代表细胞死亡的不同时期。

1．旁基层细胞（parabasal cell）　阴道上皮细胞涂片中最小的上皮细胞，直径为10～20μm，呈圆形或卵圆形，细胞核大，细胞核直径通常占细胞直径的45%～90%，是阴道脱落上皮细胞中核质比最大的一种。

2．中间层细胞（intermediate cell）　大小变化较大，细胞核明显而突出。较小的中间层细胞直径约为30μm，多数是椭圆形，细胞核直径通常占细胞直径的30%～35%，是相对深层的中间层细胞；较大的中间层细胞直径超过50μm，多数是多角形，细胞核直径通常不到细胞直径的35%，最小的只有15%，是相对浅层的中间层细胞。大的中间层细胞和表层细胞的大小相似，有时会将两者相混淆。

3．表层细胞（superficial cell）　阴道上皮细胞涂片中最大的上皮细胞，直径40～75μm，细胞形状不规则或呈多角形，细胞核直径通常不到细胞直径的15%，细胞核固缩模糊，或不易与细胞质相区别。在雌激素最大刺激时，它位于阴道上皮的最表层，是发情期的典型细胞。表层细胞吉姆萨染色后呈浅蓝到深蓝紫色，但在发情时通常染成深蓝紫色。这种深度染色可能使表层细胞即使有核存在，看上去也像没核。

阴道上皮细胞离开底层后的形态变化是个连续过程，在两个相邻形态类型之间存在着大量的过渡形态的细胞，使得读片结果带有一定的主观性。例如，仅凭一张涂片要把大的中间层细胞同表层细胞区分开来的难度较大，有时还会出错。阴道上皮细胞涂片中有时还会出现红细胞、嗜中性粒细胞或细菌。涂片背景常因黏液蛋白或细胞碎片的着色而变得不够清晰。当阴道有炎症时可影响阴道分泌物的性状和细胞成分，得出错误的结论。

三、犬阴道上皮细胞涂片分析

根据阴道上皮细胞涂片确定犬发情周期的时期（图3-6），最重要的是表层细胞的变化。表层细胞数量增加表示由发情前期演变为发情期，发情期阴道上皮细胞角质化程度达到高峰。发情期2/3时间内表层细胞超过90%，余下1/3时间也在80%～90%。出现LH排卵峰时阴道黏液中蛋白质浓度降低，涂片背景变得清晰。在排卵当天及接下来的一天，上皮

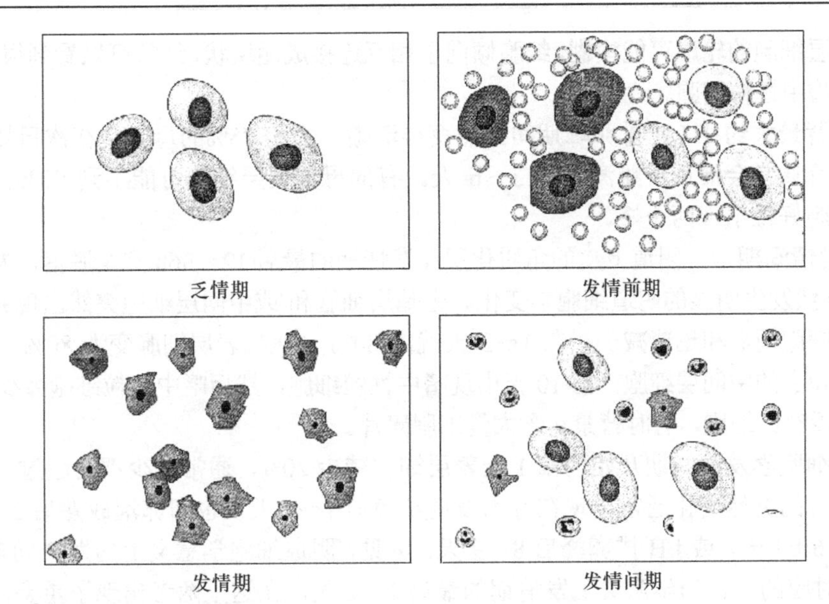

图 3-6　犬阴道上皮细胞的模式图

细胞全部角质化，核不明显，涂片上经常见不到部分角质化的细胞。从发情前期开始，阴道上皮细胞涂片出现红细胞。红细胞数量在发情前期的早期最多，往后逐渐减少，到发情间期的前期仍然可见形态不整的红细胞碎片。嗜中性粒细胞在发情期很少见，并在排卵时消失，发情间期的早期又出现多量的嗜中性粒细胞，这大概是因为发情期阴道上皮很厚的缘故。这些嗜中性粒细胞看上去有些退化，细胞核发生变形，细胞核与细胞质之间没有边界。假如发情期母犬阴道上皮细胞涂片中含有嗜中性粒细胞，那么就要考虑子宫、阴道或前庭有炎症。发情周期的各期阴道上皮细胞涂片中几乎看不见淋巴细胞和嗜酸性粒细胞。阴道上皮细胞涂片中常常可看到细菌，发情期细菌数量比发情间期和妊娠期多。

1．发情前期　发情前期阴道上皮细胞涂片中表层细胞持续增加，旁基层细胞和小的中间层细胞则逐渐减少至消失，嗜中性粒细胞的数量逐渐减少至消失，常有多量的红细胞，细菌也可能较多。

（1）早期　旁基层细胞和小的中间层细胞占据多数（>80%），有较多红细胞和嗜中性粒细胞，细菌数量由多到少，涂片背景常不够清晰。

（2）中期　旁基层细胞和小的中间层细胞减少，表层细胞和大的中间层细胞增加至 40%～60%，嗜中性粒细胞减少，涂片背景可能清晰或模糊。

（3）后期　表层细胞超过 80%，嗜中性粒细胞消失，涂片背景干净。

犬发情前期的持续时间差异很大（2 天～3 周），仅从阴道细胞学上很难区分发情前期的后期与发情期。犬发情前期阴道出血的差异也很大，有的仅是发情前期的少许几天有（或许一天也没有），有的整个发情前期都有，有的延续至整个发情期，有的甚至持续到发情间期。

2．发情期　表层细胞通常占阴道上皮细胞总数 90%以上，常常达到 100%，其中无核细胞达到或超过 75%，这一比例在整个发情期保持相对稳定。多数表层细胞散开单个存在，玻片背景清晰，可以看到细菌，偶尔可以见到红细胞，见不到嗜中性粒细胞。发情期末期表层细胞的轮廓可能模糊，细胞倾向于相互连接成团块状，经常可以看到很多细菌，再度出现嗜中性粒细胞。

涂片背景大约在 LH 排卵峰期间突然变得清晰，大约 75%的母犬会在次日排卵。表层细胞高峰通常会滞后于雌激素峰 3～6 天。有的母犬表层细胞可能不到 90%，有些犬的表层细胞好像出现两个峰。

3．发情间期 阴道上皮的角质化层在发情期的最后 12～36h 完全脱落，发情间期第 1 天突然发生明显的阴道细胞学变化。旁基层细胞和/或中间层细胞突然出现并迅速增加，表层细胞明显和迅速减少，在 1～3 天就由 80%～100%表层细胞变为 80%～100%旁基层细胞和小的中间层细胞。前 10 天出现嗜中性粒细胞，然后嗜中性粒细胞减少，20 天后消失。没有红细胞，有时背景包含大量细胞碎片。

阴道细胞学发情间期开始的第 1 天表层细胞减少 20%，通常减少都会超过 50%。阴道细胞学上的突然变化通常出现在行为发情结束前 1～2 天，也即卵泡成熟后 2～5 天，或排卵后 6±1 天，或 LH 排卵峰后 8～9 天。可见，阴道细胞学意义上的发情间期第 1～2 天，所对应的是行为学意义上发情期的最后 1～2 天，在这里两者出现了重叠。

阴道细胞学不能预测排卵时间，但可以通过发情间期阴道细胞学发生改变倒推 6 天来确定排卵时间。阴道细胞学的发情间期最早开始于排卵后第 6 天，最晚到排卵后第 11 天。在阴道细胞学的发情间期开始前 3～10 天，单次配种的妊娠率会超过 95%。从持续发情的第 1 天开始，直到拒绝交配后第 7 天，每天涂片一张并注明日期，这样可以鉴定阴道细胞学上发情间期的第 1 天，当阴道细胞学上发情间期开始后就不再是母犬的最佳配种时间了。因此，阴道细胞学上的发情间期的开始可用于回顾性地推测配种是否是在恰当时间，预测分娩时间，对于研究不孕症也很重要，但无助于预测配种的最佳时间。发情前期表层细胞渐进性增加且动物表现出行为改变，发情间期不表现这样的变化。发情间期早期的阴道上皮细胞涂片中通常存在有红细胞。单凭一张阴道上皮细胞涂片几乎不可能区分是发情前期还是发情间期的早期。

4．乏情期 阴道上皮细胞涂片中表层细胞的数量很少，主要是旁基层细胞和小的中间层细胞，偶尔有嗜中性粒细胞和细菌，背景可能清晰或有颗粒。

表 3-1 和表 3-2 为划分犬发情周期的各种方法及母犬生殖生理事件之间的相关性和配种时间。

表 3-1 划分犬发情周期的各种方法（引自 Johnston et al., 2001）

划分方法	发情前期	发情期	发情间期	乏情期
行为	吸引公犬，不接受交配	接受交配	不接受交配	不接受交配
临床表现	阴唇肿胀变硬，排出血样分泌物	阴唇柔软但仍较大，分泌物颜色鲜亮	阴唇变小，后期乳腺发育，结束时可能出现泌乳	阴唇进一步变小
激素	雌二醇达到峰值，后期出现孕酮；LH 脉冲分泌，FSH 低	雌二醇降到基值，孕酮迅速上升；出现 LH 排卵峰和 FSH 峰	雌二醇低；孕酮 3～4 周达到峰值，此期结束时降到基值	雌二醇和孕酮保持基值；后期 FSH 和 LH 脉冲式增加
卵巢生理	卵泡发育	排卵；黄体开始发育	存在黄体	无卵泡和黄体
阴道细胞学	各种上皮细胞，前中期存在红细胞和白细胞	>90%表层细胞，其中无核细胞>75%	>50%旁基层细胞和中间层细胞	>90%旁基层细胞和小的中间层细胞

表 3-2 母犬生殖生理事件之间的相关性和配种时间

	LH 排卵峰	排卵	卵母细胞成熟	阴道细胞学发情间期开始	配种时间	最佳配种时间	预产期
LH 排卵峰		LH 排卵峰后 2～3 天	LH 排卵峰后 4～6 天	LH 排卵峰后 8～9 天	LH 排卵峰前 1 天～后 6 天	LH 排卵峰后 4～6 天	LH 排卵峰后 65±1 天
排卵	排卵前 2～3 天		排卵后 2～4 天	排卵后 6±1 天	排卵前 3 天～后 4 天	排卵后 2～4 天	排卵后 63±1 天
卵母细胞成熟	卵母细胞成熟前 4～6 天	卵母细胞成熟前 2～4 天		卵母细胞成熟后 2～5 天	卵母细胞成熟前 6 天～后 2 天	卵母细胞成熟前 2 天～后 1 天	卵母细胞成熟后 60～62 天
阴道细胞学发情间期开始	发情间期开始前 8～9 天	发情间期开始前 5～7 天	发情间期开始前 2～5 天		发情间期开始前 2～10 天	发情间期开始前 3～5 天	发情间期开始后 57 天

四、猫阴道上皮细胞涂片分析

阴道上皮细胞涂片背景的清晰度是母猫雌激素活动最敏感、最一致的反应。阴道上皮细胞涂片清晰度很容易鉴别，并且能持续存在，可用于鉴别猫的发情期。当阴道上皮细胞涂片背景的清晰度增加时，比较容易观察阴道上皮细胞。与犬相比较，猫阴道细胞学的特点有：①阴道上皮细胞的类型不容易区分，角质化上皮细胞分散存在；②发情时子宫没有血液渗出，阴道上皮细胞涂片上不出现红细胞；③嗜中性粒细胞仅出现在发情间期的早期和妊娠期；④阴道上皮细胞采样可以诱发排卵，实践中需要考虑这个因素。

1. 发情前期 伴随着血液雌二醇浓度的升高，阴道上皮细胞层数增加并且发生角质化。阴道上皮细胞涂片中，旁基层细胞 18%，中间层细胞 60%，有核表层细胞 20%，无核表层细胞 2%，通常看不到嗜中性粒细胞，涂片背景清晰。

2. 发情期 阴道上皮角质化高峰出现在血液雌二醇浓度峰值时。阴道上皮细胞涂片中，旁基层细胞占 0.3%，中间层细胞占 11.6%，有核表层细胞占 63.6%，无核表层细胞占 24.5%。偶尔看到嗜中性粒细胞，涂片背景清晰。

3. 发情间隔期 旁基层细胞 2%，中间层细胞 48%，有核表层细胞 46%，无核表层细胞 4%。嗜中性粒细胞多（约占上皮细胞 32%），涂片背景清晰。

4. 发情间期 旁基层细胞 48%，中间层细胞 50%，有核表层细胞 2%，无核表层细胞 0%。嗜中性粒细胞多（约占上皮细胞 32%）。

5. 乏情期 旁基层细胞 9.7%，中间层细胞 87.4%，有核表层细胞 2.7%，无核表层细胞 0.2%，嗜中性粒细胞少（约占上皮细胞 3%）。

血液雌激素浓度与卵泡发育阶段高度相关，大部分母猫在不发情期间血液雌激素浓度会低于 15pg/mL，血液雌激素浓度超过 20pg/mL 就进入卵泡阶段。低于 10%的猫在卵泡阶段的第 1 天表现出发情行为，此后表现出发情行为的比率逐渐升高，卵泡阶段的第 2 天相当于发情期的第 1 天。发情期阴道上皮细胞涂片背景清晰度最高。阴道上皮细胞涂片的清晰度在临近卵泡阶段时开始增加，在卵泡阶段前约 10%，在表现发情行为之前约 30%，在卵泡阶段至少 80%。阴道上皮细胞涂片的清晰度在卵泡阶段结束后逐渐降低，到卵泡期结束后5天清晰度约20%。在卵泡阶段前后，阴道上皮细胞涂片上各种阴道上皮细胞百分数发生典型变化。无核表层细胞在卵泡阶段的第1天增加到10%，第4～7天达到顶峰为40%，然后减少，到卵泡阶段结束后的第5～6天少于10%；有核表层细胞在卵泡阶段保持在60%（左右）；中间层细胞从发情间期的40%～50%减少到卵泡阶段第4～7天的少于10%；旁基层细胞在卵泡阶段消失，卵泡阶段结束后5天恢复到卵泡阶段开始的水平。很多母猫的发情行为超过了卵泡阶段，在卵泡阶段结束后的第1～4天分别有大约60%、40%、20%和5%的猫继续表现出发情行为（表3-3）。

表3-3　猫卵泡阶段的阴道上皮细胞涂片和阴道上皮细胞变化（引自Feldman and Nelson，1996）

卵泡阶段/天	发情行为/%	阴道涂片清晰度/%	旁基层细胞/%	中间层细胞/%	表层细胞/%	无核表层细胞/%
－5	0	0	<10	40～50	40～60	<10
－4	0	0	<10	40～50	40～60	<10
－3	0	0	<10	40～50	40～60	<10
－2	0	10～20	<10	40～50	40～60	<10
－1	0	15～25	<5	30～40	40～60	<10
卵泡阶段1	<10	30～50	<5	20～30	50～60	～10
卵泡阶段2	30～40	60～80	<5	10～30	约60	10～15
卵泡阶段3	40～60	>80	<5	10～20	约60	15～35
卵泡阶段4	70～90	>80	—	<10	约60	约40
卵泡阶段5	80～90	>80	—	<10	约60	约40
卵泡阶段6	90～100	>80	—	<10	约60	约40
卵泡阶段7	80～90	>80	—	<10	约60	约40
1	40～60	60～80	—	10～20	30～60	约40
2	30～50	40～60	<5	20～40	30～60	15～30
3	10～30	20～40	<5	20～40	30～60	10～20
4	<10	10～30	<5	30～60	30～60	约10
5	<10	10～30	<5	30～60	30～60	约10

第四章 受　精

受精（fertilization）是精子和卵子相互融合形成合子（zygote）的过程。精子和卵子都携带单倍染色体，通过精卵结合恢复了物种细胞原有的二倍染色体，从而使合子拥有亲代双方的遗传信息，成为一个新个体发生的起点。受精包括一系列严格按照顺序完成的步骤，即精卵相遇、精子进入卵子、精卵细胞膜融合、雄原核与雌原核发育和融合。

第一节 配子的运行

受精发生在输卵管壶腹部，因而在受精前雌雄配子必须在雌性生殖道内分别向这一位置运行。要得到较高的受胎率，必须使卵子和精子在活力最强时相遇。

一、精子的运行

精子的运行是指精子由射精部位到达受精部位的过程。自然交配时，公畜将精液射入雌性生殖道。由于各种动物生殖器官解剖结构各具特点，射精部位也有差异。根据射精部位的不同，一般可将公畜的射精类型分为阴道授精型和子宫授精型。牛、羊、兔、猫等动物为阴道授精型，精液射入阴道内；马、猪、犬等动物为子宫授精型，精液射入子宫内。发情母犬子宫颈松弛开张，使公犬的尿道突起有可能插入子宫颈管，同时由于公犬的阴茎球体在射精时高度膨胀阻塞阴道，精液体积较大，致使精液可射入子宫体内。

（一）运行路径

公畜射精后，精子在雌性生殖道中从射精处继续向前运行，先后经过子宫颈、子宫体和子宫角，最后进入输卵管，到达输卵管壶腹部才能进行受精。精子除自身的运行能力外，主要借助于子宫和输卵管平滑肌的收缩而被转运，从子宫颈向输卵管方向移行。对于阴道授精型动物，精子在雌性生殖道的运行中，需分别通过子宫颈、宫管结合部和壶峡结合部三个屏障部位；而对子宫授精型动物，只有宫管结合部和壶峡结合部这两个屏障部位。屏障部位起着暂时潴留、筛选和调节精子数量的作用，从而保证正常受精和防止多精子受精。能通过屏障部位的精子大部分是活力高、可继续运动前进的精子，而活力低的则被截留和排除。屏障部位不断释放出活力强的精子继续前行，以保证受精部位能够保持一定数量的有受精能力的精子，所以这些部位又称为精子库。

母畜发情时生殖道分泌的稀薄黏液便于精子的运行。进入雌性生殖道的精子起初悬浮在精清中，随后与母畜生殖道分泌物相混，当精子到达受精部位时，精子几乎完全悬浮于母畜生殖道分泌物中。公畜一次射精排出的精子总数可达几亿或几十亿个，在三个屏障的筛选和子宫白细胞吞噬的作用下，大部分精子被阻止在雌性生殖道的某些部位最终死亡而被清除，能够到达受精部位的精子数目很少，一般仅有数十个至数百个。因而，在人工授精或体外受精时，必须考虑适宜的有效精子数，以保证正常受精和避免多精子受精。

（二）运行机制

精子由射精部位向受精部位运行的动力由以下因素共同构成。

1. 射精的力量 射精动作将精液射入雌性生殖道，并将精液向前推进，这是精液在雌性生殖道中运行的最初动力。

2. 子宫的抽吸 交配时阴茎的抽动、阴道的收缩使子宫内形成负压，精液可被吸入子宫内。

3. 生殖管道的收缩 子宫和输卵管是精子由射精部位向受精部位运行的主要路程，子宫和输卵管的收缩对精子运行的贡献最大。生殖管道的收缩波由子宫颈传向输卵管，推动着子宫内液体的流动，从而带动精子到达受精部位。子宫和输卵管收缩的幅度及频率受神经、激素的调节。发情期血液雌激素浓度升高，增强子宫肌对催产素的敏感性。配种前后性行为的刺激，包括视觉、听觉、嗅觉、爬跨等动作，特别是交配活动对子宫颈的机械性刺激，能反射性地刺激垂体后叶分泌催产素，使子宫收缩加强。催产素促进前列腺素的合成和释放，精液中的前列腺素也进入子宫，进一步促进子宫和输卵管的收缩。输卵管的蠕动和逆蠕动对精子运行的影响比较复杂，输卵管上皮细胞纤毛的摆动对精子的运行也有影响。

4. 精子的运动 精子的运动对精子通过屏障部位至关重要，子宫黏液中的游离氨基酸、葡萄糖、麦芽糖和甘露糖等可以为精子提供能量，同时支持精子在雌性生殖道中存活较长时间。精子获能后主动运动加强，对精子通过峡部进入壶腹部起到重要作用。此外，精子在雌性生殖道中的运行还与卵子可能释放某种能够吸引精子的趋化因子有关。海胆的卵子可释放一种具有吸引作用的物质来吸引精子，人的精子可聚集在人的卵泡液中，而且这种聚集与卵子受精有很大关系。

（三）运行速度

精子在母畜生殖道内的运行速度受精子活力、母畜子宫的收缩力度等因素的影响。一般情况下，精子活力高、子宫收缩力强，精子运行的速度就快。精子从射精部位运行至壶腹部仅需数分钟至十几分钟，在不同动物之间差异并不明显。精子运行速度还与授精方式有关。例如，牛在人工授精时仅需2.5min，而自然交配时则需15min。犬自然交配射精后，精子到达输卵管壶腹部仅需几分钟。

（四）维持受精能力的时间

由于精子缺乏大量的细胞质和营养物质，同时又是一种很活跃的细胞，因此精子离开附睾后的存活时间就比较短暂。精子在雌性生殖道内的存活时间受多种因素的影响，如畜种、精液品质、母畜的发情状况和生殖道环境等。一般而言，精子在雌性生殖道内通常可存活1～2天，牛为28h，羊为30～36h，猪为24h，马为3～5天，犬为11天。鸟类精子在雌性生殖道内存活时间较长，如公鸡的精子在母鸡生殖道内可存活32天之久。延迟受精是动物生殖中的一种罕见现象。有些蝙蝠秋季配种，精子在输卵管中长期存活，到春季雌蝙蝠排卵时才受精。

精子在雌性生殖道内的存活时间短，维持受精能力的时间更短。一般情况下，犬精子在母犬生殖道内保持受精能力的时间为6天，猫为2天。用精子在母畜生殖道内维持受精能力的时间来确定配种间隔时间，可以保证有受精能力的精子在受精部位等待卵子，从而达到受精的目的。

二、卵子的运行

（一）运行路径

卵泡发育成熟排卵时，放射冠的颗粒细胞包裹卵子随卵泡液排出；同时，输卵管伞部充血开张，并紧贴于卵巢表面。伞部和输卵管的不断活动，使伞部在卵巢表面扫动，结果将卵接入伞内。兔的输卵管伞部比较发达，排卵时伞部往往接近并覆盖在卵巢表面。猪的输卵管系膜在输卵管周围形成帽状薄膜，掩盖在卵巢表面，因而排出的卵子可直接进入输卵管。犬和猫的卵巢封闭在卵巢囊中，卵子随着卵巢囊分泌液的流动进入输卵管。

伞部接纳卵子后，卵子沿着伞部的纵行皱襞通过漏斗口进入输卵管，运行至壶腹部与获能精子相遇后受精。壶峡结合部产生的蠕动和逆蠕动使卵子前后移动，使卵子在壶峡结合部停留约2天，然后卵子下行到达宫管结合部。当宫管结合部的括约肌松弛时，卵子随同输卵管液进入子宫。卵子通过峡部后就迅速退化，进入子宫后则完全失去受精能力。

（二）运行机制

卵子与精子不同，本身没有自主运动能力。卵子在输卵管内的运行依赖于输卵管的收缩及纤毛的摆动。卵巢系膜、输卵管系膜及子宫输卵管韧带等的收缩活动能改变卵巢与伞部及输卵管各段之间的相对位置，也会影响卵子的运行。

输卵管肌肉的活动受神经和激素的调节。输卵管的活动受起搏区的控制，输卵管收缩从起搏区开始并向子宫和卵巢两个相反方向传送收缩波。山羊壶峡结合部周围有一起搏区，在发情期，从该区发出一组正脉冲，而在发情间期，则有一组负脉冲从该区发出。肾上腺素能神经支配壶峡结合部的环形肌舒缩，使峡部起着括约肌的作用。在发情期，输卵管肌纤维对去甲肾上腺素和电刺激的反应是兴奋性的，从而使峡部收缩；而在发情后期的反应则是抑制性的，促使峡部舒张，从而允许卵子运行到子宫。雌激素可能提高输卵管平滑肌纤维上的肾上腺素α受体的活性，孕酮则可能提高β受体的活性。前列腺素也影响输卵管收缩，PGE_1和$PGF_{2\alpha}$促进输卵管的收缩，PGE_2则促进输卵管舒张。

输卵管上皮的纤毛在壶腹部的分布较多，峡部较少。卵子进入输卵管后，在壶腹部最初数毫米的运行是靠纤毛摆动活动完成的。纤毛摆动受雌激素的激发，血液孕酮浓度升高能加快纤毛摆动。切除卵巢、垂体或切断垂体柄，均能使兔和猴输卵管上皮的纤毛活动完全消失，若用雌激素处理则可恢复。输卵管纤毛可能有两种摆动方向，这与卵子向雌性生殖道后方运行、精子向雌性生殖道前方运行有关。输卵管上皮分泌物的流向与纤毛摆动的方向有关，在一定程度上影响卵子运行的方向和速度。

（三）运行速度

卵子在输卵管全程的运行时间一般为3～6天，马约100h，牛约90h，绵羊约72h，猪约50h。犬的卵子在输卵管内运行的时间长达6～7天，猫的卵子在输卵管内停留3～4天。卵子随着输卵管的收缩波间歇性地向前移行，输卵管的蠕动使卵子快速前进，输卵管的逆蠕动则使卵子前进受阻，输卵管的分段收缩会将卵子关闭在局部区域。所以，卵子在输卵管不同区段运行的速度有所差别。卵子从输卵管伞底部至壶腹部的这一段运行很快，仅需数分钟就可到达受精部位；而卵子在壶峡联结部则滞留2天以上。

（四）维持受精能力的时间

卵子到达受精部位后如果没有受精则继续运行。此时卵子已接近衰老，外面包上一层输卵管分泌物，阻碍精子进入而不易受精。卵子的受精能力是逐渐降低消失的，很难精确测定。延迟输精，往往因为卵子老化而不能受精，即使受精也可能导致胚胎发育异常而死亡。

一般来说，卵子维持受精能力的时间比精子短，通常不超过 24h。犬的卵子在排卵后48～60h成为次级卵母细胞后才获得受精能力。犬和猫卵子维持受精能力的时间约为48h。

第二节 配子的准备

在受精前，精子和卵子分别要经历一定的生理成熟，才能进行受精。

一、精子的准备

（一）获能

精子在附睾尾部和输精管中呈现不运动的或呈微弱运动状态，刚射出的精子尚不具备受精的能力，必须在雌性生殖道内经历一定的结构和生理变化才能获得受精能力。精子获得受精能力的过程称为获能（capacitation）。一般情况下，交配发生在发情开始或发情盛期，排卵则发生在发情结束前后，这既保证了精子能先于卵子到达受精部位，同时也给精子保留充足的获能时间。

1. 获能机制 精浆和附睾液中存在着一些能够稳定精子细胞膜和抑制精子代谢的物质，结果使得精子在附睾尾部和输精管中呈现不运动的或呈微弱运动状态。发情期前后子宫液和输卵管液中有多种获能因子，如多种酶、离子、氨基多糖等，其中输卵管液中的氨基多糖类是主要的获能因子。精子进入子宫和输卵管后，在获能因子的协助下洗脱、除去精子表面的细胞膜稳定因子或保护物质，多种酶系被活化，细胞膜中胆固醇类物质流失引起细胞膜流动性和通透性提高，细胞膜由稳定状态转化为去稳定状态，精子内部的钙离子浓度升高，重新建立细胞膜内外的离子平衡；细胞膜环腺苷酸酶活性增加，cAMP 浓度升高，精子代谢活动明显增强，表现出呼吸率升高，耗氧量增多，线粒体氧化磷酸化功能旺盛等。这些变化最后激活精子，精子尾部运动能力增强，摆动的振幅增大，运行逐渐变为直线前进，使精子具备发生顶体反应和穿过卵子透明带的能力。

获能是一个可逆的过程。精浆及附睾液中存在脱能因子，获能精子转入精浆和附睾液中可暂时失去受精能力，这种现象称为脱能（decapacitation）。脱能因子可能吸附和整合在精子细胞膜上，影响细胞膜的某些功能而起到稳定细胞膜的作用。把脱能的精子移入雌性生殖道可重新获能。精子的获能与脱能取决于精子所处环境的物质对精子细胞膜的作用和影响。精胺可能是仓鼠、豚鼠及人类精子获能的抑制剂。

2. 获能部位　发情母畜的生殖道是最有利于精子获能的部位。获能过程首先在子宫内开始，最后在输卵管内完成，子宫和输卵管对精子的获能起协同作用。精子在宫管结合部停留可长达几十小时，如绵羊为17～18h，牛为18～20h，猪为36h，马可超过100h，输卵管上皮细胞有助于精子的存活和获能。除子宫和输卵管外，其他组织液也能使精子获能，但这种获能不像在输卵管内获能那样完全，只能部分获能。此外，获能没有严格的种属特异性，精子可在异种动物的雌性生殖道内获能。通过控制培养条件，如高离子强度液、钙离子载体、肝素、血清蛋白等，精子还可在人工培养液中完成获能。

3. 获能时间　不同动物的精子获能时间存在一定差异，如绵羊为1.5h，猪为3～6h，兔为5h，犬为6h左右。这种差异可能与各种动物精子细胞膜的理化特性差别有关。同时进入雌性生殖道的精子，它们获能的能力有大有小，获能的时间也有早有迟，往往是各种获能状态的精子同时存在。这种一些精子获能较快、另一些精子获能较慢的现象称为获能的异质性，可能与精子膜结构分子的多样性和精子年龄有关。在排卵前后的雌性生殖道中，精子获能的速度较快。精子获能的异质性使受精部位出现有受精能力精子的时间得以延长。

（二）顶体反应

顶体是覆盖在精子核前面的一个帽状膜性结构，由位于前面的顶体帽和位于后面的赤道板两部分组成。顶体帽内充满各种水解酶，如顶体酶和透明质酸酶。精子获能后顶体帽膨大，钙离子流入顶体，使前顶体素变为有活性的顶体素。顶体素激活细胞内磷脂酶，使顶体外膜的磷脂分解，顶体外膜的脂类成分发生改变，促使顶体外膜与精子细胞膜发生融合。精子细胞膜和顶体外膜融合形成许多囊泡状结构，顶体内膜暴露，顶体酶被激活并通过泡状结构间隙释放出来，这一过程称为顶体反应（acrosome reaction）。在此过程中，顶体的赤道板和顶体后区的细胞膜并不发生囊泡化和脱落。

获能的精子接近或进入卵子外围的放射冠细胞或与透明带结合时发生顶体反应，释放出来的顶体酶是一种丝氨酸蛋白激酶水解酶，能分解卵子外围的放射冠细胞和透明带，使精子穿过透明带，从而实现精卵融合。卵泡液、输卵管液、卵丘细胞、透明带均可诱发顶体反应，获能液的渗透压、pH、温度等都与顶体反应密切相关。在体外用钙离子载体A23187或肝素处理精子，可使细胞外的钙离子进入细胞内，发生顶体反应。小鼠透明带中ZP3具有钙离子载体A23187类似的功能，可以启动顶体反应。

二、卵子的准备

刚从卵泡排出的卵母细胞外面包围着排列致密的卵丘细胞，卵周隙狭窄，卵细胞膜（除动物极区以外）微绒毛呈倒伏状，纺锤体长轴与细胞膜平行，细胞膜下（除无微绒毛区）分布一层皮质颗粒。卵母细胞排出后，必须在输卵管内停留一段时间达到充分成熟，才能具备正常的受精能力。在输卵管内的这段时间，卵母细胞四周的卵丘细胞逐渐松散，卵周隙增宽，卵细胞膜的微绒毛由粗短变细长，而后竖起伸入卵周隙中，纺锤体旋转其长轴垂直于细胞膜，皮质颗粒增殖并沿细胞膜成线形分布，部分皮质颗粒内容物提前外排，这些变化为精子穿入卵母细胞和第二极体排出创造了良好的条件。卵子进入输卵管后，依赖于输卵管的蠕动收缩和纤毛摆动运行至壶腹，在此与精子受精。

犬排出的卵子是初级卵母细胞，尚未完成第一次减数分裂，要在输卵管内继续发育48～60h 并进行第一次减数分裂放出第一极体，由初级卵母细胞变为次级卵母细胞后才具备受精能力。猫卵子在排出后 48h 内受精。

卵子充分成熟变化也可在体外成熟培养过程中发生。山羊卵子在输卵管内充分成熟的时间为排卵后 4h，体外成熟培养需 24～26h，后者是山羊体外受精的最佳时期。牛卵母细胞在体外成熟培养 24h 达到充分成熟，这也是牛体外受精的最佳时期。

第三节　受 精 过 程

精子与卵子在输卵管中相遇后，精子主动穿入卵子进行受精。一般情况下，卵子由外向内包被有放射冠、透明带和卵细胞膜三层，受精时精子要依次穿过这三层结构后才能进入卵子。大多数哺乳动物的卵子在第一极体排出后才开始受精，当精子进入卵子时卵子正进行第二次减数分裂。犬的精子可在卵子第二次减数分裂之前进入卵子。精子进入卵子后，精子核形成雄原核，卵子核形成雌原核，然后两个配子的原核发生融合，完成受精。

一、精子进入卵子

（一）穿过放射冠

卵子放射冠的颗粒细胞之间有胶状基质黏蛋白，黏蛋白中含有透明质酸。精子释放的透明质酸酶使放射冠的胶状基质溶解，开辟出精子通过颗粒细胞层的通路以便精子穿入，或使放射冠逐渐崩解而将卵子释放出来。精子数量多时能产生较多的透明质酸酶，容易溶解基质黏蛋白，可加快放射冠的破坏。但精子数量过多会发生几个精子钻入卵膜，有时甚至使卵子崩解。因此，精子数量过多对受精有危害。牛卵的放射冠在排卵 14h 后即消失，但猪的放射冠在受精后仍继续存在。

（二）穿过透明带

透明带是一层包被卵子的糖蛋白，保护卵子和胚胎不受外界伤害。获能的精子与成熟卵子在输卵管壶腹部相遇，精子附着到卵子透明带上。这种附着开始时是非特异性和不牢固的，精子和卵子容易分离。经短时间附着后，精子较牢固地结合在透明带上。精子黏附于透明带上之后将顶体酶释放到透明带表面，顶体酶可以水解和软化透明带，精子同时借助于自身的动能机械性地斜向穿入透明带。精子穿入透明带时，透明带局部的纤维结构发生变形和移位；精子穿过透明带后，在透明带上留下边缘整齐的通道。获能精子穿过透明带不需要太长时间。大鼠精子在体内穿过透明带不超过数分钟，从自然交配的雌性动物输卵管中收集卵子很少看到透明带中有精子也证明了这一点。从附睾尾部收集的仓鼠精子与获能培养基中的卵子混合时，许多顶体完整的精子立即黏附于透明带上。这些精子发生顶体反应后，通常在3～4h后就穿过透明带，而预先获能的仓鼠精子可在30min内使卵子受精。在体外受精过程中，5min时一些精子头部已在透明带内，11min时15%的卵子透明带被精子完全穿过，20min时80%的卵子透明带被完全穿过。

透明带蛋白在不同物种之间有较大的差异，但也有很大的同源性。精子可以结合并穿过异种动物卵子的透明带，如金黄仓鼠精子与中国仓鼠卵子，绵羊精子与牛卵子，山羊精子与牛卵子，猎豹精子与家猫卵子，人精子与长臂猿卵子，仓鼠精子与人卵子。如果上述杂交顺序颠倒，则不能成功或成功率极低。

（三）穿过卵细胞膜

精子进入透明带后借助尾部的运动很快附着于卵子细胞膜表面的微绒毛上，开始时精子用头顶在卵子表面，随后精子的头部平卧大面积地附着于卵子表面。卵子细胞膜表面的微绒毛抓住精子的头，精卵黏着处的卵子细胞膜发生旋转，精子尾部全部进入透明带内。精卵接触20min后，精卵细胞膜的接触部位就发生细胞膜融合，精子的活动也随即终止。精卵两层细胞膜融合形成连续的膜，将精子的头部包入卵内，随着两层细胞膜不断向精子尾部融合，整个精子就被拖入卵内，精卵细胞内含物发生混合，新形成的细胞膜（合子膜）覆盖于卵子和精子的外表面，结果精卵完全合为一体。

卵母细胞在未完全成熟以前就开始具有精卵融合的能力，但这个时候从精子结合于卵母细胞细胞膜到发生细胞膜融合需要较长时间，每个卵母细胞可穿入的精子数目较少。随着卵母细胞的生长和成熟，这个时间间隙随之减少，但每个卵母细胞中穿入精子的数量在增加。精子与卵子细胞膜的融合可能没有种属特异性，精子普遍存在与异种动物卵子细胞膜的融合能力，金黄仓鼠卵子的细胞膜几乎可以被所有哺乳动物的精子穿入，小鼠的精子又可以穿入多种动物（包括金黄仓鼠、中国仓鼠、大鼠、豚鼠和兔）的去透明带的卵子。但是，小鼠的卵子则表现出很好的种属特异性，只允许同种精子穿入。

皮质颗粒是卵母细胞中的一种小的膜性细胞器，位于卵子细胞膜下，主要成分是蛋白酶、过氧化氢酶、乙酰氨基葡萄糖苷酶和糖基化物质。随着卵母细胞的生长成熟，皮质颗粒数量逐渐增多，小鼠卵中约有4000个，而海胆卵中有15 000个左右。当精子头部细胞膜与卵子细胞膜接触时，皮质颗粒膜首先在该处与卵子细胞膜融合，以胞吐方式将内容物排入卵周隙。皮质颗粒发生破裂和胞吐的现象从精子入卵点处开始出现，迅速向卵的四周扩散，波及整个卵子的表面，这一过程称为皮质反应。

在皮质反应中皮质颗粒膜加入卵细胞膜，使卵子细胞膜上微绒毛数量减少，精子受体减少，卵子细胞膜结构发生重组和改变；皮质颗粒释放的某些成分能改变透明带的性质和破坏透明带上的精子受体。结果，皮质反应从多方面阻止后来的精子进入卵子。正常情况下，卵子只允许一个精子进入发生受精。卵子受精时会有很多精子附着在透明带的外表面，但进入透明带内的精子数量很少。

皮质反应与配子膜融合所诱发的卵内钙离子浓度增高有关。如将能螯合钙的EDTA注入卵内，卵子则不被激活而停止发育；反之，若用钙离子载体A23187处理卵子，可使大多数卵子发生一系列的正常受精反应，表现为受精膜形成，细胞内 pH 升高，氧利用加强，蛋白质和 DNA 合成增加等。卵母细胞存在一个最适合皮质反应的时间窗口。如果卵子不成熟或卵子内缺少钙离子储存，则会缺乏皮质反应的能力，会导致多精受精；如果获能和顶体反应不足或太过，均不能实现正常的受精及激活皮质反应。

二、原核发育与融合

精卵细胞膜融合后，精子核直接与卵胞质作用，发生核膜破裂，组蛋白逐渐取代精核中浓度很高的精蛋白，染色质去致密化，精核疏松膨胀变大，核膜消失，精核失去固有的形态。最后，在疏松的染色质外又重新形成核膜，精核变成一个很像细胞核的圆形核，这种重新形成的核称为雄原核。精子的尾部最终消失，线粒体解体。

在精子染色质去致密化的同时，卵母细胞恢复减数分裂排出第二极体，随后在染色质周围重建核膜形成雌原核。此时的雌雄染色质都已活化，同时进行 DNA 复制。

雌雄原核同时发育，体积不断增大，逐渐相向移动。雌雄原核移到卵子中央时核仁和核膜消失，两个原核紧密接触，染色体重新组合，然后迅速收缩形成第一次有丝分裂纺锤体，受精到此结束。

受精的结果是形成了一个单细胞胚胎——合子，这也是胚胎发育的开始。

三、异常受精

正常情况下，卵子为单精子受精。多精子受精、双雌核受精、雌核发育和雄核发育属于异常受精，一般不超过 3%。异常受精造成染色体数目紊乱，胚胎多在发育的早期死亡。

1. 多精子受精 两个或两个以上精子几乎同时与卵子接近并穿入而发生受精的现象称为多精子受精，这与阻止多精子入卵机制不完善有关。产生多精子受精往往是由于延迟配种或授精。发生多精子受精时，进入卵内的超数精子如形成原核，其体积都较小。用实验方法可以使猪、小鼠和大鼠卵发生多精子受精，如增加输卵管壶腹部精子的数量，促使卵子衰老，改变 pH 或加温等。

2. 双雌核受精 卵子在某次减数分裂中未将极体排出，卵内出现两个雌核且都发育成原核而形成双雌核受精。双雌核在猪上多见，如母猪在发情后超过 36h 配种，双雌核率可达 20%以上。在兔（用老化精子）和小鼠（高温处理）也有发生，牛、羊则罕见。

3. 雄核发育和雌核发育 卵子开始受精时是正常的，但后来由于雌、雄任何一方的原核不能产生而形成雄核发育或雌核发育。小鼠延迟配种可引起这两种异常发育；用 X 线或紫外线照射小鼠或兔的精子，可发生雌核发育。

第五章 妊　娠

妊娠（pregnancy）是胚胎和胎儿在母体内生长发育的过程。妊娠从卵子受精开始，到胎儿及其附属物自母体排出结束。

第一节 妊 娠 期

妊娠期（gestation period）是指胎生动物胚胎和胎儿在子宫内完成生长发育的时期，通常从最后一次配种（有效配种）之日算起，直至分娩为止所经历的一段时间。动物的妊娠期是由遗传决定的。各种动物都有各自相对恒定的妊娠期，但品种之间存在差异，甚至同一品种动物的个体之间也不尽一致。

犬具有精子存活时间长和发情时间长的特点，若将配种的那天视为妊娠的第 1 天，统计出的妊娠期就会出现很大的范围。例如，如果在可受孕期将要开始时配种，精子在母犬生殖道内等待卵子，就会引起表观妊娠期延长，结果妊娠期可长达 72 天；如果在可受孕期将要结束时配种，卵子在母犬生殖道内等待精子，就会引起表观妊娠期缩短，结果妊娠期可短至 56 天。尽管如此，在实际工作中仍然以配种的那天为妊娠期的起点，犬的妊娠期一般为 59～68 天。若以 LH 排卵峰为起点，分娩发生在 LH 排卵峰后的 65±1 天；以排卵为起点，妊娠期为 63±1 天；以受精为起点，妊娠期为 60±1 天。根据阴道细胞学判断的发情间期始于排卵后的第 6 天左右，若以阴道细胞学的发情间期第 1 天为起点，妊娠期则没有差异，即约为 57 天。

猫的妊娠期为 65±2 天。

一、影响妊娠期的因素

正常条件下，妊娠期长短受遗传、胎儿数目和性别、管理及疾病等因素的影响，会在一定范围内变动。

1. 遗传　亲代的遗传型可影响胎儿在子宫内的生活时间。例如，就妊娠期的长短而言，瘤牛比黄牛长，乳用牛比肉用或役用牛稍长，瑞士褐牛比大多数其他品种牛都长。胎儿的基因型对妊娠期长短的影响，在某些杂交种中非常明显。例如，马怀骡比怀马约长 10 天，驴怀骡比怀驴约短 6 天。双峰驼的妊娠期平均为 402 天，单峰驼为 384 天，两者杂交的妊娠期为 398 天。黄牛和牦牛杂交种犏牛的妊娠期则介于两者之间，相当于其双亲品种妊娠期的平均值。犬不同品种妊娠期亦有所差异。波斯猫及相关纯种猫的妊娠期可以达到 70 天。

2. 胎儿数目和性别　多胎动物怀胎数目的多少对妊娠期有不同的影响。例如，犬怀胎儿数越多妊娠期会越短，而只有 1～2 个胎儿的母犬会有更长的妊娠期，猫也如此。犬不同品种有各自的平均胎儿数目，在此平均数上每增减 1 个胎儿，妊娠期大概相应地要减增 0.25 天。兔怀 1～3 个胎儿时，要比平均妊娠期长 1～3 天。单胎动物怀双胎、胎儿为雌性时妊娠期均稍短，如怀母犊牛的妊娠期短。老龄牛的妊娠期稍长，头胎牛的妊娠期短 1～2 天。

3. 管理及疾病 营养不良、慢性消耗性疾病、饥饿、强应激等能使分娩提前，妊娠期缩短，甚至流产。有些损害子宫内膜和胎盘或使胎儿感染的疾病，可导致早产或流产。妊娠期延长的情况见于维生素 A 不足，甲状腺功能不足，妊娠期连续注射大剂量孕激素，无脑畸形胎儿没有脑垂体不能起始正常分娩。如果胎儿活着会继续生长，因此妊娠期延长会导致胎儿体格过大而造成难产。

二、胎儿数目

根据排卵的卵子数和子宫内的胎儿数可将动物分为两类：单胎动物（monotocous animal）和多胎动物（polytocous animal）。

1. 单胎动物 正常情况下，每次发情只排出一个卵子，每次妊娠子宫内只有一个胎儿发育。牛偶见双胎，罕见三胎、四胎；马则罕见双胎。单胎动物的子宫颈发育良好，子宫体及两个子宫角都有胎盘发育，分娩时胎儿体重约占产后母体体重的 10%。绵羊一般被看作单胎动物，但双胎很普遍，而且多为双角妊娠。

2. 多胎动物 通常每次发情能排 3～15 枚或更多枚卵子，妊娠时子宫内有两个以上胎儿，只有一个胎儿的情况极少。多胎动物的子宫颈发育不良，每个胎儿的胎盘仅占据子宫角的一部分，胎儿在两子宫角中几乎均等分布。如果发现明显的不相等的间距（如 4 个胎儿在一个子宫角，1 个胎儿在另一个子宫角），可能是妊娠中一侧子宫角发生了隐性流产。多胎动物妊娠早期胚胎死亡率可达 20%～40%，胎儿数目也就各有不同。精液质量、配种时间、近亲繁殖，以及母畜的年龄、营养和健康，都可以影响多胎动物的胎儿数目。分娩时，每个胎儿体重只占分娩后母体体重的 1%～3%，胎儿体躯小，四肢较短，很少因胎儿姿势异常而发生难产。

犬的产仔数差异很大，通常为 4～10 头，平均 5～7 头，不受季节影响。一般来说，犬的产仔数与母犬体格大小和胎次有关，体形越大平均产仔数就越多。通常大型犬 6～10 只，甚至 12 只，中型犬 4～7 只，小型犬 2～4 只；第 1～4 胎产 5 头以上仔犬的例数多，从第 5 胎以后产仔数逐渐减少。胎儿的重量在大型品种是母犬的 1%～2%，小型品种为 4%～8%。

猫的产仔数量为 1～13 只不等，平均为 4～5 只。初产母猫产仔数较少，平均 2.8 个。不同品种猫的平均产仔数不相同，长毛纯种猫产仔数较少，体格较大的猫产仔数较多：缅甸猫平均产 5.0 只，暹罗猫平均产 4.5 只，波斯猫平均产 3.9 只，阿比西尼亚猫平均产 3.5 只，秘鲁猫平均产 2.8 只。胎儿数仅为黄体数的 67%，初产或二产仔猫的个头小。同卵双胎在猫罕见，两个猫的花纹互为镜像。

第二节 胚胎和胎儿

一、胚胎的形成

多种动物排卵之前，初级卵母细胞进行第一次减数分裂释放出第一极体，染色体数目减半成为次级卵母细胞，次级卵母细胞在排卵后立即进行第二次减数分裂，但分裂停留在中期，受精后才完成整个分裂过程。犬排出初级卵母细胞，初级卵母细胞在输卵管内进行第一次减数分裂释放出第一极体，变为次级卵母细胞后才获得受精能力。

哺乳动物的受精是在输卵管内发生的，大多数动物的胚胎于排卵后 3～5 天进入子宫。猪的胚胎是在排卵后 46～48h，发育到 4 细胞进入子宫；牛和绵羊的胚胎是在排卵后 66～72h，发育到 8～16 细胞进入子宫；而马的胚胎则在排卵后 4～5 天进入子宫，此时胚胎已发育至胚泡阶段。犬胚胎在排卵后 9～10 天仍处于输卵管中，在 12～13 天发育到桑葚胚（morula）后期或囊胚早期进入子宫。猫在配种后第 5 天以桑葚胚进入子宫，第 8 天发育成为胚泡。不同家畜的受精卵通过输卵管所用的时间长短变异很大，取决于输卵管蠕动和输卵管内纤毛摆动的程度，还取决于输卵管峡部和宫管结合部平滑肌的收缩程度。前者对受精卵通过输卵管有促进作用，后者对受精卵通过输卵管有抑制作用。

子宫对进入的胚胎发育阶段的同期化要求非常严格，这是确保妊娠的必要条件。大家畜发情周期和妊娠期都比较长，对同期化的要求相对不太苛刻，牛和绵羊的胚胎发育与子宫的同步范围为±1 天，猪为±2 天。

（一）卵裂

受精结束标志着合子开始发育，其特点是 DNA 复制非常迅速。透明带内的细胞连续分裂，细胞数目不断增加，细胞体积逐渐缩小，说明细胞质总量并未增多，结果整个胚胎的体积并未增加。这种只有细胞分裂而不伴随生长的过程称为卵裂（cleavage），卵裂所形成的细胞称为卵裂球。由于受透明带的限制，细胞从球形变为楔形，互相扁平，使细胞最大限度地接触，产生各种连接，以至于 32 细胞在透明带内形成致密的细胞团，其形状像桑葚，故称为桑葚胚。桑葚胚漂浮在子宫腺分泌的子宫液内。犬的胚胎在排卵后 96h 发育成 2 细胞，144h 发育成 8 细胞，196h 发育成 16 细胞，204～216h 发育成桑葚胚。在此期间细胞质的量减少，然而核体积增大。

合子的分裂并不发生在细胞的对称平面上，而是从原来两性结合的地方一分为二，即从动物极（极体排出的部位）到植物极（储存卵黄部位）通过卵的主轴垂直分裂。胚胎第二次分裂平面也通过卵的主轴，与第一次分裂平面呈直角相交，产生 4 个卵裂球。第三次分裂大约是同第二次分裂平面呈直角相交，产生 8 个卵裂球，这样的双倍分裂一直延续到早期分裂期结束。最初所有卵裂球都是同时发生分裂活动的，分裂后的细胞大小相等，每个卵裂球含有相同的细胞核及其内容物。由于卵裂球彼此独立地进行分裂，分裂速度不一定相等，往往是较大的卵裂球率先继续分裂，有时可观察到奇数细胞阶段，称为不规则的异时卵裂。多胎动物各个胚胎可能处于不同发育阶段。

（二）囊胚

到了桑葚胚阶段，卵裂球开始产生液体。这些液体先是聚积在卵裂球间隙，继而引起卵裂球重新排列，胚胎内部出现了一个含液体的腔，称为囊胚腔，这时的胚胎称为囊胚（blastula），晚期囊胚亦称胚泡（blastocyst）。在囊胚的发育过程中可以看到细胞定位现象，即较大而分裂不太活跃的细胞聚集在一个极，偏向囊胚腔的一边，形成内细胞团，也称胚结，它将来发育成胚体；小而分裂活跃的细胞聚集在周边，形成胚胎的外层，继而形成滋养层，将发育形成胎膜和胎盘。

从合子开始分裂到囊胚形成，胚胎细胞具有发育成各种类型组织细胞的潜能，这种细胞称为全能细胞。将早期的卵裂球分开，它们能重新调整发育方向，各自都能产生一个完整的胚胎。在胚胎三胚层形成以后，细胞空间位置和所处环境决定了各胚层细胞的发育方向。随着发育过程的演进，细胞发育的潜能渐趋局限化。首先局限为只能发育成该胚层将来衍生出的组织器官，此时细胞仍具有演变为多种表型的能力，这种细胞称为多能细胞，最后细胞向专能稳定型分化。这种由全能局限为多能最后定向为专能的趋势，是细胞分化过程中的一个普遍规律。

（三）孵出

胚胎发育到囊胚初期还是被束缚于透明带内。胚胎或子宫释放出某种酶使透明带软化，胚胎内液体蓄积，胚泡进一步生长，出现节律性的膨胀和收缩，使透明带拉长和变薄，继而造成透明带裂损。一旦透明带产生缝隙，胚胎就从透明带内孵出并体积增大，成为泡状透明的孵化囊胚。卵裂球彼此之间和卵裂球内的相对运动，它们的微绒毛作用，都对胚胎从透明带内孵出有一定作用。透明带可能发生进一步变性，最后完全溶解消失。

哺乳动物的胚胎大多数是在排卵后4～8天从透明带孵出，这个过程发生在子宫中。猪的胚胎是在第6天孵出，马和绵羊的胚胎是在第7～8天孵出，而牛要到第9～11天孵出，猫的胚胎是在第11天孵出。

（四）胚胎定位及其间距

胚胎孵出后就进入快速生长阶段，滋养层迅速增殖，胚胎显著伸长成为线状。绵羊的胚泡在12天时还只有1cm长，到13天时3cm长，14天时10cm长；猪胚泡在刚刚孵化时直径为8～10mm，第13天时每个胚泡的表观长度就达到了20～30cm。由于子宫黏膜表面凸凹不平，胚泡的实际长度会更长。马胚泡到第21天时为7.0cm×6.5cm，但牛胚泡一直沿着子宫的孕角延伸。胚泡内液体的蓄积速率与滋养层表面积的增大速率并不同步，胚胎表面出现皱褶。

胚胎进入子宫后处于悬浮或游离状态，可在子宫内长距离多次往返游动。多胎动物的胚泡在两个子宫角之间自由游动过程中发生混杂，可以分布于子宫的每一个角落，从而有效地利用子宫空间。随着胚胎的发育，胚胎刺激子宫肌产生蠕动性收缩，逐渐使胚胎拉开一定间距，在附植前完成两个子宫角内等距离分布定位。牛胚泡很少在两个子宫角之间自由迁徙，结果多在排卵侧子宫角附植。绵羊胚胎的这种运动常见。马胚泡的运动性在9～12天增强，此后保持高运动性到第14天。从第15天开始，胚泡总是位于子宫角，位置基本不发生变动。猪在第9天就有胚胎进入对侧子宫角，胚胎迁移和胚胎分布过程大约在第12天结束。犬胚泡第13～17天在子宫腔内呈自由浮动状态，18天胚胎在两个子宫角平均分布，在附植部位呈不移动状态。猫的胚泡也会在子宫中移行6～8天。由于胚胎在子宫中的移行，可导致一侧卵巢上黄体的数目与同侧子宫角中胚胎的数目不一致。据此判断，约有半数犬猫的胚胎发生子宫内移行。如果两个胚胎附植在同一区域，其后就会形成共同胎盘。猪这样的胚胎可以发育到24日龄，在妊娠50天之前就会先后死亡。猫尸体剖检或剖宫产时偶尔见到这种情况，两个胎儿同处一个孕囊之中并共用一个胎盘，常会与同卵双胎相混淆。肉食动物罕见同卵双胎。

（五）复孕

1. 同期复孕　卵子可受精时间约为24h，精子则可达50h。多胎动物在一个发情期排出很多卵，并且常通过几次配种而受孕，如与一个以上公畜交配，则卵子会与不同公畜的精子受精，这种子宫中有多个公畜的后代同时妊娠的情况称为同期复孕（superfecundation）。

考虑到动物排出卵子的数量和寿命、发情期长度和无选择的交配行为，同期复孕最可能发生于犬。母犬在一个发情期中与两只公犬交配就有可能发生同期复孕。一窝仔犬中明显有两种不同毛色、体型、体格时发生同期复孕的可能性提高，但双亲均为纯种时观察后代证实同期复孕才会有效。大多数所谓的同期复孕案例，可以简单地归因于非纯种双亲所产后代的遗传变异。犬的卵排出之后60h左右开始有受精能力，在这之前进行重复配种都有可能出现同期复孕。在排卵后60h进行第二次配种仍可发生同期复孕，但在排卵后72～82h进行第二次配种就不发生同期复孕。这是因为，若在卵获得受精能力的前后进行第一次配种，可受精的卵全部受精完毕，未受精的卵与以后再次配种进入的精子相遇也不会受精，不出现同期复孕。猫也会发生同期复孕。其他同期复孕的例子还有马产下了马和骡的双胞胎，黑白花牛产下了黑白花牛和海福特牛的双胞胎。

2. 异期复孕　动物妊娠后偶尔会出现发情和交配，如果再次实现受精和附植，这种妊娠称为异期复孕（superfetation）。

发情是一个严格的性接受时期。母畜在排卵前的一段时间内发情，以便吸引和寻找公畜进行交配，有时还会模仿公畜发生同性活动，妊娠期间通常不会出现发情。然而，有4%～8%的妊娠奶牛会出现孕期发情现象，妊娠牛配种并不少见，但是没有证据证明妊娠牛能够排卵。犬猫也有孕期发情的记录，约有10%的妊娠母猫会在妊娠21～24天出现孕期发情。马在妊娠40～120天，子宫内膜杯分泌eCG，卵巢处于活动状态，陆续出现卵泡发育，孕期发情现象最为普遍；在eCG的刺激下发育起来的卵泡多数发生了闭锁，有的发生了黄体化，少数发生了排卵，形成了马妊娠后所特有的副黄体，妊娠150天时，通常每侧卵巢上有3～5个副黄体。孕期发情的发情间隔时间并无规律，一般不构成孕期发情周期；表现孕期发情动物的生殖器官既没有功能异常，也没有结构异常。妊娠期间输卵管和子宫处于安静状态，胚胎在子宫内对精子的运行形成空间障碍，精子不能到达输卵管的受精部位。猪可发生一次配种两次分娩的异期复孕。猪子宫角前半部的胚胎偶尔会维持4～98天滞育状态，然后它们才再活化和附植下来，子宫角后半部的胚胎则在正常时间附植，因此构成了子宫角前后端胚胎的自发性异期复孕。子宫角后部的胚胎在经历正常的妊娠期后分娩，子宫角前部的胚胎在经历一段额外妊娠期的发育后成熟，在与前次分娩相隔一段时间后发生第二期分娩。妊娠期偶尔延长可能同样出于胚胎滞育的原因。当同时出生的胎儿体格差别很大，或间隔很长时间产出两个（窝）胎儿，就会怀疑发生了异期复孕。明显可信的异期复孕例子应该是，动物发生了两次明显分开和确实配种，在经过与这两次配种相应的妊娠期后又先后产出两个（窝）正常成熟的胎儿。

就目前的知识而言，动物不可能发生异期复孕；历史文献中也没有令人信服的异期复孕文字记录。要重视孕期发情在管理方面的重要性。如果缺乏早期和准确的妊娠诊断，表现发情的妊娠动物会当成屡配不孕而遭淘汰，或者被再次配种。给妊娠动物配种会引起流产，或者造成预产失误、妊娠期统计错误及育种系谱错乱。

二、胚胎的附植

胚泡黏附于子宫内膜并植入子宫内膜基质形成胎盘的生理过程称为附植（implantation）。胚胎在经历了这一过程之后，就从游离状态转变为附着状态。附植是胎生动物的一种进化现象，保证了胚胎的有效营养和安全保护，有利于胚胎的存活。

（一）附植的时间

透明带消失后，胚泡就具备了侵入子宫内膜的能力。胚泡先是黏着于子宫内膜的表面，然后胚泡的滋养层侵入子宫内膜进行附植，最终形成胎盘。由此可以看出，胚胎附植是一个渐近性的过程，由疏松性的界面接触逐渐变为紧密性的组织嵌合。所以，附植开始和结束的确切时间难以精准确定。附植时间的种间差异主要取决于胚胎附植阶段的长短（如啮齿类为数小时而人和家畜则为几天）、细胞与细胞联系的进化程度及滋养层侵入子宫内膜的程度。各种动物胚胎附植的时间是：牛约 12 天，绵羊约 15 天，猪约 18 天，马 35～40 天。延迟附植是动物生殖中的一种罕见现象。水貂不论配种迟早，游离于子宫腔内的胚胎直至 3 月 20 日春分前后才纷纷附植，胚胎开始发育，因此水貂几乎都是在 5 月 5 日左右分娩。

犬胚泡的附植时间基本固定，是在受精后的 18.5～19.0 天，或在排卵后的 21～23 天；如果从配种算起，是在配种后的 18.5～24.0 天，会有 5.5 天的变化范围。附植部位的子宫内膜形成直径 1cm 的局灶性肿胀而隆起，30 天时子宫隆起直径大约 3cm。犬的胚泡从透明带消失到开始附植的 2～3 天体积迅速增大，附植时胚泡直径达 5～6mm。

猫胚泡附植发生在排卵后 12～13 天。

（二）附植的部位

胚泡附植一般发生于子宫角内的特定部位。例如，牛、羊、猪、犬、小鼠和大鼠的胎盘常位于子宫角的子宫系膜对侧，如用手术将大鼠子宫的子宫系膜侧和对侧倒转，胚泡仍会附植在无子宫系膜的一侧。熊胚泡在子宫系膜侧附植。牛、羊胚泡先是极度拉长，然后在子宫阜上附植。马和猪的胚泡在子宫内膜表面各处都可附植。

（三）附植的调控

动物一旦排卵，子宫内膜就会在激素的影响下发生一系列变化，子宫内膜的间质细胞增殖变大，糖原、脂肪储备增加，分泌活动增强。胚胎进入子宫后，子宫内膜进一步发育，附植部位通透性增加，屏障性糖蛋白变薄，子宫内膜达到接受状态。子宫内膜的这一系列变化就是为了接受胚胎和实现附植，从而建立妊娠。

胚泡附植涉及子宫和胚泡两个方面，即两者相互影响。雌激素和孕酮在胚泡附植的调控中居主导和支持地位。发情期血液雌激素浓度升高，继而新形成的黄体产生孕酮，使子宫具有接受并容纳胚泡的能力。孕酮对胚泡附植有促进作用，血液孕酮浓度决定着胚泡能否附植。在大多数动物，切除卵巢或黄体则附植中断或不能附植，手术后补给孕酮则能使妊娠继续维持下去。雌激素对子宫内膜起致敏或触发作用，使子宫内膜对胚泡附植敏感，但其致敏的时间非常短暂，超过一定时间子宫就不再接受胚泡附植。在妊娠早期，注射大剂量雌激素可阻止胚泡的附植，注射小剂量可激活胚泡的附植。猪和家兔的胚胎能产生一定量的雌激素，胚胎雌激素的主要作用是致敏子宫内膜。将大鼠的胚泡移植到切除卵巢的受体的子宫内寄养，如果受体在移植前48h曾经用孕酮处理，24h又接受雌激素处理，胚泡就能附植。但是有些动物切除卵巢后（如家兔、豚鼠、田鼠、绵羊和恒河猴），单用孕酮就可使胚泡附植，并非必须要有雌激素的作用。此外，细胞因子和生长因子凭借广泛的生物活性，在附植过程中发挥着调节枢纽作用；黏附分子、细胞外基质和酶主要执行粘连和降解蛋白质等具体功能，对于附植过程也有一定的调节功能。

三、胚胎的生长

（一）胚胎的营养方式

透明带脱落前胚胎所需的营养来自卵细胞质，囊胚期以后转为从子宫乳（uterine milk）中取得养分。子宫乳是由子宫腺的分泌物、分解的上皮细胞和渗出的血细胞构成。囊胚的滋养层是胎膜的一个单层组织，它具有吸收营养及排泄废物的功能，对酶和激素的合成也有调节作用。卵黄囊形成之后，卵黄囊和绒毛膜共同构成卵黄囊绒毛膜胎盘。由于有了血管，吸收营养的作用增强。胚胎在附植前对营养的需求迅速增加，对子宫的依赖不断增长，从而使胚泡与子宫内膜间的密切联系成为必需。胚泡附植后形成尿膜绒毛膜胎盘，胚胎就可以从母体血液中获得生长发育所需要的各种营养物质，并使代谢产物通过母体血液排出体外。

（二）胚胎的生长发育

胚胎期的一个明显标志就是细胞结构发生变化，同类型的特异细胞生长发育成为组织和器官，形成原肠胚。囊胚形成后，内细胞团（胚结）上的滋养层细胞消失，内细胞团就形成胚盘，并开始发育。胚盘向着囊胚腔的部分以分层的方式形成一个新的细胞层，向周围的胚泡内壁扩张，成为完整的一层，称为内胚层（endoderm）。胚盘的外层细胞分化为外胚层（ectoderm）。内胚层和由滋养层而来的滋养外胚层共同形成原肠的壁，其中的腔为原肠腔，这一时期的胚胎也可称为原肠胚。

胚泡进一步发育，胚盘变成卵圆形，尾端的外胚层增生加厚，形成原条。原条的中央下陷，称为原沟，沟两侧的隆起称为原褶。接着胚盘的一部分突出，在内、外胚层之间呈翼状展开，并向周围发展，形成一个新的细胞层，称为中胚层（mesoderm）。这时已有三个细胞层形成，即外胚层、中胚层和内胚层。

1. 外胚层 这一胚层的外部细胞层将来形成皮肤的表皮和毛发，内部细胞层形成神经系统。

2. 中胚层 在外胚层下方，并覆盖着内胚层，最后形成肌肉、软骨、韧带、骨骼、循环系统（心脏、血管、淋巴管）和泌尿生殖系统。

3. 内胚层 在胚结下形成的一层细胞，逐渐变成肠腔的内壁，内胚层最后形成消化系统和呼吸系统的某些腺体。

原肠形成期间和形成后，各细胞层分化形成各种器官。胚胎形成的绒毛膜包围着胚胎，起着保护和滋养的作用。

胚胎外膜附植到子宫内膜之后不久，胚胎的主要器官结构就已分化，头和四肢也具雏形，胚胎期至此结束。此后，胚胎改称胎儿，胎儿期开始并直到个体生长成熟。

四、胎儿

进入胎儿期之后，胎儿的组织器官继续生长和发育。犬在妊娠35天时可辨认出胎儿的身体特征，40天眼睑融合并闭合，每个脚趾都形成爪，可以看见毛发和颜色纹理，并已可以判定性别。在妊娠42～45天后，可以通过X线摄影看到骨骼的成骨作用。在剩下的时间里，子宫内就是完全成形的胎儿了。猫在妊娠第5周可以辨认出胎儿的指趾，眼睛和耳廓也出现，冠臀长是4.7cm；第7周已经可见无色的体毛，第8周可以见到具有颜色的体毛。胎儿大小的增长呈几何曲线，胎儿体重在妊娠后期增长特别快。

胎血是由胎儿自身形成的，血管也和母体血管截然分开。由于胎儿独特的营养方式和发育需要，胎儿期的血液循环亦表现出相应的适应性变化，使得胎儿在发育过程中出现了三个明显有别于成年个体的循环系统，即卵黄囊循环、肺循环和胎盘循环。

1. 卵黄囊循环 卵黄囊上分布有血管网，其中动脉来自主动脉的脐肠系膜动脉，同名静脉则将滋养层从子宫乳中吸收而将储存于卵黄囊中的养分带回心房。卵黄囊循环及其作用仅限于尿膜形成以前的时期。

2. 肺循环 胎儿的肺循环仅为肺发育提供营养，并没有呼吸作用。胎儿期间的呼吸功能由胎盘循环完成。

3. 胎盘循环 胎盘循环是胎儿的主要循环系统，它通过胎盘与母体建立联系，从而进行气体和物质交换，吸取养分，排泄废物。

如图5-1所示，胎儿腹主动脉在其后端分为两条脐动脉沿膀胱两侧下行，穿过脐孔沿脐带到达尿膜绒毛膜囊，在此分出大量分支进入胎儿胎盘的绒毛。在绒毛内，动脉末

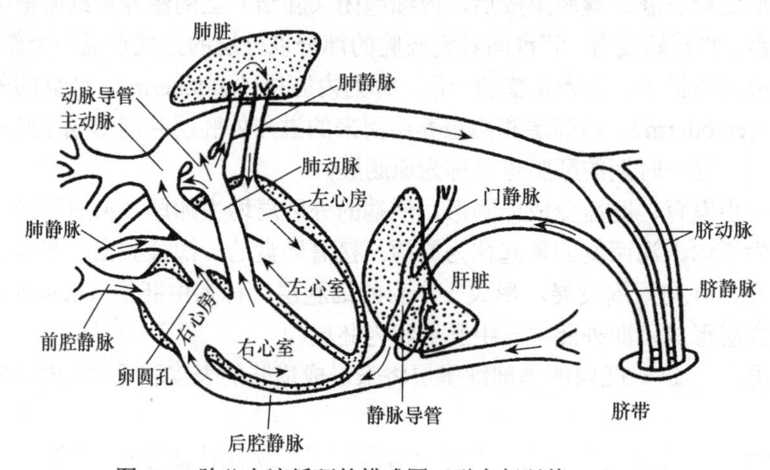

图5-1 胎儿血液循环的模式图（引自赵兴绪，2009）

梢经过毛细血管后成为静脉末梢；胎儿胎盘的小静脉经静脉干最后汇集成脐静脉。脐静脉经脐孔进入腹腔，沿肝脏镰状韧带游离缘而达肝脏。脐静脉的主干形成静脉导管，将血液直接注入后腔静脉；脐静脉的分支和门静脉分支吻合，在肝脏毛细血管处与肝动脉来的血液混合后逐级汇集成肝静脉出肝脏汇入后腔静脉。后腔静脉的血液注入心脏的右心房，其中大部分血液通过左、右心房之间的卵圆孔进入左心房，经左心室出主动脉，分布全身各组织器官；小部分血液经右心房、右心室，出肺动脉。在肺动脉分为左右两支以前，大部分肺动脉血液经动脉导管进入主动脉，只有很少一部分血液经过肺动脉进入肺脏，进入肺脏的血液再经肺静脉返回左心房。

胎儿出生时脐带被扯断，脐带断端内的脐动脉和脐静脉关闭。脐动脉闭锁后变成膀胱圆韧带，脐静脉闭锁后变成肝脏圆韧带。出生后卵圆孔关闭，动脉导管萎缩退化变为动脉导管索，静脉导管萎缩退化变为静脉导管索。

第三节 胎儿附属物

孕体是指胎儿、胎膜、胎水构成的综合体。胎儿附属物是指胎儿身体以外的组织，包括胎膜、胎盘、脐带和胎水。

一、胎膜

胎膜指胎儿的外膜，包围着胎儿，是胎儿生长的暂时性辅助器官。胎膜在胎儿出生后即被摒弃。胎膜包括卵黄囊、羊膜、尿膜和绒毛膜。

1. 卵黄囊 哺乳动物的卵子实际上并不含卵黄，但在胚胎发育早期却有一个较大的卵黄囊（yolk sac），囊内有浆液，形成完整的卵黄囊血液循环系统。卵黄囊同绒毛膜融合形成卵黄囊绒毛膜胎盘，在母体子宫的特定部位开始附着，从子宫中吸取营养，起着原始胎盘的作用。卵黄囊在尿膜绒毛膜胎盘发育时逐渐萎缩退化，出生时仅保留有痕迹。犬卵黄囊位于胎儿腹侧面，呈前后延伸的细长筒状。

2. 羊膜 羊膜（amnion）包在胎儿外面，是胎膜最内侧的一层膜。羊膜光滑，没有血管、神经和淋巴，具有一定弹性。羊膜外侧被覆尿膜，两膜之间有血管分布。羊膜包围脐带形成脐带鞘，在胎儿的脐环处与胎儿皮肤相接。

3. 尿膜 尿膜（allantois）生长在绒毛膜囊之内和羊膜囊之外。尿膜囊紧贴着绒毛膜将绒毛膜囊腔填满，只在顶部可见到少量的绒毛膜囊液。尿膜分别与羊膜和绒毛膜形成了羊膜尿膜和绒毛膜尿膜。

妊娠时，尿膜囊起着和羊膜囊相似的缓冲保护作用。随着妊娠的进展，尿膜囊成为孕体中主要的液体储存囊，但是与体积日益增大的胎儿相比，液体体积开始相应减少。分娩时，尿膜囊呈楔形进入子宫颈，有助于子宫颈的开张，同时可缓和阵缩时对胎儿和脐带的压迫，防止胎盘的早期剥离。以后尿膜囊破裂，尿水润滑产道，有利于胎儿通过产道和娩出。

4. 绒毛膜 绒毛膜（chorion）是胎膜最外侧的膜，包围着其他胎膜，外侧面与子宫内膜相接形成胎盘，内侧面与尿膜相接，由于其外面被覆有绒毛故称为绒毛膜。根据动物种类和发育阶段的不同，绒毛膜可构成卵黄囊绒毛膜、羊膜绒毛膜和尿膜绒毛膜。

犬绒毛膜囊呈柠檬形，妊娠第35天时绒毛膜的前端到尾端长10～20cm，周长10～11cm，其中央部有绒毛带，形成厚的带状胎盘。带状胎盘的宽度为4.5～5.5cm，在妊娠期未见明显变化。妊娠初期，胎儿各自有一定的间隔单独发育，随着胎儿的生长胎膜伸长，子宫中绒毛膜囊所在处的膨大部逐渐增粗变长，两个绒毛膜囊之间的间隔逐渐缩短进而变平消失，相邻胎儿的胎膜互相挤压在一起。食肉动物相邻胎儿的尿膜绒毛膜腔末端是相互紧密接触的，但它们仍是保持着分离的状态。马子宫的长度不足，双胎妊娠时两个胎儿的尿膜绒毛膜没有均等占据子宫空间，一个尿膜绒毛膜的远端侵入到邻近的另一个的近端。通常一个胎儿生长严重缓慢，出现两种可能的结果：一是弱胎在子宫内死亡，只有一个胎儿能够幸存和出生，或者发生流产妊娠完全失败，二是出生两个体格非常不等的活仔畜。猪尿膜绒毛膜末端约从妊娠27天开始缺血坏死，阻止血管吻合。通常相邻的尿膜绒毛膜末端会通过一些胶凝状物质不牢靠地粘在一起。相邻孕体之间的尿膜绒毛膜壁大多在接近妊娠末期时消失，分娩时胎儿可以通过这个尿膜绒毛膜管产出。在羊和牛的大多数双胎和三胎妊娠中，相邻的绒毛膜囊会发生融合。血液嵌合可以在马、绵羊、猪和牛妊娠中相邻胎儿之间发生，猪和绵羊发生异性孪生不育的概率非常低，在马为零，可能是这三个物种尿膜血管吻合的时间相对较晚，而牛尿膜血管吻合的时间最早（30天）。

二、胎盘

胎盘（placenta）通常是指尿膜绒毛膜和子宫黏膜发生联系所形成的一种暂时性的组织器官，尿膜绒毛膜的绒毛部分为胎儿胎盘，子宫黏膜部分为母体胎盘。在胎盘中，供应母体胎盘的血液来自子宫动脉，供应胎儿胎盘的血液则来自脐动脉，胎儿和母体的血液并不直接相通。

（一）胎盘类型

食肉动物的胎盘都是带状胎盘，其特征是绒毛膜的绒毛聚合在一起形成一宽2.5～7.5cm的绒毛带，环绕在尿膜绒毛膜囊中部的赤道区上，子宫内膜也形成相应的母体带状胎盘。带状胎盘分为两种：一种是有一个绒毛膜带的完全带状胎盘，如犬和猫；另一种是单个或成对的盘状物的不完全带状胎盘，如熊、海豹、雪貂和水貂。按母体血液和胎儿血液之间的组织层次，犬、猫胎盘为内皮绒毛膜型胎盘，子宫黏膜上皮和结缔组织消失，只有子宫血管内皮和绒毛的上皮、结缔组织及胎儿血管内皮共4层组织，将母体血液和胎儿血液分开。

犬的带状胎盘环绕胎膜完整一周。胎盘边缘地带的母体组织和胎儿组织发生坏死，母体血管发生破裂，漏出的血液蓄积在胎盘边缘的坏死组织中形成血肿，血肿由滋养层所包围。犬妊娠22～25天胎盘边缘血肿1mm宽，妊娠末期血肿达到8mm宽。这些不流动的母体血液为胎儿的发育提供各种营养，尤其是铁元素。其中的血红蛋白破坏后产生子宫绿素。因此，犬胎盘边缘的血肿为绿色。分娩时胎盘分离，胎盘边缘的绿色液体流出，使正常分娩排泄物出现了特征性的绿色。

猫的带状胎盘没有环绕胎膜完整一周，胎盘边缘也存在血肿但不明显，色素呈棕褐色。分娩时胎盘分离，胎盘边缘的棕褐色液体流出，使正常分娩排泄物出现了特征性的棕褐色。猫妊娠24天胎盘重量5.7g，33天时重11.6g，39天时重15g。

（二）胎盘的功能

胎盘是维持胎儿发育的一个暂时性器官，承担胎儿的消化、呼吸、排泄和内分泌器官的作用。同时，胎盘还具有屏障保护功能。胎儿通过胎盘从母体内吸取营养，又通过它将胎儿代谢产生的废物运走。产后胎盘即被摒弃。

1. 气体交换　胎盘通过扩散在液体与液体之间进行气体交换，代替胎儿肺的呼吸作用。由于胎盘pH较低，母体氧化血红蛋白进入胎盘内很易离析出氧，胎儿血红蛋白对氧有很大的亲和力，所以氧能从母体进入胎儿血液。二氧化碳则相反，易从胎儿进入母体。

2. 营养代谢　胎儿所需的营养物质均通过胎盘由母体供给，胎儿的代谢废物亦通过胎盘排向母体。母体为胎儿提供的大部分蛋白质须经绒毛上皮的蛋白质分解酶分解成氨基酸，进入胎儿胎盘后再由胎儿重新合成蛋白质。胎盘能储存糖原，在妊娠的不同时期糖原浓度亦不相同。胎儿血中葡萄糖浓度低于母体。脂肪需分解成脂肪酸及甘油，通过绒毛膜上皮后再进行合成，或以甘油酯形式直接进入胎儿肝脏。食肉动物绒毛直接摄取母体血中血红蛋白所含的铁及含铁色素。随着妊娠期的进展，血红蛋白增加，因而子宫及胎儿的铁含量增多，胎儿肝脏可储存铁。钙和磷是以逆渗透梯度吸收的，并在胎血中保持较高的浓度。水溶性维生素容易通过胎盘，脂溶性维生素难以通过胎盘，所以脐血中脂溶性维生素浓度较低。

3. 内分泌　胎盘是一个暂时性的内分泌器官，能合成胎盘促乳素、孕激素、雌激素及其他类固醇激素，而且可因动物种类的不同产生不同的促性腺激素，如马属动物的eCG，在人还可产生hCG、ACTH、GnRH、TRH等。

4. 胎盘屏障　胎盘将胎儿和母体血液循环分隔开，使得胎盘摄取母体物质时具有选择性，这种选择性就是胎盘屏障（placenta barrier）作用。滋养层细胞围绕着胎儿形成一个完整的免疫屏障，将胎儿抗原封闭起来，阻碍了胎儿抗原与母体免疫系统的接触。胎盘屏障的功能同胎盘类型有关，凡胎盘涉及的组织层次多，屏障作用就大。

通常情况下，细菌不能通过绒毛进入胎儿，但某些病原体（如结核杆菌）在胎盘中先破坏绒毛引起病变，然后再进入胎体。此外，胎盘阻止细菌进入的屏障作用随着妊娠期的不同而有所变化，有蹄类动物妊娠后期细菌可以通过胎盘，如有些牛的胎膜、胎盘和胎儿器官布鲁菌检验为阳性结果。病毒、噬菌体及分子质量小的蛋白质可通过胎盘进入胎体。

有些动物母体血液中的抗体可以通过胎盘传给胎儿。人、猴、豚鼠和家兔等母体的IgG可通过胎盘传给胎儿，家兔胎儿早期亦可通过卵黄囊从子宫分泌物中吸收抗体；犬、猫、猪、大鼠和小鼠通过胎盘接受少量抗体；牛、羊、马等动物母体的抗体不能透过胎盘。抗体能否通过胎盘主要与胎盘涉及的组织层次有关，与免疫球蛋白的分子质量也有关系。母体血液中的抗体主要通过初乳传递给新生仔畜，使新生仔畜在出生后一段时间内具有抗病能力。

三、脐带

脐带（umbilical cord）是连接胎儿和胎盘的纽带，是母体与胎儿之间进行气体交换、营养物质供应及代谢产物排出的重要通道，外有羊膜形成的羊膜鞘，内含脐动脉、脐静脉、脐尿管、卵黄囊遗迹和黏液组织。脐带的血管壁很厚，动脉弹性强。在脐带末端，动、静脉各分为两个主干，沿孕囊小弯向两端分布于尿膜绒毛膜上。脐尿管壁很薄，其上端通入膀胱，下端通入尿膜囊。

胎儿借助脐带悬浮在羊水中。胎儿在羊膜囊中可能围绕着自身的纵轴和横轴移动。胎儿绕着自身纵轴转动受羊膜段脐带长度的限制，胎儿绕着自身横轴转动受胎儿长度不能超过羊膜腔宽度的限制。牛胎儿绕自身纵轴可以转动不超过 3/4 圈。尽管胎儿绕着自身横轴可能转动多圈，但牛脐带旋转满一整圈就是不正常的，只见于“木乃伊”胎儿。然而对于马和猪，脐带的羊膜段发生几圈旋转则是正常的。胎儿在子宫内移动的另外一种形式是羊膜囊（内有胎儿）在尿膜绒毛膜中的移动。牛、绵羊和猪的尿膜绒毛膜与尿膜羊膜发生了大面积的融合，所以这种移动是不可能的（除非接近于妊娠末期）；而在马、犬和猫则可能发生这样的移动，这会导致脐带的尿膜段发生捻转和扭曲。

犬和猫脐带强韧且短，长为 10～12cm，往往是在胎儿出生后由母体咬断脐带。

四、胎水

（一）羊水

羊水（amniotic fluid）是充满在羊膜囊内的液体。初期羊水的量很少，为水样无色透明，随着妊娠的进行和胎儿的发育变为乳白色，体积逐渐增加，接近分娩时变得黏稠，有芳香气味。羊水的来源尚不清楚。羊水黏稠可能是胎儿唾液和鼻咽分泌物所致。羊水 pH 为 6.2～7.0，电解质浓度很少变化。羊水含有胃蛋白酶、淀粉酶、脂解酶、蛋白质、果糖、脂肪、激素等，并随着妊娠期的不同阶段而有变化。羊水中含有脱落的上皮细胞和白细胞。胎儿能吞噬羊水，但不会将羊水吸入肺内。

羊水为胎儿提供一个充满液体的环境，使胎儿在悬浮状态下生长发育。胎儿游离于羊水中，羊水可以防止胎儿干燥，可以防止胎儿各部发生粘连和畸形，促进身体各部位对称发育，缓和外来的机械性撞击和压迫，保护胎儿和脐带与胎盘的血液循环，减轻胎动对母体的压力。分娩时羊水将宫缩压力均匀分布于胎儿身上，避免局部受压过大，有助于子宫颈扩张。分娩时羊水使胎儿体表及产道润滑，有利于产出。羊水量过多，甚至超过正常量的 8～10 倍，乃是羊膜肿胀所致；羊水内如发现有胎粪，可能是产出时胎儿发生缺氧或窒息所引起的；极少数情况下，还发现羊水内有毛球，这同妊娠期过长、胎儿过大可能有一定关系。

妊娠末期羊水的平均体积是：犬 8～30mL，猫 26mL。

（二）尿水

尿水（allantoic fluid）是充满在尿膜囊内的液体。在发育的早期，尿膜囊通过密闭的脐尿管收储尿液，是胚体外的临时膀胱。尿水可能来自胎儿的尿液和尿膜上皮的分泌物，或是从子宫内吸收而来的液体。尿水起初为无色透明的液体，pH 6.6～7.0，含有白蛋白、果糖和尿素，以后逐渐变为黄色及黄褐色，且稍混浊，呈半透明状，有的混有絮状物。随着尿水的增加，尿膜囊亦逐渐增大，占据了胚外体腔的大部分空间，大部分是和绒毛膜融合形成尿膜绒毛膜，少部分是和羊膜融合而成尿膜羊膜。

妊娠末期尿水的平均体积是：犬 10～50mL，猫 24mL。

第四节 母体变化

妊娠后，胚胎发育、胚泡附植、胎儿成长、胎盘形成及其所产生的激素都对母体产生极大的影响，因此母体要发生相应的反应，从而引起整个机体特别是生殖器官在形态学和生理学方面发生一系列的变化。

一、全身

妊娠 20 天时，大部分犬食欲减退，精神不振，约 1/3 妊娠犬在这个时期有 1～2 天妊娠反应样呕吐，此时正是胚胎附植的时期。有的母犬在妊娠 4～6 周时表现中腹疼痛。胚胎附植完成以后，母畜新陈代谢旺盛，食欲增进、消化力增强，蛋白质、脂肪及水分的吸收增多，营养状况得到改善，腹部和皮下脂肪明显增加。大部分犬在妊娠 35～40 天腹围开始增大，55 天时迅速增大，腹部下沉造成体型明显改变，此后保持这种状态到分娩时不再增大。随着妊娠月份的增大，胃肠容积减小，每次进食量减少每日进食次数增多，每次排泄粪尿量减少每日排泄次数增多。消化道蠕动减慢，容易发生便秘。在优先满足胎儿发育所需营养物质的情况下，母体自身受到很大消耗，所以尽管食欲良好，到了妊娠后期往往比较清瘦，若是饲养管理不当则可能变为消瘦。

到了妊娠后期，动物血容量增加约 40%，心输出量增加 30%～50%。血容量上升稀释了血液浓度，单位体积血液中红细胞、血色素减少，红细胞比容降低，血沉加快，组织水分增加，在妊娠后 1/3 时间内发生生理性贫血。贫血的程度似乎与胎儿的数目正相关。这似乎并不影响妊娠母畜的健康，假孕犬没有这类表现。犬红细胞比容到 35 天时通常低于 40%，临产前低于 35%，猫减少 20%。贫血对胰岛素敏感，这可能加剧糖尿病的病情。网织红细胞增加，白细胞总数和白细胞分类没有明显变化。妊娠期间血浆蛋白浓度增加，到妊娠后期减少。心输出量增加使得心功能储备减少，动物容易发生心衰。妊娠后期因子宫压迫腹下及后肢静脉，以至腹股沟附近的皮下组织容易发生水肿。胎儿发育使耗氧量增加 20%，故母畜呼吸次数增多，每分钟换气体积增加 50%；母畜横膈膜受压，由胸腹式呼吸转变为胸式呼吸。妊娠后期，由于胎儿需要很多矿物质，母畜体内矿物质（尤其是钙及磷）减少。若不及时补充，母畜容易发生行动困难，牙齿也易受到损害。随着胎儿长大，腹部轮廓也发生明显改变。孕畜行动稳重谨慎，易疲乏出汗。

妊娠猫在胚胎附植时期食欲不好，容易呕吐。妊娠猫性情驯服，喜欢安静和与畜主亲近，也有各别猫攻击性增强。

二、生殖器官

1. 卵巢 犬妊娠期的卵巢一般较大，上面有一些小卵泡。犬和猫的黄体大约在排卵后第 25 天时发育完全，持续存在到妊娠末期。

2. 子宫 动物妊娠后，子宫的体积和重量都增加。妊娠前半期子宫肌纤维增生肥大，子宫壁增厚；妊娠后半期胎儿生长和胎水增多，子宫壁扩张变薄。犬妊娠初期子宫外观呈弯曲的圆筒状，子宫外面的纵沟消失，妊娠20天子宫角开始以等间距膨大变粗呈串珠状；随着胎儿的生长，膨大部逐渐增粗变长；妊娠35天后相邻胎儿的胎膜接触，间隔缩短进而逐渐变平消失；妊娠40天时子宫角为管状，粗细相同，胎盘部位的子宫呈淡黄色。

子宫颈缩紧，黏膜增厚，分泌黏稠的黏液填充于子宫颈腔内称为子宫颈塞，将子宫颈管密封起来，阻止外物进入，保护胎儿安全。尽管如此，有些母犬在妊娠期间，特别是到了妊娠后期，偶尔会从阴门排出少量浆液性或黏液性分泌物，并没有危及妊娠过程。子宫颈塞受到破坏后，动物会在3天左右发生流产。

妊娠时子宫血管变粗，分支增多，特别是子宫动脉（子宫中动脉）和阴道动脉子宫支（子宫后动脉）更为明显。随着脉管的变粗，动脉内膜变厚皱襞增加，与肌层的联系变得疏松，血液流动时从原来清楚的搏动变为间断而不明显的颤动，称为妊娠脉搏。

3. 阴道　妊娠后阴道黏膜苍白，表面覆盖着黏稠的黏液而感干燥。近分娩时黏膜充血，阴道变得柔软、轻微肿胀。

犬阴道分泌的黏液变为白色稍黏稠的不透明水样液，阴门在整个妊娠期持续肿胀呈粉红色的湿润状态。母犬通常在妊娠1个月后阴门有少量的黏性分泌物流出。

4. 乳腺　犬的左、右侧乳腺发育大致相同。妊娠15天时乳腺都可以触及，乳头及其基部皮肤从第3周起轻度发红，这在头胎比较明显。妊娠30天时血液供应量增大，乳头基部周围的静脉变得明显，乳头呈粉红色，膨大而有弹性，后部乳腺与邻接的乳腺相连，前部乳腺也明显发育。此时妊娠犬与发情间期犬的乳腺发育程度没有多大差异。在此之后，发情间期犬乳腺基本停止发育，妊娠犬乳腺继续发育，硬度增加，两者相比差异显著。妊娠35天时乳腺明显增大，乳腺中很快形成浆液性液体，妊娠犬的乳腺宽度约为4.0cm，后部乳腺厚度达1.0cm以上，腺小叶扩大，腺胞显著发育。45天时乳头变得更大更软。50天时乳腺显著发育，腺胞腺腔迅速增大，呈明显的泌乳状态，乳腺宽5.0～7.0cm，厚1.5～3.0cm。最后从骨盆到胸头部形成两排肿胀区域，乳腺之间有一个凹窝。从妊娠55天开始，手挤后腹部和腹股沟部的乳头，可见血清样或乳白色的乳汁流出。妊娠后半期腹部显著增大腹压增加，乳腺的宽度扩展较大，到妊娠结束前7天终止扩张。长毛品种犬在接近分娩时，乳头周围的被毛脱落，以利于哺乳。分娩后腹压降低，乳腺下垂而厚度增加，一般为4.0～5.0cm。

猫在妊娠3周后乳腺区隆起，乳头膨胀光亮呈粉红色，头胎猫非常明显，这是孕酮的作用所致。妊娠4～5周后腹部稍微隆起，妊娠期间可能有发情表现。妊娠最后2～3周，腹壁松弛的母猫可在腹壁观察到胎动，尤其是当母猫卧下的时候。妊娠最后一周乳头内可出现初乳。

三、生殖内分泌

内分泌系统在妊娠过程中起着十分重要的调节作用。正是由于各种激素的适时配合，共同作用，并且取得平衡，妊娠才能建立和维持下去。

（一）犬

血液孕酮浓度超过1.5ng/mL的第1天可以定义为妊娠开始，血液孕酮浓度在5ng/mL

以上就足以维持妊娠。血液孕酮浓度在 20～30 天达到峰值（15～60ng/mL），并在峰值浓度维持 10～15 天。在妊娠 40 天前后血液孕酮浓度开始逐渐下降，约 60 天时降为 5ng/mL，接着血液孕酮浓度迅速下降，分娩前 24～36h 降至基础浓度。妊娠犬的黄体功能通常可持续到 LH 排卵峰后的 63 天，或者排卵后的 61 天。孕酮对于维持妊娠起着极其重要的作用。孕酮促进子宫内膜腺体发育，抑制白细胞功能。孕酮抑制间隙连接的形成，阻断催产素的作用，抑制子宫肌收缩，阻止子宫肌收缩波的传播，使子宫不能作为一个整体发生协调收缩，结果子宫肌细胞保持安静。孕酮还能对抗雌激素的作用，降低子宫对催产素的敏感性，抑制子宫肌自发性的或由催产素引起的收缩。犬的胎盘不分泌孕酮，黄体似乎是妊娠时孕酮的唯一来源。在妊娠的任何阶段切除卵巢或诱导黄体溶解都可在 1～3 天导致妊娠终止。在妊娠的前期，黄体自主发挥功能；到了妊娠后期，黄体功能需要垂体促性腺激素 LH 和促乳素的维持。

犬妊娠识别系统与其他动物不一样，不管子宫中是否出现胎儿，黄体期长度相似，孕酮分泌范型相似。胎儿对黄体具有刺激作用，妊娠犬血液孕酮浓度维持峰值的时间较长，峰值过后下降的速度较慢，在妊娠后期比未孕犬血液孕酮浓度高。然而由于个体差异较大，妊娠犬与未妊娠犬之间在血液孕酮分泌范型和浓度之间的差异不足以用来进行妊娠诊断。

血液雌激素浓度在妊娠期间缓慢上升，上升速度约在妊娠的最后 3 周稍快，在分娩前 2 天达到峰值。此后血液雌激素浓度下降，在分娩当天下降至基值。

LH、FSH 和促乳素的分泌范型与未孕犬相似，但在妊娠后期血液浓度比未孕犬高。分娩前后血液 FSH 浓度降低，哺乳期维持低浓度。促乳素在 LH 排卵峰后 30 天左右开始分泌，血液浓度逐渐增加，在妊娠最后一周血液浓度明显升高，并在分娩前 1～2 天达到峰值。犬妊娠结束时血液促乳素浓度通常是发情间期结束时的 4 倍。促乳素在犬妊娠期间具有重要的促黄体作用。注射卡麦角林或溴隐亭引起促乳素水平迅速下降，接着孕酮分泌停止，结果导致妊娠中止。血液促乳素浓度在分娩后 1～2 天下降，然后因给新生仔犬哺乳而再度增加并维持在高浓度。泌乳期过半之后血液促乳素浓度逐渐下降，断奶之后迅速降到基础浓度（图 5-2）。

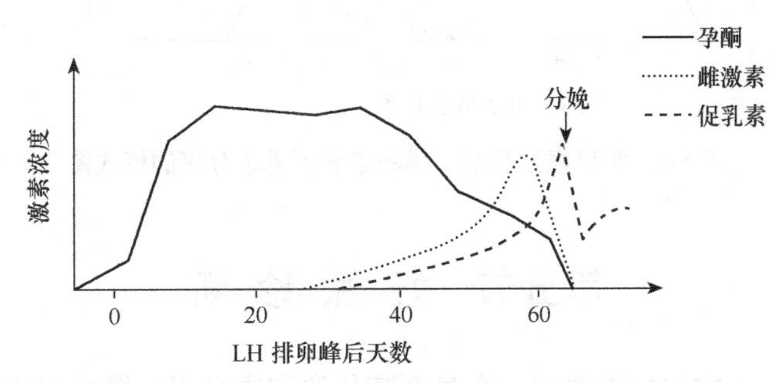

图 5-2　犬妊娠期孕酮、雌激素和促乳素分泌的模式图（引自 England and Heimendahl，2010）

松弛素在妊娠 25 天出现，此后呈缓慢增加趋势，在妊娠 40～50 天达到高峰。

（二）猫

排卵后 1～2 天血液孕酮浓度开始升高，妊娠 14～20 天血液孕酮浓度与发情间期的浓度相似。在妊娠早期切除子宫，血液孕酮浓度和范型仍然维持妊娠模式。由此可见，胎儿和/或胎盘对黄体具有刺激作用。此后血液孕酮浓度继续升高，妊娠与未妊娠血液孕酮浓度开始出现差别。血液孕酮浓度在妊娠 20～30 天达到峰值浓度 15～30ng/mL，并在峰值浓度维持 10～15 天。在妊娠 40 天前后血液孕酮浓度开始缓慢下降，约妊娠 60 天时血液孕酮浓度为 4～5ng/mL，至分娩当天降至基础浓度。黄体是妊娠期孕酮的主要来源，在妊娠期切除卵巢血液孕酮浓度就会迅速下降，妊娠就要终止。妊娠后期胎盘可以产生少量孕酮，到妊娠 45 天时切除卵巢仍然会在 6～9 天发生流产。妊娠猫个体间的血液孕酮浓度差异很大，排卵后没有妊娠时血液孕酮浓度也会升高，结果妊娠前期与发情间期血液孕酮浓度和范型相似。所以，在猫妊娠前期不能用测定血液孕酮的方法进行妊娠诊断。

血液雌二醇的浓度在发情时达到峰值，在配种后的 5 天降低到基础浓度，妊娠后期血液雌二醇浓度稍许升高，在分娩前 8 天左右达到峰浓度，至分娩之前下降。

胎盘从妊娠中期开始产生 $PGF_{2\alpha}$。血液 $PGF_{2\alpha}$ 浓度在妊娠 45 天时达到平台期，到了分娩前快速升高。

血液促乳素浓度大约从妊娠 30 天开始逐渐升高，在 50 天进入平台期。血液促乳素浓度在分娩前 3 天进一步升高，并在分娩时达到峰值。促乳素在猫妊娠期间具有重要的促黄体作用。注射卡麦角林或溴隐亭引起促乳素水平迅速下降，接着孕酮分泌停止，结果导致妊娠中止。泌乳期前 4 周由于吮吸刺激使得血液促乳素继续维持在高浓度，此后血液促乳素浓度逐渐下降，断奶后 2 周左右降到基础浓度（图 5-3）。

松弛素在妊娠 25 天出现，在 42～50 天达到平台峰值，此后浓度逐渐下降。分娩后 24h 血液中就检测不到松弛素。

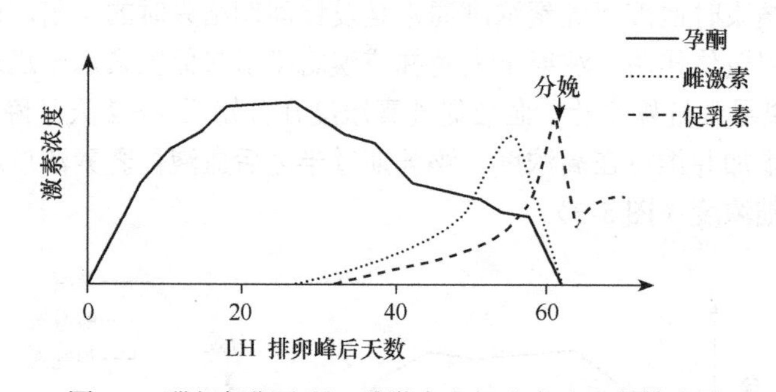

图 5-3　猫妊娠期孕酮、雌激素和促乳素分泌的模式图

第五节　妊娠诊断

妊娠过程中，动物的生殖器官、全身新陈代谢和内分泌都发生变化，而且这些变化在妊娠的各个阶段具有不同的特点。妊娠诊断就是借助动物妊娠后表现出的各种征状来判断动物配种后是否妊娠、妊娠的月份及掌握妊娠的进展情况。

对确诊已经妊娠的动物要给予较好的营养，保持中等强度运动，尽量避免接种疫苗和使用药物，保证胎儿生长发育，防止流产，以及预测分娩日期，做好产仔准备。对未妊娠的动物，要及时进行检查，找出未孕的原因，采取相应的治疗或管理措施，使其尽早妊娠，提高繁殖效率。对于意外配种的动物，也要及时进行妊娠诊断，以便采取措施阻止其产仔。

目前犬猫尚没有早期妊娠诊断方法。妊娠诊断的最早时间在犬为21天，猫为16天。实践中，妊娠诊断通常到了配种后的3～4周。犬是单次发情动物，不能用不返情来预期妊娠。犬妊娠诊断时遇到的一个问题是假孕相当普遍，而且存在很大的个体差异。猫发生不返情只能说明发生了排卵，不能用来预期妊娠。猫在45天之后仍不返情才可能预期妊娠，但那时早就可以采用其他方法确定妊娠了。

一、腹部触诊

腹部触诊仍然是经济、简单、可靠和常用的妊娠诊断方法。经腹壁触诊子宫可诊断动物妊娠，其准确性因动物的性情、大小、妊娠阶段、胎儿数目、肥胖程度及施术者的经验而异。凡触及胎儿者均可诊断为妊娠，但触不到胎儿时不能否定妊娠。在妊娠中期给犬进行腹部触诊，妊娠阳性诊断的准确率为88%，妊娠阴性诊断的准确率为73%。猫的个体较小，特别适合于用腹部触诊来进行妊娠诊断。

（一）犬

最好在空腹和排粪排尿后进行触诊，触诊的力度要尽可能轻，以免伤及胎儿。畜主和兽医面对面坐着较为理想，犬取站立姿势，畜主固定犬头，检查者抚摸动物给以安全感，使其安静。子宫位于膀胱与直肠之间。兽医双手手指稍张开，手掌在最后肋骨到骨盆前缘之间的腹部前后或上下滑动，让腹腔内容物从手指表面滑过。母畜吸气时腹内压降低，容易触及胎儿。妊娠子宫可垂到下腹部，轻轻柔和地用手指挤压，可感知坚硬、隆起的孕囊，容易区别于其他脏器。小品种犬及只有一个或两个胎儿时不易触及孕囊，容易产生假阴性结果。触诊时注意把直肠内的硬粪与孕囊相区别，粪便呈长条状单列，受压会变形而无弹性，多天连续检查时有时无或体积无变化。体大、肥胖和腹部极度紧张的母犬，即使在最佳的时间触诊，也很难鉴定是否妊娠。当腹部触诊比较困难时，可举起动物的前躯，直肠指诊可以触知最后面的那个孕囊。有些子宫积脓病例，触诊时容易与妊娠混淆，产生假阳性结果。

犬妊娠20天孕囊为直径1.5cm左右的卵圆形坚硬小球状，排列成串但彼此分开，像是沿着子宫角放置的一串珠子，位于腹腔的背侧。可以通过触摸子宫的末端来鉴别妊娠，亦可大概估计胎儿的数目，小型犬较易触知。子宫角后部的胚胎容易触摸到，如果只有一个或两个胚胎且位于子宫角前部，可能就会找不到。在此时期，大型或肥胖犬不可能检查到孕囊。

妊娠28～35天是腹部触诊的最佳时间，妊娠诊断的准确率可以达到90%。孕囊直径为2.5～4.0cm，约乒乓球大小，仍然彼此分开，位于腹腔的中部，先呈梨形膨大隆起，最后变圆。在脐孔与第4对乳头之间的腰椎和下腹部之间容易触摸到孕囊。在这个时期，各品种犬孕囊的大小相对一致。孕囊保持球形直到约妊娠33天。子宫在此期的后段开始扩张，子宫角更多地坠入腹腔底部，并且前部挤入肋骨弓内，触诊单个孕囊变得困难，母体的大小开始影响腹部触诊的难易。胚胎体积有时变异很大，子宫角后部的胚胎比子宫角前部的小，胚胎死亡后也会引起体积大小出现差异。

妊娠35～45天子宫与腹壁接触，怀多个胎儿的犬的腹围开始变得明显。胎水体积增加达到最大值，子宫变得柔软而不坚硬，孕囊伸长前后几乎融合到一起，子宫呈均匀的管状并下沉到腹腔底部，与肠管较难区分，更难清晰地触诊到单个孕囊。此时触诊反而不易诊断，只怀一个或两个胎儿时触诊可能困难。

妊娠45～55天胎儿体积迅速增大，子宫显著膨大伸长，子宫角的中部在肝脏后方向上折回，子宫角尖端位于子宫角基部的上方，其长轴指向骨盆。在妊娠的最后阶段，子宫几乎占据了整个腹腔。中型犬后部胎儿体长7.5cm左右，触诊母犬后腹部胎儿比较明显，但要注意与充满粪便的结肠相区别。

妊娠55天至分娩期间胎儿体积很大，腹部很容易触摸到高出腹侧面、占据子宫角顶端的胎儿。尤其是将母犬前身抬高之后，用手向骨盆方向触摸子宫时很容易触摸到胎儿，偶尔可以触感到胎动。直肠指诊也能检测到子宫后部的胎儿。

（二）猫

猫妊娠14～17天孕囊为直径1cm左右的卵圆形小球，排列成串，通过触摸子宫的末端来鉴别妊娠，还可以大概估计胎儿的数目。妊娠21～35天是腹部触诊的最佳时间。妊娠21～28天时孕囊的直径约2.5cm，很容易通过腹部触诊到不连续的硬球形结构；妊娠25天可触摸到增粗的子宫；妊娠35天时孕囊的直径约3.0cm，孕囊节段开始融合，可触摸到扩大的子宫，很少触诊到胎儿；妊娠55天以后，温顺的猫通过触诊可分辨出胎儿硬实的头部。

二、超声多普勒

超声多普勒是通过测定子宫动脉音和胎儿心音及胎盘血流音来诊断妊娠的方法。动物取仰卧、侧卧或站立式保定，用探头在两侧乳腺外侧的腹壁上进行探测，子宫动脉音在非妊娠时为单一搏动音，妊娠时为连续性搏动音。胎盘血流音为风在树林中刮过的呼啸音，胎儿心音似蒸汽机的声音。胎儿心音及胎盘血流音仅在妊娠时能听到。在整个妊娠期，犬和猫胎儿的心率稳定在每分钟228±36次，为母体心率的2～3倍，很容易鉴别。

在实际应用中，超声多普勒法从配种后第23天开始就能诊断，第25天可听到胎儿心音及胎盘血流音，结合子宫动脉音来诊断，其准确率能达95%以上。妊娠44天后听取胎儿心音，用胎儿心音部位的个数可以推测胎儿个数。分娩延迟或难产时，采用超声波多普勒鉴别胎儿生死亦非常可靠。超小型母犬兴奋时心率增加，与胎儿心率相近，两者不易区别。因此，应注意在母犬安静时进行检查。

在妊娠后期可以利用听诊器听诊胎儿的心跳，也可以通过胎儿的心电图记录测定胎儿的心跳，两种方法都可以诊断妊娠。

三、B超诊断

腹部B超检查是灵敏、安全和可靠的早期妊娠诊断技术，可以区分妊娠与早期流产，还可以区分妊娠与子宫积脓。超声检查可以检查胎儿是否存活，而触诊和X线检查则没有这个功能。超声诊断可以检查孕囊和胎儿心跳的时间，是超声妊娠诊断的最佳时间。超声检测一次只能检测腹腔的一部分，在一个视野中不能完全显示所有胚胎，胚胎增长后会使影像重叠，因而不容易准确地检测出胎儿的数目：怀5个或更多胎儿时，通常会低估胎儿的数目；胎儿数目很少时容易误判为没有妊娠，遇此情况要过7～10天进行复诊确定。膀胱是唯一的可能与子宫相混淆的内脏器官。让动物取站姿进行扫描，子宫可位于膀胱侧面，这样可以最大限度地减少膀胱的干扰。用探头从耻骨前缘到最后肋骨后缘或下腹部作横向、纵向和斜向三个方位的平扫切面观察，当见到有一个或多个横切面和纵切面均为圆形或椭圆形无回声液性暗区（直径1～2cm），管壁较厚、边缘整齐、回声较强并与胎龄相对应时为孕囊。妊娠早期孕囊很小，影像会因肠道气体的影响而变得模糊。妊娠前期孕囊吸收会导致假阳性结果。妊娠33～39天后，犬猫胎儿在孕囊中的位置可因胎儿头颈弯曲或四肢伸展而有所改变。妊娠55天后，可以观察到胎儿的解剖结构。估计胎龄的方法，可以根据首次观察到胎儿身体某些结构的时间推断，也可以根据测量胎儿身体某些结构的尺寸推测，前者的准确性要高于后者。胎儿死亡后变小，成为均质回声的圆形团块。根据胎心搏动和胚胎结构完整情况可鉴别死胎、气肿胎、胎儿浸溶、胎儿死亡和流产等情况。横切面为圆形、纵切面为条形液性暗区且管壁较薄者为子宫积液。要注意将妊娠早期的孕囊与子宫积液相鉴别，以及与肠管积液和膀胱积尿等相区别，对于已配种且子宫感染时的诊断一定要慎重。

（一）犬

子宫角在未孕状态和妊娠20天前一般直径不到1cm，用B超难以探查到。LH排卵峰后20天可检测到孕囊，25天可看到胚胎和胚胎心跳，可根据孕囊或胎体的多少估测胎儿数目。从此往后是B超诊断的最佳时间。30天左右可分辨头和躯干，34～36天可看到胎动，可分辨四肢的肢芽。40天以后胎儿骨骼显示高回声。45天后可以鉴别充满液体的胃，再过几天膀胱也可以成像。在妊娠45天之后，根据胎儿的结构可以较为准确地判断妊娠天数（表5-1），进而可以监测妊娠进展和预测分娩时间。

表5-1 超声探测比格犬各项妊娠特征的最早时间（引自Johnston et al.，2001）

部位	妊娠特征	LH排卵峰后天数
孕囊	液泡	20
子宫壁	胎盘层	22～24
	带状胎盘	27～30
胚胎位置	附着于子宫壁	23～35
	附着于绒毛膜腔	29～33
胎膜	卵黄囊膜	25～28
	尿囊膜	27～31
	卵黄囊管	27～31
	卵黄囊折叠断面	31～35
胚胎及胎儿	心跳	23～25
	两极形成	25～28
	头	25～31
	肢芽	33～35
	胚胎移动	34～36

续表

部位	妊娠特征	LH 排卵峰后天数
胚胎及胎儿	背部纵管	30～39
	骨骼	33～39
	膀胱	35～39
	胃	36～39
	肺高回声（与肝相比）	38～42
	肝高回声（与腹部相比）	39～47
	肾脏	39～47
	眼睛	39～47
	脐带	40～46
	小肠	57～63
相对大小	躯体直径 2mm>头部	38～42
	躯体直径：绒毛腔直径>1：2	38～42
	冠臀长度>胎盘长度	40～42
	躯体直径：子宫外径>1：2	46～48
分娩		63～65

测量孕囊腔的内径（用长径和短径的平均数，单位 mm），可以在分娩前 45～25 天判断分娩日期，且不受胎儿数目和性别比率的影响。中型犬距分娩天数＝（X－82.13）/1.8；小型犬距分娩天数＝（X－68.68）/1.53。将孕囊腔内径（X）带入此公式预测分娩日期，准确率达到±1 天的概率为 77%，准确率为±2 天的概率为 86%。在妊娠期 40 天之前，妊娠天数＝孕囊直径×6＋20，或者妊娠天数＝冠臀长度×3＋27；在妊娠期 40 天之后，妊娠天数＝头部直径×15＋20，或者妊娠天数＝身体直径×7＋29，或者妊娠天数＝头部直径×6＋身体直径×3＋30，测量数据单位取 cm，妊娠天数准确度±3 天。

（二）猫

猫在妊娠 11～14 天检查到孕囊，15 天胚胎长约 3mm。16～25 天检查到胚胎心跳，从此往后是 B 超诊断的最佳时间。26 天检测到头和肢芽，28 天胎儿的冠臀长度约 2.4mm 并可监测到胎动，35 天胚胎长约 45mm。32～55 天胎儿生长迅速，40 天可观察到胎盘和胎儿骨骼。从 45 天起可观察到充有液体的胃，几天后可见膀胱，胎儿的冠臀长度约 90mm。到 53 天，胎儿体格大小发育基本完成，到分娩时胎儿长度大概为 150mm。表 5-2 为超声探测的猫各项妊娠特征的最早时间。

表 5-2 超声探测猫各项妊娠特征的最早时间

配后天数	妊娠特征
16～17	心跳
18（17～19）	肢芽
20（19～21）	卵黄囊与尿囊体积相等
26（24～27）	胎儿成形

续表

配后天数	妊娠特征
30（29～32）	胃、膀胱、肺、肝
33（30～34）	四肢活动
35（35～39）	眼睛
37（37～40）	颈、头活动
39（38～41）	肾
40	辨别性别
42（35～45）	骨骼
50	区分肾皮质与肾髓质

根据检测到的孕囊或胎儿大小，可以估计妊娠天数。在妊娠的前半期，测量数据单位取mm，妊娠天数=（孕囊内径+11.566）/1.368，或者妊娠天数=（孕囊外径+12.13）/1.602，或者妊娠天数=（胚胎长度+31.43）/2.0087；在妊娠的后半期，测量数据单位取cm，妊娠天数=[log（胎儿腹部直径/0.405 565）]/0.037 214 1，或者妊娠天数=[log（胎儿项骨直径/0.483 873）]/0.027 56，或者妊娠天数=[log（胎儿胃直径/0.115 113）]/0.038 890 1。在妊娠期40天之后，妊娠天数=头部直径×25+3，或者妊娠天数=身体直径×11+21，测量数据单位取cm，妊娠天数准确度±2天。

四、X线诊断

X线在器官形成期对胚胎发育影响很大，应尽量避免在妊娠30天之前使用。胎儿骨骼钙化时间是X线妊娠诊断的最佳时间，在此之后才能将妊娠与假孕或子宫积脓相区别。用X线检测胎儿骨骼，会受到妊娠时间、X线技术及投影位置的影响。X线诊断可以确诊胎儿的数目、胎儿的姿势及胎儿的大小，但X线诊断妊娠的时间较晚。所以，X线诊断最为有用的情况，是分娩时用来比对胎儿大小与母体产道的适合情况，评估难产的原因，以及产后用来检查子宫内是否留有胎儿。胎儿死亡之后会发生体内积气和骨骼塌陷，X线诊断可以用来鉴定已经发生的胎儿死亡。

（一）犬

犬配种后第20天之前，X线不能诊断出子宫增大的迹象，不能确定是否妊娠。第25～30天胚胎已附植，胚泡内储留液体，此时X线可确定稍膨大、充满液体和表现分节的子宫角。妊娠早期子宫只具有不透明的软组织，不能与其他原因引起的子宫增大相区别，不能给出正确的妊娠诊断。妊娠30～35天时，根据犬的体格大小，向腹腔内注入200～800mL空气进行气腹造影，可以确定子宫局限性肿块的阴影。42～43天后胎儿脊椎骨开始钙化，通过X线可以辨认胎儿，矿物质不断累积使得X线可以探测到越来越多的骨骼。从此往后是X线诊断的最佳时间。妊娠45天时，根据子宫内胎儿的位置，X线可探测到胎儿颅骨和脊椎，据此可数出胎儿数，但当胎儿超过8个时不能准确确定胎儿数目。在确定胎儿数目时，要同时计数胎儿颅骨和脊椎，要注意寻找非常靠前（接近母体肝脏）和靠后（进入母体骨盆）的胎儿。妊娠50天胎儿骨骼明显，胎儿数清晰。56～

59 天可看到牙齿。用这种方法可以较为准确地确定出距离分娩的天数（表 5-3）。胎儿死亡 1 天以上时，胎儿体内和胎儿周围会产生气体，胎儿的颅骨塌陷和脊椎断裂，这些可以在 X 线影像中反映出来。

表 5-3　X 线探测妊娠犬子宫增大及胎儿骨骼的最早时间

妊娠特征	LH 排卵峰后天数	距分娩天数	第一次配种后天数
初次可测	29（24～33）	36（33～41）	30（26～34）
子宫	30（28～34）	35（32～36）	32（28～37）
子宫角增粗	35（31～38）	30（27～33）	35（31～38）
输卵管增粗	41（38～44）	24（22～27）	41（36～45）
脊椎，颅骨，肋骨	45（43～46）	21（20～22）	46（42～50）
肩胛骨，肱骨，股骨	48（46～51）	17（15～18）	50（45～54）
桡骨，尺骨，胫骨	52（50～53）	11（9～13）	54（49～59）
骨盆	54（53～57）	11（9～13）	56（52～63）
13 对肋骨	54（52～59）	11（7～12）	56（51～66）
尾椎骨，腓骨，跟骨，爪	61（55～64）	5（2～9）	63（58～70）
牙齿	61（58～63）	4（3～8）	63（60～68）
分娩	65（64～66）	0	66（63～71）

（二）猫

猫配种后 20 天可以观察到子宫增大。从 38 天起 X 线能测出胎儿骨骼，可以发现胎儿的存在；45 天之后胎儿骨骼钙化，获得的结果才可靠。38～40 天可见头盖骨、肩胛骨、股骨、椎骨、肋骨，43 天可见胫骨、腓骨、髂骨，49 天可见掌骨、跖骨，52～53 天可见胸骨、趾骨，56～63 天可见臼齿。X 线测出的胎儿冠臀长度随妊娠时间延续而增长，38 天为 58mm，41 天为 75mm，44 天为 84mm，47 天为 94mm，50 天为 106mm，53 天为 114mm，56 天为 121mm，58 天为 130mm，60 天为 136mm，分娩时（约 65 天）为 145mm，据此可大致判断母猫的妊娠时间。当母猫有难产病史，或者有骨盆骨折的病史，或者先前有代谢性疾病，或者年龄比较大（>6 岁），可以考虑在妊娠 56 天之后使用 X 线检查比较胎儿头骨与母体骨盆入口大小，以预测难产的可能性。在 38 天之前出现子宫膨大是不正常的现象，见于子宫积脓、子宫积水和其他一些导致膨大的原因。

第六节　孕 畜 护 理

一、营养

犬属杂食性动物，猫是肉食性动物。要给妊娠母畜提供富含维生素、矿物质和蛋白质的优质饲料，保证胎儿生长发育的需要，维护母畜的健康。动物妊娠期间不必刻意添加维生素和矿物质。维生素 A 过量会造成胎儿先天性腭裂，维生素 C 过量会干扰骨的发育过程，维生素D过量会抑制钙在母体内的移动。从配种之日开始每周称重一次，通过体重来监视营养状况。食物的喂量应视母畜的体况而定，过瘦可能造成分娩后乳汁不足，肥胖可能增加难产的危险，这两种情况都会增加新生仔畜的死亡率。前半个妊娠期胚胎发育缓慢，孕畜体重增加很小，供给平时维持需要的日粮即可，饲喂过多会导致胚胎死亡和产仔数减少。在妊娠3周时，大多数犬和猫会食欲减退，持续3～10天采食量减少，体重可能会缓慢下降，可通过少吃多餐、增加碳水化合物、减少脂肪摄入量使症状得到改善，对征状稍重者可加用维生素B_6。动物在妊娠的最后7～10天食欲下降，加上胎儿增大严重压缩消化道空间，必须饲喂高营养食物，增加饲喂的频率，每餐提供少量食物，并保证其与其他犬隔离。妊娠动物的胃肠道平滑肌松弛蠕动减慢，还受到妊娠子宫的机械压迫，因而容易发生功能性便秘，以选用润肠、缓泻药处理为宜。

犬从妊娠的第6周起，胎儿发育速度逐渐加快，分娩时母犬的体重将会增加25%～30%。从妊娠第5周起连续3周，每周增加15%日粮，逐渐增加饲喂高蛋白物质、碳水化合物及矿物质，到分娩前应比平时增加30%～50%的食物（表5-4）。母犬产仔后的理想体重通常是比妊娠前增加10%～15%。在妊娠末期和/或哺乳早期，钙需要量会比维持期高3倍。商品化犬粮有足够的钙和适当的钙磷比（1.2∶1），在妊娠的最后几天到产后2周的时间内，增加日粮的酸性可以提高钙的吸收效率，以此来满足对钙的需求，减少母犬产后抽搐。钙补充剂应该在兽医许可下，对过去有产后抽搐史的母犬使用。

表5-4　妊娠犬的食物相对摄入量

品种大小	发情前期	发情期	妊娠10天	妊娠25天	妊娠42天	妊娠62天
小	100	80%	114%	64%	150%	25%
中	100	86%	112%	79%	135%	23%
大	100	83%	112%	67%	130%	17%

猫妊娠后采食量几乎立即增加，体重也同时逐渐增加。猫在妊娠期需要的总热量通常要提高25%～50%，平均体重增加39%。妊娠45天后体重增加大概与胎儿体重增加相平行。到了妊娠末期，进食量大概增加70%，体重增加会随窝产仔数而变化。妊娠猫增重（g）$=888.9+106.5N$，N为窝产仔数。

产重指产出胎儿占母体体重的百分比。犬和猫的产重分别为16.1%和13.2%，远远高于人5.7%和绵羊11.4%的产重，这也反映在犬猫妊娠后期采食量和体重显著增高上面。猫产后体重仍比未孕时高约20%，这些储备用于补充接下来泌乳的消耗。

二、保健

对于妊娠动物，要提供安静舒适的环境，满足睡眠增加的需求并提高睡眠质量。减少洗澡次数，洗澡后要尽快用干毛巾擦干或用热风吹干，防止受凉感冒，妊娠30天以后改为用毛巾擦洗。特别是妊娠的最后20天，要避免运输、环境改变等应激刺激。从分娩前15天开始，每隔2天用温水洗涤乳房1次。临产前剪去长毛品种乳头和会阴周围的被毛，用湿毛巾擦净会阴部和乳房，再用消毒药水清洗。

适当运动可以提高妊娠母畜对营养物质的利用，使胎儿活力旺盛，同时也可使全身及子宫的紧张性提高，从而降低难产、胎衣不下及子宫复旧不全等病的发病率。犬在妊娠前期和中期在阳光下慢步长跑，到妊娠中后期每天散步。注意不要使妊娠犬过度劳累，尽量防止跨越障碍物和从高处跳下，尤其是在妊娠晚期。

要尽可能在配种前给动物驱虫和注射疫苗。犬配种时可注射第1针疱疹病毒疫苗，待妊娠后再进行加强免疫。配种前没有免疫的妊娠母犬最好注射灭活苗，这比分娩前后有危险或产后发病要好。在妊娠期应避免注射弱毒疫苗。在妊娠中期对母畜进行一次或多次全面的体检，可进行超声或X线检测，全血记数、血液生化检查、尿液分析、粪便检测及血液激素测定。在妊娠最后一周，检查骨盆来判定是否满足正常分娩。从配种后54天起每天测量犬直肠温度2～3次，绘制体温曲线，用于预测分娩。

第七节 孕畜用药

妊娠期动物除了像一般动物那样可能患有各种疾病外，还可能发生许多与妊娠有关的疾病，因而会有更多的机会接受药物治疗。妊娠期的许多生理变化会影响药物的分布、作用和毒性，出现一些非妊娠时所没有的不良反应，给妊娠母畜使用药物会有一定风险。例如，血中蛋白质的改变可影响与蛋白质高度结合药物的分布，心输出量、肾小球血流量和肾小球滤过率的变化可以改变从肾脏消除药物的利用率。在考虑药物对母畜作用的同时，还应考虑药物对胎儿生长发育的可能影响。母畜用药之后胚胎或胎儿很快就暴露于药物当中，胚胎因肝脏代谢和肾脏排泄能力很低、血脑屏障较差而对多数药物非常敏感。药物的不良作用包括致畸、致死和流产，有些药物可能会引起出生后数月都发现不了的问题。药物引起的内部功能紊乱可能要到成年才会发现，而神经系统的损伤可能很快就能发现，或只是引起行为模式的不明变化。药物还可能改变分娩时间，推迟分娩对母畜来说是危险甚至致命的，而提前分娩则对新生仔畜有害或致命。

一、对胎儿的影响

妊娠是一个按预定时间精确发生的生理过程，胚胎和胎儿对母体药物不具有选择性。虽然胚胎发育过程中不存在一个单独的危险期，但用药时的胎龄却与胚胎伤害的形式有密切关系。在附植前后胚胎的胚层尚未分化，胚胎不可避免地会遭遇子宫液中的药物，药物可能会导致流产，并不致畸形。到了器官发生阶段，器官开始萌芽、分化和发育，此时胎儿最易受药物和外界环境的影响而发生畸形。接下来，胎儿的器官继续发育，药物的毒性作用主要是引起胎儿的发育异常，如发育迟缓。到了妊娠晚期，药物对胎儿损害主要表现为毒性作用，可能导致中枢神经系统和/或心血管系统异常，有些药物与胆红素竞争血浆蛋白的结合点，导致新生仔畜黄疸。分娩时通常不使用药物，如果使用的话，最常用的药物是麻醉剂，麻醉剂可能会抑制新生仔畜的活力。

许多因素能够影响药物通过胎盘及在胎儿组织中药物浓度。例如，妊娠阶段、胎盘血流量、胎盘代谢药物的能力、药物的分子质量、药物的脂溶性、药物的用量、给药的持续时间、给药的途径、母体与胎儿pH的差异、母体与胎儿血浆蛋白对药物亲和性的差异，等等，这些仅是其中的小部分因素。有些药物会被母畜迅速代谢或排泄，如此就不会有明显剂量到达胎儿。有些母畜有肝肾疾病，药物的代谢排泄就会减缓，药物到达胎儿的剂量就会大为增加。有些药物可能在胎儿体内达到高浓度而在母畜体内从不会达到那么高的浓度。胚胎和胎儿代谢药物的能力极其有限，许多药物的副作用对成年动物是可逆的，但对胚胎和胎儿则是不可逆的。许多药物对母畜和胎儿的影响还没经过研究，兽药大多没有安全资料，尤其是在妊娠犬猫方面。例如，卵巢功能由丘脑下部和垂体进行控制，影响丘脑下部和垂体的药物会间接改变卵巢功能。卵巢的血流量很高，卵巢会暴露于血液中高浓度的任何药物之下。多数药物对卵巢各种功能的影响还不清楚，但仍然可以确认具有潜在的危险。

二、基本原则

1. 尽量避免用药 如果可能，尽量避免给妊娠母畜使用药物。

2. 尽量避免在妊娠早期用药 在妊娠早期，若仅为解除一般性的临床症状，或病情甚轻允许推迟治疗者，则尽量推迟到妊娠中、晚期再治疗。在胚胎对药物最为敏感的时期，母畜可能还没有表现明显的妊娠征兆，给配过种但还没有进行妊娠诊断的母畜用药时要保持高度的警惕。兽医在询问病史时应询问末次发情配种和受孕情况，避免给配种后30天之内的母畜使用影响胚胎器官发生的药物。

3. 尽量避免分娩前用药 有些药物在妊娠晚期服用可与胆红素竞争蛋白结合部位，引起游离胆红素增高，导致新生仔畜黄疸；有些药物则易通过胎儿血脑屏障，导致新生仔畜颅内出血。所以，妊娠后期应注意避免使用可以影响胎儿功能的药物。分娩前使用某些药物会对胎儿产生严重的不良反应，而且胎儿成为新生仔畜时，必须完全承担药物代谢和消除的负担，容易产生药物过量的表现，故分娩前一周应注意停药。

4. 谨慎选择和使用药物 当出现某些可能危及母畜生命的情况时，即使存在着损伤胎儿的风险，也应当毫不犹豫地采取治疗措施。如果延误治疗，母畜病情恶化会危及母子生命，母畜死亡胎儿也不能存活。所以，在必须用药时应充分权衡用药利弊：①根据妊娠的生理变化选择适当的药物。②要采取最低有效剂量、最短有效疗程。药物安全是建立在允许剂量的平台上的。在妊娠期，即使是维生素类药物也不宜大量使用，以免对胎儿产生不良反应。例如，大量服用维生素A会导致胎儿骨骼异常。③可局部用药就不全身用药，能单独用药就避免联合用药，新药和老药同样有效时应选用老药。新药多未经过药物对胎儿及新生仔畜影响的充分验证，故对新药的使用更需谨慎。

三、药物安全分类

小动物妊娠期用药的安全性可分为四类（Feldman and Nelson，1996）。

（一）可安全使用的药物

此类药物对胎儿未见不良影响，危险性极小。

1. 抗菌药 青霉素类和头孢菌素类在妊娠期间的肾清除率随肾小球滤过率的增加而增大，孕畜的血药浓度会低，可考虑适当增加剂量。红霉素极少通过胎盘。林可霉素、克林霉素会通过胎盘。

2. 抗寄生虫药 乙胺嗪、哌嗪、甲苯达唑、芬苯达唑、吡喹酮、伊维菌素。但要注意，柯利犬对伊维菌素敏感。芬苯达唑是一种安全有效的驱虫药，可从妊娠第40天到产后第 14 天运用。

3. 麻醉药　有纳洛酮、氧化亚氮、利多卡因、普鲁卡因。

4. 胃肠药　有氢氧化镁、氢氧化铝、硫糖铝、洛哌丁胺。

5. 心血管药物　如地高辛。

6. 利尿药　如呋塞米。此类药用量过大会引起脱水，影响动物产后泌乳。

（二）需慎重使用的药物

此类药物在动物实验中对胎儿有不良影响但未见有危害，应避免在妊娠过程中应用。

1. 抗菌药　克拉维酸、舒巴坦、他唑巴坦多与其他抗生素组成复方制剂。抗菌药还有柳氮磺吡啶。

2. 抗组胺药　如氯苯那敏（扑尔敏）。

3. 麻醉药　如吗啡、布托啡诺、可待因、羟吗啡酮、异氟烷、异戊巴比妥。阿片制剂能抑制呼吸，但可以被纳洛酮逆转。羟吗啡酮在猫的半衰期较长。

4. 胃肠药　如止吐药、缓泻药、西咪替丁、雷尼替丁、甲氧氯普胺、苯海拉明。

5. 心血管药物　如肼屈嗪、普鲁卡因胺。

6. 抗惊厥药　如扑米酮。

7. 内分泌药物　如甲状腺素。

8. 呼吸药物　如氯化铵、麻黄碱、伪麻黄碱。

（三）不得已才使用的药物

此类药物对胎儿有危害，在非常需要又无替代药物、治疗意义明显超过潜在危害时才可使用，属于治疗妊娠病畜最后求助的药物。

1. 抗菌药　氨基糖苷类容易通过胎盘，可以引起胎儿第 8 对脑神经和肾脏中毒，庆大霉素毒性稍低。新霉素、卡那霉素主要影响听力，链霉素、庆大霉素主要累及前庭，妥布霉素对耳蜗和前庭功能损害的程度大致相等。肾毒性按卡那霉素、妥布霉素的次序递减。

磺胺类可以通过胎盘，有致畸作用，可能会影响犬的甲状腺。磺胺嘧啶毒性稍低，可引起高胆红素血症，妊娠晚期，特别是临产期不应使用。甲氧苄啶干扰叶酸代谢，有致畸作用。

酮康唑抑制肾上腺皮质激素的合成，可致畸和引起难产。

2. 抗病毒药　如阿昔洛韦、伐昔洛韦、更昔洛韦、金刚烷胺、阿糖腺苷、干扰素。

3. 抗寄生虫药　甲硝唑有致畸作用，应避免在妊娠的前 3 周使用。

4. 麻醉药　多数麻醉药物容易通过胎盘屏障，对胎儿有长时间的抑制作用，在妊娠接近结束时避免使用乙酰丙嗪、氯丙嗪、三氟丙嗪、甲氧氟烷、硫喷妥钠。此外，氟烷可引起子宫出血和推迟子宫复旧；氯丙嗪可引起胎儿视网膜病变。氯胺酮能收缩血管造成胎儿缺氧，增加子宫压力，或许会引起早产。麻醉药中还有异丙酚和地西泮。

5. 抗胆碱药　阿托品容易通过胎盘屏障，引起胎儿心跳过速，分娩时用量过大会引起子宫收缩无力。

6. 抗肾上腺素药　可引起低血压，减少肾脏血液灌流。普萘洛尔可抑制胎儿心脏发育和引起低血糖。

7. 中枢兴奋药　奎尼丁、茶碱、氨茶碱容易通过胎盘屏障。咖啡因可引起胎儿骨骼异常。

8. 胃肠药　地芬诺酯、奥美拉唑的剂量不能过大。

（四）禁用药物

此类药物有致畸作用，危害极大，禁止使用。

1. 抗菌药　链霉素比其他氨基糖苷类药物对第8对脑神经的损伤更大，会引起耳聋。

四环素类进入胎儿体内后，与钙络合形成复合物沉积于骨和牙齿中，引起胎儿骨骼和牙齿发育异常。四环素类还能引起母畜和胎儿肝损害，患有肾盂肾炎或肾功能不全的孕畜，尤其容易导致肝中毒。

喹诺酮类会损伤软骨发育，以犬类最敏感。

两性霉素、灰黄霉素对神经系统、血液、肝脏和肾脏有较大毒性。在猫妊娠前半期使用灰黄霉素引起胎儿畸形：腭裂、露脑、脑积水、脊柱裂、独眼无眼、锁肛及心脏畸形。灰黄霉素对犬也有不良作用。

呋喃妥因引起胎儿溶血。

氯霉素能通过胎盘屏障，抑制骨髓造血功能，引起死胎。

长效磺胺类药物会引起肝萎缩和高胆红素血症。

抗菌药还有万古霉素、氟胞嘧啶。

2. 抗病毒药　利巴韦林有明显的致畸和胚胎毒作用。

3. 激素　司坦唑醇、睾酮、诺龙有致畸作用，可引起雌性胎儿雄性化。己烯雌酚、雌二醇可引起胎儿生殖器官异常，引起早产。米托坦可引起肾上腺皮质坏死。地塞米松、泼尼松有致畸作用，还可引起早产或流产。

4. 麻醉药　巴比妥类麻醉药物对胎儿呼吸的抑制作用强，可造成胎儿窒息死亡。苯巴比妥类要经过生物转化，在胎儿体内的活性时间较长。戊巴比妥对胎儿的致死率较高。杜冷丁（哌替啶）的抗胆碱能作用可能会抑制动脉导管的收缩。赛拉嗪有严重的心肺抑制作用，或许引起早产。

5. 消炎止痛药　布洛芬、扑热息痛和阿司匹林对猫有毒性，临产时使用阿司匹林可能会引起肺动脉高压和出血。消炎止痛药还有吲哚美辛。

6. 拟肾上腺素药　多数不进入胎儿循环，但会引起胎盘血管收缩而导致胎儿窒息。异丙肾上腺素抑制子宫收缩，引起胎儿心跳过速。

7. 抗寄生虫药　有乙胺嘧啶。对于左旋咪唑、阿米曲士，如果病情不严重，可等动物分娩后再用药治疗。有机磷酸酯（如敌敌畏、倍硫磷、敌百虫）可穿过胎盘屏障，对胎儿有损害作用，应避免给妊娠动物使用。

8. 抗癌药　环磷酰胺、阿霉素、长春新碱、氨甲蝶呤有致畸和诱发突变的作用，可能引起流产。

9. 泻药　有酚酞（果导）、液状石蜡、蓖麻油。

第六章 分　　娩

妊娠期满，胎儿发育成熟，母体将胎儿及其附属物通过产道排出体外，这个生理过程称为分娩（parturition）。分娩是一个复杂的生理过程，涉及分娩预兆、分娩过程及产后期的一系列变化。为了降低分娩过程母畜和胎儿的死亡率，减少母畜由分娩带来的分娩期和产后期疾病，提高产后第一周内新生仔畜的存活率，必须熟悉正常分娩过程和掌握接产方法。

第一节 分娩启动

一、分娩预兆

随着胎儿的发育成熟和分娩期的临近，母畜的生殖器官及骨盆部会发生一系列变化，以适应排出胎儿及哺育仔畜的需要；母畜的精神状态及全身状况也有所改变。这些变化或现象预示着分娩即将来临，称为分娩预兆（signs of approaching parturition）。经过细心和全面观察，根据分娩预兆可大致判断分娩的时间，事先做好接产的准备工作。

（一）乳腺

乳腺在分娩前膨胀增大，但出现这种变化时距分娩尚远。乳头及乳汁的变化对预测分娩时间比较可靠，但受饲养的影响很大，营养不良母畜乳腺的变化不很明显。

1. 犬　分娩前3～4天乳腺迅速膨胀增大，乳腺充实含有乳汁。有些经产母犬在分娩前两天可挤出少量乳汁，大部分母犬到分娩后1h才有乳汁。初乳淡黄色，比常乳混浊黏稠。

2. 猫　分娩前一周乳腺增大，乳头内可能出现初乳。猫假孕时通常不会出现乳腺增大和泌乳，可用于区分两者。

（二）软产道

犬子宫颈在分娩前1～2天开始肿大松弛，子宫颈口流出水样透明黏液，同时伴有少量出血。阴道壁松软，阴道黏膜潮红，阴道内黏液变得稀薄、润滑，产前几天可见阴道内流出黏液。阴唇肿胀明显，呈松弛状态，皮肤皱褶展开。

（三）骨盆韧带

犬骨盆韧带在妊娠最后一周变得松弛，臀部肌肉明显塌陷，荐骨后端的活动性明显增大。

（四）精神状态

母畜在产前一般都出现精神抑郁及徘徊不安等现象，对周围环境非常敏感，有离群和寻找安静地方分娩的习性，尚可容忍畜主接近。如果受到惊吓或干扰，会使母畜推迟或中止分娩。临产前厌食，排泄量少而次数增多。

1. 犬 分娩前1.0～1.5天表现精神抑郁，经常排尿，饮水增加，食欲大减，只吃少量爱吃的食物，甚至拒食。母畜产前12～24h徘徊不安，寻找屋角棚下等僻静黑暗的地方，忙于收集报纸、旧衣物等，开始筑窝，小型犬多围着畜主求助。分娩前12h开始休息减少，频繁出入预先确定的产室，而且在产室内停留时间明显延长，外出的次数逐渐减少，常用前爪抓地，呼吸加快，排尿次数增加，舔舐阴门。分娩前1h（少数犬2～3h），母犬用前肢扒垫草，抓毛巾、抹布等，并用嘴咬断撕碎，中腹部疼痛，常有吞咽动作，发生低沉的呻吟或尖叫。

血液孕酮浓度下降速度从产前3天开始明显加快，子宫生物电活性强度提升频率增加，动物体温大约在血液孕酮浓度下降12h后迅速下降。犬的体温从临产前6天左右开始以波动方式缓慢下降，产前2天体温下降速度加快，大多数母犬的体温在分娩前8～10h降到最低（≤37.2℃），比正常体温低1.1～1.7℃。小型犬的最低体温可降到35℃，中型犬降到36℃，大型犬则很少降到37℃。分娩前体温降低是一过性。接着分娩活动开始，母畜体温回升并在产第1个胎儿前后略高于正常温度，产后第3天时体温达到38.4℃（图6-1）。体温下降预示动物在12～24h内分娩。从配种后54～55天开始，每天3次检测直肠温度。当发现体温缓慢下降时改为每小时测量1次，当看到体温反弹上升后再减少测量频度。这样可以预测分娩开始时间。犬是兴奋性很高的动物，测量体温时如果引起应激反应，应激性体温升高会掩盖上述体温变化。母犬仅怀1～2个胎儿时容易发生子宫弛缓，监测体温更有必要。

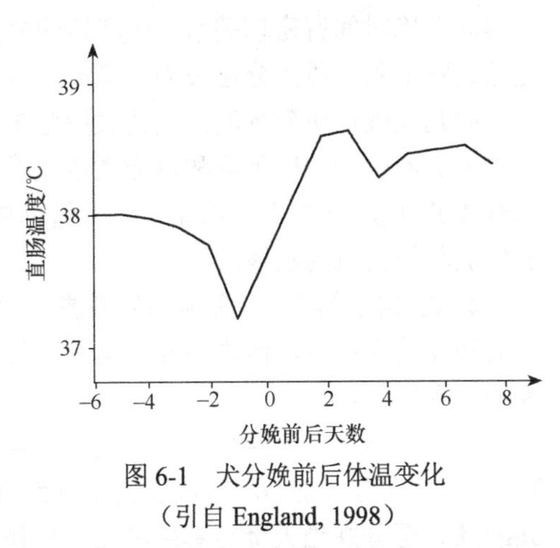

图6-1 犬分娩前后体温变化
（引自England, 1998）

2. 猫 在妊娠最后一周会寻找隐蔽的地方造窝准备分娩，尽量避免与人接触，分娩前12～48h造窝行为变得很明显，分娩前24h停止进食，通常直肠温度下降到37.8℃以下后12～36h开始分娩，产后1～3天体温可能升高0.5～1.0℃，然后降回到正常体温。猫体温下降不如犬明显。分娩快开始时要限制母猫的活动，保证第一、二个胎儿是在可监视条件下产出，以免发生难产时不能及时发现。多数猫是在夜间无人陪伴时分娩，少数猫可能会寻找畜主，尽量与畜主待在一起，极力寻求畜主的安慰和帮助。畜主应守护在这种依恋畜主的母猫跟前，陪伴母猫分娩。到新生仔畜需要母猫的照顾时，畜主应当悄悄离开，不要打扰母猫，也不要让母猫跟随离开。

二、启动分娩的因素

一般认为，分娩不是由某一特殊因素引起的，而是内分泌、机械性、神经性及免疫等多种因素之间复杂的相互作用、彼此协调所促成的。

（一）内分泌因素

1. 胎儿内分泌　胎儿的丘脑下部-垂体-肾上腺轴对发动分娩起决定性作用，妊娠期延长同胎儿垂体前叶和肾上腺皮质异常有关。

1）切除胎儿的丘脑下部、垂体或肾上腺，可阻止分娩，使妊娠期延长。

2）给切除垂体或肾上腺的胎儿滴注 ACTH 或地塞米松能诱发分娩，在妊娠末期给胎儿滴注 ACTH 或地塞米松能诱发早产。

3）人类无脑儿、死产儿，摄入藜芦而发生的独眼羊羔，以及采食猪毛菜的卡拉库尔绵羊，其共同缺陷是胎儿缺少肾上腺皮质，缺少胎儿的应激，妊娠期延长。多胎动物仅怀一个胎儿时也可能会出现妊娠延长，推测可能是由于一个胎儿对子宫的应激较小，使分娩开始延迟。

4）妊娠后期胎儿垂体和肾上腺的敏感性增强，分娩前血液促肾上腺皮质激素释放激素浓度升高，引起胎儿肾上腺皮质醇的释放，正常分娩就要开始了。胎儿皮质醇的生理节奏与分娩时间有密切关系，如产妇的分娩多在午夜零点至凌晨 3:00 启动，这段时间正是胎儿肾上腺皮质醇分泌最为活跃的时间。

胎儿血液皮质醇浓度升高诱发胎盘多种酶的活性，使胎盘将孕酮转变成雌激素，引起母体血液孕酮浓度下降和雌激素浓度升高。胎儿血液皮质醇浓度升高还刺激胎盘合成与释放 $PGF_{2\alpha}$，子宫开始收缩，并引起母体神经垂体释放催产素，它反过来又增强 $PGF_{2\alpha}$ 的释放和子宫肌的收缩。

2. 母体内分泌　母体的生殖激素变化与分娩启动有关，大部分动物分娩时激素之间的相互关系相似，但这些变化具有动物种间差别，尚不能仅靠这些变化来完全阐明分娩的发生机制。

（1）孕酮　犬猫在妊娠后期血液孕酮浓度呈下降趋势。犬到分娩前 3 天下降速度有所加快，在分娩前 24～36h 急剧下降到基础浓度。猫妊娠约 60 天时血液孕酮浓度为 4～5ng/mL，至分娩当天降至基础浓度。猫在妊娠后期胎盘可以产生孕酮，临产时血液孕酮浓度下降不如犬那样急促。母体血液孕酮浓度在分娩之前下降到基值，这可能是胎儿皮质醇刺激胎盘合成前列腺素使黄体溶解所致。血液孕酮浓度下降后，孕酮对子宫肌的抑制作用解除，使子宫内在的收缩活性得以发挥而导致分娩，这可能是启动分娩的一个重要诱因。

（2）雌激素　妊娠中期胎儿开始分泌皮质醇，皮质醇刺激胎盘将孕酮转变为雌激素，妊娠后期血液雌激素浓度逐渐增加，分娩前或分娩时达到最高峰。血液雌激素浓度增高与孕激素浓度下降使孕激素与雌激素的比值发生改变，因而子宫肌对催产素的敏感性增高。

（3）皮质醇　山羊、绵羊、兔产前血液皮质醇浓度明显升高，猪也有相似变化；奶牛血液皮质醇浓度保持不变。ACTH、皮质醇或地塞米松能诱发绵羊和山羊分娩。犬血液皮质醇浓度在妊娠后期逐渐升高，在妊娠最后几天明显升高，在分娩时达到峰值并维持 12h，分娩后 36h 降低到基值。

（4）前列腺素　临产时胎盘产生及释出前列腺素。前列腺素对分娩所起的作用为：刺激子宫肌收缩；溶解黄体，解除孕酮对子宫肌的抑制作用；刺激垂体释放催产素。在引起子宫收缩的链条中，$PGF_{2\alpha}$是最后一环。消炎痛或其他前列腺素合成抑制剂能抑制子宫收缩。犬血液前列腺素浓度在分娩前2～3天开始上升，并在分娩前24～48h达到峰值。

（5）催产素　各种动物催产素的分泌范型大致相似，都是在胎儿进入产道后大量释放，并且是在胎头通过产道时出现高峰，使子宫发生强烈收缩，起维持产程的作用。因而，催产素可能不是启动分娩的主要因素。

妊娠期间子宫催产素受体的浓度很低，子宫对催产素的敏感性亦很低；随着妊娠的进行，子宫催产素受体的浓度逐渐增加，子宫对催产素的敏感性亦随之逐渐增加，妊娠末期子宫对催产素的敏感性可增大20倍。临产前，孕酮分泌下降，雌激素增多，子宫对催产素的敏感性到达峰值。所以，在妊娠早期，子宫对大剂量催产素也不发生反应；但到了妊娠后期，仅用少量催产素即可引起子宫强烈收缩。

（6）松弛素　犬血液松弛素浓度在妊娠中期开始增加，假孕犬则不增加。犬分娩或者胎儿死亡后血液松弛素浓度迅速下降，但在产后很长一段时间内仍然处于可检测浓度。

（7）促乳素　犬在产前30～40天血液促乳素浓度开始逐渐增加，在产前1～2天达到峰值。血液促乳素浓度在产后1～2天减少，产后10～14天保持高浓度，然后在45～55天缓慢降至基础浓度。哺乳反射能增加血液促乳素浓度，移走所有待哺幼犬会导致血液促乳素浓度急剧下降。

（二）机械性因素

妊娠末期胎儿发育成熟，子宫容积和子宫内压增大，子宫肌发生机械性伸展和扩张；因羊水减少，胎儿与胎盘和子宫壁之间的缓冲作用减弱，以致胎儿与子宫壁和胎盘容易接触，尤其是与子宫相贴更为密切，结果胎儿对子宫，特别是子宫颈，发生机械性刺激作用，刺激子宫颈旁边的神经感受器。这种刺激通过神经传至丘脑下部，促使垂体后叶释放催产素，从而引起子宫收缩。

（三）神经性因素

神经系统对分娩过程具有调节作用。例如，胎儿的前置部分对子宫颈及阴道发生刺激，就能通过神经传导使垂体释放催产素，增强子宫收缩。很多动物的分娩多半发生在夜晚，这时外界干扰减少，中枢神经易于接受来自子宫及产道的冲动信号，说明外界因素可通过神经系统对分娩发生作用。马、驴分娩多半发生于天黑安静的时候，而且以晚上10:00～12:00最多；犬一般在在午夜至凌晨或傍晚分娩，猫通常是在夜间分娩。但是，乳山羊白天分娩的较多。

破坏支配子宫的神经，或者用其他方法消除神经系统的影响，并不能阻止分娩，说明神经系统对分娩并非是决定因素。

（四）免疫学因素

胎儿带有父母双方的遗传物质。对母体免疫系统来说，胎儿乃是一种半异己物质，可引起母体产生排斥作用。在妊娠期间，有多种因素（如胎盘屏障等）制约，使这种排斥作用受到抑制，而且孕酮也阻止母体发生免疫反应，所以胎儿不会受到母体排斥，妊娠得以继续维持。临近分娩时，血液孕酮浓度急剧下降，胎盘的屏障作用减弱，因而出现排斥胎儿现象。再者，胎儿发育到完全成熟时，有免疫保护作用的细胞降到最低数量，母体才会发生排斥胎儿的免疫学反应。

三、启动分娩的机制

分娩启动是各种因素共同作用的结果。分娩启动的机制在各种动物大同小异，有些因素在某种动物可能有更重要的作用。

每种动物的妊娠期是相对恒定的，说明动物可能具有某种遗传控制的孕体发育测定系统，测定从受精开始细胞分裂的次数，或者测定从受精开始经历的时间，可能是由母体、胎盘和胎儿共同作用的结果。当胎儿达到一定大小或成熟程度时就可作为启动分娩信号，这类信号可通过母体传递（如子宫大小），也可通过胎儿传递（如营养限制），或者通过胎盘传递（如胎儿对营养的需要增加）。在这些情况下，妊娠期的长短完全取决于遗传所决定的孕体的生长速度。羊的胎儿可能发出分娩信号，即使在破坏视神经和视交叉核时也不受到影响。摘除母体的松果腺虽然能消除褪黑素的分泌节律，但不影响妊娠期的长短，说明光照周期或昼夜节律对妊娠没有决定性的作用，但可能调节分娩时的具体时间。羊在多胎妊娠时的妊娠期略短于单胎妊娠，而且多胎妊娠时的分娩时间更接近于单胎妊娠时的分娩时间（145～150 天），而不是更接近于所有胎儿的大小或重量所决定的时间（大约为 120 天）。摘除绵羊胎儿的垂体或肾上腺可引起妊娠期延长和胎儿继续生长，子宫容积增大限制了母羊饮食，母羊不能正常分娩而因饥饿死亡，表明子宫容积的增大并不能单独启动分娩。

妊娠后期胎儿对营养物质的需要超过了胎盘的提供能力，激活了胎儿的丘脑下部-垂体-肾上腺轴，垂体分泌大量 ACTH，使肾上腺皮质醇的分泌增多，引起胎盘将孕酮转化成雌激素，结果血液孕酮浓度降低，雌激素浓度升高。血液孕酮浓度下降，解除了对子宫的抑制作用；血液雌激素浓度增加，刺激子宫合成催产素受体和分泌前列腺素。催产素受体浓度增加使子宫对催产素的敏感性迅速增加，在催产素的作用下子宫开始发生收缩；前列腺素直接刺激子宫肌收缩，同时还促使妊娠黄体萎缩，抑制卵巢产生孕酮，另外，刺激垂体释放催产素，使子宫肌收缩增强。当胎儿及胎囊部分逐渐地被推到子宫颈口时，胎囊及胎儿前置部分强烈刺激子宫颈及阴道的神经感受器，反射性地使母体垂体释放更多的催产素，引起子宫阵缩。催产素的释放量和子宫阵缩的强度与子宫颈及阴道的神经感受器受刺激的强度有关，每一次阵缩都会引发下一次更为强烈的阵缩。当胎儿在通过子宫颈和阴门遭遇阻力时，为了增加产力而出现努责。$PGF_{2\alpha}$ 的大量合成与释放是多种动物分娩的共同机制。在前列腺素和催产素的共同作用下，子宫肌发生强烈的节律性收缩，并在努责的配合下将胎儿排出。妊娠后期急性剥夺对胎儿营养物质的供应也可以引起分娩。因此有人认为，启动分娩的机制可能是由胎儿的基因组编码，而且与胎儿的发育密切相关，胎儿发育到一定阶段时，可激活该机制引起分娩。

子宫颈组织中除了少量平滑肌以外，主要是紧密排列在一起的胶原纤维。妊娠末期，子宫颈中的水分和透明质酸增加，胶原纤维减少，胶原纤维彼此分离排列松散，结果子宫颈变软，子宫颈与阴道的界限消失。

在分娩发动中，胎儿是通过发生应激反应、皮质醇分泌增多而发出和传递分娩信号的，但对决定分娩时间的准确原因和机制尚不清楚。可能是由于妊娠后期胎儿发育迅速，胎盘营养供应不足，结果由胎儿体内发出一种信号反应，使血液皮质醇浓度升高。由于不同动物的分娩机制不尽相同，人们对有些动物分娩机制的某些环节还不够清楚，例如，有的动物在取出胎儿留下胎膜时，胎膜仍然是在妊娠期满前后产出。胎儿对发动分娩究竟有多大作用，仍待进一步研究。

第二节 分娩要素

分娩过程是否正常，主要取决于三个因素，即产力、产道及胎儿与产道的关系。如果这三个因素均正常，能够互相适应，分娩就顺利，否则可能造成难产。

一、产力

将胎儿及其附属物从子宫中排出的力量称为产力（expulsive forces），它是由子宫肌、腹肌和膈肌的节律性收缩所构成。子宫肌的收缩称为阵缩，是分娩的主要动力；腹肌和膈肌的收缩称为努责，是分娩的辅助动力。

（一）子宫肌的特性

性成熟之后，雌激素刺激子宫肌细胞合成子宫肌动球蛋白。子宫肌动球蛋白使子宫肌产生易收缩性，这种特性在动物的可生殖年龄保持稳定。到妊娠末期，子宫肌动球蛋白逐渐增多，更为增强子宫肌的收缩能力奠定了基础。

子宫肌细胞的伸展性为其他平滑肌细胞的 10 倍。所谓伸展性是指肌细胞的最大伸长强度。随着胎儿的生长，到妊娠的后 1/3 时期，子宫肌细胞拉长到其最大可伸长强度的 80%；妊娠结束时松弛素使子宫阔韧带松弛和子宫颈松软，子宫肌细胞相应被拉长，最大伸展性即可迅速达到 100%。当孕酮抑制子宫收缩的作用被解除后，便可触发子宫肌细胞的动作电位，子宫开始出现分娩时的阵缩。妊娠最后一个星期子宫肌生物电活性发生改变，子宫每小时会收缩 1～2 次，临近分娩时肌动生物电的持续时间和爆发频率都明显增加。

（二）阵缩的特点

阵缩是一阵阵的、有节律的收缩。每次阵缩都是由弱渐强，接着持续一定时间后再由强渐弱直至消失，进入阵缩的间歇期。起初，子宫收缩零星而不规律，力量弱，持续时间短，间歇时间长；以后则逐渐变得持久有力，收缩时间长，间歇时间短，成为协调、有规律的收缩。在收缩间歇期，子宫肌的收缩虽然暂停但并不完全弛缓，结果子宫腔逐渐变小，子宫壁逐渐加厚。阵缩力量不足和/或阵缩时间过长，经常与胎儿危弱相关联。排出胎儿之后，子宫失去阵缩特性，处于中高强度的持续收缩状态。

阵缩是由子宫壁的纵行肌发生蠕动收缩和环行肌发生分节收缩所组成。单胎动物蠕动收缩和分节收缩同时作用，阵缩从孕角的尖端开始，收缩活动由此传向整个子宫。多胎动物蠕动收缩和分节收缩交替作用，子宫收缩从靠近子宫颈的部分开始，子宫的其他部分仍呈安静状态。

子宫收缩时子宫血管受到压迫，胎盘上的血液循环和氧供给发生障碍，血液催产素浓度减少，子宫肌的收缩也就减弱、停止。子宫肌收缩停止时，解除血管压迫，恢复正常血液循环和供氧。两次阵缩之间有一个间歇时间，这对胎儿的安全非常重要，也有利于母畜恢复体力。

（三）子宫肌收缩的调控机制

子宫收缩的调节，涉及孕酮、雌激素及松弛素和前列腺素等多种因素，但以孕酮和雌激素为核心。

在妊娠期，孕酮通过多种途径使子宫处于安静状态，包括：①使兴奋—收缩脱偶联；②抑制子宫雌激素受体和催产素受体的浓度，间接抑制其他收缩相关蛋白的合成；③抑制前列腺素的产生。虽然孕酮显著降低收缩幅度，细胞与细胞之间的偶联和对激活剂的应答长达数小时，但低幅度及高频率的收缩则不受影响，肌细胞的兴奋性并未受到抑制。一氧化氮、松弛素和前列腺素通过抑制肌球蛋白轻链激酶的活性，或者通过增加环核苷酸或降低细胞内的钙浓度，直接抑制自发性子宫收缩活动，但不能阻止子宫对刺激发生应答性收缩反应。因此，妊娠期间子宫肌的安静是由于孕酮、松弛素、前列腺素和一氧化氮共同发生抑制作用的结果。

皮质醇使胎儿胎盘雌激素上升，雌激素与孕酮比值的升高，激活了子宫肌层的活动，子宫即由不活动的妊娠状态转为活动的分娩状态，表现为自发性活动增强、对催产素的反应增强和细胞与细胞之间的偶联增多。同时，雌激素作用于母体垂体后叶和子宫，引起催产素与 $PGF_{2\alpha}$ 的合成与释放，子宫肌产生高频率、大幅度的收缩，使子宫颈扩张，最终使胎儿排出，完成分娩。

二、产道

产道（birth canal）是胎儿产出的通道，由软产道及硬产道共同构成的。

（一）软产道

软产道是指由子宫颈、阴道、前庭及阴门这些软组织构成的管道。

子宫颈是子宫的门户，妊娠时紧闭。分娩之前子宫颈变得松弛柔软，子宫肌的纵行收缩使子宫颈管逐渐扩大。子宫的收缩也使含有胎水的胎囊向变软了的子宫颈发生压迫，促进它扩张变短变薄。至宫颈开张期末，子宫颈开放很大，皱襞展平，子宫颈与阴道的界线消失。

分娩之前阴道、阴道前庭、阴门也相应地变得松弛柔软，分娩时能够扩张。

（二）硬产道

硬产道就是骨盆。骨盆是由荐骨和前 3 个尾椎、髋骨（髂骨、坐骨、耻骨）及荐坐韧带共同构成。顶壁为荐骨与前 3 个尾椎，侧壁有髂骨干与坐骨的髋臼部，底壁为耻骨和坐骨，它们统称为骨质骨盆。荐坐韧带及其他软组织则弥补骨质骨盆的空缺部分，共同形成骨盆腔。分娩时荐坐韧带变软，荐骨后端可稍向上活动，胎儿通过时盆腔可以扩张。

母畜骨盆的入口和出口大而圆，倾斜度大，耻骨前缘薄，坐骨上棘低，荐坐韧带宽，骨盆腔的横径大；骨盆底前部凹，后部平坦宽敞；坐骨弓宽，这些特点使得母畜骨盆比较适于分娩活动。

三、胎儿与产道的关系

胎儿与母体骨盆之间在空间位置上的相互关系对分娩过程影响很大，产科经常应用一些术语来描述这种关系。

（一）胎向

胎向（presentation）即胎儿的方向，也就是胎儿身体纵轴与母体纵轴的关系。胎向有3种。

1．纵向（longitudinal presentation）　胎儿纵轴与母体纵轴互相平行。纵向有两种情况：正生（anterior presentation）胎儿方向和母体方向相反，头和/或前腿先进入产道。倒生（posterior presentation）胎儿方向和母体方向相同，后腿或臀部先进入产道。

2．横向（transverse presentation）　胎儿横卧于子宫内，胎儿纵轴与母体纵轴呈水平垂直。有背部向着产道或腹壁向着产道（四肢伸入产道）两种，前者为背部前置的背横向（dorso-transverse presentation），后者为腹部前置的腹横向（ventro-transverse presentation）。

3．竖向（vertical presentation）　胎儿的纵轴与母体纵轴上下垂直。背部向着产道称为背竖向（dorsovertical presentation），腹部向着产道称为腹竖向（ventrovertical presentation）。

纵向是正常的胎向，横向及竖向是反常的胎向。严格的横向及竖向是没有的，横向、竖向都不是绝对地和母体纵轴垂直。产出前胎儿在子宫中的方向大体呈纵向，犬猫胎儿60%为正生，40%为倒生。可将倒生视为正常的胎向，但第一个胎儿倒生造成难产者远较正生为多。产出过程中胎儿的方向不能再发生变化。

（二）胎位

胎位（position）即胎儿的位置，也就是胎儿背部和母体背部或腹部的关系，胎位也有3种。

1．上位（dorsal position）　胎儿伏卧在子宫内，背部在上，接近母体的背部及荐部。

2．下位（ventral position）　胎儿仰卧在子宫内，背部在下，接近母体的腹部及耻骨。

3．侧位（lateral position）　胎儿侧卧于子宫内，背部位于一侧，接近母体的左或右腹壁及髂骨。

上位是正常的，下位和侧位是反常的。侧位如果倾斜不大称为轻度侧位，仍可视为正常。

（三）胎势

胎势（posture）即胎儿的姿势，说明胎儿各部分是伸直的或屈曲的。正常的姿势是正生时头颈伸直并放在两条伸直的前腿上面，倒生时两后腿伸直。这样胎儿以楔形进入产道，容易通过盆腔。

胎儿的姿势因妊娠期长短、胎水多少、子宫腔内空间大小不同而异。在妊娠前期胎儿小羊水多，胎儿在子宫内有较大的活动空间，姿势容易改变。在妊娠末期，胎儿的头、颈和四肢屈曲在一起，但仍常活动。分娩时阵缩压迫胎盘上的血管造成供氧不足，胎儿发生反射性挣扎并受到产力与产道侧壁的限制，会引起胎儿的姿势发生一些适应性的变化。例如，胎儿进入骨盆入口时如果是侧位，其背部就可以沿入口侧壁向上移，变为上位。如果胎儿在进入骨盆之前就已死亡，胎儿就不会在分娩过程中发生旋转，就会引起难产。

（四）前置

前置是指胎儿某一部分和产道的关系，哪一部分向着产道，就叫哪一部分前置。例如，正生可以称为前躯前置，倒生可以称为后躯前置。但前置这一术语通常是用来说明胎儿的反常情况。例如，前腿的腕部是屈曲的，没有伸直，腕部向着产道，叫做腕部前置；后腿的髋关节是屈曲的，后腿伸于胎儿自身之下，坐骨向着产道，叫做坐骨前置等。

及时了解产前及产出时胎向、胎位和胎势的变化，对于早期判断胎儿与产道的关系异常、确定适宜助产方法和时间及抢救胎儿生命具有很重要的意义。

单胎动物胎儿有三个比较宽大的部分，就是头、肩胛围及骨盆围。胎儿的头部通过母体盆腔最为困难，正生时头置于两前腿之上，其体积除头以外，还要加上两前肢；胎儿头部在出生时骨化已比较完全，没有伸缩余地。肩胛围虽然较头部大，但由下向上是向后倾斜的，与骨盆入口的倾斜相符合；而且肩胛围的高大于宽，符合骨盆腔较易向上扩张的特点。此外，胸部有弹性，可以稍微伸缩变形。再则，头部通过骨盆时已撑大了软产道，为肩胛围和骨盆围通过创造了有利条件，所以肩胛围和骨盆围通过比较容易。倒生时胎儿的骨盆围虽然粗大，但伸直的后腿呈楔状伸入盆腔，且胎儿骨盆各骨之间尚未完全骨化，体积可稍微缩小，因此倒生时胎儿的骨盆围比较容易通过。胎儿的骨盆围将软产道撑大以后，接下来肩胛围和头部通过时就显得容易。

犬猫为多胎动物，胎儿体积相对于母体很小，多数品种最宽处为腹部，小于母体的骨盆腔，通过骨盆腔没有困难。胎儿四肢较短而柔软，不易因姿势反常造成难产，但胎儿过大如伴有姿势反常则可造成难产。短头品种犬猫胎儿的头骨较宽，分娩时经常发生难产。

第三节　分娩过程

分娩过程是指从子宫开始出现阵缩到胎衣完全排出的整个过程。为了方便描述，可以人为地将分娩分成三个连续的时期，即宫颈开张期、胎儿产出期及胎衣排出期。对于犬猫这类多胎动物而言，每个胎儿产出都要重复一次胎儿产出期和胎衣排出期。

一、宫颈开张期

宫颈开张期（stage of cervical dilatation）是从子宫出现阵缩开始，到子宫颈充分开大为止。

产畜寻找不易受干扰的地方准备分娩，食欲减退，轻微不安，时起时卧，尾根抬起，常作排尿姿势，并不时排出少量粪尿；脉搏和呼吸加快。母畜的表现具有畜种间差异，个体间也不尽相同，不易准确发现第一阶段开始时间。经产母畜一般较为安静，此期持续时间较短，有时甚至看不出什么明显的表现。第一个胎儿如为倒生，有时候子宫颈的开张会有所延迟。这一期一般仅有阵缩，没有努责。阵缩引起腹痛不安，母畜在宫颈开张期的各种表现大都与此有关。开始时每次阵缩持续 45s 间歇 5min，后来阵缩逐渐变得强烈和频繁，每次阵缩持续 60～90s 间歇 2min。

1. 犬　这一阶段持续的时间差别较大，一般为 6～12h。动物表现紧张，在分娩当天完全无食欲，分娩中仅饮水，分娩后才恢复食欲。时常起卧，喘息颤抖，咀嚼，抓地板或踱步，回首顾腹，舔舐阴门，偶尔呕吐。阵缩时母犬注意阴部，用力伸屈体位。接近分娩时阴门呈湿润、弛缓状态，有少量淡黄色黏液。流出清亮黏液时，说明子宫颈已经开放。犬阴道较长，阴道指诊不能触及子宫颈，不能确定子宫颈扩张的时间和程度。用内窥镜可以准确检查子宫颈的开张情况。

2. 猫　分娩的第一个阶段一般持续 6～12h，有些神经质的头胎猫此期可持续 36h 未见异常。在分娩前 12～48h，开始表现筑窝行为，寻找僻静地方。找到产仔地方后或者多次出入那里，或者停留在那里。猫在产箱里不停地来回转圈，对箱底各处进行嗅闻探索，用爪抓垫料。阵缩开始后母猫表现气喘不安，不时地梳理毛发，踱步，呕吐，发出鸣叫声，敌视陌生人或其他猫。食欲缺乏或正常。有时阴门流出少量淡红色的清稀黏液，母猫会舔舐清洁。分娩的第一阶段结束时，母猫可能趴在窝里大声鸣叫，或间断发出咕噜咕噜声。子宫收缩时母猫采取半蹲姿势，子宫收缩间歇时母猫侧卧下来继续发出喉音。

二、胎儿产出期

胎儿产出期（stage of fetus expulsion）是从子宫颈充分开大，胎囊及胎儿的前置部分楔入阴道，母畜开始努责，到胎儿完全排出为止。经产母畜和初产母畜的分娩难易程度不同，品种间也有差异。对初产母畜要加强观察，随时提供帮助。

在这一时期，阵缩和努责基本同步，两者共同发生作用，但两者每次收缩的强度不一定相同。阵缩比努责开始得时间早，持续的时间长，停止的时间晚。典型的阵缩强度为 15～40mmHg[①]，最高可达 60mmHg，阵缩持续时间 2～5min。阵缩与努责使胎膜带着胎水向产道移动。胎囊及胎儿对子宫颈及阴道发生刺激，使垂体后叶催产素的释出骤增，引起子宫肌的强烈收缩。阵缩先由距子宫颈最近的胎儿前方开始，推动这个胎儿进入产道，而子宫其他部位仍保持安静；子宫角纵行肌收缩时环形肌松弛，下一个胎儿就可以通过，并且减短胎儿产出间的子宫长度。通常是两个子宫角轮流（但不是很规则）收缩，

① 1mmHg=0.133kPa

逐步达到子宫角尖端，依次将胎儿完全排出来；偶尔是一个子宫角将其中的胎儿及胎衣排空以后，另一个子宫角再开始收缩。胎儿产出期的最后，子宫角已大为缩短，这样最后几个胎儿就不会在排出过程中因脐带过早地被扯断而发生窒息。子宫还存在着从子宫颈向子宫角尖端的逆蠕动，可以和分节收缩一起使胎儿有次序地排出，并避免子宫角尖端的胎儿过早地脱离母体胎盘。

母畜在胎儿产出期极度不安，时常起卧，回顾腹部，拱背努责。胎儿进入和通过骨盆时母畜多采取侧卧姿势，后肢伸直，强烈努责。努责数次后休息片刻，然后继续努责。母畜采取侧卧姿势有利于分娩；臀部和腿部肌肉则松弛有利于骨盆扩张；胎儿与产道处于同一水平位置，腹壁不负担内脏器官及胎儿的重量，有利于努责发力。偶见站起呈排便姿势努责产出胎儿。在胎儿通过盆腔及其出口的过程中，母畜会强烈努责 2～3 次。第一个胎儿的产出期较长，如果第一个胎儿是倒生，产出期就可能更长。第一个胎儿通常是来自胎儿数目较多的子宫角，这个胎儿的尿膜绒毛膜会在产道内破裂，产出前通常有少量清亮、淡黄或血色液体从阴道排出。产出一个胎儿后，通常都有一段没有努责的间歇时间，然后再努责。犬猫胎儿的羊膜通常不会破裂，胎儿多包着完整羊膜产出。胎儿出现在阴门时，母畜会用牙齿撕破胎膜露出胎儿。在每个胎儿产出之后，母畜会撕裂舔掉包在新生仔畜身上的胎膜，舔去新生仔畜口鼻中的黏液，咬断脐带，吞食胎膜，舔揉新生仔畜的腹协部刺激新生仔畜开始呼吸。当下一个胎儿要娩出而产生阵缩时，母畜就会暂时撇开前一个胎儿，来处理下一个胎儿的出生，如此重复这一行为直到所有胎儿产出。生产几个胎儿后，母畜有时会休息一段时间再继续分娩。当全部胎儿产出后，母畜全神贯注地保护和照料新生仔畜，不停地用力舔拱新生仔畜的后躯及其肛门周围，以刺激新生仔畜胎粪排出，最后将新生仔畜推向乳头处专心为新生仔畜哺乳。羊水富含前列腺素，母畜舔干新生仔畜可增强母畜子宫收缩，加速胎衣脱落。

1. 犬 努责开始，或者阴门出现胎水或羊膜，标志着第二产程开始。犬的第二产程通常持续 3～6h。头部较为细长的犬，如设得兰牧羊犬和柯利犬，1～2h 就可完成；头部较为粗大的犬，如英国斗牛犬、波士顿小猎犬和北京犬，分娩用时就较长。分娩过程中，母犬常持续呻吟多次呕吐，这可强化努责促进阵缩；母犬尿道外口受到刺激，表现频繁少量排尿。胎头通过阴门时有疼痛表现，只要用力努责几次，在 10min 内胎儿就可以产出。胎儿胎盘与母体胎盘分离后，可以看到暗绿色液体从阴门排出，这些色素是胎盘边缘血肿部位漏出血液分解产生的胆绿素。在产仔间隔时间里，母犬有站起来走动和喘气的习惯，母犬还会舔舐自身阴部，以清洁阴门。

犬第一个胎儿的产出期有的长达 2h。前两个胎儿产出之间的时间间隔为 2～3h，以后每 30～60min 产出一个。胎儿产出期一般在 6h 之内，胎儿数多也不应超过 12h，但胎儿很大时可以延长到 24h 而无并发症。在胎盘排出前，可能会有两个胎儿同时产出。犬出生后几分钟内就会寻找乳头吮乳。母犬在分娩过程中间的休息最短的仅为 10min，最长的可达 4～6h。

2. 猫 产出过程通常需要 2～6h，但有时正常分娩也可持续 10～12h。小头猫和短毛猫，如暹罗猫，可在 1～2h 内结束分娩；大圆头猫，如波斯猫，分娩时间就要长些。当胎儿进入产道后，子宫收缩会变得更慢更强，出现几次明显的努责，母猫可能发出一连串的鸣叫声。一旦头部出了阴门，只需 1～2 次努责就可以完成产出过程。正生平均用时 22min，倒生平均用时 39min。胎儿产出时是被羊膜囊包裹着，羊膜多在通过骨盆时破裂。

大多数猫产第一个胎儿通常需要 4h，之后的分娩很快，每产一个胎儿只需要 2h。偶尔分娩活动在中途可能会停止 12～24h，母猫会清洁护理新生仔猫。如果分娩过程被一些不利的环境因素干扰和打断，母猫会去寻找另外一个更合适的地方继续产仔，通常会将部分或全部新生仔猫移去新的场所。过 2～3 天后母猫重新开始分娩没有什么困难，并且能产出健康活泼的仔猫。在猫这是正常现象，必须注意与难产区分开。仔猫出生 30～40min 身体就会干燥，在最后一个胎儿产出后 1～2h 可以爬动寻找乳头吮乳。

三、胎衣排出期

胎衣排出期（stage of fetal membrane expulsion）是从胎儿排出后算起，到胎衣完全排出为止。胎衣是胎膜的总称。

胎儿排出之后，产畜即安静下来。几分钟后，子宫再次出现阵缩，促使胎衣排出。这时不再努责或偶有轻微努责。阵缩的持续时间变短，力量减弱，阵缩的间歇期延长。

胎儿排出和断脐后，胎儿胎盘血液大为减少，绒毛体积缩小；同时胎儿胎盘的上皮细胞发生变性。此外，子宫的收缩使母体胎盘排出大量血液，减轻了子宫黏膜腺窝的张力。胎儿吮乳刺激催产素释出，它除了促进放乳以外，也刺激子宫收缩。因此，胎儿胎盘和母体胎盘间的间隙逐渐扩大，绒毛便从腺窝中脱落出来。因为母体胎盘血管没有受到破坏，胎衣脱落时子宫不出血。

多胎动物胎衣排出期与胎儿产出期交替出现。

1. 犬　胎盘为绿色。大部分犬的胎盘是在胎儿产出后 5～15min 排出，有的可能在下一个胎儿娩出时被推出，甚至在产出 2～3 个胎儿后排出。胎儿产出后，母犬通常会很快拽出并吃掉胎膜和胎盘，舔舐阴道流出的黏液，清洁阴门。这一阶段的母犬处于疲劳状态，比较安静。

2. 猫　每个胎儿产出后母猫继续努责 10～15min，排出淡棕红—棕绿色胎盘。有时排出 2 个胎儿后一次排出 2 个胎衣。母猫会吃掉胎膜，舔舐阴部流出的黏液，清洁阴门。如果窝产仔数较多，则应避免母猫吞食太多的胎盘，以免其发生消化道疾病。

第四节　接　产

在自然状态下，动物往往自己寻找安静地方将胎儿产出，舔干胎儿身上的胎水，并让它吮乳，对分娩过程无需干预。然而，动物家养以后运动减少，生产性能增强，环境干扰增多，这些都会影响母畜的分娩过程。因此，要对分娩过程加强监视，必要时稍加帮助，以减少母畜的体力消耗，反常时则需及早助产，以免母子受到危害，达到母子安全。应特别指出的是，一定要根据分娩的生理特点进行接产，不要过早过多地进行干预。

一、准备工作

为使接产能顺利进行，必须做好各种准备工作，其中包括产房产箱、接产药械用品及接产人员。

（一）产房产箱

为动物提供一个安全分娩和护理仔畜的地方，可以避免它选择畜主不希望的地方生产。产房要宽敞、清洁干燥、温暖安静、无贼风、阳光充足、通风良好、配有照明设备，易于观察，墙壁地面必须便于消毒。或在产畜较为熟悉的环境内用床单、纸盒或木板隔离出一块充分隐蔽的分娩区域，此区域要远离同类动物，遮住光线，附近活动人少。理想的产房温度是 25℃。用气味小易挥发的消毒液消毒产房，待气味很小之后再引入产畜。

再给临产动物提供一个有门带顶的塑料或金属产箱，这类材质方便打扫。用产箱构造出一个私密的分娩空间。产箱的面积要够产畜舒服地伸展休息，并给仔畜留有足够空间，方便仔畜因温度高低而离开或趋向热源；产箱不能过深，以方便母畜出入。产箱里面垫有容易清洗和更换的毯子或毛巾，并且要每日更换清洗。不要使用干草、锯末或者报纸。厚层报纸不够柔软也不保暖，而且报纸的油迹会弄脏新生仔畜。如果在产房里摆放一个塑料盆供产仔用，则盆的边缘应足够高，以防止新生仔畜跳出来，并且应和母畜的垫铺平行，从而可使母畜舔舐照顾新生仔畜。新生仔畜出生后的第一需求不是进食，而是保持体温。分娩时理想的产箱温度是29.5～32.2℃，一周内可降为24.0～26.7℃。如遇孤儿或无毛品种，用此温度的上限。一般的低瓦数电灯泡就可以达到这个温度，但要遮住光线，保持产箱内暗光环境。或者使用电热毯或热水袋，上面铺上几层毛毯或毛巾。过热会造成母畜脱水或烧伤，过冷会延长分娩时间，使仔畜死亡率升高。将食物和饮水放在产箱的附近，方便母畜前去食饮。

在产前 7 天左右将母畜送入产房，以便让它熟悉环境和标识领地。突然进入新的地方或者领地被分占，会引起母畜不安，表现长时间踱步、抓门、呻吟，延迟分娩，抑制泌乳。

剪掉乳房、会阴和后肢的长毛，用温水、肥皂水将阴门、肛门、尾根、后躯及乳房洗净擦干，再用消毒药液进行消毒，每天检查母畜的健康状况并注意分娩预兆。

（二）药械用品

在产房里，应事先准备好常用的接产药械及用品，并放在固定的地方备用。常用的药械包括70%乙醇、5%碘酒、消毒药液、催产药、止血药等；注射器及针头，棉花、纱布，手术剪、止血钳等常用外科器械，产科器械，听诊器，电子体温计（要能测量低至32℃）。常用的用品有电热毯、电吹风、洗耳球、糖浆、毛巾、纸巾、肥皂、脸盆、热水等。

（三）接产人员

接产人员应受过接产训练，熟悉母畜分娩的规律，严格遵守接产操作规程及必要的值班制度，尤其是夜间值班制度，因为母畜常在夜间分娩。

二、接产方法

分娩是一个自然过程。绝大部分犬猫的分娩很容易，母畜在分娩过程中和产后自己会照料新生仔畜，一般不需要人们的帮助和护理，而且多数动物还会厌恶有人（包括畜主）在近旁。尽管如此，仍然需要对分娩过程进行监护，及时查出那些显现难产迹象的产畜，并把问题解决在萌芽状态。接产人员进产房前要换鞋和消毒手掌手腕。要密切观察临产母畜，尤其是产头胎的母畜。待顺利产出前1～2个胎儿后再离开，但不要让母畜跟着离开。分娩期间及产后一段时间应尽量保持安静，避免生人探视及拨弄产窝，尽量少接触新生仔畜，以免它们身上出现异味干扰或影响母畜对仔畜的识别，引起母畜拒认或残害新生仔畜。

（一）接产

犬努责不规则时，可先尝试在室内牵遛或上下楼梯。另一种方法是将2根手指插入犬的阴道，按压阴道顶壁。

遇到下述情况时，可以帮助拉出胎儿：母畜努责阵缩微弱，无力排出胎儿；产道狭窄，或胎儿过大，产出滞缓。

犬胎儿过大或产道狭窄引起产出困难时，消毒阴门，向产道注入充足的润滑剂。先用一根手指探知胎儿的情况，再用两根手指夹住胎儿随母犬的努责慢慢拉出，同时从外部压迫产道帮助挤出胎儿，或使用分娩钳。犬胎位不正引起产出困难时，用手指伸进产道，将胎儿推回纠正胎位。手指触不到时可使用分娩钳。分娩时间过长，分娩间隙给母畜喂少量糖浆，或将母畜带出一段时间去排泄粪尿，可以加速分娩过程。

猫胎儿产出遇到困难时，要撕开胎膜露出胎儿，用手指夹住胎儿，配合母畜努责向母畜的后下方牵引胎儿。

分娩结束后更换产箱内的垫料，用干净的毛巾代之，必要时可一天换洗几次毛巾。用浸有温热消毒药液的毛巾擦洗母畜的阴门、尾巴、乳房和其他被污染的部位，并用热风吹干被毛，更换被母畜污染的一切东西。产后两周内不要给母畜洗澡。

（二）处理新生仔畜

胎儿出生之后很快就建立了自主呼吸，血液循环通路也随即变为成年模式，开始独立生活，从此胎儿改称新生仔畜。

1. 保证呼吸　有时母畜产出几个胎儿后体力消耗过大，虽然正常产出，但无力照料仔畜。如果母畜不会咬破胎膜，或在1～3min仍不能撕开胎膜，就要迅速地人为撕破羊膜。用洗耳球或不带针头的注射器先后吸出新生仔畜口腔和鼻腔内的黏液，或将新生仔畜放在手掌上，头朝向手指尖方向，双手握住仔畜，向下甩出口鼻中的积液。用干热的毛巾、纱布等柔软物擦干新生仔畜身上的羊水，用电吹风吹干新生仔畜身体。对于剖宫产所得仔畜，都要给予这种处理。

有的新生仔畜出生后呼吸微弱而短促，或两次呼吸间隔延长，必须立即进行人工呼吸。

2. 处理脐带　胎儿产出后，脐血管可能由于前列腺素的作用而迅速封闭。所以，处理脐带的目的并不在于止血，而是促进脐带干燥，避免细菌侵入。如果母畜没有咬断脐带或脐带留得过长，用止血钳在离新生仔畜腹壁1.5～2.0cm处钳夹脐带，1min后在止血钳外侧切断脐带。将脐带断端在碘酒内浸泡片刻，或在脐带外面涂以碘酒，并将少量碘酒倒入羊膜鞘内。只要充分涂以碘酒，最好每天在碘酒内浸泡一次，脐带即能很快干燥，然后脱落。注意不要将碘酒涂到新生仔畜的皮肤上。断脐后如持续出血，才需加以结扎。但结扎和包扎都会妨碍脐带中的液体渗出及蒸发，延迟脐带干燥；而且包扎物浸上污水后，更容易造成脐带感染。脐带脱落后，要用碘酒棉球涂抹脐孔部位的皮肤 1～2 次。犬猫的脐带通常在生后 3～4 天干燥脱落。

3．帮助吃奶　新生仔畜产出后不久即试图爬向母畜寻找乳头，应在此前擦净乳头，然后再让它吮乳。偶尔有头胎母畜不认仔或不习惯哺乳，拒绝新生仔畜吮乳。分娩中的母畜因阵缩疼痛而经常活动不安，尤其产仔多时，先产出的及活力较差的新生仔畜常不能及时吃到初乳，这时需帮助新生仔畜吃奶。对于不认仔畜的母畜要进行适当的保定或药物镇静，防止母畜伤害它们。后部乳腺较前部乳腺的泌乳量多。产仔过多哺乳不均衡时，可适当调节乳头轮换哺乳，以保证新生仔畜均衡哺足初乳。

对于虚弱或不足月的新生仔畜，应把它放在 25～30℃的温暖屋子内包上棉被，进行人工哺乳。

第五节　产　后　期

从胎衣排出后开始，到母畜的生殖器官恢复为经产母畜正常未孕状态为止的一段时间，称为产后期（puerperal period）。在产后期，母畜的行为和生殖器官都会发生一系列变化。母畜分娩之后会发生体力衰竭、脱水、酸碱平衡障碍、低血钙、低血糖等一种或几种情况。产后前几天母畜体温可升高到 39.2℃，但不应超过 39.5℃。这种体温升高一般会持续 24～48h。产后前 10 天要每天观察阴道分泌物、检查乳腺和测量体温。犬产后期为 90 天，猫为 30 天。

一、行为变化

母畜在产后的前 2 周将大部分时间用来与仔畜待在一起，表现出强烈的母性行为，如舔舐仔畜、哺乳、护仔等，变得比较凶猛，具有攻击性。这些母性行为随仔畜的成长逐渐减弱，最后消失。母畜的母性行为是天生的，对于新生仔畜的存活非常重要。母性行为会因受到麻醉、疼痛、应激及人们的过度干扰而减弱。

（一）嗅舐仔畜

新生仔畜出生后，母体表现的第一个行为是闻嗅新生仔畜。母畜通常从头部开始嗅闻和舔舐新生仔畜，最后到肛门区域。舔去新生仔畜身上的羊水，可以减少蒸发引起的散热，刺激新生仔畜的血液循环，保持新生仔畜体温。借助分娩时各自的独特气味，母畜以后就能识别自己的仔畜。新生仔畜出生后母仔马上密切接触，利于迅速建立和巩固母仔关系。建立母仔关系的时间在产后最初的 24h 之内。假如母仔分离时间太长，母仔间建立相互关系就较为困难，即使建立了关系，也很不巩固。过分舔舐新生仔畜会使皮肤受到损害，应适当给予干预。

（二）哺乳

新生仔畜出生 30～40min 后身体干燥，就可缓慢不规则地爬向母畜寻找乳头和取暖，头部左右摆动像左右扫视一样。新生仔畜爬上母畜身体，鼻子到处拱直到找到乳头。母畜也会调整自己的体位，靠近新生仔畜便于哺乳。两三天后，新生仔畜按照某个顺序固定奶头吮乳。母畜初乳含有浓度很高的IgG，1～3天后就由初乳改为常乳。出生后12h，经口给予外源性IgG可以从血清中检测出来，而在出生16h以后再经口给予就检测不到IgG。所以，动物在出生后24h内要吃上初乳。

猫通常在产出最后一个胎儿之后开始哺乳。母猫舔舐新生仔畜的时候也可把新生仔畜推向一个乳头。母猫通常在分娩后与新生仔猫共度 24～48h，每小时给新生仔猫提供约1mL奶。新生仔猫在第2周每次吮乳5～7mL，体重是其出生时的2倍。在每次哺乳之后，母猫都给新生仔猫清洁梳理，以刺激通尿和排便。在3周龄时，仔猫比较活跃，开始学习离开窝巢撒尿排便。4周龄时，应该适当补充固体食物。

（三）护仔

母畜有强烈的护仔习性，分娩后数天内对同类动物或周围环境非常敏感，几乎会用所有的精神与注意力去照顾仔畜，犬表现最为明显。母畜在仔畜附近的走动和起卧都非常小心，知道避免踩踏和压迫仔畜。母畜在产后会变得比较凶猛，如果有人接近其仔畜会表示警惕，甚至攻击。当受到惊吓时，母犬会跳起吠咬，可能会将正在吮乳的新生仔犬带出产床外挨饿受冻，激怒的母犬也可能会咬死踩死新生仔犬，当有危险情况出现或光线太亮时，母畜常将窝迁走将仔畜藏匿起来。有时公畜也会参与保护行动，如公猫模仿母猫去蹲窝、舔舐护卫仔猫。大部分母畜等到了分娩第5天以后才可以忍受畜主参观，再往后才能接受畜主抚摸仔畜。为了使母畜能够专心照顾仔畜，产后的前3个星期不要让陌生人或动物靠近，尽可能地减少人员在产房内和产箱旁的走动，不要抚摸或挪动仔畜，保持环境安静和黑暗。

母性行为的产生，与遗传、以往的经验及妊娠结束时母体内分泌变化有关。孕酮可以激活中枢神经系统中与母性行为有关的调节系统，并在雌激素和促乳素的协同作用下，使母畜产生一系列母性行为。仔畜出生后对母畜的视觉、听觉和触觉器官发生刺激，如吮吸乳头、仔畜存在，这些刺激进一步诱发母畜的神经内分泌活动，使母性行为产生和持续下去。母性行为受全身健康和环境影响很大，它的维持受丘脑下部控制。如果丘脑下部某一区域受到损伤，则母性行为就会全部消失。

如果母畜的母性行为不强烈，如不哺乳、不护仔甚至攻击或杀死新生仔畜，可对母畜进行低剂量的药物镇静。

（四）进食

分娩后先给母畜喝些温热的红糖水，过5h开始少喂一些易消化的高营养食物，如牛奶、蛋黄、肉骨汤等。许多犬食物摄入量在分娩24～28h内或分娩后第二天会持续降低。采取少喂多餐的方式，逐渐增加采食量，一般要到产后第4天才能恢复正常食欲。母畜在泌乳期需要充足的营养支持，食欲特别旺盛，应喂给高浓度的蛋白质、能量和矿物质。犬猫产后2～3星期泌乳量持续增加，采食量最大，为非妊娠时的2～3倍。在这段时间中应让其随意采食商品化狗粮猫粮和饮用干净水。要在产窝的附近给母畜喂食，以便母畜能够安心进食。检测母畜营养是否合理的最好方法是检测泌乳量。

犬在照顾大群幼犬时进食机会较少，明显消瘦，让正在泌乳的母犬定时进食而不被幼犬骚扰非常重要。在泌乳第 4 个星期到断乳后的 1 星期，当热量需要量恢复到乏情期水平时，食物配给量应逐渐减少。部分母犬为照顾仔犬经常不离开产房，出现憋尿憋便现象。针对这类母犬，要定时将母犬带往其习惯排便的地方，使其即使在哺乳期也要养成定点定时排粪排尿的习惯。要坚持每天清扫产房，及时更换垫料，定期消毒，及时修剪仔犬指甲。

猫在分娩后 24h 不愿意远离仔猫去采食饮水、排便排尿。在母猫的箱子旁边准备一些水和一个小食盘。分娩 7～8 天后，母猫才肯离开仔猫更长时间去采食、饮水和大小便。猫会控制自己的进食，自由采食时不会过食。仔猫开始断奶时母猫的食量就会逐渐减少，完全断奶后母猫采食量就降到成年猫维持量水平。

一般来讲，母畜在泌乳期的采食量每周增加 25%，产后第 4 周时的采食量至少是妊娠最后一周的 2 倍。母畜产后 3～4 周体重降低非常显著，每次哺乳结束后应将母畜与仔畜分开，让母畜得到充分的休息。再往后，伴随着断奶期的到来，应逐渐减少母畜的食物供应，母畜此时也会主动减少进食，以达到营养的平衡。

二、生殖器官变化

在产后期，生殖器官因妊娠和分娩所发生的各种变化逐渐复原，其中子宫和卵巢恢复得最慢，骨盆韧带、阴道、前庭及阴门只需 4～5 天就可复原。生殖器官不会完全恢复到妊娠前的状态，特别是首次妊娠后，某些改变不是完全可逆的，最明显的是子宫颈和子宫不可能恢复到妊娠前的大小。

（一）子宫

产后期生殖器官中变化最大的是子宫。分娩之后子宫肌层逐渐收缩，子宫内膜再生更新，子宫的形状和大小恢复到妊娠前状态的过程，称为子宫复旧（uterine involution）。子宫复旧与卵巢功能的恢复有密切关系。卵巢如能迅速出现卵泡活动，即使不排卵，也会大大提高子宫的紧张度，促进子宫的变化。如卵巢的功能恢复较慢，无卵泡发育，则子宫复旧速度就会有所减慢。

胎儿和胎衣排出后子宫迅速缩小。子宫在产后第 1 天大约每分钟收缩 1 次，以后 3～4 天逐渐减少到每 10～12min 1 次。这种收缩使妊娠期间伸长的子宫肌细胞缩短，子宫体积迅速缩小，子宫壁变厚，子宫内表面出现许多纵行皱襞，子宫黏膜层和肌肉层的联系变得疏松。随着时间的推移，子宫壁中增生的血管变性，部分被吸收；一部分结缔组织也变性被吸收，子宫肌细胞的细胞质蛋白质分解排出，肌浆减少，细胞变细，子宫壁逐渐变薄，但子宫并不会完全恢复到原来的大小及形状，因而经产子宫比未生产过的稍大，且松弛下垂。动物妊娠过几次之后，子宫壁经常会发生间质纤维化，将子宫的腺体和血管包埋起来。

在产后期中，子宫黏膜发生更新现象。黏膜实质发生变性、萎缩并被吸收，黏膜表层变性脱落，黏膜基底层增生而长出新的黏膜上皮。残留在子宫内的血液、胎水、子宫腺的分泌物及变性脱落的母体胎盘混在一起排出，称为恶露（lochia）。产后头几天恶露量多，因含血液而呈红褐色，含有分解的母体胎盘碎屑；以后血液减少，颜色逐渐变淡；

最后变为无色透明，停止排出。正常恶露有血腥味，但不臭。如果恶露排出期延长，且色泽气味反常或呈脓样，表示子宫有病理变化，应及时予以治疗。

在子宫肌纤维及黏膜发生变化的同时，子宫颈也逐渐复原。

子宫复旧的速度因动物的种类、年龄、胎次、产程长短、是否有产后感染或胎衣不下、是否哺乳等而有差异。健康情况差、年龄大、胎次多、难产及双胎妊娠、产后发生感染或胎衣不下的母畜，复旧较慢。

1. 犬 恶露开始为绿色，产后12h内转为深红棕色或血色并持续3～7天，7～10天逐渐变为清亮透明的黏液，15～20天结束排出。胎儿和胎衣排出后子宫迅速缩小，子宫角收缩成两个较硬的羊角状或球状，腹部触诊非常像胎儿的身体和头部，但仅有肉质感，而触诊胎儿会有较大的硬度，特别头部有骨质感。产后2天子宫直径为2～4cm，7天为2cm；产后10天时子宫重量约为分娩时的1/3，20天时减少到与发情前期重量相同的程度。产后的前3天胎盘部子宫内膜明显高出非胎盘部，以后胎盘部的内膜逐渐融解、厚度变薄；到产后10天时，非胎盘部迅速萎缩变薄，胎盘部内膜呈粗大的颗粒状，整个子宫内膜明显凹凸不平；30天时胎盘部位会缩小，并出现结节状的淡灰褐色区域，上有透明的黏液覆盖，子宫体积恢复到未孕大小；50天时胎盘周围部恢复至非妊娠时的状态，胎盘部的组织块逐渐融解消失，胎盘部位变成浅褐色，内膜与非胎盘部的厚度一致，子宫外形缩小；90天时子宫内膜原来的胎盘部才能恢复到非妊娠时的状态，但还可以看到浅着色带。产后子宫恢复到发情前期之前的状态，这个过程大约要到产后的140天才能完成。复旧之后，超声扫描子宫角表现均匀低回声管状的结构（直径3～6mm）。在复旧过程中，通过腹壁触诊可触到子宫角，并感到质地柔软，其大小则随产后经过的时间长短而异。生理性的阴道分泌物见于发情或者分娩时（表6-1）。

表6-1 犬生理性的阴道分泌物（引自Johnston et al., 2001）

生理情况	产科检查	阴道分泌物	阴道细胞学	行为表现
发情前期	阴门肿胀	血清色	0～100%表层细胞 可能有嗜中性粒细胞	公母犬相互吸引
发情期	阴门肿胀	血清—稻草色	100%表层细胞 ＞50%无核表层细胞 无嗜中性粒细胞	接受交配
分娩期	乳腺发育 可能泌乳	清亮—绿—黑色	无表层细胞 少量嗜中性粒细胞	不安，努责
产后期	乳腺发育 可能泌乳	红—绿—褐色	无表层细胞 红细胞 嗜中性粒细胞	哺乳、护仔

2. 猫 恶露很少，排出3～7天，母猫会自己清理，所以经常注意不到。产后1～2周子宫肌层变薄，产后第4周子宫大小和颜色恢复正常。子宫复旧常在泌乳期时就已经完成。

（二）卵巢

分娩后，卵巢内可能有卵泡开始发育。但是各种动物产后出现第一次发情的时间早晚有所不同。母畜乳头受到吮乳刺激后神经冲动传到丘脑下部，一方面能够抑制多巴胺的产生和释放，使垂体前叶促乳素的分泌增多；另一方面抑制 GnRH 的分泌，从而抑制发情和排卵，造成泌乳性乏情。

1. 犬　分娩后进入乏情期，卵巢处于静止状态，等到下一个季节来临才能发情。

2. 猫　产后发情分为三种情况：①在产后 24h 左右可出现 3.8±0.5 天的短促发情，此时配种不能妊娠。②如果没有哺乳仔畜或只哺乳 1～2 个仔畜，或第 3 天就将仔畜带走，或者发生的是流产，母猫在产后 7～10 天出现发情。发情的持续时间短，排卵率低，配种后很少妊娠。③正常哺乳母猫进入泌乳性乏情期。个别母猫在泌乳期的 2～5 周发情，配种可以妊娠。这种情况多见于一年中光照时间最长的那段时间。如果断奶后仍然处于繁殖季节，大多数母猫于断奶后 2～3 周发情；如果断奶后进入非繁殖季节，则要到来年才能再次发情。

第七章 妊娠期疾病

母体在妊娠期除了维持自身的生命活动外，还必须为胎儿生长发育提供营养物质及内部环境。如果母体的生理状况能够满足妊娠的要求，母体和胎儿，以及它们和外界环境之间就能保持相对平衡，妊娠过程就能顺利发展。否则，如果各种原因致使母体或胎儿的健康发生扰乱或受损，则这种平衡就会受到破坏，正常的妊娠过程就会转化为病理过程，从而发生各种妊娠期疾病。治疗处于妊娠期的发病动物是一个很大的挑战。兽医希望既要治愈母畜，又不能伤害胎儿。不幸的是，有时候这是不可能的，对母畜的治疗可能会直接伤害或杀死胎儿。

第一节 流　　产

流产（abortion）是指由于胎儿或母体异常而导致妊娠的生理过程发生扰乱，或它们之间的关系受到破坏而导致的妊娠中断。流产可以发生在妊娠的各个阶段，但以妊娠早期较为多见。母体可以排出死亡的孕体，也可以排出存活但不能独立生存的胎儿。流产不仅能使胎儿夭折或发育受到影响，还能危害母畜的健康，繁殖效率也常因并发生殖器官疾病而受到严重影响。犬流产比其他动物少得多；猫产仔数约为黄体数的67%，流产大多发生在妊娠40天。

1. 病因　流产的原因极为复杂，下述病因虽然是引起流产的可能原因，但并非一定会引起流产，这可能和畜种、个体反应程度及其生活条件不同有关，有时流产是几种原因共同造成的。

（1）胚胎质量低下　染色体异常，卵子或精子质量不高，配种过早过迟使精子或卵子老化，动物老龄或近亲繁殖，造成胚胎发育缺陷及活力降低，多数以流产为结局。大部分先天性异常胎儿的病因不明，有些具有遗传性，有些只是接触致畸因子所致。约20%的死胎或3日龄内死亡的仔畜存在解剖结构异常。

（2）生殖器官疾病　患局限性慢性子宫内膜炎时，有的可以受孕，但在妊娠期间如果炎症发展，则胎盘受到侵害，胎儿死亡。患阴道脱出及阴道炎时，炎症可以破坏子宫颈塞侵入子宫，引起胎膜发炎危害胎儿。此外，先天性子宫发育不全、子宫粘连等也能妨碍胎儿的发育，妊娠至一定阶段即不能继续下去。

（3）内分泌失调　内分泌失调也会导致胚胎死亡及流产，其中直接有关的是孕酮、雌激素和前列腺素。母畜生殖道的功能状况，在时间上应和胚胎由输卵管进入子宫及其在子宫内的附植保持精确同步。激素作用紊乱，子宫环境就不能适应胚胎发育的需要而发生早期胚胎死亡。垂体缺陷会导致孕酮不足，也能使子宫不能维持胎儿的发育。反之，流产时母体血液孕酮浓度下降则是正常的生理反应。犬血液孕酮浓度在5ng/mL以上才能维持妊娠。如果血液孕酮浓度降到5ng/mL以下并且胎儿仍然活着，就要补充孕酮。如果血液孕酮浓度降低到1.0～2.0ng/mL，超过24h能会导致流产或胚胎吸收。猫血液孕酮浓度在 2ng/mL 以上就可以维持妊娠。妊娠期糖尿病也可造成胚胎发育不良而流产。甲状腺功能减退母犬不表现正常的发情行为，也不接受交配，妊娠率低下，常见妊娠中期流产或分娩时产死胎。

（4）全身性疾病　妊娠期腹痛腹泻，反射性地引起子宫收缩可引起流产。妊娠毒血症有时也会发生流产。此外，能引起体温升高、呼吸困难、高度贫血的疾病，都有可能发生流产。当妊娠母犬心脏功能衰竭，如患心丝虫病时循环系统障碍直接影响与胎儿的物质交换，结果使胎儿缺氧和蓄积二氧化碳，造成胎儿死亡。

（5）侵袭性疾病　病原可通过对母畜、胎儿或胎盘产生作用而导致胎儿死亡或流产。大部分病原除了干扰妊娠，还能引起母畜出现其他临床症状。存在于动物生殖道末端的许多细菌与动物的流产有关，仅根据阴道分泌物分离培养的结果很难判定它们是不是引起胎儿死亡或流产的主要细菌。动物死亡之后对胎盘和胎儿进行分离培养的结果则很有助于诊断。布鲁菌引起的流产最为常见，多发生于妊娠第 45～57 天，可见到胎儿自溶，流产后阴道排出分泌物时间延长，也会出现早期胚胎吸收现象，淋巴结肿大，菌血症持续很长时间，治疗效果不理想。感染犬的胎盘组织或阴道排出分泌物，乳汁、尿液、唾液、鼻腔分泌物及精液都会有病原体，都可能成为潜在的传染源，可进行血清学诊断。感染弯曲杆菌、葡萄球菌、大肠杆菌、沙门氏菌或链球菌时，母犬表现全身症状，阴道流出脓性分泌物，发生流产。妊娠初期感染传染病时，可发生畸形胎儿而流产。妊娠母犬感染犬疱疹病毒引起后 1/3 孕期流产、死产、早产、不孕及无症状的阴道小泡，胎儿的特异性病理变化是肾脏、肝和肠道出现弥散的出血点，肝细胞中可能出现包涵体。这种感染在母犬可经胎盘传播，但更常见的是分娩时胎儿在产道中感染。犬瘟热和犬疱疹病毒引起母畜全身多处障碍和流产。弓形虫可引起胎盘炎和胎儿损伤。肿瘤也能使流产发病率增高。

猫白血病病毒主要通过直接接触而传播和感染，是引起胚胎吸收、流产的一个重要原因；猫疱疹病毒可在妊娠 5～6 周时引起流产，典型情况下可引起胎盘坏死、流产、胎儿木乃伊化和死产；猫瘟病毒通常会攻击胚胎或胎儿内部快速生长的组织，引起流产、死胎、木乃伊或胎儿浸溶，或者引起胎儿小脑发育不全或共济失调；猫细小病毒可通过接触分泌物、呕吐物、排泄物污染的环境而感染，可引起妊娠各个阶段的问题，如胚胎早期死亡、胚胎吸收、流产、先天性缺陷，与感染时所处的妊娠阶段有关，而母猫本身可能仍然健康，有时仅部分胎儿受到影响，妊娠后期感染小脑发育不良可致共济失调或脑积水，妊娠期间活苗免疫可导致与感染相同的问题；猫免疫缺陷病毒主要通过咬伤传播，可通过胎盘感染胎儿，导致胎儿发育受阻，表现为流产、死胎、出生体重不足。引起猫妊娠失败或流产的细菌有布鲁菌、沙门氏菌、霍乱菌等。弓形虫也是造成家猫妊娠中晚期流产的原因，感染猫在妊娠后就开始厌食消瘦，呼吸困难，嗜睡，腹泻和中枢神经功能失调。

（6）饲养管理　营养过剩和营养不足均可引起流产。犬缺乏镁就不发情，配种后妊娠率也降低，且妊娠维持不超过 3 周。猫食物中缺乏氨基乙磺酸可导致流产，胎儿溶解，死胎。另外，吃冰冻饲料，饮冷水，尤其是出汗、空腹时如此，均可反射性地引起子宫收缩，而将胎儿排出。

霉玉米中的赤霉烯酮，有些重金属，如镉中毒、铅中毒，饲喂含有亚硝酸盐或农药的饲料，细菌内毒素能引起流产。

由于管理及使用不当，使子宫和胎儿受到直接或间接的机械性损伤，或孕畜遭受各种逆境的剧烈危害，引起子宫反射性收缩而发生散发性流产。

腹壁受到碰撞、冲击等都能发生流产，见于跌倒、抢食、拥挤、争斗等。剧烈的运动、跳越障碍及沟渠、上下陡坡等，都会使胎儿受到振动而流产。

长途车船运输可使母畜极度疲劳，体内产生大量二氧化碳及乳酸，因而血液中的氢离子浓度升高，刺激延脑中的血管收缩中枢，引起胎盘血管收缩，胎儿得不到足够的氧气，就有可能引起死亡。

运输、惊吓、打架、与陌生动物混群可使母畜精神紧张，肾上腺素分泌增多，反射性地引起子宫收缩。

射线、噪音和高温等也可以引起流产。

（7）医疗错误　全身麻醉，大量放血，灌肠，过量使用泻剂、驱虫剂、利尿剂，注射疫苗，注射某些可以引起子宫收缩的药物（如卡巴胆碱、毛果芸香碱、槟榔碱或麦角制剂），刺激发情的药物，误给堕胎药（如雌激素制剂、前列腺素等）和孕畜忌用的药物，均可能引起流产。给妊娠动物使用了某些对胎儿有毒或有致畸作用的药物，可使胎儿发生畸形甚至死亡。

粗鲁的腹部触诊和超声检查，妊娠后发情配种，也可能引起流产。腹部手术，特别是在靠近骨盆的部位施行手术，极易引起流产。

2. 症状　由于流产的发生时期、病因及母畜反应能力不同，流产的病理过程及所引起的胎儿变化和临床症状也不一样。但流产基本可以归纳为四种，即隐性流产、排出不足月的活胎儿、排出死亡而未经变化的胎儿和延期流产。

（1）隐性流产　隐性流产的主要原因是早期胚胎死亡，胚胎死亡后先是心跳消失，然后是胚胎形态异常，胎水减少，最后是组织液化被母体吸收，可能仅表现出阴门有一过性的分泌物，临床上难以看到母畜有什么外部表现。如果胚胎因为感染而死亡，那么即使胚胎会被吸收，接着也会发生子宫积脓。如果没有进行早期妊娠诊断，发生隐性流产后畜主不会意识到动物曾经妊娠，兽医也不能确定是否发生了隐性流产。

有时只是一个或几个胎儿流产，剩余胎儿仍可能继续生长到妊娠足月时娩出（部分流产），但大多数病例是所有的胎儿均发生流产（完全流产）。胚胎死亡主要发生在妊娠第一个月内，大部分发生在附植以前。

（2）排出不足月的活胎儿　这类流产也称为早产。犬猫见于妊娠56天之前分娩或流产的个体，所产仔畜体重、成熟度和成活率均达不到正常分娩时的平均值。流产预兆及过程与正常分娩相似，但不像正常分娩那样明显，往往仅在排出胎儿前2～3天乳腺突然膨大，阴唇稍微肿胀，乳头内可挤出清亮液体。

（3）排出死亡而未经变化的胎儿　按照一般规律，胎儿死后不久母体就把它排出体外。流产母犬可能不表现临床症状，或流产胎儿几乎不表现病理学变化。妊娠前半期的流产多无前期症状而突然发生，大部分病例看不到流产过程，经常只是看到阴道流出分泌物及排出的胎儿。或者伴随倦怠、体温升高、厌食、呕吐或腹泻，腹痛、阴道分泌物和腹部收缩。严重时继发全身感染，发生毒血症或败血症。妊娠末期流产的预兆和早产相同。

犬流产多发生于妊娠第45～55天，排出的胎膜和胎儿常被母犬吃掉或隐藏而不易发现。犬流产后阴道长时间（1～6周）排出腐败液体和分解产物，演化成开放型子宫积脓。

（4）延期流产　偶尔，胎儿死亡后长期停留于子宫内，称为延期流产。延期流产一般发生于胎儿骨骼形成之后，依黄体是否萎缩及子宫颈是否开放，延期流产有两种表现形式。

1）胎儿干尸化。胎儿在骨骼骨化开始后死亡，如黄体不萎缩，仍保持其功能，则子宫并不强烈收缩，子宫颈也不开放，胎儿仍留于子宫中。胎儿组织中的水分及胎水被逐渐吸收，胎儿体积缩小，头及四肢缩在一起，变为棕黑色，好像干尸一样，称为胎儿干尸化。发生胎儿干尸化时，胎膜萎缩干枯像羊皮纸一样，胎儿胎盘被吸收，母体胎盘萎缩，子宫收缩，胎儿变得盘旋扭曲。子宫腔与外界隔绝，阴道中的细菌不能侵入，细菌也未通过血液进入子宫，胎儿没有腐败分解。

给犬和猫接生时，偶尔能发现正常胎儿之间夹杂有干尸化胎儿，这可能是由于各个胎儿的生活能力不同，发育慢的胎儿胎盘发育不够，得不到足够的营养，中途停止发育，变成干尸；发育快的胎儿则继续生长至足月出生，分娩时“木乃伊”也被排出体外。

动物分娩时没有将胎儿全部产出，留在子宫内的胎儿也可能会发生胎儿干尸化。干尸化胎儿可在子宫中停留相当长的时期，最后基本钙化。子宫壁紧包着胎儿，有时子宫与胎儿周围组织发生粘连。腹部触诊内容物很硬的就是胎儿，在硬的部分之间较软的地方是胎体之间的空隙。

犬很少看到死胎滞留在子宫，猫分娩时夹带的死胎常发育停止于30～35日龄。

2）胎儿浸溶。胎儿死亡后，如黄体萎缩子宫颈管开放，细菌通过开张的子宫颈侵入子宫及胎儿，胎儿的软组织经自溶液化排出，骨骼则因子宫颈开放不够大或子宫收缩无力而留在子宫内，称为胎儿浸溶。

胎儿骨头有时会嵌入子宫壁，只有用子宫切开术才能取出。胎儿浸溶可演化成开放型子宫积脓，母畜精神沉郁，体温升高，食欲减退，或腹泻或努责，阴道流出红褐色或棕褐色难闻的黏稠液体，液体沾染在尾巴和后腿上，干后成为黑痂。

腹部触诊可摸到骨片，能感到骨片互相摩擦。如在分解开始后不久检查，因软组织尚未溶解，则摸不到骨片摩擦。

3．预后　流产通常不会对母畜造成生命危险，如能给予合理监护以后妊娠正常。

4．诊断　首先进行完整的病史检查，包括以前配种的结果，与生殖道相关的问题，与公畜相关的信息，布鲁菌检测的结果，疫苗接种，驱虫记录，运输日期，饮食的增补，环境条件和药物处理。

然后进行完整的身体检查，包括腹部触诊，细胞学检查，血液孕酮浓度测定，全血细胞计数，阴门分泌物需氧培养，X线摄影检查和/或超声扫描检查，胎儿心率监测，布鲁菌检测，胎儿尸体剖检，对胎儿组织进行细菌或病毒培养。如果胎儿心率低于每分钟200次，说明发生了胎儿窘迫，就要注意监测胎儿的活力；如果胎儿的心率在每分钟150～170次，说明胎儿快要死亡，等下去就会发生流产，或者采取剖宫产。

在进行过妊娠诊断的基础上，才能诊断是否发生了胚胎死亡或吸收。腹部超声扫描是诊断妊娠的可靠方法，在犬妊娠的第20天可作出诊断，并在妊娠的25天可从跳动的心脏分辨出存活的胎儿。发生隐性流产时，子宫孕囊缩小，胎儿心搏动消失，子宫壁增厚。妊娠42～45天后胎儿骨骼开始发育，X线观察到胎体内气体、胎位异常及胎儿骨骼塌陷、断裂和脱钙，有助于胎儿存活的评价和胎儿浸溶的诊断。

如果可以获得流产胎儿或胎儿组织，要立即将组织放入冰箱保鲜层进行降温，并尽早送交诊断实验室。

如果流产症状比较典型，作出流产的临床诊断一般并不困难。然而，犬猫缺乏早期妊娠诊断，无法区分没有妊娠与早期流产，发生隐性流产后就如同没有妊娠一样；孕酮会引起乳腺发育和体重增加，流产母犬可能继续维持妊娠样的外观；母畜会把流产的胎儿吃掉或丢弃，从而隐藏了流产的重要证据。这些特殊情况增加了小动物流产诊断的困难。流产的病因非常复杂，想找到流产的病因经常是非常困难的。例如，很难证明导致胎儿畸形的遗传性因素。单单使用这里提及的方法常常仍然不能作出病因诊断。流产病因诊断的意义主要在于帮助制订适当的药物治疗和管理措施，预防以后的流产。

5. 治疗　除了个别流产病例在刚出现症状时可以试行抑制以外，大多数流产一旦有所表现，往往无法阻止。处治流产的原则是在可能情况下制止流产的发生，当不能制止时应尽快促使死胎排出，以保证母畜及其生殖道的健康不受损害。

（1）安静　将病畜安排在安静的地方进行强迫性休息，对病畜进行密切观察。禁止阴道检查，以免刺激母畜。对于烦躁不安的动物给以镇静剂，如溴剂、氯丙嗪等。镇静剂不能有效抑制宫缩，仅在孕畜精神紧张时作为辅助药物。

（2）安胎　给没有感染、胎儿仍然存活且有希望继续妊娠的病例使用安胎措施。可注射羟苄麻黄碱（ritodrine）、特布他林（terbutaline）或阿托品抑制子宫收缩。特布他林是一种 β 肾上腺素受体激动剂，能减轻或中止流产时的子宫肌的收缩，用量 0.03～0.08mg/kg，间隔 20min 连续皮下注射 3～4 次，以后可改为内服维持，每 4h 1 次，使用时需注意心血管和消化道副反应，并且在预产期前 48h 停药。吲哚美辛、酮咯酸、舒林酸及阿司匹林能够抑制前列腺素合成酶，减少前列腺素的合成与释放，起到安静子宫的作用，可内服 3 天左右。钙离子是肌肉收缩必需的，镁离子可抑制钙离子对子宫肌的收缩活性，从而抑制子宫肌收缩，达到安静子宫的目的。15mL 25%硫酸镁加于 250mL 5%葡萄糖中缓慢静脉滴注，直到宫缩停止，用药过程应注意动物呼吸不能少于 18 次/min。钙拮抗药硝苯地平每天 3～4 次，可以尝试用来安胎。

犬每 72h 肌注 2mg/kg 孕酮就可以将血液孕酮浓度维持到 10ng/mL 以上。血液孕酮浓度在 5ng/mL 以上就足以维持妊娠。最后一次注射后 48～72h，血液孕酮浓度降到 2ng/mL。血液孕酮浓度高于 2ng/mL 就可以抑制或延迟分娩。犬孕酮可以连续注射 2 周，最迟到预产日之前 5 天停止注射，或者到计划剖宫产手术的当天停止。猫每 7 天肌肉注射 1～2mg/kg，最迟到预产日之前 7 天停止注射。

黄体功能不足、血液孕酮浓度降低通常不是流产的原发病因。胎儿因素、胎盘炎或外源性糖皮质激素，只是可能引起黄体退化的众多因素中的几个。胎儿死亡之后出现的血液孕酮浓度降低并非黄体功能不足。因此，要尽量先搞清楚流产的原发病因，然后再考虑在这种情况下使用孕酮是否有效。注射孕酮可能会导致雌性胎儿雄性化和雄性胎儿隐睾，会延迟分娩而导致死胎和难产，还会影响泌乳。对怀有畸形胎儿、发生胎盘炎或子宫感染的动物，给予孕酮会使子宫反应迟钝甚至消失，导致难产和子宫积脓。应当注意，只能给作出黄体功能不足确实诊断的动物使用孕酮，而且不要在前半个妊娠期内使用孕酮，不要给胎儿已经死亡的母畜使用孕酮。

早产胎儿成活的最大困难是肺脏发育是否成熟，能否自己呼吸。地塞米松可以加快胎儿肺脏的成熟，但需要约48h才能产生效果。经过初步安胎处理，如果母畜仍有早产危险，可以考虑使用地塞米松；如果流产即将来临，此时使用地塞米松也就无济于事了。

利用白术、党参、当归、黄芪、菟丝子、桑寄生、续断、阿胶、乌梅、白芍、艾叶、甘草，将药物粉碎成粉末，每天早晚各喂1次，每次用药量为6～9g，给药30min后喂食。连用7～10天后药量减半，到产仔7天左右停药。

（3）抗生素治疗　对有反复流产和子宫炎既往史的病例，对明显的或可能感染的病例，使用大剂量抗生素。只有部分胎儿流产的母畜，流产发生后应给予抗生素治疗，防止影响其他正常胎儿。

（4）促使胎儿排出　上述处理的治疗效果往往有限。如病情仍未稳定，阴道排出物增多，起卧不安加剧，子宫中的胎儿都已经死亡，流产已在所难免时，应尽快促使胎儿排出。如子宫颈开张不大，可注射孕酮受体拮抗剂米非司酮或阿来司酮促使子宫颈开放；如子宫颈口已经开大，使用催产药物，如催产素、麦角新碱、$PGF_{2\alpha}$等，促使子宫内容物排出。可用温热的2%盐水缓慢灌注子宫，4h后注射子宫收缩药促使液体和胎儿排出，在子宫内放入抗生素。需特别重视全身治疗，以免发生不良后果。

配合使用川芎、当归、山楂、生蒲黄、桃仁、红花、五灵脂、益母草、乌梅等中药，有助于促进流产和加快子宫内膜更新。

（5）卵巢子宫切除术　对于发生胎儿干尸化或胎儿浸溶的病例，或者出现严重子宫感染的病例，使用抗生素治疗的效果很小，应尽早施行卵巢子宫切除术。

6. 预防　发生流产后，应对畜群的情况进行详细调查分析，检查排出的胎儿及胎膜，必要时采样进行实验室检查，尽量作出确切的诊断，然后提出具体预防措施。流产的胎儿及胎盘样品4℃保藏，在24h内送往诊断室。如果发生几个胎儿流产，应将不止一个胎儿送往实验室，对胎儿组织做病理学、微生物学、毒理学及染色体分析，同时对母体做布鲁菌的免疫学检查，以增加诊断的准确性。

动物在配种前需进行健康检查、免疫接种和肠道驱虫，确保不使其与病畜或未检查的动物接触。确诊为布鲁菌病的犬，如果是宠物，应进行卵巢切除不作种用，然后再尝试治疗；如果是犬场，应淘汰受感染的犬。疱疹病毒引起的流产，大都是长期不孕，无有效的治疗方法。有流产史的应在配种之后全身应用广谱抗生素，来帮助清除子宫内的细菌。

第二节　妊娠糖尿病

妊娠糖尿病（gestational diabetes mellitus）指妊娠期间发生的糖尿病。糖尿病是中老年犬常见的内分泌病症，妊娠会使糖尿病的发病率升高和/或症状加重，流产是妊娠糖尿病的普通症状。此病在猫罕见。

1. 病因　动物妊娠期间血容量增加，血液稀释，胰岛素相对不足。孕酮会刺激生长激素的分泌，生长激素对胰岛素受体具有降调节作用，从而表现拮抗胰岛素的作用，血液孕酮浓度高的时期动物对胰岛素的需求会明显增加。犬在发情间期对胰岛素的需求增加，只是生长激素分泌的增加不显著，发生糖尿病的风险较小；犬妊娠期生长激素分泌显著增加，从妊娠35天起机体对胰岛素的敏感性就有所降低，结果妊娠犬对胰岛素的需求增加。当胰岛素不能满足需求时，机体分解葡萄糖能力削弱，肝糖原异生和糖原分解增加，血中葡萄糖浓度增加。当血糖浓度超过了肾糖阈就会引起糖尿，又通过渗透性利尿作用导致多尿，多尿失水引起代偿性烦渴。组织利用葡萄糖的能力下降导致分解代谢状态，脂肪和肌肉组织分解以提供糖原异生的底物，引起明显或重度体重减少和虚弱。相对或绝对缺乏胰岛素时，血糖不能进入丘脑下部饱中枢细胞而引起贪食，但热量摄入的增加并不能使分解代谢状态逆转。因此，患糖尿病的动物都有烦渴、多尿、贪食和体重减少的症状，常伴有倦怠、喜卧、不耐运动和呼气时有酮臭味，严重病例发生酸中毒并伴有顽固性呕吐，最后陷入糖尿病性昏迷。分娩开始时血液孕酮浓度下降到基值，对胰岛素的需求显著降低。约70%病例的糖代谢紊乱到产后可以完全恢复，有些病例的糖尿病可以延续到产后。

2．症状 糖尿病的典型症状是“三多一少”，多吃多喝多尿，体重减少。尿液有丙酮味，血糖浓度长期升高，有时会出现糖尿病酮症酸中毒。糖尿病会引起胎盘血管损伤，造成胎儿死亡。大多数糖尿病犬流产，最终很少能够生下活的仔犬。慢性高血糖会引起胎儿生长率增高和胰岛素分泌过度，这些胎儿通常会长得过大而难以产出。出生之后，新生仔畜胰腺会继续分泌大量的胰岛素，容易出现低血糖，出生后30min起6h内应定时滴喂25%葡萄糖。

3．诊断 依据“三多一少”的临床表现和尿液葡萄糖和高血糖可确诊。尿路感染也可出现尿糖阳性，但一般有管型和炎性细胞；出血性膀胱炎也可出现尿糖阳性，但尿液中应有血细胞或血凝块，因此可与糖尿病相区别。

4．治疗 糖尿病的治疗比较困难，预后不良。症状较轻者要适当限制糖类饲料，可尝试治疗；症状较重者应尽早选择人为终止妊娠。

母畜可服用吡磺环戊脲0.25～0.5mg/kg，每天2次；或者服用优降糖（格列本脲）0.2mg/kg，每天1次。

可静注生理盐水500mL，加入氯化钾2mL，5%碳酸氢钠溶液20mL，补充体液，防止低血钾症，纠正酸中毒。

5．预防 由于糖尿病很难治疗，妊娠犬糖尿病的发病率升高或症状加重，糖尿病或许还存在着遗传因素，建议对病犬进行卵巢子宫切除术。

第三节 妊娠毒血症

妊娠毒血症（pregnancy toxemia）是妊娠末期由于碳水化合物相对缺乏或代谢障碍而发生的一种以低血糖、酮血症、酮尿症为主要特征的亚急性代谢病。主要临床表现为精神沉郁，食欲减退，运动失调，呆滞凝视，卧地不起，甚而昏睡等。妊娠毒血症可发生于任何品种的犬，但主要见于小品种犬怀胎儿数多的情况。

1．病因 妊娠毒血症与妊娠期营养缺乏或厌食有关。妊娠犬怀胎儿数较多，到了妊娠后期无胃口；胎儿发育迅速，消耗大量营养物质，母体的新陈代谢和内分泌系统的负荷加重。母体运动不足，遭遇应激刺激，消化吸收功能降低；妊娠末期营养不足，饲料单纯，维生素及矿物质缺乏，特别是碳水化合物供给不足时，容易发生妊娠毒血症。当摄入的碳水化合物不足时血糖降低，母体动用组织中储存的脂肪来满足能量需求，脂肪分解产生的大量酮体进入血液，加重动物的厌食，体况进一步下降。

妊娠犬碳水化合物供给不足，到妊娠最后 2 周会发生低血糖，死亡率增加 7 倍，仔犬 3 日龄内死亡率也很高。

2．症状　病初精神沉郁，对周围事物漠不关心；随着病情发展，低血糖明显，精神极度沉郁，全身无力，步态强拘，昏睡，食欲减退或消失，呕吐和/或腹泻；呼吸浅快，脉搏快而弱，酮血酮尿，呼出的气体有丙酮味，后期体温下降昏迷死亡。犬在妊娠后期出现厌食，畜主应注意。虽然暂时性厌食在妊娠中期或正常分娩时也会发生，但妊娠最后两个星期出现持续性厌食，提示母犬可能发生了妊娠毒血症。由于病畜身体虚弱及阵缩无力，往往发生难产，而且胎儿的生活力不强，有的还可能发生窒息。

3．诊断　妊娠后期犬发生酮血酮尿，尿中无葡萄糖，可作出诊断。

糖尿病可发生在母犬妊娠的各个阶段，虽然发生酮血酮尿，但有高血糖，尿中出现葡萄糖。

4．治疗　治疗原则是将能量代谢负平衡转为能量代谢正平衡，可考虑强制喂食或肠外营养，通常要人为终止妊娠来减轻母畜的代谢负担。

静脉输入大量葡萄糖，加入维生素 C 和大剂量的维生素 B_1。满足能量需求后症状多随之减轻，可以保全母畜的生命。出现酸中毒症状时，可静脉注射 5%碳酸氢钠溶液。尿酮减少是病情减轻的预兆，反复测定尿酮有助于了解疾病发展方向和治疗效果。

如果需要使用糖皮质激素抵抗休克，必须小剂量多次肌肉注射，若一次性大剂量注射有时会招致早产或流产。

妊娠毒血症对母畜和仔畜的生命都有危险，要仔细监护发病母畜，临产时必须及时助产。

对接近产期的病畜或病情严重治疗效果不显著时，如果母犬还经受得住麻醉和手术，要进行剖宫产或卵巢子宫切除术。妊娠毒血症时可能存在脂质代谢障碍，会降低药物的代谢。如果进行剖宫产，必须慎重选择镇痛药和麻醉剂。

治疗期间要密切注意母畜的体况，提供喜欢的食物，尽可能激发病畜的食欲，任其自由活动，这些措施对于改善病情、促进病畜痊愈大有帮助。

5．预防　对妊娠后半期的母犬，必须保证供给碳水化合物、蛋白质、矿物质和维生素。应当每天运动两次，每次半小时。

第八章　分娩期疾病

妊娠足月后，胎儿能否顺利产出，主要取决于产力、产道和胎儿三者之间的相互关系。如果其中任何一方面发生异常，就会发生难产。本章仅介绍难产，其他有关疾病则在产后期疾病中介绍。

第一节　难产的概述

难产（dystocia）是指由于各种原因而使分娩的第一阶段（宫颈开张期），尤其是第二阶段（胎儿产出期）明显延长，如不进行人工助产，则母体难以或不能产出胎儿的疾病。难产极易引起胎儿死亡，常常危及母畜和新生仔畜的生命，往往引起母畜生殖道疾病。难产是围产期最常见到的疾病，必须及时发现、细心诊断和迅速处置。

一、发病率

犬猫难产的发病率约为 5%。一般而言，初产动物难产的发病率要比经产动物高，纯种动物比杂种动物高，胎儿数目少的比胎儿数目多的高。短头品种犬猫的胎儿头大肩宽，母体骨盆腔直径较小，极易发生阻塞性难产和继发性子宫迟缓。早产时，由于子宫迟缓、胎儿死亡及胎势异常较多，难产的发病率也会升高。

犬难产具有明显的品种差别，这对难产救治的临床决策很有帮助。小型犬较神经质和敏感，有一胎生一仔的倾向，用大型公犬配种或每胎胎儿数很少时，易形成过大胎儿。小型犬第一胎的第一个胎儿出生时常遇到困难。大型犬胎儿体重为母犬体重的 1%～2%，小型犬胎儿体重可达母犬体重 4%～8%。胎儿体重超过母犬的 1/10 时，虽无其他异常，但最终仍发生难产。斗牛犬偶尔出现腹肌松弛、努责无力以致胎儿不能进入骨盆腔。德国猎獾犬和苏格兰粗毛猎狐犬，原发性子宫收缩无力的发病率很高。许多犬的胎儿绝对过大，如威尔士矮脚犬，以致不能通过产道产出。曲卡犬的母性不良，难产发病率较高。母犬分娩时若过度兴奋或环境陌生，也可发生难产。日常运动量大，接触自然环境机会多的猎犬、工作犬和杂种犬，则很少发生难产。

难产诊断带有很大程度的主观性。尽管在很多情况下区分顺产与难产并不困难，但有关难产的发病率、病因或疗效的数据并不非常可靠。

二、病因

难产的发病原因可以分为普通病因和直接病因两大类。普通病因是指通过影响母体或胎儿而使正常的分娩过程受阻。直接病因则是指直接影响分娩过程的因素，包括产力性难产、产道性难产及胎儿性难产三类，其中前两类又可合称为母体性难产。

（一）普通病因

引起难产的普通病因主要包括饲养管理因素、环境因素、遗传因素。

1. 饲养管理因素　饲养管理失误是导致小动物难产的主要原因。母畜配种过早，身体未能充分发育，骨盆相对较小，此时的繁殖效率也较低下，虽可妊娠但怀胎数少，易产生体大胎儿，使难产的发病率增加。小型品种母犬用大型公犬配种，母畜高龄才产第一胎，这样妊娠后胎儿数目经常过少，容易产生体大胎儿造成难产。配种次数过多，易造成胎儿数目过多，妊娠时子宫过度扩张，分娩时子宫收缩能力降低，分娩时间过长，到产后面几个胎儿时会因产力不足造成难产。营养低下、慢性消耗性疾病、寄生虫病等使母畜生长迟缓，骨盆狭小或发育不全，或生殖道幼稚，对疾病的抵抗力差，无力将胎儿娩出而发生难产。妊娠后期营养水平过高，运动不足，胎儿生长迅速而出现过大，骨盆区可出现大量脂肪蓄积，引起产道狭窄，可使难产的发病率升高。

2. 环境因素　母畜被带到不熟悉的地方，接触生人，产箱太小，环境嘈杂，过度兴奋、害怕或紧张惊恐，会抑制和干扰产程，造成分娩停止。

3. 遗传因素　遗传因素在难产的发生上起着一定的作用。一些隐性基因可以通过影响胎儿或胎膜发生各种各样的疾病而引起难产，近亲繁殖可加重这种情况。这些基因中大多数为致死性的，因而引起胎儿死亡，有些可使胎儿发生严重畸形，在产前或分娩时死亡，多可引起难产。如果有一定亲缘关系的动物，在一定时间内重复出现相同或类似的异常胎儿或难产，则应怀疑它们的发生可能有遗传背景。

母体的一些先天性异常可能是由遗传因素引起，如腹股沟疝、谬勒氏管发育不全、阴道或阴门发育不全等，其中有些异常能够阻碍胎儿的正常产出，因而可以引起难产。

（二）直接病因

1. 母体性难产　犬母体性难产约占难产的75%，其中由子宫迟缓造成的约占90%；猫母体性难产约占难产的67%，其中由子宫迟缓造成的也约占90%。骨盆狭小见于母畜配种过早、骨盆发育不良或肿瘤；产道末端异常见于子宫颈、阴道或阴门先天性狭窄（发育不全），子宫颈扩张不全，双阴道，阴道肿瘤、肿胀、损伤或脱出。子宫异常，如原发性子宫迟缓可见于子宫整体（胎儿过多）或局部（胎儿过大）过度扩张，继发性子宫迟缓可见于分娩时间过长和难产，子宫位置异常见于子宫疝、子宫捻转或子宫折叠，子宫异常还见于子宫破裂、损伤、粘连或肿瘤。母体性难产还包括非子宫性产出异常，如横膈破裂、腹壁疝、疼痛、惊吓、药物（孕酮、麻醉药）及阴道周围脂肪过度沉积。

2. 胎儿性难产　犬胎儿性难产约占难产的 25%，其中由胎位和头颈姿势异常造成的约占62%，胎儿过大造成的约占27%；猫胎儿性难产约占难产的30%，其中由胎位和头颈姿势异常造成的约占50%，胎儿畸形造成的约占26%。胎位及胎势异常造成难产的情况通常也与胎儿较大有关，常见的异常有肩部前置、坐骨前置、侧位、下位，偶尔可见到两个胎儿同时楔入骨盆腔引起的难产，胎头肿胀也可引起难产。阻塞多发生在骨盆入口处。第一个胎儿倒生可能引起阻塞性难产，其余的倒生胎儿后肢屈曲在身体下才会导致难产。如果胎儿大小正常，由于四肢胎势异常引起的难产一般不太重要，而且许多胎儿在出生时前肢或后肢是屈曲的。如果胎儿较大，这种异常可造成难产。靠后分娩的胎儿如果生命力不强，也会出现胎位异常。头部侧弯更多见于犬的最后一个胎儿。胎儿较多时，最后产出的那个往往是死胎。死胎常发生胎位异常，畸形胎儿、胎儿腐败、气肿、肿胀等也能引起难产。胎儿体格过大引发的难产，多见于单个胎儿、胎儿数过少、妊娠期延长、宽头宽肩品种及父畜体格过大等，犬的这种情况多于猫。母畜年龄过大或者过小都容易产生胎儿数过少的情况。

第二节　难产的检查

救治难产的主要目的是确保母体的健康和以后的生殖能力，而且能够挽救胎儿的生命。手术助产的效果与诊断是否准确有密切关系。要在术前进行详细检查，确定母畜及胎儿的反常情况，结合人员技术和设备条件，并通过全面的分析和判断，拟定切实可行的助产方案。否则，匆忙下手，该矫正而不矫正，或该剖宫产而不施行剖宫产，术中多次改变方法，会使母畜遭受多余的刺激，并可能会危及胎儿生命，甚至进退两难，既无法再进行矫正，又贻误了剖宫产的时机。对处于濒危状态的病例，整个检查过程要在5min之内有条不紊地完成。在检查的同时就应给予强心补液等支持治法，这对保证助产成功非常重要。

一、病史调查

遇到任何难产病例，首先必须尽可能详细了解病畜的情况，为初步诊断提供依据，以便做好检查和治疗的准备工作。病史调查的内容主要包括以下几个方面。

1. 年龄及胎次　年龄较小的母畜常因骨盆发育不全使胎儿不易产出；初产母畜的分娩过程较缓慢，发生难产的可能性较大。产仔数较少时容易发生难产，年龄过小和老龄母畜、近亲繁殖、用冷冻精液人工授精的母畜也易发生难产。此外还应了解公畜的有关情况，大型公犬配种的胎儿较大，易发生难产。

2. 既往病史　以前患过产科疾病或其他生殖疾病，产道受过损伤，如阴道脓肿、阴门创伤及腹部的外伤等，这些均对胎儿的产出有阻碍作用。

3. 产期　犬和猫妊娠期的范围较大，预测和判断产期比较困难。如妊娠母畜尚未到预产期，可能是早产或流产，这时胎儿一般较小，容易拉出，而且胎儿呈下位者比较多见，矫正比较容易。一般来说，如果犬猫妊娠超过70天但没有观测到体温下降（<37.7℃）或分娩预兆，或体温下降12～18h后还没有出现宫颈开张期的表现，就应引起注意。如预产期已过，胎儿可能较大，还可能是胎儿干尸化，矫正及牵引都较为困难。犬妊娠期延长的现象有：第1次配种后已超过70天，或发情间期超过60天，多见于怀胎数目较少的母犬。

4. 产程　判断分娩活动是否进入第二产程的指征有三项：直肠温度已经回升到正常体温，阴道流出胎水，开始努责。观察到其中任何一项，就说明第二产程已经开始。从分娩开始的时间、努责开始的时间及努责的强弱、前一个胎儿产出时间、胎膜是否已经露出及胎水是否已经排出等进行综合分析，就可判断是否发生了难产。如果胎儿产出期的时间未超过正常时限，母畜努责不强，胎膜尚未外露，胎水尚未排出，尤其在初产动物，可能并未发生异常，或胎儿产出期尚未开始，这时分娩大多可以顺利进行。有时由于努责无力，子宫颈开张不全，胎儿通过产道比较缓慢。如果产期超过了正常时限，努责强烈，已见胎膜露出，胎水流失，而胎儿久难产出，则可能已经发生了难产。

5. 胎儿产出情况 犬和猫为多胎动物，应了解是否已经有胎儿产出及已产出的胎儿数量、两胎儿产出之间间隔时间的长短、努责的强弱及胎衣是否已经排出等。如果宫颈开张期超过 24h，胎儿产出期超过 4h，绿色液体流出后 30min 还没有产出胎儿，在阴门见到胎儿或胎膜后 15min 没有产出胎儿，强力努责超过 30min 或微弱努责超过 2h 没有产出胎儿，产仔间隔超过 3h，产仔结束前母畜突然变得安静抑郁低沉，努责明显减弱，就认为是发生了难产，必须立即进行助产。

6. 助产情况 如果此前已经对难产母畜进行过助产，需问明助产之前胎儿的异常情况，已经死亡或活着；助产方法及结果如何，对母畜有无损伤；是否采取了麻醉和润滑措施；是否注意了消毒等。助产方法不当，可能会造成胎儿死亡，或加重其异常程度，并使产道肿胀，增加手术助产的困难；不注意消毒，可使子宫及软产道受到感染；操作不慎，可使子宫及产道发生损伤或破裂；使用催产素不当，可导致子宫破裂。

二、全身检查

检查母畜全身状况时，应特别注意体温、呼吸、脉搏、精神状态、可视黏膜及能否站立这几个方面。在大多数难产病例中，母畜的脉搏略有加快，体温稍有升高。母畜在分娩过程中丧失大量水分，体力消耗很大，全身及生殖道都会发生剧烈变化。特别是发生难产的母畜，分娩时间延长，往往导致全身耗竭，甚至处于濒危状态。如果母畜难以站立，则应注意是卧下休息还是已经耗竭。如果犬猫呕吐伴随着严重渴感，应视为重症和危险的征象。通过这些检查，可以确定母畜的体况，判断母畜能否经受住复杂的手术。对处于濒危状态的病例若不给予适当的处理，贸然进行助产多半不能成功，母畜在助产过程中或在取出胎儿后即死亡，甚至母子双亡。

三、产科检查

产科检查的主要目的是确定产道和胎儿的状况及难产的原因。检查的主要方法包括外部检查和阴道检查。

（一）外部检查

主要视诊检查乳房、骨盆韧带、阴门、阴道分泌物、腹胁部及腹部的状况，观察努责的强度和频率。检查尾根两旁的荐坐韧带是否松软，向上提尾根时活动程度如何，以便确定骨盆腔及阴门能否充分扩张。检查乳腺是否涨满，乳头中是否能挤出初乳，以确定妊娠是否足月。若上述部位没有出现正常的分娩变化，则说明为流产或早产。如果胎膜很湿润，则说明露出的时间不长；如果干燥且颜色变暗，或有恶臭的暗棕色分泌物，则说明发生难产的时间已久。阴门中有分泌物时，应检查其性状，分泌物中混有血液时，说明可能发生了产道损伤。触诊腹壁可以查明子宫的大小和紧张度，以便大致估计子宫中胎儿的数量和骨盆腔内有无胎儿；触诊阴门周围，可以感知胎儿是否进入骨盆。

超声扫描可以通过心脏收缩确定胎儿的数目和死活。根据产中、产后子宫内部结构及胎儿情况监护分娩，可以判断胎儿是否全部娩出、胎衣排出情况，以及监测产后子宫复旧状况等。

X 线检查可判断胎儿的位置、大小和数量，判断胎向、胎势及产道是否正常。单凭 X 线检查不能准确判断胎儿的活力。胎儿死亡 6h 后，在 X 线片上可发现胎内气体，但应注意与胎儿附近母体肠道气体的区别；胎儿死亡 48h 后可见脊柱断裂或颅骨塌陷。在产道中胎儿的颅骨也会稍许变形。如果胎儿的胎位和大小正常，产道正常，就可以尝试催产或助产的方法，否则应该用剖宫产术。

（二）阴道检查

阴道检查主要了解有关子宫颈扩张的状态、胎膜的情况、子宫颈及阴道中胎儿末端的有关情况、子宫阵缩及母畜努责的情况。用一个或两个手指插入阴道，另一只手在腹部触诊胎儿。犬的阴道太长，用手指只能触及到阴道狭窄处的圆环，触及不到子宫颈。

阴道中的手指可探知产道的各种情况：检查骨盆腔的大小及有无异常，阴道松弛且潮湿表明没有胎儿；阴道内有充满液体的羊膜表明有胎儿进入产道；手指压迫产道背部，可估计子宫收缩反射的力量。检查产道中液体的性状如颜色、气味，是否含有组织碎片，以帮助判断难产发生时间的长短及胎儿是否死亡腐败。如果难产为时已久，软产道往往发生肿胀，致使软产道狭窄，妨碍助产。产道损伤有时可以摸到损伤部位，损伤后流出的血液要比胎膜血管中的红。

如果能触到胎儿，就可知其生命力、先露、大小、胎位和胎势。检查时可隔着胎膜触诊胎儿的前置部分，不要撕破胎膜，以免胎水过早流失。如果胎膜已经破裂，手指可伸入胎膜内直接触诊，这样既可摸得清楚，又能感觉出胎儿的润滑程度。胎儿在胎水排出后可能存活几个小时，但进入产道后不超过 20min。阴道出现淡黄色分泌物（胎粪）说明胎儿发生严重应激。阴道指诊对发现阻塞性难产很有必要。如果能探到胎儿的嘴，感觉有无吸吮反应可判断胎儿的生命力。还可触碰前肢，感觉有无回缩反应；压迫眼球，注意眼球有无转动。如果头部姿势异常，摸不到头时，可以触诊胸部心脏及颈部动脉感觉有无搏动。胎儿活力不强或接近死亡时，这些反射逐渐消失，前肢的反射最先消失，眼球反射最后消失。阳性反射说明胎儿仍然存活，但阴性反射不能完全说明胎儿死亡。如果胎毛大量脱落，发生皮下气肿，触诊皮肤有捻发音，胎衣和胎水的颜色污秽，有腐败气味，说明胎儿已经死亡。这类病例误诊的可能性很大，活的胎儿有可能在准备手术时顺利娩出。除了出现努责减弱或胎盘排出外，如果没有典型的难产症状，这类动物应稍微多留一会儿，以便观察决定。

四、难产的预后

难产的预后依赖于发生难产的原因、使用的治疗措施、分娩开始到兽医干预之间的时间。一般来说，难产发生的时间越久预后越差，产道损伤、刺激及污染越严重，则预后越谨慎。

犬难产时死产率为 22.3%。一般母犬阵缩开始 6～8h 尚无胎儿娩出时，最外侧的胎儿多已死亡；阴道流出深绿色（猫为棕红色）液体后 1h 内无胎儿娩出，至少外侧胎儿已死亡；如果难产超过 24h，努责已明显停止，子宫肌动力耗竭，则大多数情况下胎儿已经死亡；

阵缩开始后48h无胎儿娩出，则胎儿几乎全部死亡，高温季节胎儿死亡更快。在多胎犬，最后一个产出的往往是死胎。进入产道的胎儿已经与胎盘完全分离，存活时间不超过20min。胎儿死亡后，由于缺乏胎儿蠕动的刺激，子宫阵缩和腹部努责减弱，甚至分娩活动停止。胎儿死亡24h后腐败产气，会严重威胁母畜生命，这种情况预后应特别谨慎。胎儿心率小于每分钟150次说明胎儿受到应激，应当立即进行干预；胎儿心率小于每分钟130次，若在2～3h内没有产出就不易存活。体弱或有病的仔畜在新生期会死亡。

猫在努责开始后30min内，对其进行助产，胎儿存活率为90%，在30～40min、40～60min、60min之后助产，分别有25%、70%、100%胎儿死亡。如果发生子宫感染、胎儿浸润或坏疽，应使用卵巢子宫切除术。

在判断难产病例预后时，除考虑胎儿、产道和母体的全身情况、器械设备等条件外，还应该考虑挽救母体生命的价值及其以后的生殖能力；考虑母畜及胎儿的死亡危险，考虑畜主对挽救母畜或胎儿的选择，对于伴侣及观赏动物要考虑它们的情感价值，考虑助产及恢复的费用。例如，一只母犬怀10个胎儿其中1个不健康时所做的决定，与仅怀2个胎儿其中1个发生异常时所做的决定会有很大不同。向畜主说明检查结果、手术方案、潜在危险及预后，权衡利弊，选择合适的助产手术，与畜主进行讨论，耐心争取畜主的同意和配合，然后才能开始难产的处理。

第三节　难产的处理

难产病例均应做急诊处理，手术助产越早越好，剖宫产尤其是这样。否则，胎儿楔入骨盆腔，子宫壁紧裹着胎儿，胎水流失及产道肿胀等，都会妨碍使用助产手术。而且拖延过久，胎儿死亡，发生腐败，母畜的生命也可能受到危害。即使母畜在术后能存活下来，也常因生殖道发生炎症而在以后不能受孕。选择难产处理措施时，要综合考虑母畜的体况、子宫中胎儿的数量、难产的原因、现场条件、助手、畜主的意愿及兽医的判断。处置难产时必须要有耐心，尤其应注意胎儿产出期的正常限度。

一、术前准备

助产手术最好在手术室进行。施术场地要求具备宽敞平坦、清洁安静、明亮温暖、用水方便等条件。

（一）保定

母畜的保定对于手术助产顺利有很大关系。母畜应先排尿排粪。膀胱积尿可通过腹部挤压的方式排出，直肠积粪可用直肠灌注的方式排出。将母畜保定在手术台或桌上。术者站着操作比较方便省力，所以母畜的保定以站立为宜，并且后躯高于前躯，使胎儿及子宫向前，不至于阻塞在骨盆腔内，这样便于矫正。亦可由畜主或助手用腿夹住母畜颈部，将动物后腿倒提起来。如果母畜历时较长的难产，往往难以站立，就采取侧卧保定。通常不做伏卧保定，以免腹部受压，内脏将胎儿挤向骨盆腔，妨碍操作。

（二）麻醉

动物发生难产时，有的表现轻度不安，强烈努责；手术助产可引起剧烈疼痛，使大脑从兴奋转入抑制而发生休克。麻醉是施行助产手术不可缺少的条件，手术顺利与否，与麻醉密切相关。选择麻醉方法时，除考虑畜种的敏感性差异外，还应考虑母畜在手术中能否站立，对胎儿有无影响等。配合使用镇静、镇痛及松肌药物可减少局部和全身麻醉药物的需要量，减少麻醉药物的毒性及副作用。

救治难产时，由于引起难产的病因不同，所用的助产手术和相应的麻醉方法也不相同。常用的麻醉方法有硬膜外麻醉、后海穴麻醉、全身麻醉和局部浸润麻醉等。

（三）消毒

进行手术助产时，产道内的空隙十分狭小，手指的动作也很单调，胎衣还常常妨碍手指操作，术者的手指和器械要多次进出产道。因此，无菌观念和手术素养极为重要。必须对所用器械、母畜会阴、胎儿露出部分及术者手掌进行严格消毒，防止母畜生殖道和术者手掌受到感染。如不注意消毒和违反手术操作规程，就会增加产后并发症的发生概率。

将母畜尾巴拉向一侧，先用温水及肥皂将母畜的会阴、尾根及胎儿的露出部分清洗干净，再用消毒药液进行消毒。清水洗净手掌手腕，涂上润滑液或者戴上塑料手套，然后再进行产道检查。操作时将一只手按在母畜的臀部，以便用力，因此可将一块在消毒药液中浸泡过的塑料布盖在母畜的臀部上面。检查中如遇母畜排粪，需再次清洗消毒阴门和手掌手腕，也可用硬膜外麻醉阻止排粪。

（四）润滑

救治难产时，必须保持产道及胎儿表面润滑，以减少阻力和对软产道的刺激。如果胎水流失产道干燥，可先施行硬膜外麻醉使产道松弛，然后在产道中灌入润滑剂。润滑剂可选用矿物油、植物油、肥皂水、白凡士林与10%硼酸混合液等，灌注前要将液体加热到略高于体温的温度。

二、助产手术

助产手术大致可分为两类，一类是用于胎儿的手术，如牵引术和矫正术，另一类是用于母体的手术，如剖宫产术和子宫捻转的整复手术。一般来说，多胎动物的难产多为子宫迟缓性的，助产方法是用手指或产钳拉出胎儿、注射催产素或实行剖宫产术。通过产科手法救治难产，特别是简单的难产，如果处治得当，则同窝中其他胎儿可正常产出。这里仅介绍用于胎儿的牵引术和矫正术。

（一）牵引术

牵引术是指用外力将胎儿拉出母体产道的助产手术。牵引术的主要适应证有：子宫迟缓产力不足，胎儿与母体大小不适应。大中型犬适宜用手指进行牵引术，小型犬和猫要借助于产科器械进行牵引术。

手指轻柔灵活，救治难产时首先尝试使用手指。在努责间隙把右手食指插入产道，左手触摸腹部。如胎儿位置较深，一只手在腹部协助固定胎儿，配合母畜努责向后按摩挤压胎儿，有时可将胎儿挤进产道。轻度加压后若胎儿移动性很差，且未进入骨盆腔，应禁止强行加压，以免子宫破裂或胎膜破裂。还可抬高母畜前身，用手指轻轻刺激阴道上壁促进子宫收缩，帮助胎儿后移。如胎儿位置较浅，用两个手指夹住胎儿前置部位将它拉出。如果胎膜妨碍抓着胎儿，可将其撕破或撕裂。如手指光滑夹不住胎儿，用纱布或棉花垫在手指上即可解决。如果部分胎儿已经进入骨盆，正生时将食指或中指越过胎儿的枕部插入颌间间隙，倒生时插入胎儿骨盆前，固定住胎儿的这个部位将胎儿拉出阴门。也可将食指和中指弯曲成手术钳状，正生时抓住枕部两侧，倒生时抓住坐骨结节前端，用力将胎儿拉出。一旦部分胎儿露出阴门，牵引分娩通常很简单。这种助产对于倒生下位的胎儿常常也能奏效。对于过大的胎儿，可牵拉阴道壁来扩张产道以方便产出。对于已经死亡的过大胎儿，可夹住其前置部位将其肢解，逐块取出。第一个胎儿往往偏大，拉出这个胎儿后分娩过程可恢复正常，其余胎儿会自行产出。

徒手助产无效时，在手指可触及胎儿的情况下可用产钳助产。左手食指插入产道确定胎儿的位置，右手持产钳在左手食指的导引下夹住胎儿的前置部位，如头或者骨盆，再用手指检查确证没有夹住阴道壁，在母畜努责时轻轻向外拉产钳。产钳助产还适用于最后一个胎儿的产出。当胎儿向后移送一段距离后松开产钳，改换手指助产将胎儿拉出。还可用铜芯 14 号软电线做一个长柄圈套，套住胎儿头颈向外牵拉。如胎儿位置较浅，还可用一个长柄小勺与一个手指相对用力扣住胎儿头部将它拉出。

胎儿位置超出手指能够到达的距离，也可尝试借助产钳助产。通过腹壁在体外固定胎儿，将闭合的产钳经阴道伸入子宫，产钳触及到胎儿后打开产钳。闭合产钳时注意从手柄感知夹住的是胎儿的哪个部位，最好夹住胎儿头部或骨盆。在保证没有夹住子宫壁后开始牵拉，牵拉的方向要符合骨盆轴的走向，牵拉的动作要轻柔。将胎儿骨盆拉入母体骨盆后，再找到更为可靠的固定点，如胎儿头部或骨盆，在检查确定没有夹住阴道壁或子宫壁后继续牵拉。胎儿进入骨盆后，牵拉变得比较容易。如娩出的胎儿身上出现伤口，立即涂擦碘伏消毒，视情况进行手术缝合。

每助产一个胎儿之后要休息 30min 左右，最好是等母畜再有宫缩又能摸到下一个胎儿时再继续进行助产，以减轻对母畜的刺激强度。如果手指或器械触及不到远处的胎儿，宜等待 20min 左右，或注射催产素，待它们向后移至子宫角基部时再拉，这样反复几次，即可将胎儿取完。如果在产出 1～2 个胎儿后发生难产，往往是遇到了死胎，偶尔胎位不正；取出这个胎儿后，其余的胎儿有可能顺利产出。

子宫完全迟缓乏力时，子宫壁的张力很低；难产时间长时，子宫壁肿胀变脆。助产操作必须特别小心，以免造成子宫破裂。犬猫胎儿的个体较小，单单夹住很小的部位进行牵拉，如一个前后肢、上下颌或者尾巴，手指或产钳经常滑落，还很容易拉脱胎儿的关节或撕裂胎儿的皮肤和组织。产钳操作是在非直视条件下进行的，要小心不要夹住阴道壁或子宫壁。如果在助产一个胎儿之后，后面还有胎儿却仍然不能自然产出，此时不论后面的胎儿是死是活，最好都改做剖宫产。如果助产 10min 没有效果，就要测定胎儿心率。如果胎儿心率在每分钟 130 次，可以休息一会再进行助产；如果胎儿心率小于每分钟 130 次，就要进行剖宫产，而不能继续尝试产道助产。要特别警惕听诊已无胎儿心跳声音而实际上胎儿还活着的情况。在助产过程中密切观察母畜的心跳、呼吸活动和全身状态，如果疑似出现休克，要及早采取抢救措施。

在延误的病例，特别是在胎儿已经死亡、气肿甚至腐烂的情况下，牵拉常常引起胎儿碎裂。如果胎儿已经全部死亡，让母畜自然卧地或横卧保定，向子宫内缓慢注入2%温热食盐水，至溶液从阴门流出为止，死胎可在3～5h排出。高渗盐水在子宫内形成高渗环境，使胎儿和产道消肿，阻止子宫内容物吸收，促进子宫收缩，并有润滑产道的作用。

（二）矫正术

矫正术是指通过推、拉、翻转、矫正或拉直胎儿四肢的方法，把异常胎位及胎势矫正到正常的助产手术。矫正胎位或胎势不正的方法，通常首先要在母畜努责间隙将胎儿稍稍送回子宫，然后用指尖轻轻拨转胎儿，矫正胎位胎势。术者可用手指在产道内指导，另外一只手在体外按摩按压腹部胎儿，有助于矫正胎位胎势，或者另外一只手在体外托举胎儿，有助于胎儿越过骨盆前缘进入骨盆。在体格较小的母犬和正常大小的母猫，用指尖拨转胎儿矫正胎位胎势比较可行；但在大型母犬，这种操作几乎不可能。

倒提母畜便于胎儿的送回，特别是当两个胎儿同时进入产道时，这样可将1个胎儿送回。

多胎动物胎儿四肢较短且易弯曲，四肢屈曲或折叠于体侧或体下多可顺产，但有时也会引发难产，此时必须先进行矫正。

坐骨前置时，通常可将手指弯曲，钩住屈曲的腿部，将胎儿向上向后拉入母体骨盆。

头颈侧弯及头向下弯是需要特别注意的异常胎势，如果不矫正而试图拉出，即使采用产钳牵拉也常常难以奏效。头颈侧弯时，颈部弯曲侧对面的前肢通常进入骨盆。因此一个前肢位于阴道前端，提示可能发生了头颈弯曲，用手指鉴别对侧的肩关节，鉴别耳朵的位置也有助于诊断。头向下弯时，通常可将手指插入胎儿下颌部之下向上拉，使胎儿鼻部的朝向与母体产道的方向一致。

三、术后检查

手术助产不可避免地会对母畜，尤其是对母畜的生殖道造成一定的损伤，如不及时进行处理，会影响以后的生殖能力，甚至危及母畜的生命。助产手术的成功与否，除了术前周密准备和术中认真操作外，还与术后良好的护理有密切关系。因此，术后母畜的检查和护理十分重要，而且是必不可少的。

（一）子宫检查

检查子宫中是否还有未取出的胎儿或胎膜，子宫是否发生了内翻套叠。存在这三项异常的共同症状时，动物还会表现明显的努责。术者双手放于母畜腹部两侧，双手合掌从前向后检查，如遇胎儿会有硬的骨骼感，遇到收缩成团的子宫则无骨骼感。注射催产素促进子宫收缩、胎儿产出和胎衣排出。如果注射3次催产素都没有排出胎儿和/或胎衣，就要实施卵巢子宫切除术。向子宫中灌注抗生素液体，使内翻的子宫展开，防止发生感染。

（二）产道检查

检查产道有无损伤。如果发现产道有出血，则一定要查明原因。一般来说，即使分娩正常，由于胎儿脐带的断裂，都可能会有一些新鲜血液流出，但不应超过成滴流出的程度。另外，子宫颈及子宫损伤也可出血；剥离胎膜和截胎也可引起一定量的出血。产道深部的出血一般在阴门处见不到，但在进行产道检查时可以发现。阔韧带破裂引起的出血只有在剖腹探查时才可发现。产道损伤出血可进行压迫止血，子宫出血可注射催产素止血。在进行上述处理时一定要检查动物可视黏膜色泽、呼吸、心跳等情况。

一般来说，阴道及阴门浅表的损伤容易发生感染，疼痛和努责不会引起严重后果。子宫颈损伤会引起子宫颈硬化及慢性子宫颈炎。子宫破裂一般预后不良，应及时缝合或行子宫卵巢切除术。

经产道助产会将细菌带入产道，即使没有产道损伤，也有引发感染的风险。因此，要向子宫内放入抗生素，以免发生子宫炎；用广谱抗生素进行全身治疗，避免发生感染扩散。

（三）全身检查

检查体温、脉搏、呼吸有无异常变化。如果动物呈兴奋状态，表现不安，呼吸快而深，脉搏快而有力，黏膜发绀，皮温降低，无意识地排尿排粪等，表明动物可能休克。这个过程仅有几分钟，动物很快就出现沉郁，食欲废绝，痛觉、视觉、听觉等反射减弱或消失，血压下降，心跳微弱，呼吸浅表而不规则，黏膜苍白，瞳孔散大，四肢厥冷，体温降低，全身或局部颤抖，出冷汗。这些表现表明动物已经进入休克状态，如不及时抢救可引起死亡。如果动物难以站立，则应检查是否有坐骨神经麻痹，关节错位或脊椎损伤，是否有低血钙等。对于狂躁的母畜应对其注射镇静剂，与其他动物分离，以免发生外伤。在破伤风散发的地区，注射破伤风抗毒素。

第四节　剖　宫　产

剖宫产（caesarean section）是指切开母体腹壁及子宫取出胎儿的手术。据说 Julius Caesar 是第一个以这种方式出生的人，后来剖宫产就称为 C-section。在救治难产时，如果无法拉出胎儿或药物催产无效，或者这些方法的后果并不比剖宫产好，即可采用该手术。不要在尝试过各种助产措施没能解决问题之后才考虑剖宫产，这样往往错过了实施剖宫产的最佳时机。剖宫产要比助产更快捷更安全，容易保全母仔共同生命，60%～70%的难产病例需用剖宫产解决。通常情况下，剖宫产手术应在分娩的第一阶段开始以后进行，以免胎儿早产。

（一）适应证

虽然剖宫产适用于所有的难产，但剖宫产的适应证主要有以下七类。

1. 产道异常　骨盆发育不全（配种过早）或骨盆变形（骨软症、肿瘤、骨折）而使骨盆过小，子宫颈开张不全、子宫捻转、产道极度肿胀或狭窄。

2. 产道阻塞 胎儿过大、畸形或干尸化，胎位或胎势严重异常无法矫正。例如，一些短头品种，分娩耗时长，难产和死胎的发病率高，剖宫产可作为一种常规方法实施。

3. 子宫迟缓 子宫收缩无力，对催产素或钙反应迟钝，还有≥5个胎儿滞留在子宫内。

4. 难产时间过长 如果难产时间超过24h，或者助产15min后仍不能顺利产出胎儿，或出现产道损伤，或母畜呈现痛苦表情，或胎儿数过多等，应进行剖宫产。难产历时已久，会使子宫变得脆弱，母畜可出现脱水、酸中毒和低血钾症；或还没有产出一个胎儿就流出绿色液体；或胎儿心率小于每分钟170次；或胎儿死亡，胎儿气肿、腐败等原因引起子宫严重感染；或者母畜发生毒血症和败血症。

5. 子宫破裂 努责及阵缩突然停止，母畜变安静，有时阴道流出血液，胎儿坠入腹腔，母畜的小肠可能进入子宫，甚至从阴门脱出，迅速出现急性失血及休克症状，全身情况恶化，可视黏膜苍白，心音快弱，呼吸浅快，全身出冷汗。

6. 异位妊娠 胚胎在子宫外着床发育，通常指输卵管妊娠、卵巢妊娠、腹腔妊娠，这是比较罕见、难以诊断的难产。输卵管或子宫破裂，胚胎全部或部分漏出后在腹膜或子宫系膜上着床，多数在妊娠中期死亡。经过一定时期的妊娠，有的母畜会有临产表现，但没有胎儿产出，或在产仔结束后仍有产仔表现，剖腹后见到的多半是子宫外的“木乃伊”。

7. 计划手术 某些品种容易发生难产，或有过难产病史的个体，或用于研究目的，如为培养无特定病原体（SPF）动物，有准确配种日期记录，可在预期的分娩日期直接剖腹取得胎儿。计划手术的主要风险在于手术过早胎儿的存活能力不足。为此，犬的这种手术要选在分娩前的48h，胎儿数量多时提前1～2天，胎儿数量少时推后1～2天，或距最后一次配种至少57天，或者在直肠温度降到37.5℃以下，血液孕酮浓度降到2ng/mL以下，以及母畜表现出典型的分娩第一期征兆时。

（二）预后

施行剖宫产时必须考虑母畜的体况、子宫中可能的胎儿数目、难产的类型及母畜和仔畜的价值。

手术的时机对手术的后果至关重要，对要进行剖宫产手术的病例要尽早施行手术。偶尔进行一例不很必需的剖宫产手术，总比拖到胎儿全部死亡了再手术要好。在子宫收缩开始后24h内进行剖宫产，仔犬成活率约80%，而在28～50h手术仔犬成活率仅为30%。如果胎儿已经全部死亡，及时手术可以避免胎儿在子宫内腐败，大大减少对母畜生殖功能和生命的威胁。如难产时间已久，胎儿腐败，子宫已经发生炎症及母畜全身状况不佳时，剖宫产的预后多不良。

手术的速度对手术的后果亦至关重要，对进行中的剖宫产手术要尽快地完成。母畜一旦进入麻醉状态就要尽快取出胎儿，以缩短胎儿抑制的时间，减少胎儿窒息的发生，甚至可以挽救胎儿性命；胎儿取出后要尽快缝合关闭子宫和腹腔，以减少水分蒸发和热量损失，减少腹腔污染的机会；如有条件，腹腔关闭后应随即将母畜催醒，以缩短麻醉时间。这样不但可以挽救母畜生命，而且能够保持母畜的生殖能力。

剖宫产后母犬的死亡率约为1%，主要是毒血症、休克和子宫出血所致。选择安全的麻醉技术、常规输液和恰当的胎盘处置就会使母畜的死亡率降低到最小程度。

术后粘连是剖宫产的常见后遗症，多数病例会发生子宫粘连，主要表现为子宫与网膜的粘连，其次为子宫与肠管的粘连、子宫与膀胱的粘连及子宫与腹壁的粘连。手术次数越多粘连越严重，下次剖宫产手术时暴露和牵出子宫越困难。严重的粘连病例无法牵引出子宫，甚至在子宫上无法作切口。再次剖宫产手术应避开以前的手术部位，对以前手术造成的粘连应小心牵引，对于大面积的粘连不要进行剥离，剥离后会发生新的和更严重的粘连。对于无法牵引出腹壁的严重粘连子宫，做好隔离后在腹内进行子宫切开。剖宫产后母畜可以再次妊娠，但子宫壁创口处变得很薄容易破裂，难产率增高。对于以后不再用于繁殖的母畜，尤其是对于那些第二次剖宫产的母畜，最好在剖宫产的同时进行卵巢子宫切除术。

（三）术前准备

在麻醉前迅速完成以下各项准备工作。

1. 保持体温 手术室的温度不能过低，术部剃毛面积不能过大，术中滴注的液体要进行加温。皮肤消毒尽可能不用含碘的溶液，以免碘的味道影响新生仔畜的吮乳。保定时动物头的体位不能低于腹部，以免横膈受压而影响呼吸。体重大于30kg的母犬，把身体倾斜10°～15°，子宫的重力不要作用在后腔静脉上，这样可以防止低血压；小体重母犬体位影响不大。

2. 术前止呕 如果母畜在术前2h内进过食，需进行药物止呕。格隆溴铵（glycopyrrolate）不能通过胎盘屏障，为首选术前止呕药物。在麻醉之前10～20min肌肉注射0.04mg/kg阿托品，可以减少呼吸道分泌物，抑制呕吐，以及抑制腹腔操作对心血管系统的影响。但阿托品能够阻止胎儿对缺氧引起的心率过缓的正常应答，并使食管下段的括约肌松弛，可能造成误咽。术前止呕也可使用甲氧氯普胺。

3. 静脉输液 静脉穿刺时注意观察血凝情况，血凝时间明显延长的要随即注射止血药，以防术后子宫出血不止。麻醉可引起血管舒张和血压降低，剖宫产造成的体液丢失是正常分娩的两倍。手术期间维持母体血压对于维持胎盘血流、进而支持胎儿坚持到产出非常重要。因此，要从施行麻醉前开始并在整个麻醉期间维持输液，最好使用林格氏液。动物进入预产期常出现2～4天的厌食，发生难产的动物大多又经过了长时间的宫缩和助产，体能消耗较大，因此要输入一定量的葡萄糖，防止在剖宫产手术中出现低血糖症。如果麻醉期间动物血压过低，可静脉注射麻黄碱。

4. 器械人员 准备两套手术器械，其中一套在污染手术阶段使用。准备好卫生纸、干热毛巾、产仔箱、暖水袋或取暖灯，以备胎儿取出时使用。参与手术人员最少4人，两人负责手术，两人负责处理新生仔畜。

（四）麻醉

适用于剖宫产的麻醉方法有硬膜外麻醉和全身麻醉。

硬膜外麻醉是较为安全的麻醉方法之一，麻醉药物对于胎儿没有影响。注射药物后约10min腹中部出现明显松弛，但麻醉持续时间个体差异较大。妊娠动物由于静脉充血导致硬膜外腔减小，硬膜外麻醉的用药量要比非妊娠动物减少1/3，用药剂量过大会引起呼吸抑制及血压降低。用0.1%肾上腺素和2%盐酸普鲁卡因按1∶2的体积混合进行局部麻醉，可减少硬膜外麻醉的用药剂量。硬膜外麻醉时动物处于清醒状态，不能用于非常兴奋和易于发怒的动物。

全身麻醉可以取得最佳的镇痛和保定效果，缺点是对胎儿和母体都有抑制。对于那些短头品种的母畜，要注意防止上呼吸道塌陷。全身麻醉可分为吸入式全身麻醉和注射式全身麻醉。吸入式全身麻醉在麻醉时间和麻醉深度两个方面都是可以控制的，镇痛、镇静和肌松的综合效果最佳；吸入式麻醉药物不经代谢从动物（包括新生仔畜）的肺脏排出，对出生后的新生仔畜的抑制作用最小。因而，吸入式全身麻醉是全身麻醉的首选方法。吸入式全身麻醉的缺点是需要专门的设备，麻醉用药较贵且不易购得。当条件不具备时，可改用注射式全身麻醉，亦能达到目的。

选用麻醉剂时，必须注意所用药物是否对动物心血管系统及呼吸系统和子宫收缩能力有不良影响。尽量选择心血管抑制作用小的药物，或选择心血管抑制作用容易逆转的药物。大多数全身麻醉药物为脂溶性的，可溶进脂肪而进入组织，通过胎盘后抑制胎儿和新生仔畜的中枢神经系统。那些需要通过生物转化（如巴比妥类）或肾脏排出（如氯胺酮）的麻醉药物，很可能产生对新生仔畜的抑制作用。氯胺酮在胎儿血液和大脑中所达到的浓度与母畜相近。麻醉可以降低子宫血流量，胎儿血氧浓度降低，从而直接抑制胎儿和降低胎儿的活力。胎儿抑制和活力降低的程度与母体的麻醉效果成正比，要掌握好这两者之间的平衡点。短效麻醉药物对胎儿的作用小，可在取出胎儿后给母畜追加长效麻醉药物。

麻醉药物的用量要根据难产时间长短、体力消耗程度、动物的年龄、品种纯度、个体大小、身体状况、神经类型和麻醉持续的时间确定，在推荐剂量范围内调整用量。对品种较纯、体重和年龄较大、体质较差、精神沉郁、难产时间长的，用推荐剂量范围内的低剂量；对杂种犬、个体小、体质好、难产时间较短、神经兴奋者，用推荐剂量范围内的高剂量。麻醉药与镇静剂合并使用，既可增加麻醉效果，又可减小两种药物的用量，减小各自的副作用。肌松剂不容易通过胎盘，对胎儿的直接作用很小，适合于剖宫产时合并麻醉用药。妊娠动物由于释放内源性内啡肽，疼痛的阈值增加，产生麻醉镇痛效果的用药剂量减小，所以要特别小心不要过度麻醉。小剂量麻醉药物有时只有镇静镇痛作用，手术中动物存在意识，各种外界因素的刺激，如噪音和畜主的呼唤等，容易引起动物兴奋抬头和挣扎鸣叫，影响手术的正常进行。因此，应固定头部和用纱布条进行扎口保定。如果术中动物不够安静，静脉注射镇静药物羟吗啡酮或氯丙嗪。如果一味地增加麻醉药物的用量，就会延长麻醉和苏醒时间。如果麻醉药物使用过量，应立即注射肾上腺素和尼克刹米进行抢救。

麻醉期间要监测心率、呼吸、血压及血氧饱和度，从而评价母体的稳定性。

（五）术式

脐后腹正中线和腹侧壁是两个常用的切口部位。大型犬多选腹侧壁切口，小型犬和猫宜选腹正中线切口。

脐后腹正中线切口的优点是：①组织层次少，组织损伤小，切开缝合容易，手术时间短；②接近子宫区，子宫角暴露充分，操作方便；③血管分布少，出血少，手术疤痕在腹底壁不影响宠物的美观，术后动物从两边都能舒服地躺下休息。缺点是：①该处主要为结缔组织，创口张力大，创口愈合稍逊于腹壁切口；②创口位置低，术后有腹水渗出，容易感染，影响创口愈合；③切开和缝合操作容易损伤乳腺组织。

腹侧壁切口有多种切法，左右腹侧均可，通常选取左侧，或触摸胎儿最明显的一侧。在髋结节和最后肋骨之间做个与脊柱平行的线，在此线的中点往前和向后做个水平切口，或以此线中点为起点向下做一垂直切口；或者自膝皱襞前方5～6cm做个与脊柱相垂的线，然后距离背中线10～15cm做个与脊柱平行的线，以两线交点为切口的起点，由此向前下方做个与肋骨弓平行的切口；或者在侧腹壁乳腺基部上方3～5cm处做个平行于乳腺基部的切口，前止于肋骨弓后3～5cm，后达膝关节下方。还可以在髋结节到脐孔的连线上切开。腹侧壁切口的优点是：①该部位肌肉肥厚，创口张力小，利于创口愈合；②距乳腺有一定距离，对泌乳和哺乳影响小；③创口位置高，不易感染，便于观察护理。缺点是切开缝合层数多，创腔深，出血多，手术视野小，手术时间长，取出对侧子宫角较为困难。

切开腹壁最内层组织时，注意不要伤到子宫。打开腹腔后，为充分暴露腹腔，可在创口安置腹壁牵引器或扩创钩。

如果子宫没有变脆或出现坏死，可先尝试助产术。从阴门向产道内灌入30mL液体石蜡，术者将手从创口伸入腹腔，探查子宫体或产道内最靠后那个胎儿的胎势、胎向及胎位，将存在异常的胎儿轻轻地压回子宫内，对发现的异常进行纠正。然后术者将胎儿经子宫颈向产道轻轻挤压，助手将右手食指和中指伸入产道，协助术者牵引拉出胎儿，然后取出胎盘。助产动作必须轻柔，以免造成子宫破裂。依次助产完毕一侧子宫角的胎儿，再对另一侧子宫角的胎儿进行助产。助产完毕后经产道向子宫颈口插入细胶管，向子宫内注入温热生理盐水，冲洗两侧子宫角，最后向子宫内注入抗生素。剖宫助产既克服了体外助产操作上的困难，又避免了切开子宫对母畜身体和生殖能力造成的伤害，产后母畜恢复快。

对于难产时间较长、子宫变脆的病例，以及进行如上助产但不成功的病例，就要切开子宫取胎儿。隔着子宫壁抓住胎儿，将子宫缓慢带出腹壁创口。这个操作易造成阔韧带和子宫淤血，难产历时较久的子宫变脆易破，拉出子宫时必须小心谨慎，助手要密切注意母畜的呼吸及循环系统的变化。在胎儿过大、胎儿过多时，不能将子宫快速和全部拉出腹腔，以免腹内压力急剧降低引起休克。用大块浸有生理盐水的纱布隔离子宫，以免子宫中的液体污染腹腔。仔细检查子宫，确定胎儿的数量及其在子宫中的位置，然后纵向切开子宫。

子宫的切口部位大致有两种：①子宫角背侧近子宫体切口，在胎儿多的一侧或靠近术者一侧子宫角，在距子宫体分叉3～4cm处避开胎盘和大血管切开。先取出子宫体中的胎儿，然后把其余胎儿逐个挤到切口处。经一个切口取出全部胎儿，子宫损伤小。如果有一个胎儿卡在骨盆中，就要在子宫体背侧做手术切口。缝合子宫体背侧切口有一定难度，创口疤痕可造成子宫体狭窄，容易封闭子宫体而影响产后期恶露排出和以后的再次受孕。②两侧子宫角背侧分别切口，便于取出子宫角尖端的胎儿和胎盘，但子宫损伤较大。如果发生的是继发性子宫迟缓，而且只是一侧子宫角前端剩有胎儿，这时只需在有胎儿一侧子宫角切开。前一种切口适合于猫和小型犬，后一种切口适合于大型犬。切开子宫时先做一纵向小切口，在有钩探针或镊子的引导下扩大切口。切口应足够大，以能用一只手纵向取出胎儿为准，以免取出胎儿时撕裂子宫。这种子宫撕裂多数情况下是浆膜肌层与黏膜下层分离开来，会给切口的缝合和愈合造成困难。

切开子宫后，如果发现子宫颈后有胎儿，则应先取这个胎儿。应首先尝试向后从阴道中拉出，不成功时再从子宫切口取出。然后从距子宫切口最近的胎儿开始，用手在子宫外面向切口方向轻轻挤压胎儿，使尿膜破裂，将胎儿推至切口处后切开羊膜，吸出子宫中可以看见的胎水，将胎儿轻轻地纵向拉出，在脐带距胎儿腹壁1.5cm处放置一把止血钳，在止血钳的远端切断脐带，将胎儿用毛巾包住递给助手处理，如此重复逐个取出子宫内的全部胎儿。胎儿取出后，胎儿胎盘很容易与母体胎盘分离。先在子宫外轻轻压迫胎盘处的子宫壁，然后轻轻牵拉脐带剥离和取出胎盘。黏附很紧的胎盘应留在原位，剪除游离状态的胎膜和已剥离的胎儿胎盘，未剥离的胎儿胎盘留待产后与恶露一起从阴道排出。不能用力拉扯强行分离黏附很紧的胎盘。否则，会造成子宫大量出血。

剖腹取出的胎儿，由于没有经过产道的压迫刺激，或者处于麻醉状态，大多数不能正常呼吸或不能动，表现假死现象。助手每接到一个胎儿，撕去包在胎儿头部的羊膜，用干热纱布或毛巾擦干体表，用洗耳球或不带针头的注射器吸出口腔和鼻腔内的黏液。如果母畜用的是阿片样麻醉药，可用注射器针头给胎儿舌下滴1滴纳洛酮；如果母畜用的是苯二氮类麻醉药，可给胎儿用氟马西尼。如果胎儿呼吸达不到每分钟10次，不会动不会叫，要先供氧30～40s，然后每分钟进行25～30次人工呼吸。除去脐带上的止血钳，脐带断端涂抹碘伏，称重，辨别性别和外表特征，将仔畜放在预热的箱子里。需要时还可用非损伤性方法，如染涂指甲等，进行辅助标记和个体辨别。

从前到后触摸检查整个子宫角、子宫体和阴道，确认所有胎儿已经取完。如果对子宫的活力存疑，打算此时进行卵巢子宫切除术，就先对子宫创口进行一层连续缝合，然后进行卵巢子宫切除术。如果不进行卵巢子宫切除术，就从子宫角尖端开始向后挤压两侧子宫角和子宫体，排出残留的胎水、血液及胎衣碎片，再次检查确认子宫内没有胎儿、胎盘和出血之后，用35～40℃温生理盐水冲洗子宫，向子宫内撒布青霉素粉。对齐子宫创口，用可吸收缝线进行一次连续缝合。清理腹壁创口，更换腹壁创口的衬垫纱布，术者洗手消毒。用温热生理盐水清洗创口，用可吸收缝线做一次连续内翻缝合。再次用温热生理盐水冲洗子宫表面，蘸干子宫创口缝合部位并涂布抗生素软膏。如胎水进入了腹腔或腹腔被污染，则用温生理盐水充分灌洗腹腔，然后将子宫放回腹腔。

取出胎儿后，子宫会迅速缩小，使第二道内翻缝合变得困难。因此，术者可在取出胎儿前稍事休息，在取出胎儿后将清理子宫和缝合子宫一气呵成。如果是在一侧子宫角切口，最好先取对侧子宫角中的胎儿。同样是由于子宫会迅速缩小，缝合子宫壁的针距不必过密，不留间隙即可。若子宫缝合完成后子宫还未收缩，可肌注催产素或麦角新碱。

子宫创口的少量出血通常会很快凝固，或在子宫缩小后止血，不必花费过多时间进行止血。如果子宫创口创面有渗血不止的现象，说明动物的凝血功能低下，应马上注射酚磺乙胺、维生素K、麦角新碱、催产素等，甚至在缝合子宫前用浸肾上腺素的纱布填入子宫压迫止血，以防止出现术后子宫出血不止。如果还不能有效止血，就要行卵巢子宫切除术。催产素可使外周血管扩张引起血压降低，对低血容量动物应慎用。

难产时间已长，子宫已经出现较大面积的显著变色或坏死，或死亡的胎儿已经腐败，或者母畜以后不再用于繁殖时，可以考虑直接做卵巢子宫切除术。方法是钳夹卵巢动脉、子宫动脉和子宫体，将妊娠子宫切除后拿到体外，交由助手迅速切开子宫取出所有胎儿并进行胎儿复苏，术者则结扎卵巢和子宫血管。剖宫产时进行卵巢子宫切除术需要多名助手同时处理所有胎儿。这种方法的优点是减轻了麻醉药物对胎儿的作用，降低了子宫内容物污染母畜腹腔的风险，将来不会因为要做卵巢子宫切除术而再次麻醉，缺点是在取出胎儿前就钳夹子宫血管，减少了对胎儿的氧气供给，造成了胎儿的缺氧应激，母畜失血较多，母畜可能需要输血并延长住院的时间，但不会影响泌乳。

清点物品检查腹腔，防止物品遗留于腹腔。除去腹壁创口周围的纱布，向腹腔撒布抗生素，依次缝合腹膜、肌肉及皮肤各层，闭合腹壁创口。对手术部位进行包扎或者安放绷带。

（六）术后护理

术后强心补液、消炎止痛。静脉注射 0.1mg/kg 布托啡诺（butorphanol）止痛 1～2 天，全身应用抗生素 3～7 天，使用子宫收缩药物促进子宫液体排出和加速子宫复旧。非类固醇类消炎药会阻止血液凝固和影响新生仔畜肾脏发育，尽量避免在手术前后使用这类药物。

术后阴道会排出一些带血的分泌物，但连续排出带血分泌物说明子宫还在出血，这是一种可以危及生命的并发症，尤其是在小型犬。要立即注射催产素和止血药物，静脉输液维持血量，设法寻找血源进行输血，密切关注动物的心跳和呼吸频率及可视黏膜颜色。若无法止血和没有血源，待动物的血液循环状态稳定下来，就要考虑进行卵巢子宫切除术。

有些动物术后表现喘气或呼吸过快，可能与环境温度过高和/或血钙浓度过低有关，或者与长时间麻醉血液中积蓄 CO_2 过多有关，有些短头品种容易表现这种情况。呼吸过快通常持续 2～3 天，会影响母畜休息和母性表达，干扰给仔畜哺乳。

将动物放在干燥、温暖、安静的地方单独饲养，从麻醉状态苏醒过来 4h 后方可给予饮水和食物，一般减食 2～3 天才正常喂食。定时检查创口和清创换药，但不能使用有气味的消毒药品，以免影响仔畜吮乳。术后清洗母畜乳房，待母畜完全苏醒后将母仔放在一起，以便母畜认仔和仔畜尽早吃上初乳。当整窝仔犬都是剖宫产出生时，母犬可能不接受甚至攻击新生仔畜。对这种母犬开始时可轻度保定以便新生仔畜吃奶，几次以后母犬就会适应。若母犬不断侵扰新生仔畜，可将新生仔畜与母犬分开，每隔数小时让母犬接触新生仔畜一次，直到母犬表现正常母性为止。母畜术后行动受限，要密切关注不要让母畜身体碾压仔畜。此后的两天要母仔分开饲养，每 2～3h 哺乳 1 次，刺激仔畜排大小便。经常翻转母畜身体，尽早进行牵遛运动，防止或减轻术后粘连。

给母畜戴上伊丽莎白项圈或嘴套，剪去爪甲，防止抓舔创口，避免术后创口感染和/或开裂。伊丽莎白项圈可以阻止动物舔舐颈部后面的手术部位，但动物仍能够抓挠或摩擦到手术部位。动物戴上伊丽莎白项圈后活动会变得不便，而且会失去周边视觉，容易碰翻东西或撞上门框，要注意让动物能够正常地进食或饮水。给犬戴上嘴套可以防止动物啃咬手术部位，但是动物还是有可能使用嘴套摩擦术部。用不锈钢缝合线对皮肤进行结节缝合，或者用 U 形钉以代替缝合，这样动物舔舐手术部位时不锈钢缝合线会扎其舌头。将动物的两条后腿缠绕在一起，往往能够防止动物抓挠手术部位。保持创口清洁干燥，达到创口一期愈合。

第五节　子 宫 迟 缓

子宫迟缓（uterine inertia）是指在分娩的宫颈开张期及胎儿产出期子宫肌的收缩频率、持续时间和强度不足，导致胎儿不能产出。有时子宫迟缓可以延续到产后期。子宫迟缓是犬猫较为常见的一种难产，发病率随着胎次和年龄的增长而增高。肥胖母猫和第一胎只怀一个胎儿的母犬，分娩时子宫收缩的力量往往很弱，不能将胎儿顺利娩出。

1. 病因　根据分娩过程中难产发生时间的不同，子宫迟缓可以分为两种：原发性子宫迟缓和继发性子宫迟缓。原发性子宫迟缓（primary uterine inertia）是指分娩开始时子宫肌收缩频率、持续时间和强度不足，在胎儿和产道正常的情况下不能将胎儿产出。分娩开始时子宫收缩正常，以后由于胎儿产出受阻，产程延长，最后子宫肌疲劳，收缩力量变弱，称为继发性子宫迟缓（secondary uterine inertia）。原发性子宫迟缓的发病率比继发性的低得多。

引起原发性子宫迟缓的原因很多。妊娠末期，特别是在分娩前孕畜内分泌失调，如雌激素、前列腺素或催产素分泌不足或其受体不足，或孕酮下降缓慢及子宫肌对上述激素的反应减弱；胎儿过大、胎儿过多造成子宫过度扩张导致子宫肌收缩力量不足；妊娠期间营养不良，慢性耗竭性疾病，体质乏弱，初产母畜大于5岁，经产母畜大于8岁，运动不足，过度肥胖，子宫肌层脂肪浸润；布鲁菌病、子宫内膜炎引起的肌纤维变性；子宫与周围脏器粘连，收缩减弱；分娩时受到环境因素刺激，造成母畜紧张恐惧而出现应激反应；分娩时发生低血糖、低血钙、低血镁症及酮病等代谢性疾病；流产、早产及妊娠期延长。原发性子宫迟缓多见于爹利犬、腊肠犬和英格兰犬，与遗传有关。原发性子宫迟缓在猫常见，东方猫相对常见神经性分娩抑制，猫在分娩的第一阶段极度恐惧，分娩活动全部中止，叫声连连，不让畜主离开。

继发性子宫迟缓通常是继发于难产。胎儿过大、胎位不正、骨盆腔小、产道狭窄时，分娩时间延长。长时间不能产出或不能完全将胎儿产出，最后终因子宫肌过度疲劳致使阵缩减弱或完全停止。一个胎儿引起难产后常发生继发性子宫迟缓。胎儿过多（大型犬10个以上）时，后面几个胎儿产出时会发生子宫迟缓。子宫破裂或子宫捻转时，子宫肌层会停止收缩活动。母畜分娩时伴有其他疾病，也会出现产力不足。如果难产得到及时妥当处理，就不会发生继发性子宫迟缓。

2. 症状及诊断　根据预产时间、分娩现象及产道检查情况即可对原发性子宫迟缓作出诊断。通常表现为母畜妊娠期满，分娩预兆也已出现，阵缩及努责微弱，经过4～6h未见胎儿娩出。因为子宫收缩力量弱，胎盘仍保持循环，起初胎儿还活着，但如果长时间分娩不出胎儿，胎盘循环终会减弱，胎儿即死亡，子宫颈口也缩小。没有观察到母犬努责，或者还没有产出一个胎儿就见阴门流出墨绿色液体，也说明发生了原发性子宫迟缓。

诊断继发性子宫迟缓一般困难不大，因为分娩开始时子宫收缩正常，但因遭遇长时间难产致使母畜过度疲劳，导致阵缩减弱或停止。发生继发性子宫迟缓时，常可见到已产出一部分胎儿，经过4h以上而无继续分娩的迹象，说明子宫收缩无力。在产出1～2个胎儿后发生难产，还可能是死胎、尸体膨胀造成的，偶尔是胎位不正的原因，此时还有胎儿遗留在子宫内。诊断时应格外小心，不要把继发性子宫迟缓误认为是分娩结束。为了避免这种失误，B超检查可以确定胎儿是否全部产出，或者产后1～2天注意是否还有努责、阴门中是否流出液体及全身有无变化。还要注意继发性子宫迟缓与猫间断型分娩相区别。若母猫食欲正常，与新生仔猫相处很好，不表现抑郁，就是间断型分娩；若母猫先是发生了难产或分娩延迟，现在又表现不安或衰竭，就是发生了继发性子宫迟缓。

分娩时的努责与阵缩是两个彼此相关而又独立的现象。阵缩减弱或停止后努责仍然可以存在，这种情况很容易掩盖阵缩已经减弱或停止的事实；相反，努责减弱或停止后，阵缩多半也处于减弱或停止状态。通过腹部触诊能够感知子宫收缩的频率和持续时间，从而可以对子宫的张力和收缩进行评价。诊断子宫迟缓后，可用听诊胎儿心跳的方法判断胎儿的死活，或者借助超声或X线进行判断。胎儿死亡的超声特征是：胎儿心跳和胎儿活动停止，胎水减少，胎儿的胃内和皮下有气体蓄积。胎儿死亡的X线特征为：颅骨重叠，胎儿的胃内和皮下有气体堆积。

3. 预后 应当谨慎。如不及时助产，胎儿死亡的概率就会增加。胎儿死亡后可发生腐败分解、浸溶或干尸化，有时也可引起脓毒败血症，以后容易发生胎衣不下、子宫脱出、子宫感染。

4. 治疗 发生子宫迟缓必须及时助产，以便拯救胎儿和母畜的生命。对于极度恐惧的猫，要先注射镇静剂。

（1）*牵引术* 方法见第三节的助产内容。

（2）*药物催产* 用药物催产时子宫颈必须充分扩张，如已经产出一个胎儿，骨盆无狭窄或其他异常，产道中胎儿的胎位、胎势均无异常，发生的不是阻塞性难产，没有发生子宫捻转。否则，可能造成子宫破裂，或者造成胎盘分离，危害胎儿甚至造成死胎。使用催产药物的最佳时间是胎儿产出期的早期，对最后一个胎儿催产的效果往往不佳。

药物催产时先缓慢静脉注射50%葡萄糖和10%葡萄糖酸钙。注射50%葡萄糖时，犬为5～10mL，猫为2～5mL；注射10%葡萄糖酸钙时，犬为5～10mL，猫为2～5mL，用10%葡萄糖做10倍稀释后再注射。钙可增强子宫收缩的强度，葡萄糖则为子宫收缩提供能量。恢复血钙浓度和提高血糖浓度之后，间隔15min使用催产素，这样可将弱而不规则的子宫收缩变为强而规则的收缩。

催产素是作用剧烈的药物，注射0.25IU就能起作用。催产素增加子宫肌收缩的频率，子宫收缩频率随着剂量的增加而增加。剂量超过5IU时子宫会出现强直性收缩，这对娩出胎儿没有帮助，并可能减少胎盘的血液供给引起胎儿死亡，或造成子宫破裂。用催产素进行催产的用药剂量：犬体重小于5kg者0.25IU，5～10kg者0.5～1.0IU，10～30kg者1.0～3.0IU，体重大于30kg者3.0～5.0IU；猫0.25～2.0IU。催产素作用持续时间约15min，可肌肉、皮下或静脉注射。将催产素加到5%葡萄糖内，滴注速度从8滴/min开始，根据宫缩强弱和分娩的进程和节律进行调整，通常不超过30滴/min。

可以间隔30min再次注射催产素。催产素可使子宫壁变脆，最多连续注射3次。如果第3次用催产素催产失败，说明子宫已经变得对催产素不敏感，就要改做剖宫产。在施行剖宫产术或其他子宫手术之前慎用催产素，否则子宫壁变脆，术后缝合子宫变得困难。

在使用催产素的同时，手指压迫刺激阴道上壁，能反射性地增强努责的力量。用手在母畜腹部按摩加压，增加腹肌的收缩力度，配合母畜努责，可帮助胎儿产出。

催产药物可同时引起子宫颈收缩，干扰胎儿及胎膜的排出，加快母子胎盘的分离，威胁胎儿的生存，有时可能将胎儿之间的产出间隔延长到 1～2h。因此，当胎儿心率小于每分钟 130 次时不能注射催产素。

麦角新碱引起子宫强烈收缩，作用时间较长，可导致胎儿死亡；麦角新碱引起母畜血管收缩血压升高，容易导致母畜心衰。因而，麦角新碱适合用于产后出血，而不是首选的催产药物。另外，也可对母畜注射 $PGF_{2\alpha}$。

（3）剖宫产　如果发生的是原发性子宫迟缓，或者子宫中只有 1～2 个胎儿，多半是过大的胎儿，牵引术或催产的效果多半不理想。如果发生的是原发性子宫迟缓，或者子宫中胎儿过多，反复催产后仍有胎儿没有产出，或者子宫颈开张不全或已缩小，或者胎儿已经死亡，都应尽早施行剖宫产。

第六节　子 宫 捻 转

子宫捻转（uterine torsion）是指整个子宫、一侧子宫角或子宫角的一部分围绕自己的纵轴发生的扭转。此病在各种动物均有发生，是母体性难产的病因之一，猫比犬多发，大型犬易发。子宫捻转可发生在妊娠中后期的任何时间，但多在临产时发生并引起难产，有些病例直到发生难产时才被发现。犬发生子宫积脓时也可能发生子宫捻转。

1．病因　犬猫为多胎动物，子宫角呈 V 形，子宫体较短，子宫角狭长，两子宫角游离于腹腔，妊娠后期子宫角位于腹腔底部。能使母畜围绕身体纵轴急剧转动的任何动作，都极易使游离的子宫角发生移位。妊娠末期子宫重量大，不随腹壁转动，母畜较大幅度或急剧地跳跃翻滚起卧，或快速运动中被撞、绊倒、突然改变方向，子宫就可发生捻转甚至折叠。过度兴奋，子宫收缩剧烈，也可能导致发病。此外，饲养不当及运动不足，尤其是长期限制母畜运动，可使子宫及其支持组织迟缓，腹壁肌肉松弛，也可诱发子宫捻转。

2．症状　子宫捻转通常仅限于一侧或一部分子宫角，多在两个胎儿之间较细的部分发生捻转，有时子宫体亦可发生翻转。一般发生一处捻转，偶尔可以同时发生两处捻转。子宫体可翻转 180°，子宫角可发生 180°～360° 捻转，继发子宫破裂。偶尔，两侧子宫角会互相缠结在一起。阴门突然出现黏液、血液或血性分泌物，孕畜精神抑郁，脉搏呼吸加快，腹痛不安，黏膜苍白，体温降低，有时尖叫，不愿运动，腹腔积液，腹水红染，触诊腹部紧张敏感。母畜精神渐渐不支，胎儿心音越来越弱。这些临床症状常常会掩盖分娩征兆。如果捻转发生在子宫颈前后，阴道指诊或可发现阴道壁紧张，感觉到阴道前端有螺旋状皱襞或偏向一侧。如果捻转发生在子宫角中部，捻转部位以后的胎儿可以产出，捻转部位以前的胎儿难以向骨盆处移动和产出。

如果捻转不能及时矫正，持续时间太长，可能引起麻痹而不再疼痛，但病情会发展和恶化。胎儿方面会发生胎盘分离，胎儿死亡、气肿或浸溶；母畜方面会出现子宫充血、淤血和肿胀，捻转处子宫坏死，子宫破裂，子宫阔韧带撕裂，表现内出血症状，最后体温下降，动物休克死亡。因此，凡妊娠后期母畜表现腹痛症状均需及时进行检查，以便尽早作出诊断。腹部超声检查可以用来估计胎儿的死活。

3．诊断　子宫捻转缺乏明显的特征性临床表现，也不能通过 X 线、B 超检查诊断，早期确诊较为困难，一般通过剖腹探查而作出诊断，或者在动物死亡或安乐死后进行尸体剖检时才获得诊断。要注意与正常分娩和分娩延迟相鉴别。正常分娩时子宫和腹壁呈规律性收缩，数小时内即可产出胎儿，指诊产道湿润，子宫颈口没有明显的皱襞。分娩延迟，动物精神尚好，饮食正常，无明显腹痛及其他临产症状。为了不延误时机，对于已到或者过了分娩日期，产道正常，胎儿心音越来越弱甚至停止，母畜腹部越来越大，体温越来越高，精神越来越差，却看不出分娩征兆的动物，要果断地进行剖腹探查。

4. 预后 子宫捻转预后应谨慎。子宫捻转的病程发展从 2h 到 3 天不等，预后根据捻转程度、妊娠阶段、是否及时救治而异。捻转如果不超过 90°，一般预后良好，也不需要治疗，子宫可能自行转正。如果捻转达到 180°～270°，母畜多有明显的临床症状，如果矫正及时，预后也较好，但矫正后可能再度发生捻转。如果捻转严重且未能及时诊断和矫正，则由于子宫壁充血、出血、肿胀，胎盘血液循环发生障碍，胎儿不久即死亡。捻转更为严重者，子宫因血液循环停止而发生坏死，母畜也死亡。如果距分娩尚早，子宫颈未张开，也未发生腹膜炎，胎儿在无菌的环境中可以发生干尸化，母畜也可能存活。如果子宫颈已经开放，细菌进入子宫，胎儿死亡后腐败，母畜常并发腹膜炎、败血症而死亡。

5. 治疗 手术治疗。术前强心补液，纠正酸中毒，使用止血药。

（1）剖宫矫正法 主要用于距分娩期较远、捻转处尚未形成明显损伤的子宫捻转。手伸入腹腔摸到捻转处，确认捻转方向和程度，然后尽可能隔着子宫壁，把握住胎儿的某部围绕孕角的纵轴向对侧转动，使子宫恢复到正常位置。

（2）剖宫产 主要用于发病时已经临近分娩期，但子宫颈尚未开放，子宫损伤较轻的子宫捻转。这种病例校正以后，子宫颈也常开张不大，多已出现胎盘分离及子宫迟缓，且子宫壁变脆，产出胎儿比较困难。发生子宫捻转时，由于子宫壁充血，应先矫正子宫再切开子宫，切开子宫时要边切边止血，不要一刀切够长度。

（3）卵巢子宫切除术 对于捻转程度大且持续时间久的病例，捻转处多有子宫壁损伤、破口等，常见腹水红染。为了尽可能地减少麻醉维持时间，降低子宫内容物污染腹腔的风险，以及避免以后再做卵巢子宫切除术的重复麻醉，可行卵巢子宫切除术。在不矫正扭转子宫的情况下进行此手术，可防止复位后毒素吸收恶化母畜体况。

手术部位多选用腹中线处，按剖宫产的方法打开腹腔。拉出卵巢和子宫，双重结扎卵巢和子宫的动静脉血管；在双重结扎之间切断血管，切开阔韧带。然后用两个止血钳分别夹住子宫体和子宫颈，对子宫颈进行双重结扎，在两个止血钳之间切断子宫体，取出子宫及卵巢并交给手术助手，由助手切开子宫和处理胎儿。用内翻缝合缝好剩余子宫颈的浆膜层，在腹腔中投放抗生素，常规闭合腹壁。

6. 术后护理 出血贫血、疼痛厌食和感染是术后常见的并发症状，术后护理应给予特别关注，并及时给予药物处理。对于施剖腹矫正法的母畜，要注意观察分娩过程。

第七节 子 宫 破 裂

子宫破裂（uterine rupture）是妊娠晚期或分娩过程中子宫壁的黏膜层、肌肉层和浆膜层发生了破裂，如不及时诊断和处理，可引起大量失血，导致母畜休克和死亡。子宫破裂的破口很小时，称为子宫穿孔。

1. 病因　严重的和历时较久的难产病例可能发生子宫破裂。发生子宫捻转、子宫颈扩张不全或子宫壁有疤痕组织时，并伴有子宫强烈收缩；胎儿过大使子宫壁过度扩张而易引起子宫破裂。

胎儿异常未解除就使用子宫收缩药，容易造成子宫破裂。难产助产时动作粗鲁、操作失误，使用助产器械不慎，可使子宫破裂穿孔。

冲洗子宫时导管插入过深可造成子宫穿孔。

2. 症状　临床症状视破口的大小和是否发生感染而有很大差别。在助产过程中，除非进行截胎和发生脐带断裂，一般不会出血。如果发现助产器械或手粘着新鲜血液，或者有少量血水从阴门流出，则可能为子宫或产道损伤、破裂，但很难确定破口位置。

子宫破裂发生在产前，有些病例不表现出任何症状，或症状轻微不易被发现，只是以后发现子宫粘连或在腹腔发现包裹在网膜中的干尸化胎儿或胎儿骨骼，这种情况经常被误认为是宫外孕。

子宫破裂发生在分娩时，若破口很大胎儿或孕体可能坠入腹腔，则努责及阵缩突然停止，母畜变得安静。这种情况容易被误判为继发性子宫迟缓，只有通过子宫探查才能发现子宫破裂。有时阴道流出血液；母畜的小肠可能进入子宫，甚至从阴门脱出。腹部触诊耻骨前沿可能没有胎儿，产道指诊不能触及胎儿，穿刺腹腔流出少量暗红色血样液体。子宫破裂后引起大出血，可使循环血量减少，心输出量不足，动脉血压下降，外周循环衰竭，出现急性失血性休克症状，多饮，呕吐，叫声无力，患畜精神极度沉郁，站立不稳，全身震颤出汗，体温降低，可视黏膜苍白，毛细血管再充盈时间延长，心音快而弱，呼吸快而浅，全身情况迅速恶化。

如果子宫破口很小且位于子宫背部，胎儿亦已产出，产后子宫体积迅速缩小，裂口能够自行愈合，但易引起子宫粘连，如果感染不严重，或许不会出现严重的全身症状。

如果子宫颈已经开张，用导管向子宫中灌注 3～15mL 有机碘造影剂，如用 X 线在腹腔可以看到造影剂，就可以确诊子宫破裂。

3. 预后　子宫破裂预后不佳。若破口小而且在子宫壁上部，预后较好，治疗效果主要取决于早期诊断和早期治疗。但子宫和邻近组织发生粘连时，会引起长期不孕。

4. 治疗　有急性失血症状者，要迅速打开腹腔进行探查，多数子宫破裂需要行剖宫产术。子宫发生破裂时，破口多靠近子宫角基部，此时宜施行腹侧切开法，以方便缝合子宫破口。从破裂位置切开子宫壁，取出胎儿和胎膜。手术过程中要清理子宫局部，子宫内投入抗生素。破口大且不整齐或感染明显者，应进行卵巢子宫切除术。因腹腔已被严重污染，缝合子宫后要用生理盐水反复清洗腹腔，用纱布将存留的冲洗液吸干，再向腹腔投入大量抗生素，最后缝合腹壁。

若失血过多，应及早采用输血、补液措施，并注射止血药物。

静脉或肌肉注射广谱抗生素，连用 10～14 天，防止发生腹膜炎及全身感染。如果子宫破口不大且位于子宫的背部，重复注射催产素。

5. 预防　使用催产素助产前要检查产道和胎儿姿势有无异常，注射后密切观察动物反应。熟练助产技术，操作细致，遵守助产的基本要求和方法，在手术时间长、术者疲劳时尤应注意这一点。

第九章　产后期疾病

由于妊娠、分娩及产后突然泌乳等应激的影响，动物在分娩后易发生各种产后期疾病，特别是难产易造成产道损伤、子宫内翻及脱出、子宫炎。上述疾病可发生在正常分娩后，更会因难产救助过迟或接产不当而发生。因此，如能在适当时间内正确助产，将会减少产后期疾病的发生频率和降低产后期疾病的严重程度。

第一节　胎 衣 不 下

母畜娩出胎儿后，胎衣在第三产程的生理时限内未能排出，就称为胎衣不下（retained fetal membranes）。犬和猫在产出一个胎儿后 5～15min 将相应的胎衣排出。犬和猫排出胎衣的时间不应超过 15min。犬和猫很少发生单独胎衣不下，多是胎儿和胎衣同时滞留，胎衣不下偶尔见于玩具犬。胎衣不下可引起子宫内膜炎和子宫复旧延迟，从而导致不孕，不及时治疗往往导致死亡。

1．病因　引起胎衣不下的原因很多，主要和子宫收缩无力有关。

（1）*子宫收缩无力*　饲料单纯，缺乏钙、硒及维生素 A 和维生素 E，消瘦，过肥，老龄，运动不足等都可导致子宫迟缓。胎儿过多，胎儿过大，使子宫过度扩张，容易继发产后阵缩微弱。流产、早产则会造成产后子宫收缩力不够，难产后子宫肌疲劳也会发生收缩无力。产后没有及时给仔畜哺乳，致使催产素释放不足，亦可影响子宫收缩。

（2）*胎盘炎症*　妊娠期间胎盘发生炎症，使结缔组织增生，胎儿胎盘和母体胎盘发生粘连，导致胎衣不下。

2．症状和诊断　正常情况下，犬在产后只排出少量绿色分泌物，待胎衣排出后很快转变为血红色液体。如果发生了胎衣不下，产后排出绿色或黑色分泌物的时间可长达 12h 以上，触诊腹部能感到子宫内有一个鸡蛋样的团块。犬很敏感，产后超过半天未将胎衣排出就会出现全身症状，如体温升高到 39.5℃以上，脉搏、呼吸加快，表现不安，腹部不适，精神委顿，停止进食，到产后 24～48h 胎衣会蜕变排出，但子宫在胎衣粘连部位可发生组织坏死，并继发腹膜炎。到产后 48～72h 仍没有护理新生仔畜的直觉，不给仔畜哺乳，仔畜会因饥饿而嚎叫不止。病程发展很快，阴道分泌物气味恶心，母畜出现败血症和/或毒血症。若不及时治疗，往往于产后 4～5 天死亡。

猫胎衣不下的症状与犬相同，只是猫在产后排出的是棕色分泌物，而不会排出绿色分泌物。猫对胎衣不下不太敏感，多不表现临床症状，有的母猫在几天后很自然地排出胎衣，接着再产出剩下的胎儿和排出胎衣，不一定引起子宫炎。因而，猫胎衣不下的诊断非常困难。

分娩结束后子宫正在收缩变小，各处粗细不匀显得形状不规则，腹部触诊的结果不大可靠；超声或 X 线检查子宫内有异物容易造成假象，很难确诊胎衣不下，但很容易发现遗留在子宫中的胎儿。分娩时仔细观察排出的胎衣是否与胎儿数目相符，是诊断胎衣不下的最有效方法，但要考虑到母畜会吃掉部分胎衣，而且母犬吃掉胎衣的速度很快，有时还会出现两个胎儿共享一个胎盘的情况。

3．治疗 防止胎衣腐败吸收，促进子宫收缩，尽可能取出胎衣。

（1）*取出胎衣* 当怀疑发生胎衣不下时，可伸一手指进入病畜阴道内探查，找到脐带后轻轻向外牵拉，在多数情况下这样就可取出胎衣。也可以用包有纱布或药棉的镊子在阴道中旋转，将胎衣缠住取出。将病畜的前身提起，从胸部开始向骨盆区按摩 5～10min，可以促使胎衣排出。无效时，可间隔几小时重复一次。

（2）*促进子宫收缩* 在产后 24h 内反复注射促进子宫收缩的药物，如催产素、麦角新碱，加快排出子宫内的胎衣碎片和液体，胎衣排出后临床症状就会缓解。产后超过 24h 改用小剂量 $PGF_{2\alpha}$，但 $PGF_{2\alpha}$ 分离和排出胎衣的效果不好。应当注意，产后子宫对催产素的反应会很快减弱，麦角制剂产生收缩的时间较长并且可能关闭子宫颈，因而效果稍差。

（3）*抗生素治疗* 静脉注射抗生素 7～10 天，配合支持疗法。向子宫内投放抗菌药物，隔天投药 1 次，共用 1～3 次。

（4）*卵巢子宫切除术* 如果不能从阴道取出或排出胎衣，出现了体温升高、厌食、阴道脓性分泌物等子宫炎症状，就要实施卵巢子宫切除术。

4．预防 妊娠母畜要有一定的运动时间。分娩后让母畜舔舐新生仔畜身上的羊水，分娩后特别是在难产后立即注射催产素或钙溶液，尽早让新生仔畜吮乳，避免给产畜饮冷水。

第二节 子宫脱出

子宫角前端翻入子宫腔或阴道内称为子宫内翻（uterine inversion），子宫翻出于阴门之外称为子宫脱出（uterine prolapse）。子宫内翻及脱出是同一个病理过程不同程度的表现。子宫脱出多在产后数小时之内发生，产后超过一天发病的较为少见。子宫脱出常见于犬，罕见于猫。

1．病因 子宫脱出的病因不完全清楚，主要和产后子宫迟缓及强烈努责有关。

胎儿排出后，由于存在某些刺激因素，如产道及阴门的损伤等，使母畜继续强烈努责，腹压增高，导致子宫内翻，如不及时处理可发展为子宫脱出。

子宫迟缓可延迟子宫颈闭合时间和降低子宫角缩小速度，松弛的子宫会从阴门脱出。许多子宫脱出病例伴有低血钙症，而低血钙则是造成子宫迟缓的主要因素。造成子宫迟缓的因素还有经产老龄、频繁生产、营养不良、体质虚弱、运动不足、胎儿过大、胎儿过多等。

2．症状 开始子宫内翻时，动物表现不安，精神异常，腹壁紧张，轻度努责，触诊疼痛等。

子宫脱出通常表现为一个子宫角脱出或两个子宫角脱出。偶尔可见到猫的一侧子宫角尚有胎儿，而另一侧子宫角脱出。根据子宫脱出的程度，可分为部分子宫脱出和完全子宫脱出。部分子宫脱出时，子宫反转停留在阴道内，阴道指诊可触及到柔软、圆形的瘤样物，病畜卧下后可以看到突出阴门的内翻子宫角。脱出物粉红色，质地松软，表面有皱褶不光滑，有时可能还附有胎衣碎片。完全子宫脱出时，脱出的子宫角很像肠管露出阴门之外，末端向内凹陷。若是一侧子宫角脱出，旁侧有另一子宫角的开口；也有两侧子宫角连同子宫体全部脱出的情况。

子宫脱出后淤血肿胀，由粉红色转为暗红或蓝色，时间稍久表面黏膜发生干裂，渗出液体；受尾毛摩擦及粪尿污染后发炎糜烂，甚至坏死及穿孔，冬季容易发生冻伤。严重时可继发腹膜炎、败血症，病畜呈现明显的全身症状，如体温升高、精神沉郁和食欲减少等。肠管进入脱出的子宫腔内时，患畜往往有疝痛症状。肠系膜、卵巢系膜及子宫阔韧带有时被扯破，有时犬猫自己咬破或抓破脱出的子宫，如引起大出血很快出现结膜苍白、战栗、脉搏变弱等急性失血症状，穿刺子宫末端有血液流出，多数病畜在 1～2h 内死亡。

3. 诊断　子宫脱出容易诊断。对阴道内的子宫内翻可以用阴道指诊确诊，但并不能排除阴道内不能触及的子宫内翻，必要时进行剖腹探查。阴道黏膜与分娩后的子宫黏膜容易区别，犬分娩之后很少发生阴道脱出。

4. 预后　取决于子宫的脱出程度、损伤程度和就诊的早晚，如能及时发现并加以整复，预后较好。子宫脱出因继发子宫炎而使以后的受孕能力受到影响，故就生殖性能来说，预后要慎重。

5. 治疗　对子宫脱出的病例，必须及早实施手术整复，必要时可行卵巢子宫切除术，以挽救母畜的生命。

（1）整复子宫　制止母畜努责是整复成功的关键，可施荐尾硬膜外麻醉或全身麻醉。排空直肠内的粪便，助手提起患病动物的后肢，使腹腔器官前移，减小骨盆腔的压力。用非刺激性的温热消毒药液将子宫及阴门和尾根区域充分清洗干净，除去黏附的污物及坏死组织。检查脱出的子宫是否有损伤，黏膜上的小创伤可涂以抗生素软膏，较大损伤或血管破裂需进行缝合和结扎。检查子宫腔中有无肠管和膀胱，如有，应将肠管先压回腹腔并将膀胱中尿液导出。

术者左手握住脱出的子宫角，右手持消过毒、直径 1～2cm 的软胶管（如猪胃导管），胶管的一端要圆钝平滑并涂抹抗生素软膏，轻轻插入子宫角内斜面，向前下方徐徐推入腹腔后将胶管拔出，再将另一侧子宫角以同样方法送入腹腔。为便于把握脱出的子宫，避免损伤子宫黏膜，可用绷带把脱出的子宫自上而下地缠绕起来。在整复子宫时从下端逐渐松解绷带，边涂抹抗生素软膏边向内推送子宫，一直把子宫全部送入腹腔。如果两个子宫角都发生了脱出，要先整复脱出较短的那个子宫角。整复操作必须耐心，在患畜不努责时进行，手指不要损伤子宫黏膜。努责时要把送回的部分紧紧顶压住，防止再脱出来。

对于一侧子宫角尚有胎儿而另一侧子宫角脱出的情况，可先按上法整复，待母畜精神有所恢复后向子宫内注入 20mL 液体石蜡，再行催产。催产过程中要密切注意阵缩情况，若发现有子宫角再脱出迹象，要把子宫角固定在腹壁上。当胎儿进入骨盆口时人工助产，在短时间内娩出胎儿，以减少母畜体能消耗。

如果子宫脱出时间已久，子宫壁变硬，子宫颈也已缩小，整复极其困难。在这种情况下，可在下腹的正中部剪毛、消毒，切开一个小口，伸入两个手指，从腹腔内拉回子宫。

将脱出的子宫全部推入阴门之后，通过胶管注入抗生素或非刺激性消毒药液，借助液体的重力使子宫角恢复正常位置。在阴门上角做 1～2 针纽扣状缝合，以防再次脱出，第 2 天拆线。努责剧烈时可行硬膜外麻醉，或者在后海穴注射普鲁卡因。

全身使用抗生素，注射促进子宫收缩药物，每天2次，连用3天。

另外，术后可使用补中益气丸，每天2次，每次1丸，连用7天。

给处于恢复期的病例戴上伊丽莎白颈套，以防止动物舔舐、撕咬或踢踏脱出的子宫。

（2）切除子宫　如子宫脱出时间已久，发生了较大面积的组织坏死或腐烂，应作子宫切除术，以挽救母畜的生命。用温热、非刺激性的消毒药液清洗脱出的子宫黏膜，于子宫颈周围分点注射普鲁卡因。在子宫颈背部沿着子宫颈的长轴方向做一切口，探索结扎子宫系膜中较粗的血管，将子宫环形切除，对断端先后进行连续缝合和内翻缝合。用碘伏消毒子宫颈断端，将断端送回骨盆腔内。或者打开腹腔，做卵巢子宫切除术。

术后强心输液，密切注意有无内出血现象。努责剧烈者可行硬膜外麻醉，或者在后海穴注射普鲁卡因，防止断端再次脱出。术后阴道常流出少量血液，可用非刺激性消毒药液冲洗。如无感染，断端及结扎线经过10天以后可以愈合并自行脱落。

第三节　子　宫　炎

子宫炎（metritis）为子宫的急性炎症，以体温升高和阴道排出脓性分泌物为特征，常发生于分娩后的数天之内。如不及时治疗，炎症易于扩散，可继发全身性感染，并常转为慢性炎症，继发子宫积脓。

1．病因　助产时消毒不严、产道损伤、死胎、流产、胎衣不下、子宫收缩无力、阴道脱出及子宫脱出等，都能使病原微生物通过子宫颈口侵入子宫而引起发病；许多分娩之前侵害生殖道的细菌，如布鲁菌、沙门氏菌等，分娩之后由于生殖道发生损伤而迅速繁殖；存在于身体其他部位的微生物，由于产后机体抵抗力降低，也可通过淋巴管及血管进入生殖器官而产生致病作用。

约有90%以上的动物分娩后子宫中可分离出细菌，主要是产后阴道细菌上行感染子宫引起。引起子宫感染的微生物很多，主要是棒状杆菌、变形杆菌、链球菌、葡萄球菌、大肠杆菌及嗜血杆菌，偶尔有梭状芽孢杆菌。致病微生物在子宫内繁殖，产生的毒素被吸收后可引起全身症状；如果发生感染扩散，可继发全身性感染疾病。

2．症状　大多数动物先是轻微发热，到分娩后24～48h突然发病，有的是在分娩后3～7天发病。病畜开始表现弓背努责，经常舔舐阴唇，常做排尿姿势，但每次排出的尿量不多。阴门红肿，躺卧时阴道排出少量带有臭味的血性或脓性分泌物。腹部触诊可发现子宫增大，腹壁收缩，触诊敏感。超声扫描检查有助于辨别子宫增大、子宫积液积脓、胎儿和胎盘滞留。随着疾病的发展，病畜全身症状明显，体温升高，精神沉郁，厌食，泌乳减少，烦渴贪饮，呕吐腹泻，背毛失去光泽，不愿照顾仔畜，诱发乳腺炎，嗜中性粒细胞增多，血容量降低，可能会出现休克。子宫内的分解产物被吸收后经乳汁排出，可引起哺乳的新生仔畜患病，表现烦躁不安、不停哀叫和生活力不强。

犬猫产后1周阴道流出少量带血分泌物（没有异常气味），阴道黏膜正常，没有发热或其他临床症状。如果出血量过多或者出血时间延长，可引起母畜贫血、子宫炎或子宫积脓。犬产后子宫内膜复旧延缓或异常时，表现为胎盘部位复旧不全，因而出现血性分泌物，常见于产第一胎的年轻母犬。产后阴道血性分泌物延长的鉴别诊断有子宫炎、阴道炎、凝血阻碍、抗凝血类灭鼠药物中毒、产道损伤、阴道肿瘤和膀胱炎。用阴道镜检查时，阴道血液对观察会产生干扰，很难鉴别是阴道出血还是子宫出血。对产后长期出现阴道分泌物的犬应进行布鲁菌检测。

3．预后 早发现早治疗预后一般良好，病情好转时可见体温下降、食欲恢复、阴道分泌物减少和对仔畜的态度改善；治疗不及时，很快继发败血症，出现全身症状，预后慎重；治疗不彻底转为慢性过程，或继发子宫积脓，造成生殖障碍。正确及时地处理难产，是减少此病的有效措施。

4．治疗 主要是应用抗菌消炎药物，防止感染扩散，促进子宫收缩，排出子宫渗出物。

（1）*全身治疗* 全身抗生素治疗，如苯唑西林、氨苄西林、甲硝唑或头孢菌素，每天 2 次，体温降到正常以后继续用药 3～4 天。体温升高者使用解热药物。

对表现全身症状的母畜进行支持疗法。静脉注射葡萄糖、碳酸氢钠、维生素 C、复合维生素 B 和强心药物，防止组织脱水，促进有毒物质排出，维持电解质平衡，保护肝脏肾脏功能，恢复动物食欲，增强机体的抵抗力。注射钙制剂对改善血管渗透性、增进心脏活动有一定作用，可作为败血症的辅助疗法。对病情严重、心脏极度衰弱的病畜避免使用钙制剂。

（2）*促进子宫收缩* 在子宫颈开放的情况下，注射麦角新碱、催产素、前列腺素、钙制剂等促进子宫收缩的药物，每天 3 次，连用 3～5 天，排出子宫内容物，还可以起到预防和制止产后子宫出血的作用。分娩 24～48h 之后，使用催产素的效用很低。前列腺素对子宫的效用很高，产后任何时候使用都有效果。产后出血较多时选用麦角新碱，该药可持续作用约 3h。如遇产后持续性的小量出血，可肌肉注射酚磺乙胺，每天 2 次，连用 2～3 天。

（3）*局部治疗* 用 2%盐水配制抗菌药物，如红霉素或呋喃西林，子宫内灌注 10～20mL，每天 1 次，连用 4～7 天。对伴有严重全身症状的动物，禁止冲洗和灌注子宫，以免感染扩散病情加重。

（4）*中医疗法* 中成药生化丸由当归、川芎、炮姜、桃仁、甘草组成。每天早晚各 1 次，每次大犬 2 丸小犬 1 丸，连用 3～4 天。

（5）*卵巢子宫切除术* 如果子宫感染严重，药物治疗无效，子宫颈口关闭，子宫内容物无法排出，产后阴道出血量多或者时间延长，在体况允许的前提下，进行卵巢子宫切除术。

第四节 产后抽搐

产后抽搐（puerperal convulsion），也称为泌乳性抽搐（lactation tetany）或产后惊厥（puerperal eclampsia），是母畜分娩后突然发生的一种以低钙血症为特征的代谢性疾病，患病动物表现神经兴奋，肌肉痉挛。产后抽搐多见于产仔数在 4 个以上、泌乳量高的第 1～3 胎，以产后 2～3 周泌乳高峰期发病的最多。产后抽搐小型兴奋型犬多见，中型犬偶尔发生。猫中通常是那些正在哺喂 5～7 只仔猫的母猫发病，偶尔也有只产 3 只仔猫的头胎母猫发病。偶尔会有动物产前发病，症状与产后发生的一样。

1．病因 妊娠母畜缺少日照和运动，饲料缺钙或钙磷比例失调；长期饲喂动物肝脏，导致慢性维生素A中毒，抑制钙的吸收；第一次发情时就配种，母畜身体发育尚未成熟；妊娠末期胎儿迅速增大，妊娠子宫占据腹腔大部分空间，挤压胃肠空间，采食量减少，消化功能降低，致使钙的吸收显著减少；妊娠后期胎儿骨骼发育对钙的消耗加大，母体骨骼中储存的钙大为减少；分娩后大量血钙进入乳汁，母体流失的钙得不到有效补充，致使血钙浓度降低。

母畜产后血钙浓度普遍降低，患病母畜下降得更为显著。血钙降低时改变了细胞膜电位，允许神经纤维自发性反复去极化，神经与肌肉的兴奋性增强，引起骨骼肌强直性收缩，短时间内消耗大量能量和产生大量热，但由于犬的汗腺不发达，只能通过呼吸和唾液的蒸发散热，致使热量在体内短时间大量积聚，从而出现肌肉痉挛、血糖降低、发热和流涎症状。

产后抽搐时常并发血磷及血镁浓度降低。镁在钙代谢途径的许多环节具有调节作用。血镁低时，机体从骨骼中动员钙的能力降低，产后抽搐的发病率增高。

2．症状 多数是在夜间开始发病。病初呈现不安，偶尔呻吟哀号，后腿无力，站立不稳，步态强拘，共济失调，可能会对新生仔畜失去母性的反应，并有轻度痉挛发作。几分钟或几小时后临床症状加重，肌肉痉挛，体温升高，呼吸急促，脉搏加快，角弓反张，瞳孔扩张，眼球突出震颤上翻，眼结膜潮红，口角张合，流涎伸舌，上下牙频频碰击，呕吐，面部搔痒，长骨疼痛，有时突然倒地，四肢做划水样运动。犬意识清醒，呼唤时有反应，对外界刺激敏感。动物骨骼和关节疼痛，不愿意爬高和从高处跳下，对人们的触摸、拥抱表现极度恐惧。抽搐是间歇性的，症状逐渐加重，发作次数逐渐增多，可在短时间内发展成为惊厥。病重时精神沉郁，昏睡厌食，卧地不起。猫较少表现惊厥症状。

正常母犬血钙浓度为9～11mg/dL，病情较轻的病犬降至8mg/dL，严重的病例只有4～7mg/dL或更少。动物50%血钙是与蛋白质相结合的，离子钙才是具有生物活性的电解质，测定离子钙浓度对判断病情更为准确和有效，发病母犬的离子钙浓度通常低于0.6mmol/L。病畜可能并发低血糖、低血镁、低血磷和高血钾。长时间持续痉挛造成肌肉损伤，血清肌酸磷酸激酶和血清谷草转氨酶升高。病猫血钙低于7mg/dL。

3．诊断 根据临床症状和流行病学不难作出诊断，但要注意与几种病的鉴别。灭鼠药物中毒时意识不清，体温下降，痛苦鸣叫等；脑炎时意识障碍明显，呼吸多半正常；有机磷中毒时腹泻，吐出物有大蒜味；癫痫发作持续时间短，未经治疗可恢复正常，一般有多次类似的病史，实验室检查无异常。

4．治疗 静脉注射钙剂是治疗产后抽搐的有效疗法，治疗越早，疗效越高。

（1）*补钙疗法* 按3～5mL/kg剂量静脉注射10%葡萄糖酸钙，通常犬20～40mL，猫10～20mL。10%葡萄糖酸钙用5%葡萄糖注射液做5～10倍稀释，以每分钟40滴的速度静脉注射。静脉注射时应监测心脏，保持心率大于每分钟80次。如果出现心动过缓和/或心律不齐应马上停止输液，待心跳恢复正常后再以更慢的速度注射。监测直肠温度，对高热动物实施冰浴或酒精浴，或用冷生理盐水灌肠。补钙进行到一半时痉挛症状从头部开始缓解，然后是胸腹部，最后是四肢，与痉挛症状出现的顺序刚好相反，体温慢慢下降；输液结束时或结束后30～45min，体温降至正常，病畜能够站立行走。输液过程中要密切监测心脏功能和观察全身症状。若心跳暂趋平缓、肌肉痉挛、呼吸困难等症状完全消失，则表示血钙浓度已恢复正常，要减缓剩余含钙液体的输液速度。输液结束后间隔1～2h，皮下分点注射和/或腹腔注射相同剂量葡萄糖酸钙，第二天剂量减半再次注射，防止病情复发。

内服钙片，每天3次，每次500mg，连用7天，或到断奶后停止。辅以维生素A和维生素D或鱼肝油，促进消化道对钙的吸收，但对有长期饲喂动物肝脏史的病例禁用维生素A、维生素D和鱼肝油。对钙疗法无反应、反应不明显和复发的病例，除诊断错误或有其他并发病外，主要原因是使用钙量不足。

（2）*补糖疗法* 低血糖是低钙血的潜在并发症，可以增加低钙血的严重性。静脉注射50%葡萄糖20mL可以减少由低血糖症引起的无力、昏睡等症状，而这些症状用补钙疗法是不能缓解的。

（3）*补磷补镁* 15%磷酸钠溶液2.5mL及25%硫酸镁溶液1～2mL，10倍稀释后静脉注射。硫酸镁可有效解除肌肉痉挛。

（4）*镇静* 给持续痉挛的病畜静脉或肌肉注射镇静剂。

（5）*减奶断奶* 对于复发或治疗无效的病例，如果仔畜大于3周龄，可将病畜和仔畜分开，对仔畜进行人工哺乳或选择代乳动物；对于不足3周龄的仔畜，可以缩短哺乳时间，延长哺乳间隔时间，或停止自然哺乳一天，交替进行人工哺乳和自然哺乳。溴隐亭或卡麦角林可以使泌乳停止。

5. 护理 将病畜置于安静处，减少外界刺激，不宜强制保定。在病畜上下颌间放置一根木棍或塑料硬物，以防病犬咬破或咬断舌头。病畜吞咽发生障碍，容易误咽而引起异物性肺炎，灌药、喂水和喂食时应当小心。

6. 预防 妊娠期供给能量平衡的日粮，避免发生便秘、腹泻等扰乱消化的疾病，保持光照和运动；妊娠后期供给富含钙的酸性日粮，如多喂一些牛奶、骨粉、钙片等，满足妊娠动物对钙的需求；泌乳期给予高能量的食物，实行母仔分开定时哺乳，尽早训练仔畜进食，减轻母畜负担。

第十章 母畜科学

母畜科学（Gyneacology）是专门研究母畜非妊娠期生殖系统疾病的发生发展规律及临床诊断和治疗的理论和技术。生育能力（fertility）是指动物生殖后代的能力，暂时丧失或降低生育能力称为不育（infertility）。不育的概念用于雄性和雌性动物均可。多数小动物散养于独立和封闭的家庭之中，与异性同类接触的机会不多，近亲繁殖严重，畜主在小动物生殖方面的经验和知识有限，这些都不利于小动物的繁殖。小动物的生育能力在不同品种之间差别很大，更多或主要表现为畜主对小动物繁殖的期望，母犬妊娠失败后并不能立即返情。因此，小动物不育问题就显得十分复杂。目前对不育的确切病因和发病机制的了解不多，许多临床实践还是基于经验而不是基于证据。所以，迫切需要采用循证医学的方法研究不育的病因和病理。关于母畜不育的标准，即在特定的情况下经过多长时间未能妊娠才算作不育，目前尚无统一规定，对于小动物尤其如此。在本章中将分节讨论常见的母畜生殖障碍的诊断和防治技术，最后介绍母畜不育的检查。

第一节 卵泡囊肿

卵泡囊肿（follicular cyst）是卵泡上皮变性，卵泡壁结缔组织增生变厚，卵母细胞死亡，卵泡液未被吸收或者增多，卵泡增大并且存在时间延长的一种病理状态。

卵泡囊肿时卵泡持续存在并分泌雌激素，表现为发情前期或/和发情期延长，犬两者合并超过 32 天，有时无临床症状。卵泡囊肿的发病频率随着年龄的增加而增加。犬卵泡囊肿发病率较低，患病年龄平均 8 岁，其中 75%是没有繁殖史的犬；犬发生单一性卵泡囊肿和多发性卵泡囊肿的年龄分别为 8.7 岁和 10.5 岁。发生卵泡囊肿的多数是大型犬，德国牧羊犬、金毛猎犬、拉布拉多等品种常见。猫 7 月龄到 13 岁都可发病。

1．发病机制 卵泡囊肿发生的确切机制尚不完全明了，可能是丘脑下部的周期中枢对雌激素的正反馈失去了敏感性，以至没有形成 LH 排卵峰或者 LH 排卵峰不典型，最终导致排卵全部或者部分失败。结果卵泡存在时间延长，长时间高浓度雌激素引起各种症状。由于不能排卵和黄体化，血液孕酮浓度始终没有超过 2ng/mL。

2．症状 卵泡囊肿可能是单个或多个，可能发生于一侧或两侧卵巢。如果在一个卵巢上有多个囊肿，囊肿之间不相通。乳腺发育，发情期延长，阴门持久肿胀，血清样黏液流出，虽然能吸引公犬，但不接受交配。身体两侧皮肤对称性脱毛，这种脱毛是非瘙痒性的，并以皮肤过度角质化、色素沉着为特征。脱毛经常是从会阴部开始，先是向股内侧和腹部扩散，然后向股外侧、胸、颈、荐部以至全身蔓延，残留的被毛干燥无光泽易拔脱，严重病例最后仅剩头、四肢末端及脊背有一条被毛，其他部位呈无毛状态，脱毛面积可达 85%以上。生殖器皮肤、腹侧和股部皮肤色素沉着明显。腹侧皮肤脱毛之后接着表现过度角质化、脱屑和/或苔藓化，有的则发生脂溢性皮炎，这些变化逐渐向后蔓延至生殖器和股后部。犬卵泡囊肿的直径为 10～15mm，也有直径大于 50mm 的。囊肿壁薄，内含清澈的水样液体，单个大囊肿表现临床症状要早。犬对雌激素敏感，雌激素浓度长期升高，容易引发犬骨髓抑制，动物表现再生障碍性贫血，凝血时间延长，皮肤出现淤血点。病犬亦可能不表现任何症状，57%并发囊性子宫内膜增生或子宫积脓。

猫发情期延长，表现持续发情。要连续检查猫的阴道上皮细胞涂片和测定血液激素浓度，才能区分发情期延长和正常发情。猫卵泡囊肿的直径为 10～13mm，血液雌二醇浓度升高超过 3 周。

3. 诊断 根据发情期延长、血液雌激素浓度长时间升高、阴道上皮细胞持续角质化、腹部触诊、腹部 B 超检查或剖腹检查见到充满液体的薄壁团块，才能作出卵泡囊肿的诊断。卵巢小且位于浅表，B 超检测比较困难，却可以准确判断生长卵泡和排卵卵泡的数量。对于较大囊肿，要与颗粒细胞瘤相鉴别；对于持久性阴道出血，要与阴道肿瘤和子宫肿瘤相鉴别；对于持久性引诱公犬，要与阴道炎、阴门周围皮炎相鉴别。

注意雌激素过多与其他皮肤病的主要区别（表 10-1）。用刀片反复轻刮皮肤病变部位至出血，将刮取物置于载玻片上加滴液体石蜡，将刮取物涂薄，显微镜下观察不见螨虫虫体；用棉签擦取阴道上皮细胞进行涂片，显微镜下观察见阴道上皮细胞持续角质化。

表 10-1 几种皮肤病的主要区别

皮肤病	脱毛部位	脱毛特征	治疗方法
真菌性皮炎	面部、耳部、四肢末端	局部而不对称	抗真菌药物
脂溢性皮炎	背、腰、荐部、头部、尾根部	有鳞屑和黄褐色油脂块	肾上腺皮质激素疗法
黑色表皮增厚症	腋下、腹股沟部	黑色素沉着、形成深皱褶	甲状腺素疗法
雌激素过多	阴门周围	左右对称	摘除卵巢和子宫

犬猫卵巢囊的囊肿比卵泡囊肿常见。卵巢囊的囊肿不产生雌激素，动物不表现雌激素过多的相关临床症状。正常卵泡和早期黄体也是充满液体的囊状结构，要注意联系其他临床检查结果进行甄别和解读。

4. 治疗

（1）卵巢子宫切除术　对于不用于繁殖的动物，最好直接选择卵巢子宫切除术。

（2）诱导排卵或卵泡黄体化　适用于繁殖的年轻动物。犬肌肉或者静脉注射 50μg GnRH 或 500IU hCG 诱导排卵或引起卵泡黄体化，然后使用孕酮拮抗剂防止子宫积脓。猫用自然配种的方法诱发排卵，人工刺激阴道也可以诱导排卵，或者注射 25μg GnRH 或 250IU hCG 诱导排卵或引起卵泡黄体化，发情行为就会中止。

从诱导排卵的角度讲，这种治疗措施很难把握合适的用药时间，注射过早可能不起反应或者引起卵泡黄体化，不容易实现诱导排卵。发生过卵泡囊肿的动物，将来复发卵泡囊肿的概率比较高。

（3）抑制发情　对上述治疗不起反应的动物，可以注射小剂量孕酮来抑制发情。犬第一周每天注射 0.1mg/kg 乙酸甲地孕酮，第二周剂量减半，每天 0.05mg/kg。注射孕酮可以抑制动物的发情表现，但随后发生子宫积脓的风险大为增加。

（4）对症治疗　若皮肤症状严重，可涂抹抗生素软膏，每天注射或内服睾酮 5mg 或孕酮 2mg，内服硫酸锌和胱氨酸等皮肤营养药物，5～10 天为一疗程。为了促进被毛生长，可投与甲状腺素 1～2 个月至被毛长出为止。

第二节　阴道脱出

阴道脱出（vaginal prolapse）是指发情时阴道上皮过度增生和/或过度肿胀，阴道底壁、侧壁和上壁一部分组织肌肉松弛扩张连带子宫和子宫颈向后移，使松弛的阴道壁形成折襞嵌堵于阴门之内甚至突出于阴门之外。所以，阴道脱出可以是部分阴道脱出，也可以是全部阴道脱出。犬发生阴道脱出的年龄是1.8（1.5～4.6）岁，多发生于第2次或第3次发情期间。82%阴道脱出病例见于雌激素分泌高峰的发情前期和发情期，9%发生于妊娠末期。如果阴道脱出自然恢复，下一次发情时有66%～100%复发。阴道脱出可能与遗传有关，短头品种、大型犬和纯种犬的发病率较高，如哈巴狗、拉布拉多犬、藏獒、大丹犬、松狮、德国牧羊犬等。猫不常见阴道脱出。

1. 病因　阴道脱出常见于骨盆韧带、骨盆内固定阴道的组织及阴门松弛的情况。发情期和卵泡囊肿时卵巢及妊娠末期胎盘均可分泌较多的雌激素，雌激素可使骨盆韧带、骨盆内固定阴道的组织及阴门松弛，到发情间期雌激素减少后可恢复正常，以后发情可再度发生。复发病例的病情通常会比上一次的病情严重。发生阴道脱出之后，动物就不能正常交配。母畜年老衰弱，营养不良，缺乏钙、磷等矿物质，运动不足，常引起全身组织紧张性降低，骨盆韧带松弛。阴道脱出还见于腹压持续增高和努责过强的情况，如便秘腹泻、妊娠后期难产等。小型母犬与大型公犬配种，或在配种期间强行分开公母犬，母犬也易发生阴道脱出。

2. 症状　按脱出程度可分为三种。

（1）*轻度阴道脱出*　阴道脱出总是始发于尿道外口前端的阴道底壁。病初，病畜卧下时可见前庭及阴道壁形成粉红色到乳白色湿润并有光泽的瘤状物，堵在阴门之内，或露出于阴门之外，但母畜起立后脱出部分能自行缩回到前庭腔内。阴道壁一般无损伤，或者有浅表潮红或轻度糜烂。

（2）*中度阴道脱出*　由于阴道脱出的病因未除，或由于脱出的阴道壁发炎、受到刺激，动物不断努责，导致阴道侧壁脱出。阴道脱出部分增大，病畜起立后脱出的阴道侧壁不能缩回，从阴门突出一堆梨样组织。病畜会舔舐脱出的组织。

（3）*重度阴道脱出*　子宫和子宫颈后移，阴道上壁也随之脱出。阴道严重脱出，可在脱出组织的腹侧面找到尿道外孔；如果阴道完全脱出，在脱出组织的顶端可以看到子宫颈外口。阴道严重脱出使输尿管受到压迫，动物排尿不顺利。妊娠动物若子宫颈关闭紧密，则不至于发生早产及流产，若子宫颈外口已开放且界限不清，则常在 24～72h 发生流产。

阴道脱出后淤血肿胀，由粉红色转为暗红或蓝色，时间稍久表面黏膜发生干裂，渗出液体，冬季还会发生冻伤；受尾毛摩擦及粪尿污染后发炎糜烂，时间长了会发生坏死，严重时可发生穿孔，还可继发全身感染，病畜呈现明显的全身症状，如体温升高、精神沉郁和食欲减少等。

3. 诊断　阴道脱出容易诊断。阴道组织突出于阴门外面，为表面光滑质地柔软的圆形团块状，或者会阴部明显膨大，主要发生于发情前期和发情期。肿胀组织来源于尿道前方的阴道腹侧，阴道其他部位正常。注意进行鉴别诊断的疾病包括阴蒂肥大、良性息肉、平滑肌瘤及传染性生殖道肿瘤。阴蒂肥大是一小块坚硬的组织，其中可能存在阴蒂骨。息肉通常比较小，并且有一个较小的结节。阴道肿瘤的形状不规则，发生于阴道内任何部位，见于老年母犬，并且与卵巢周期没有关系，但传染性生殖道肿瘤经常见于性活动频繁的犬。

4. 预后　取决于阴道脱出的程度、损伤程度和就诊的早晚，如能及时发现并加以整复则预后较好。轻度阴道脱出无需治疗，发情结束后或在卵巢子宫切除术后，阴道脱出会收缩和恢复。发病动物如需用于繁殖，可进行人工授精。产前距分娩很近发生的阴道脱出不会妨碍胎儿排出，整复之后应缝合阴门，并加强护理，分娩后多能自行恢复。产前距分娩很远发生的阴道脱出整复后不易固定，反复脱出容易发生阴道炎、子宫颈炎和膀胱炎，引起胎儿死亡及流产。为了保全母畜生命，应采用剖宫产术。

发生过阴道脱出的动物，再次发情或者妊娠时容易复发阴道脱出，也容易发生子宫脱出。

5. 治疗　治疗的原则是整复固定和消除病因。轻度阴道脱出于发情结束后可自然恢复，无需治疗。由于此病具有遗传倾向和复发特征，发病动物不要用于繁殖，对病畜应进行卵巢子宫切除术，以杜绝此病的遗传和复发。

（1）整复阴道　制止母畜努责是整复成功的关键，整复操作必须是在患畜不努责时进行，可施轻度荐尾硬膜外麻醉或轻度全身麻醉。术前禁食12h，排空直肠内的粪便，在肛门内塞一块纱布，防止整复时粪便排出污染手术。

用温热的消毒药液将阴门、尾根区域和脱出阴道充分清洗干净，除去黏附的污物及坏死组织。检查脱出的阴道是否有损伤，小的黏膜创伤可涂以抗生素软膏，较大损伤或血管破裂需进行缝合和结扎，然后再涂以抗生素软膏或者消炎药剂和润滑油。若阴道黏膜肿胀严重，可先用毛巾浸以 2%～3%的明矾水进行热敷，并适当压迫 15～30min，可使肿胀减轻黏膜发皱；若阴道黏膜坏死或阴道肿胀增生严重，应抬高病畜的前躯，用组织钳夹住阴道壁向后牵拉，尽量暴露手术部位，将发生坏死或肿胀增生处的阴道黏膜做菱形切除。为了防止术中损伤尿道，可从外尿道口插入导尿管。切除阴道背面的黏膜要窄，切除阴道腹面的黏膜可宽；只能切除黏膜和肌层，不能伤及浆膜层。用肠线缝合切口两缘，切除一段缝合一段，尽管如此，术中和术后还会发生出血。

助手提起患病动物的后肢，使腹腔器官前移，减小骨盆腔的压力。用纱布将脱出的阴道托起，用手指在阴门两侧交替向阴道内挤压脱出的阴道，将阴道整复还纳至原位。注意手指不要损伤阴道黏膜，努责时要紧紧顶压住阴门，防止送回的部分再脱出来。对于某些难以整复的病例，可用剖腹牵引子宫的方法加以整复，并用牵引线将子宫颈或阴道前端固定于后腹壁上。牵引线要松紧适度，太松时阴道会再度脱出；太紧时牵拉线会撕裂肌肉脱落。

整复后用粗缝线在阴门上角做 1～2 针纽扣缝合。缝合要在阴门外侧有毛与无毛交界的皮厚处进针，在皮肤外面的缝线上可套一段橡皮管或加上纱布枕起到减少张力保护皮肤的作用。7 天后病畜不再努责时拆除缝线，但如术后很快临产须及时拆线。

（2）固定阴道　对于严重或者反复性阴道脱出病例，还可以进行阴道侧壁臀部皮肤缝合固定，以防止再次脱出。在骨盆一侧坐骨大孔对应的臀部皮肤处剪毛消毒，大号圆弯针眼引入一根长粗缝线，将缝线的两个线头拉齐系住一枚直径为 1.5cm 的纽扣的两个孔。术者左手尽量向前扩张阴道，右手用持针钳将缝针送入阴道，到达尽可能的深度，从阴道侧上方穿出阴道壁透出骨盆，经臀部皮肤出针，将缝线拉紧，用此缝线在臀部出针处固定一个纽扣或纱布圆枕。也可以由外向内进行缝合。用穿有粗缝线的圆直钝针从坐骨大孔处进针刺穿阴道侧壁，将缝针缝线从阴道内牵出，去掉缝针，在此线尾系上一颗纽扣，拉紧臀部皮肤外面的缝线头，使纽扣进入阴道压紧阴道侧壁，用缝线在臀部进针处固定一个纽扣或纱布圆枕。若脱出严重，可用同样方法在骨盆对侧坐骨大孔对应的臀部皮肤进行第 2 针缝合。外部针眼用碘伏消毒，阴道内纽扣处涂以碘甘油。7～10 天后视情况分次拆除缝线。

（3）*药物治疗*　全身使用抗生素和糖皮质激素，每天 2 次，连用 3 天。每天内服乙酸甲地孕酮 2.0mg/kg，连用 5～7 天，能加速阴道脱出的恢复。但在雌激素浓度过高的状态下使用孕酮，会增加发生子宫积脓的风险。

可喂补中益气丸，每天 2 次每次 1 丸，连用一周；或枳实、枳壳各 100g 煎服，每天 1 剂连用 3 天。

对于希望保持生殖能力的病例，如果病畜没有排卵，血液孕酮浓度小于 2ng/mL，肌肉注射 50μg GnRH 或者 500IU hCG 诱发排卵，排卵后大约 1 周阴道脱出恢复。

（4）*卵巢子宫切除术*　卵巢子宫切除术可以加快阴道脱出的恢复，而且绝大多数病例不会复发。

给处于恢复期的病例戴上伊丽莎白颈套，以防止动物舔舐、撕咬或踢踏脱出的阴道。

6. 预防　及时防治便秘、腹泻等疾病，可减少此病的发生。对妊娠母畜要给予易消化的饲料，适当增加运动，提高全身组织的紧张性。阴道脱出通常在每个发情期都会复发，所以这类动物不适合种用。卵巢子宫切除术是预防阴道脱出的最有效的方法。

第三节 假　孕

假孕（pseudopregnancy）是指一部分动物在发情间期结束前后表现一些分娩特有的生理现象和母性行为。例如，乳腺发育、泌乳、造窝、护仔等。发情间期结束时 50%～80%的母犬表现假孕症状，假孕现象多见于 4 岁以上的母犬。猫是诱导性排卵动物，不交配通常不会排卵，交配就会妊娠，因而进入发情间期的机会小，很少出现假孕。

1. 病因　犬发情间期的长度与妊娠期相近，发情间期血液孕酮的变化范型与妊娠期相似。由于发情间期较长，持续分泌孕酮引起促乳素分泌，导致不同程度的乳腺发育；发情间期结束时血液孕酮浓度下降，引发促乳素分泌增加，促乳素对乳腺发育和母性行为有刺激作用，有的动物表现出分娩时才会有的生理现象和母性行为，如泌乳、脱毛造窝、护仔等。猫属于诱导性排卵动物，仅在排卵但是没有妊娠的情况下才进入发情间期。猫发情间期的长度也达到了妊娠期的 2/3，很少表现乳腺增大或泌乳。从生理学角度看，所有处于发情间期的犬和猫都是假妊娠；从临床角度看，只有表现明显妊娠、分娩和泌乳征状的才认为是发生了假孕。

在发情间期的后期进行卵巢子宫切除术，也可能引发假孕症状。长期给动物使用孕酮，也会产生类似妊娠的孕酮和促乳素分泌范型。甲状腺功能减退是犬常发的一种内分泌疾病，也伴随血液促乳素浓度升高和泌乳。垂体腺瘤可能引起高促乳素血症。某些种类的刺激，如幼畜寄养或视觉的、自然的或社会因素，亦可能导致促乳素分泌增加。另外，使用神经兴奋药物也可引起高促乳素血症。血液促乳素浓度高的个体容易表现明显的假孕症状。非妊娠母犬泌乳的现象或许有隔代遗传的特性。

2．症状　发情结束后4～9周可见动物腹围膨大，腹部触诊可感觉到子宫增长变粗，但触不到胎囊或胎体；乳腺发育肿胀并能泌乳，乳液性质可由清亮液体到正常乳汁，变化不等，泌乳2周或更长时间，若哺乳则可持续泌乳数周，但不形成初乳。大概到发情结束后60天，常常发生体温下降，表现类似临近分娩的行为，如坐立不安，喜欢饮水，无精打采，厌食呕吐，活动减少，寻找暗处设法搭窝，母性增强，给其他母畜的仔畜哺乳，或照顾没有生命的物体，有的还会表现出攻击性。由于没有仔畜可以哺乳，泌乳的乳腺可能发生乳腺炎。卵巢切除术后出现的假孕会持续更长时间，在假孕期间进行卵巢切除术会使假孕时间延长。

猫在发情间期通常乳头充血很明显，食欲可能增加，腹部脂肪可能增多，很少出现筑窝行为和泌乳现象。

3．诊断　动物显示典型的妊娠征状，子宫积液增大，子宫壁增厚，但经腹部X线检查或超声检查排除了妊娠，就可确诊为假孕。假孕可与其他生殖或非生殖疾病混合发生，这会增加诊断的难度。妊娠早期发生的胚胎吸收或流产在临床上很难诊断，由此产生的黄体期与发情间期在临床上也很难区别，在临床上不可能也没必要对由这两种黄体期结束引发的假孕进行区分。事实上，普通假孕比流产或胚胎再吸收更为普遍。假孕乳腺分泌物中蛋白质浓度的变化范围很大，分析乳汁样品不能准确区分是正常妊娠还是假孕。如果母犬假孕症状严重且持续时间超过2～3周，就应考虑是否发生了甲状腺机能减退。

X线检查很少可以观察到没有妊娠的子宫，如果观察到了没有妊娠的子宫，则可能患有子宫内膜炎。类似地，腹部超声扫描观察没有妊娠的子宫，也可以用于检查子宫内膜增厚或子宫积液。

4．治疗　假孕是一个生理性的过程，症状通常在2～3周后自行消失，大多数情况下无需治疗。对于症状较轻的可不给予理会，症状会自己减轻；症状明显的带一个伊丽莎白项圈和移走母爱的小动物或物体，也会很快恢复正常；增加运动量、局部刺激或者用弹性绷带将乳腺区域包裹起来，增加乳腺内压以抑制促乳素的分泌，阻止动物自己舔舐刺激乳腺。如果这些措施都无效，可禁食一天，然后逐渐恢复正常采食量，或者白天将进食和饮水减少一半，晚上禁水，持续3～7天，或者禁食24～48h，泌乳会减少或停止。另一个措施就是内服利尿药呋塞米直到泌乳停止，不用限制饮水。乳腺充盈不要去挤奶、按摩、冷敷或热敷，因为对乳腺的任何刺激都会刺激泌乳。

如果这些措施无效或症状严重，就要采取治疗措施。多巴胺通过丘脑下部直接抑制垂体促乳素的释放。麦角碱的衍生物卡麦角林（cabergoline）和溴隐亭（bromocriptine）是多巴胺受体激动剂，甲麦角林（metergoline）是五羟色胺拮抗剂，都可以用来抑制促乳素的释放，使假孕的临床症状迅速消失。此类药物的副作用有精神沉郁、呕吐、厌食、共济失调、偶尔便秘。刚开始用药时剂量要小，然后再逐渐增大剂量，这样可以减少呕吐现象；将药物拌在食物中投服或喂后用药，也可减轻呕吐。预先肌注0.25mg/kg氯丙嗪能够降低副作用。甲氧氯普胺具有多巴胺受体阻断功能，不宜用于上述药物副作用条件下的止呕。

卡麦角林每天内服 1 次，每次 5μg/kg，连续 5～10 天，80%母犬临床症状改观，治愈率为 95%。约 3%的犬在停药后 5～8 天复发，需要再次治疗。卡麦角林的活性较高，作用时间较长，很少引起呕吐和厌食，偶尔引起攻击性增强。

溴隐亭每天内服 2～3 次，每次 10μg/kg，连续 10～14 天。溴隐亭副作用明显，经常引起呕吐和厌食，有时还会引起腹泻。此药经常需要与止吐药同用，每天的剂量要从 5μg/kg 逐渐增加到 20μg/kg，这样动物才能忍受这些副作用。

甲麦角林每天内服 2 次，每次 0.1mg/kg，连续 8～10 天，对于假孕有较明显的作用。甲麦角林的副作用是兴奋、鸣叫和攻击性增强，极少或没有催吐作用。

雄激素主要是通过对抗雌激素、抑制促性腺激素分泌从而起到回乳的作用，对子宫没有不利的影响。内服或肌肉注射 2mg/kg 甲基睾酮或丙酸睾酮，每天 1 次，连用数天。雄激素米勃酮可以温和地减轻假孕症状，内服剂量为 20μg/kg，每天一次，连续 5 天。

对于有攻击性的动物，可以使用镇静剂或抗焦虑剂。酚噻嗪类（如普罗吩胺）、苯丁酮类（如氟哌啶醇）具有抗多巴胺的作用，普罗吩胺可能会刺激促乳素分泌，假孕时应避免使用。

5. 预防 每次发情都适时配种，妊娠产仔可以有效地避免假孕。对于不用于繁殖而且反复发生假孕的动物，最好在假孕症状停止后进行卵巢子宫切除术。

第四节 子宫积脓

子宫积脓（pyometra）是指子宫内膜出现炎症病理变化，子宫腔中蓄积脓性或黏脓性液体。子宫积脓多发生于 6 岁以上的犬猫，平均发病年龄为 9.5 岁，发病率随着年龄的增长而增高。犬 4 岁过后发病率为 15.2%，超过 9 岁为 25%。无繁殖史的老年犬猫更易发病，约 75%的患病犬猫未经繁殖。

1. 病因 犬和猫的发情间期较长，孕酮促进子宫内膜增生，子宫腺体的分泌功能加强，子宫内膜表面出现许多直径为 4～10mm 的半透明囊泡，外观呈鹅卵石状，发展成了子宫内膜囊性增生。孕酮抑制子宫收缩和封闭子宫颈，使大量棕黄色、红褐色或灰白色的稀薄或黏稠分泌物聚集在子宫内，形成子宫积液（mucometra）。

犬猫阴道中一般存在 2～5 种细菌，常见菌群有大肠杆菌、葡萄球菌、链球菌、棒状杆菌和巴氏杆菌，仅有一种细菌的占 18%，混合细菌的占 77%，完全为革兰氏阴性菌的仅占 5%。犬猫子宫中通常没有细菌定植，引起子宫积脓的细菌主要来自于阴道，往往是阴道常在细菌中的一种或几种，最常见的是大肠杆菌，链球菌、葡萄球菌、假单胞菌及变形杆菌亦较多见。犬猫阴茎包皮和尿道有类似于正常阴道菌群的微生物，常见菌群有大肠杆菌、变形杆菌、链球菌、巴氏杆菌和葡萄球菌。犬猫的发情期长，配种时间长或配种次数多，子宫颈长时间处于开放状态，阴道和阴茎上的细菌能通过子宫颈进入子宫，发生子宫感染的风险较高。犬经常坐于地上，阴门时常接触地面，很容易造成感染。给处在发情前期和发情期的犬进行盆浴，也可能引起子宫感染。

雌激素刺激子宫局部的细胞免疫水平，增加子宫抵抗感染的能力；孕酮抑制子宫局部的细胞免疫水平，降低子宫抵抗感染的能力。在动物的发情期，子宫有很强的自我净化能力，进入子宫的细菌通常在 5 天之内就被清除，健康时子宫内是无菌的。然而，犬发情期开始时血液雌激素浓度就开始下降，而血液孕酮浓度却开始升高，子宫局部的细胞免疫水平逐渐降低，结果子宫对抗感染的能力逐渐下降。动物进入老年后机体的抵抗力会进一步降低。当进入子宫中的微生物在发情间期之前不能被清除干净，子宫腺体的分泌物就会滋养这些细菌，子宫中蓄积的液体就会变为脓汁。偶尔，子宫是到了发情间期才有细菌进入发生感染，子宫积液亦会发展成子宫积脓。子宫积脓似乎成了子宫积液发展的最后阶段。

96%的病犬卵巢上存在着黄体。反复经历发情间期，以及使用孕酮和/或雌激素进行避孕，都会增加发生子宫积脓的风险。妊娠可以减少动物进入发情间期的机会，产后彻底更新的子宫内膜增加了抵抗感染的能力，结果有繁殖史犬的发病机会明显降低。猫是诱导性排卵动物，不交配通常不会排卵，通常配种就会妊娠，因而进入发情间期的机会小，发情间期对比妊娠期的相对长度比犬短，所以猫发生子宫积脓的机会明显比犬低。然而约35%的母猫会自发性排卵，约有半数子宫积脓见于没有交配的母猫。流产、胎衣不下，分娩时产道受伤、助产感染或产后感染，都可以引起和发展成为子宫积脓。尿道感染和身体其他部位感染可通过全身途径引起子宫感染。

子宫积脓时，子宫内膜先是发生急性炎症过程，可以形成溃疡，可能发生局部出血；炎症转为慢性过程后，子宫内膜发生萎缩，子宫肌肥大、纤维变性或萎缩。在严重子宫积脓之后，一些子宫内膜上的腺体会消失，会被弥散性的纤维组织所取代。

2. 症状及诊断　早期的临床症状通常不明显，此病的发现和诊断多在疾病的晚期。动物开始表现明显临床症状的平均时间，犬在发情过后的40天（4～8周）左右，猫在发情过后的18天（1～4周）左右。临床症状的严重程度与病原菌种类无明显关系。根据子宫颈开放与否，子宫积脓分为子宫颈开放型子宫积脓和子宫颈闭合型子宫积脓两种。

子宫颈开放型子宫积脓占60%左右。阴道不定时排出少量淡粉红色至深褐色的黏脓性分泌物，阴门周围的被毛常被污染，阴门肿胀，阴道黏膜潮红，不时舔舐阴门，阴道上皮细胞涂片中持续出现嗜中性粒细胞、细菌和非角质化上皮细胞。动物同时表现全身症状，如精神抑郁、嗜睡、厌食、呕吐、偶尔腹泻，有的继发腹膜炎，有的腹围增大，白细胞计数增加，嗜中性粒细胞核左移。时间稍长会体重减轻，被毛散乱。10%～15%的病例发生菌血症。子宫炎症出现急性过程或者扩散时，体温升高，浓汁中的毒素被吸收进入循环而发生毒血症，心动过速、心力减弱，体温降低；骨髓功能受到抑制，红细胞和白细胞计数减少，有时发生凝血功能障碍；约50%的病例的肝或肾功能会受到影响。肾功能障碍时烦渴多尿，肝功能障碍时黏膜黄染。动物脱水引起血液中尿素氮浓度增加，引起高蛋白血症和高球蛋白血症。脱水可掩盖贫血，应该引起注意。子宫呈弥漫性或节段性肿胀，子宫壁较厚（5～10mm），黏膜上分布有充满液体的囊肿，囊肿直径为2～5cm。子宫内脓性分泌物多的在500mL以上，少的也大量地覆盖着黏膜表面。

子宫颈闭合型子宫积脓见不到脓性阴道分泌物，因而发现较迟，通常表现出更严重的全身症状。子宫体积均匀增大而不分节，占据腹腔大部分空间，大型犬的积脓子宫可重达10kg。动物腹部膨胀下垂，有的呈明显的梨状。腹部皮肤紧张，腹部皮下静脉怒张，腹部触诊敏感。子宫壁较薄（2～3mm），黏膜萎缩多呈灰色，黏膜有许多乳头状或绒毛状增生物。子宫内容物为灰黄色、灰红色、咖啡色及血红色的黏稠或稀薄液体，积液可达800～2500mL。病猫子宫角直径可达4.5cm，积液可达500mL。动物通常在出现临床症状后 14～21 天死亡。

动物的大小和腹壁的紧张程度决定触诊的难易。子宫积液后子宫膨胀子宫壁变薄，触诊波动极其明显，当子宫极度膨胀失去弹性后就很难进行触诊。对于子宫颈闭合型子宫积脓，应该避免触诊，以免造成子宫破裂。子宫颈开放型子宫积脓虽可从阴道排出一些分泌物，但子宫还在不断产生分泌物，加之子宫壁增生肥大，有的腹围也增大，触诊时较易触到增粗变厚的子宫。子宫积脓和假孕都与黄体期较长有关，它们可能同时发生，乳腺发育不能排除子宫积脓，腹部增大和乳腺发育不能想当然地诊断为妊娠。

腹部胀满而有波动时先进行导尿，排出尿液后胀满的囊状物仍未消失或缩小，则可怀疑是子宫积液或积脓。仰卧保定，脐前 3～5cm 腹中线或侧卧位腹侧壁膨胀的最高部位剪毛消毒，用小号针头刺入 2～3cm 抽取脓汁。腹腔穿刺简单易行有助于诊断，但有污染腹腔的风险，仅在无其他方法诊断时才小心使用。

3. 鉴别诊断　X 线检查在腹中部到腹下部有均质液体阴影，子宫颈开放型子宫积脓时子宫角如旋转的香肠样，子宫颈闭合型子宫积脓时子宫角如粗管状，晚期甚至如囊状。妊娠动物在胎儿骨骼钙化之前，子宫也会表现出膨大，很容易和子宫积脓混淆。犬仅在妊娠 3～4 周到产后 2～4 周可以通过 X 线检查到子宫，在其他时间通过 X 线照片观察到的子宫都是不正常的。在脐孔的右后方向腹腔注入 65～110mL/kg 空气可以增加对比度，将动物后躯抬高可使腹腔脏器前移，而子宫、膀胱和直肠的位置不会改变。

腹部 B 超检查，囊性子宫内膜增生可见大小不等、形状不规则的积液暗区，一般说来其大小都超过正常妊娠的胚囊（2cm×3cm）。妊娠时胚囊暗区大小一致，边缘规整，在暗区的底部可见胎儿的强回声光点。子宫积脓在膀胱与直肠间有一囊状或管状无或低回声区，边界为次强回声带，轮廓不甚清楚。腹部超声可以确定子宫的大小、子宫壁的厚度和子宫积液的存在。子宫积液后子宫角会增长和折叠，在一个 B 超图像上可以看到子宫角的几个切面。子宫的直径可能会因子宫颈的开放和关闭而变化，子宫壁回声的强度随子宫壁厚度的增加而增加。当子宫直径超过小肠之后，诊断就比较简单了。当子宫由于出现液体而发生扩张但其中没有胎儿时，就将妊娠与子宫积脓区别开来了。虽然腹部 B 超检查是诊断子宫积脓的最好方法，但对于子宫轻度增大的子宫颈闭合型子宫积脓病例，特别是血常规检查值正常的病例，要作出正确诊断具有很大的难度。

单一的阴道感染很少出现全身症状，阴道检查可见阴门或阴道黏膜充血、肿胀或出血、溃烂，并附有多量分泌物。子宫颈开放型子宫积脓时阴道检查没有明显变化，全身症状如嗜睡、厌食、精神不好可能是很轻微的，如果出现了这些症状，则表明是子宫疾病而不是阴道感染。胎儿浸溶时腹部触诊可感到骨片互相摩擦，X 线可在子宫中观察到塌陷、断裂和脱钙的胎儿骨骼。糖尿病、肾上腺皮质功能亢进、肾脏疾病时会出现烦渴多尿，但与白细胞增多无关。血清样分泌物仅见于犬分娩时，血浆样分泌物见于犬的发情前期、发情期和产后期，以及雌激素分泌异常的情况，如卵巢残留综合征、卵泡囊肿、卵巢肿瘤等。出血性分泌物最常见于产后子宫复旧不全、生殖道肿瘤及凝血病；黏液脓性分泌物通常见于阴道炎或子宫积脓。阴道细胞学检查可以确定动物是否处于雌激素分泌状态。犬病理性的阴道分泌物见于卵巢、子宫、子宫颈、阴道、前庭或者尿道异常的时候（表 10-2）。

表 10-2　犬病理性的阴道分泌物（引自 Johnston et al., 2001）

病理情况	出现时间	分泌物性质	阴道细胞学	评论
卵泡囊肿	发情前期和发情期合计大于 6 周	血浆样	100%表层细胞 无核细胞＞50% 无嗜中性粒细胞	见于未切除卵巢犬
布鲁菌病	晚期流产，持续存在	黏液血性到脓性	无表层细胞 许多嗜中性粒细胞	分泌物培养 血清学诊断
子宫炎	产后期，有胎衣不下或难产病史	脓性	无表层细胞 许多嗜中性粒细胞	
子宫颈开放型子宫积脓	发情间期，或乏情期	脓性	无表层细胞 许多嗜中性粒细胞	白细胞增加 或有全身症状
生殖道肿瘤	多见于老龄	含血黏液性到轻微脓性	无表层细胞 许多嗜中性粒细胞	生殖道有赘生物 可见于已切除卵巢动物
阴道炎	青年和成年	浓稠黏液到黏液性脓性	无表层细胞 大量嗜中性粒细胞	可自愈或发情过后自愈 检查是否存在解剖异常

4．治疗　卵巢子宫切除术是子宫积脓的首选疗法。

（1）支持疗法和抗生素治疗　在确诊子宫积脓后应尽快进行适当的支持疗法和抗生素治疗，以期稳定病情和改善全身情况。此时支持疗法的要点是纠正酸碱平衡紊乱，维持组织灌注，恢复血糖浓度，促进肾脏功能，将尿量维持在每小时 1mL/kg 以上。在进行支持疗法的同时还要进行抗生素治疗，单独使用抗生素治疗的效果很小。在接下来进行手术治疗或药物治疗时，都要配合抗生素治疗。手术治疗后使用 10 天抗生素，药物治疗过程中使用 4～6 周抗生素。选用广谱抗生素，如氨苄西林 20mg/kg，每天 3 次。还可使用阿莫西林和克拉维酸。治疗期间进行药敏试验，结果出来后转换敏感药物继续治疗。子宫积脓可引起肝肾功能障碍，要避免使用有肾毒性的抗生素，如庆大霉素、卡那霉素和磺胺类药物。

（2）手术治疗　卵巢子宫切除术对于子宫颈闭合型子宫积脓和子宫颈开放型子宫积脓均适用。子宫颈闭合型子宫积脓视为急诊，在条件许可时需立即进行卵巢子宫切除术；大部分子宫颈开放型子宫积脓病例，可在采用抗生素疗法之后待方便时尽早进行卵巢子宫切除术。

子宫积脓很容易引起败血症和毒血症，手术切除患病动物的子宫是最好的根治疗法，可以立即和有效地从机体消除致病菌和内毒素，术后 7 天白细胞计数和活性恢复正常。动物表现全身症状时，体况已经下降或很差，往往耐受不了长时间的手术刺激，通常会有 5%～8%的死亡率，高时可达 17%的死亡率。因此，术前要与畜主进行充分的沟通，交代清楚动物的体况、疾病的严重程度及手术治疗的必要性和风险，手术本身要做得干净利索，并做好术后止痛和护理。此外，麻醉对体况已经下降或很差的动物有较高风险，应酌情减少麻醉药量。对于胀得很大的子宫积脓，打开腹腔后可先用注射器抽出部分脓液，使子宫变小方便拉出腹腔。用生理盐水浸湿纱布包裹子宫，将子宫与腹腔隔离开来。分别结扎卵巢系膜和子宫阔韧带，结扎子宫颈后方两侧的子宫动静脉血管。在子宫体后段靠子宫颈 2cm 处以肠钳双重钳夹子宫体，在肠钳外子宫颈段用丝线绕子宫颈结扎一圈。

在肠钳夹钳处下方衬垫纱布，再在两把肠钳之间靠近子宫颈处切断子宫体，取出子宫。清除子宫体在体断端的脓汁，碘伏消毒，连续缝合子宫体断端，或利用网膜对断端进行包埋缝合，然后还纳入腹腔。钳夹固定要确实，切断子宫体时不可紧贴夹钳处，防止夹钳滑脱。发病的子宫较薄较脆，从腹腔向外取出子宫时一定要小心，防止发生子宫破裂。如果腹腔被黏液脓液污染，需要用几升温热生理盐水灌洗腹腔，严重病例还应进行腹腔开放引流。

（3）药物治疗　如果母犬或母猫为 6 岁或更年轻的纯种动物，畜主非常希望保留动物的生殖能力，没有出现全身症状和其他并发症，才可考虑进行药物治疗。

对于子宫颈闭合型子宫积脓病例，药物治疗的首选药物是孕酮受体拮抗剂，常用的孕酮受体拮抗剂有米非司酮和阿来司酮。孕酮受体拮抗剂对孕酮受体具有高亲和力，能够抵消或降低孕酮的作用，潜在地增加子宫肌肉收缩并且松弛子宫颈，有利于排出子宫内的分泌物。使用孕酮受体拮抗剂时动物要仍然处于发情间期，如犬在最后一次发情过后 45 天之前，猫在 30 天之前。如果病例已经进入乏情期，血液孕酮浓度处于基础值，孕酮受体拮抗剂的治疗效果不佳。

犬猫皮下注射阿来司酮 10mg/kg，每天 1 次，连用 2 天。注射后 36～48h 可见阴道排出物，一些犬猫会表现舔舐动作，这个行为表明子宫颈已经张开。子宫排出部分脓液后可以改善动物体况或减轻临床症状，减小子宫体积，有利于手术治疗。以后每 7 天注射 1 次，连续 4 次。8 天时子宫减小 50%以上，12 天可排空子宫内的分泌物。子宫颈开放后可以配合使用 $PGF_{2\alpha}$，以加快子宫内容物的排出。给动物戴上伊丽莎白头套，阻止动物舔舐阴道排出的脓汁。

对于子宫颈开放型子宫积脓病例，或者经过孕酮受体拮抗剂处理已经使子宫颈开放的子宫积脓病例，药物治疗可以选择 $PGF_{2\alpha}$ 及其类似物。$PGF_{2\alpha}$ 促进子宫肌收缩，有助于排出子宫分泌物；$PGF_{2\alpha}$ 溶解黄体，终止孕酮刺激子宫肌生长和腺体分泌。$PGF_{2\alpha}$ 的这些作用有赖于药量、给药途径和给药的时机。$PGF_{2\alpha}$ 子宫收缩作用有引起子宫破裂或子宫内容物经过输卵管进入腹腔的风险，所以 $PGF_{2\alpha}$ 只能用于子宫颈开放型子宫积脓。

$PGF_{2\alpha}$ 半衰期很短，肌肉或皮下注射，每天 2～3 次，每次 30～50μg，连续 7 天为一个疗程。治疗结束后 1～2 个星期对病畜进行两次检查。如果仍有带血或黏脓性阴道排泄物，子宫仍然膨大，则需要进行第二个疗程；如果注射后 1h 内没有阴道排出物，或者阴道排出物很少而且清澈稀薄，就不需要再进行前列腺素治疗。犬和猫会自己清洁，在恢复期观察阴道分泌物要认真和耐心。子宫的反应速度很快，注射后 24h 左右即可使子宫中的液体排出；子宫的恢复速度很慢，用药后前几天见不到子宫缩小，但在这以后的几个星期内容物慢慢排出，排出物慢慢变清，子宫慢慢缩小，最后用 B 超探测不到子宫腔。治疗 2 天后动物食欲增加，精神状态改善，治疗 7 天后白细胞计数明显降低。要从治疗前开始每 2～3 天进行一次腹部 B 超检查，确保子宫在缩小和没有发生腹膜炎。

$PGF_{2\alpha}$ 给药后 2min 内出现明显的副作用，主要表现在对平滑肌的影响，鸣叫喘气，心率改变，呼吸困难，烦躁不安，踱步，梳理腹部及阴门皮毛，腹痛，流涎，呕吐，腹泻，尿频，散瞳，尾巴下垂，脊柱前弯。因而，$PGF_{2\alpha}$ 不能用于患有心、肝、肾疾病和病情严重的动物，用于短头品种犬时也要十分小心。副作用通常会持续 15～20min，长的可达 60min，副作用的大小与给药剂量高度相关。用药前 2～3h 不要进食，以免呕吐；

用药前 15min 注射小量阿托品或氯丙嗪，以及注射后牵遛 20～30min，可以减轻副作用。注射时间选在早晨，以便观察动物一天的状况。如需重复注射，要最少间隔 2h。在每次注射后的 1h 之内，要关注直肠温度和整体健康状况。如果出现严重的副作用，要及时进行对症治疗。第一次注射后的副作用最为严重，以后每次用药的副作用都比前一次小，注射 6～8 次后副作用会减到最小。所以，第一次注射的剂量要非常低，以后药物用量可以逐渐递增。犬 $PGF_{2\alpha}$ 半数致死量为 5.13mg/kg。$PGF_{2\alpha}$ 类似物的半衰期比 $PGF_{2\alpha}$ 长，药效比 $PGF_{2\alpha}$ 强，使用剂量比 $PGF_{2\alpha}$ 低很多。例如，氯前列醇 1μg，每天皮下注射 1 次即可。促乳素抑制剂具有抑制黄体功能的作用。将孕酮受体拮抗剂或促乳素抑制剂与前列腺素联合使用，可以增强治疗子宫积脓的效果和减少前列腺素的用量。

约有 40%的病例需要进行第二个疗程，超过 90%的病例可治疗痊愈，其中 50%～70%可妊娠产仔。药物治疗痊愈以后子宫积脓复发的概率为 10%～25%，犬在下一个发情间期最可能复发。

（4）子宫冲洗灌注　子宫冲洗可清除子宫内的大部分脓液，子宫灌注可使药物直达子宫内部。对不伴有全身症状的子宫颈开放型子宫积脓病例可以冲洗子宫。用双腔导尿管插入阴道 10～15cm，缓慢注入 40～45℃非刺激性消毒药液 100～200mL，保持动物前低后高姿势 10～15min。然后抬高动物前身，按摩腹部，促进药液排出，注射催产素有类似的作用。或者将动物放下，让其自由活动，使药液排出。等药液流出后可再次注入药液，连续冲洗 2～3 次。若注入药液不顺利，不可加大压力，以防液体进入输卵管，引起炎症扩散。常用的消毒药液有 0.1%高锰酸钾、0.1%依沙吖啶、0.05%呋喃西林、0.01%～0.05%新洁尔灭、0.5%百毒杀（bes-taquam）等，也可用 1%～10%盐水。开始时使用浓度较高的溶液，随着子宫渗出物减少，逐渐降低溶液浓度。

排出冲洗液后，向子宫灌注抗生素，犬为 10～20mL，猫为 2～5mL。如用药体积过大，药物流失会影响疗效。每天或隔天冲洗灌药 1 次，连续 3～4 次为一疗程。土霉素或四环素是首选药物，甲硝唑亦可。子宫中积聚的脓液及厌氧环境不会影响它们的作用，缺点是它们对子宫壁的渗透能力不大。如将药物制成乳剂使用，疗效更好。氨基糖苷类抗生素，如庆大霉素、卡那霉素、链霉素及新霉素等，在子宫内的厌氧环境中难以发挥作用，不宜用于子宫灌注。

犬的阴道较长，子宫颈与阴道有一定角度，导管不易插入子宫颈；在多数情况下，冲洗液和灌注液是由阴道前端流入子宫的，因而无法控制液体在两个子宫角之间的分配；小动物的子宫角很长，很难将注入的冲洗液完全排出。在采用子宫冲洗灌注疗法时，应考虑到这个特点。

5. 预防　每次发情都适时配种妊娠产仔，这样可以有效地避免子宫积脓。产过最后一胎后进行卵巢子宫切除术，可达到永久防止子宫积脓的目的。对于反复发生子宫积脓的动物，如果种用价值不大，最好进行卵巢子宫切除术。母犬在发情前期和发情期避免盆浴。

第五节　卵巢残留综合征

卵巢残留综合征（ovarian remnant syndrome）是指做过卵巢切除术后还存在着功能

性卵巢组织和有规律的发情表现，有的动物甚至发生子宫积脓。猫卵巢残留综合征比犬多见。

1．原因 卵巢残留综合征主要与卵巢子宫切除术手术不熟练和卵巢结构异常有关，与动物的品种和手术时动物的年龄无关。施行卵巢子宫切除术时，腹部切口过于靠后而不便接近卵巢，止血钳的钳夹位置不正确，卵巢没有被完全切除；或者卵巢的结构异常，卵巢组织延伸进入卵巢固有韧带，手术时没有注意到并没有将其切除干净；或者卵巢的位置异常，没有找到和切除位置异常的卵巢；或切碎的卵巢组织块散落入腹腔，卵巢组织在腹膜上存活甚至生长起来。

对于已经进行过绝育手术的动物，如果手术时保留了子宫，卵巢切除后子宫会很快萎缩，此后发生子宫疾病的机会比较稀少。然而，如果发生了卵巢残留，或者此后给动物使用了类固醇性激素，如使用孕激素控制皮肤病或使用雌激素控制阴道炎，仍有发生子宫积脓的风险。同理，如果在卵巢子宫切除术时没有将子宫切除干净，在子宫颈前端存在残留的子宫，同样有发生断端性子宫积脓的风险。

在卵巢切除术后有并发症的犬中，约17%有卵巢残存，其中两侧性卵巢残存占35%。对11只猫进行剖腹探察，3只猫两侧都有卵巢残留物，3只猫卵巢残留物位于右侧卵巢蒂，1只猫卵巢残留物在卵巢蒂附近的网膜脂肪上。曾在网膜脂肪中发现卵巢组织，极个别猫在正常卵巢附近还有第三个卵巢或未分化的卵巢组织。

2．症状 卵巢切除术后数月到数年恢复正常的发情周期，出现正常的发情行为，阴门肿胀，阴门有分泌物，能够吸引公畜并能接受交配，但不会妊娠。腹部X线影像和超声常常无助于诊断。发情状况与阴道细胞学相一致，阴道角质化上皮细胞超过80%～90%。有时还会出现阴道炎和假孕症状。如果没有切除子宫或存在残留子宫，犬发情前期会出现带血的阴道分泌物。

子宫积脓时，临床症状有阴道排出分泌物、精神抑郁、烦渴、厌食、体温升高。残留子宫积脓少见，如果没有阴道排出物，则很难进行诊断。腹部超声检查，在膀胱附近见有一处或者多处充满液体的区域。

3．诊断 绝育母畜出现了发情表现是作出诊断的依据，通过阴道上皮细胞涂片可以确定母畜是处于发情期。猫经常在阴道上皮细胞充分角质化之前就开始发情表现，发情诊断时应注意这点。给正在发情的母畜注射250IU hCG或25μg GnRH使卵泡排卵或黄体化，5～7天血液孕酮浓度升高并超过2.5ng/mL，10～14天血液孕酮升到更高浓度，这就确实证明卵巢残留。再次进行阴道细胞学检查也会发现相应的变化，据此也能作出确切诊断。要注意排除动物接触医源性雌激素的可能性。

剪去腹中线区域的被毛，查看有无手术疤痕，寻找以前是否做过卵巢子宫切除术的线索。动物皮肤的愈合能力很强，创伤通常不会留下永久性疤痕。存在疤痕提示以前做过卵巢子宫切除术，找不到疤痕则不能排除以前做过卵巢子宫切除术。动物血液LH浓度在切除卵巢后升高并维持在高浓度，可通过测定血液LH浓度来鉴别已绝育和未绝育的动物。单次测定血液LH浓度低说明存在卵巢对垂体负反馈，可以得出存在卵巢组织的结论；单次测定血液LH浓度高就不能充分说明动物做过绝育手术，因为发情期LH排卵峰时就会出现高浓度LH。

此病要与阴道肿瘤、阴道炎、子宫积脓和子宫损伤等疾病相鉴别。例如，母畜轻度阴道炎时可吸引公畜，但并不接受交配。在发情间期的后期进行卵巢切除，动物可出现假孕症状，这并非是卵巢残留。

4．治疗 发情后2～4周进行剖腹探察，检查两侧卵巢蒂部或卵巢韧带部位，在卵巢基部的脂肪组织中容易找到一个小小的卵巢残留物，在卵巢残留物表面会发现葡萄状的黄体。对于残留子宫的积脓，可在子宫颈前端的残留子宫内发现积有脓液。

手术切除卵巢子宫残留物即可。最好在母畜处于发情期或发情间期手术，因为出现卵泡或黄体能够增加卵巢组织的体积，便于查找和发现。若没有找到明显的卵巢残存组织，则应彻底切除两侧的疤痕组织、卵巢蒂或卵巢韧带及任何可疑的组织。要对切除的组织进行组织学检查，以确定所切除的是卵巢组织。残留子宫的积脓要用抗生素进行治疗。如果是在黄体期进行手术，术后可能有假孕现象，4周后假孕症状会自动消失。

如果手术失败，可用米勃酮或乙酸甲地孕酮来抑制发情。

第六节 阴蒂肥大

阴蒂肥大（clitoral hypertrophy）是指阴蒂增大并从阴唇缝中突露出来。动物表现过度舔舐阴门，或者阴门区域非常敏感。阴蒂肥大常见于犬，未见猫有此病的报道。

1．病因 阴蒂位于阴蒂窝里，阴蒂窝发生炎症刺激，动物因为搔痒而舔舐阴门，继而引起阴蒂肥大，当犬坐下时会引起疼痛，很少有阴门分泌物。

阴蒂是激素依赖性组织，阴蒂肥大可能是激素失衡的表现。妊娠时使用孕激素或雄激素可引起雌性胎儿雄性化，20%～30%的肾上腺皮质功能亢进的母犬会出现阴蒂肥大，用雄激素抑制母犬发情会有15%～20%发生不同程度的阴蒂增生。

阴蒂肥大亦可能见于两性畸形犬。雌雄间性动物达到初情期，睾酮分泌增加，阴蒂肥大表现明显。

2．诊断 临床表现非常明显。通过外生殖道指诊，很容易确定是否有阴蒂骨。

3．治疗 阴蒂肥大常常持续存在，甚至在去除刺激因素后仍然肥大，如果母犬极度不适，或不断撕挠阴门区，需要进行阴蒂切除。手术前要对尿道进行检查，如果尿道距阴蒂骨较远，手术比较容易；如果尿道通过阴蒂骨，手术将会非常困难。

第七节 阴道炎

阴道炎（vaginitis）是阴道和阴道前庭的黏膜和黏膜下组织的炎症，以阴道流出异常分泌物为特征，可以发生于任何年龄段，但多见于经产动物。阴道炎是犬的常见疾病，猫可能是自我清洁做得比较好而掩盖了此病。

1．病因 原发性阴道炎很少见到，可由交配、难产造成的创伤或布鲁菌感染引起。继发性阴道炎常见于子宫积脓、子宫炎、阴道脱出、阴道肿瘤、阴道狭窄、尿道感染、膀胱炎、糖尿病、肾上腺皮质功能亢进或卵巢子宫切除术后阴道萎缩等疾病之后。发生阴道炎时，阴道的微生物区系被打破，一种或两种细菌生长成为优势菌，菌数庞大。

2．症状 轻症病例阴道黏膜充血肿胀，从阴门流出黏液性或脓性分泌物，阴门黏附分泌物结成的干痂。重症病例除以上症状加剧外，尚从阴门流出黄色或淡黄色黏液性或脓性分泌物，并散发出一种能吸引公犬的气味。动物有时拱背垂尾，频频排尿，烦躁不安，阴蒂肥大，经常舔舐阴门，体温略有上升。阴道检查可见阴门或阴道黏膜充血肿胀或溃烂，附有多量分泌物。阴道炎可造成交配疼痛，动物拒绝交配，拒绝阴道检查。阴道炎经常引起尿道炎。猫阴道中滞留死胎，可在阴门观察到脓性分泌物。

阴道炎治疗不及时能导致感染扩散，病菌进入血液造成败血症，体温升高40℃以上并呈稽留热型，结膜潮红或发绀，眼内流多量黏液性分泌物，精神极度沉郁，食欲下降。

3．诊断 根据阴道视诊及临床症状可以确诊。阴道视诊可发现阴道黏膜潮红肿胀，阴道黏膜上有淤点性出血、红色小结节、小脓泡或淋巴滤泡，不断排出炎性分泌物。阴道炎时阴道上皮细胞涂片中持续出现嗜中性粒细胞，还有数量不少的微生物。阴道指诊和/或阴道镜检查可发现先天性阴道异常，分析和培养膀胱穿刺尿液可确定是否发生了尿道感染。免疫学检查可以确诊是否发生了布鲁菌病。

区别正常的和异常的阴道分泌物比较困难，鉴别阴道分泌物的来源也比较困难。犬阴道炎时阴道分泌物很少是血色或者淡淡的血色。注意将阴道炎时的阴道分泌物同发情前期出血和分娩后的恶露相区别，注意将阴道炎与子宫炎相区别。B超检查可以确定或排除子宫异常。此外，子宫积脓、子宫肿瘤、流产、阴道异物或者凝血不良也可以引起出血性分泌物。观察到猫阴门流出脓性分泌物，X线检查可以确诊阴道中是否滞留有死亡的胎儿。

4．治疗 约85%的原发性阴道炎可以自愈，特别是在经历一次发情之后。所以，症状轻微的病例用非刺激性消毒药液每天清洁阴门区域2次，可以不作治疗。对于继发性阴道炎，首先要检查和治疗原发性疾病。对于先天性阴道异常，手术修复阴道后阴道炎可以自愈。阴道炎可复发，复发后需要重复治疗。

（1）抗菌消炎 阴道内涂甲硝唑、克林霉素等抗生素软膏，每天1次，连用7天。也可向阴道内塞入妇炎灵胶囊或洗必泰痔疮栓。对于重症病例，同时进行全身抗生素治疗，如头孢类、奎诺酮类、甲硝唑、克林霉素、阿莫西林和克拉维酸，连续用药2～4周，或临床症状消失后3天停药。

（2）手术疗法 对于有些先天性阴道异常，可以采取手术方法进行矫正治疗。

（3）激素治疗 卵巢子宫切除术后发生的阴道炎经常呈慢性经过，可使用雌激素乳膏涂抹阴道。少量雌激素增加阴道黏膜的厚度，增强阴道上皮的抵抗能力。对于阴道异常的病例，在取出异物或切除肿瘤之后，可使用糖皮质激素软膏涂抹阴道，以加快伤处痊愈。

（4）冲洗阴道 用非刺激性消毒药液冲洗阴道。如果阴道肿胀严重，宜选用0.5%～1%的明矾溶液。亦可用苦参、龙胆草各15g煎水去渣待凉灌洗。冲洗阴道可以重复进行，每天或者每2～3天1次。阴道壁损伤较重的病例严禁冲洗，冲洗有可能刺激阴道黏膜，使阴道炎恶化。在发情前期、发情期及阴道分泌物较少时不必冲洗。

（5）中药治疗 生大黄30g（后下），附子15g，槐角15g，生牡蛎30g，益母草10g，生甘草10g。水煎两次混合候温40℃，导管插入直肠20～25cm，每次灌入100mL，倒提动物保留时间30min，每天2～4次，连用5～7天。

第八节 生殖道肿瘤

生殖道肿瘤是发生于生殖系统肿瘤的总称，临床上常以发生的部位进行命名。

1. 病理

(1) *卵巢肿瘤*　相对较为少见，占整个肿瘤疾病 0.5%左右，平均发病年龄为 6～8 岁。较为常见的卵巢肿瘤有以下 4 种。

1) 间质肿瘤。占卵巢肿瘤 34%，多数为颗粒细胞瘤，约 50%为恶性肿瘤。颗粒细胞瘤由卵巢基质衍生而来，为一个大而坚硬的分叶状块，多为单侧性，带有完整的包膜，切面呈白色，很少发生局部侵害，约 20%发生转移，多数转移进入腹腔，也可影响到肺。这种肿瘤有的可以产生孕酮或雌激素，病畜常表现阴门肿胀，偶尔有带血性的阴道分泌物，吸引雄性，腹水，呕吐，厌食，身体两侧皮肤对称性脱毛，发生再生障碍性贫血，体重减小，或许还可发生乳腺发育和泌乳，多数发生囊性子宫内膜增生或子宫积脓。

2) 上皮细胞瘤。占卵巢肿瘤 45%，多数为恶性肿瘤，约 50%发生转移，多数扩散进入腹腔。上皮细胞瘤的恶性程度取决于肿瘤体积、有丝分裂指数及对周围组织侵袭程度。卵巢的上皮细胞瘤有腺癌、囊腺癌、腺瘤、囊腺瘤、纤维瘤。腺癌是最常见的继发性卵巢肿瘤，它长于卵巢体腔上皮，生长快速，转移性很强，部分切除只能延缓病程或减轻症状。癌细胞扩散进入腹腔，附着在腹腔脏器表面造成腹水，散落到腹水中的癌细胞为玫瑰花样细胞或戒指图章样细胞。

3) 干细胞性肿瘤。占卵巢肿瘤的 20%，都是恶性肿瘤，10%～20%发生转移，多数扩散进入腹腔。干细胞性肿瘤由卵巢干细胞癌变形成，生长缓慢，往往是单侧性的。干细胞性肿瘤分为两类：一类是细胞分裂异常导致的肿瘤，肿瘤团块平整结实，多腔无囊，往往含有出血和坏死区。另一类是畸胎瘤的一种表现，肿瘤团块不规则，坚实无囊，经常包含 2 个或 3 个细胞系成分的分化组织。例如，外胚层（毛发、汗腺、皮脂腺、神经组织）、中胚层（软骨、骨、牙齿、肌肉，甚至晶状体）和/或内胚层（呼吸和肠上皮）。最常见的临床症状是腹部较大，腹膜有弥漫性浸润，有时无临床症状，且不影响卵巢功能。

4) 其他肿瘤。卵巢其他肿瘤有黄体瘤、纤维瘤及肉瘤等。机体其他部位的肿瘤，如乳腺肿瘤，也可能转移到卵巢。

(2) *子宫肿瘤*　占所有肿瘤疾病的 0.2%～0.4%，占生殖器官肿瘤的 1%～5%。子宫肿瘤有肉瘤、淋巴肉瘤、平滑肌瘤、脂肪瘤、纤维瘤、腺癌和子宫内膜息肉等，其中以平滑肌瘤最为常见。

(3) *阴道阴门肿瘤*　阴道阴门肿瘤近 90%是良性肿瘤，经常是激素依赖性的，通常见于没有做卵巢切除术的动物。阴道阴门肿瘤常始发于阴道底壁，可引起阴道炎症和出血。犬阴道及阴门肿瘤较为常见，多发生于 10 岁以上的老年犬，占犬生殖道肿瘤的 75%。小品种犬容易发生良性肿瘤，大品种犬容易发生恶性肿瘤。猫很少见到阴道阴门肿瘤。

(4) *传染性生殖道肿瘤*　通常在热带和亚热带地区的流浪犬中通过性交传播，交配时脱落的肿瘤细胞植入到另一个动物的生殖器官，母犬比公犬易感，大型犬易感。传染性生殖道肿瘤通常位于阴道壁，呈灰色或粉红灰色菜花样的单独肿瘤块，具有质脆易碎的特性，呈现出阴道分泌物增加并且带有血液，看似发情但不接受交配。一般 5～7 周时体积达到最大，并在 6 个月内自发性退化。病灶会向阴唇、阴道前庭、子宫颈、子宫转移和扩散，阴门表面的病灶则表现为红色凹陷性溃疡面。动物舔舐生殖道肿瘤时可在鼻黏膜和口腔黏膜处发生自体传染。

2. 症状　肿瘤有良性恶性之分，有原发继发之别，有单发混发之状。所以肿瘤的病理和症状非常复杂。临床症状取决于肿瘤的大小、位置、类型、侵犯邻近器官的程度及有无并发症。肿瘤压迫神经可引起疼痛，压迫静脉会出现肿胀，产生激素会出现相应激素过多症状。恶性肿瘤发展到一定时期，动物呈恶病质状态，出现精神沉郁、厌食呕吐、消瘦贫血等全身症状。

卵巢肿瘤体积较大，直径为5～10cm，有的甚至可达30cm。触诊时在腹腔有时出现一个可能触摸到的团块，有时并无临床症状。常见的症状是持久发情，阴道经常排出分泌物，发生囊性子宫内膜增生或子宫积脓，有的出现腹水。腹水可能是卵巢腔内漏出的液体，也可能是肿瘤压迫、堵塞或破坏了腹膜淋巴管所致。

子宫肿瘤的临床症状取决于肿瘤的性质和大小。良性肿瘤可能不表现临床症状，仅是腹部有一个可能触摸到的团块；恶性肿瘤会出现临床症状，如阴门持续滴血、子宫积水或积脓、腹部膨大、倦怠厌食、体重减少、呕吐等。卵巢和子宫肿瘤一般是沿着腹部表面或沿着淋巴和血管向腹部表面、淋巴结、胸腔等部位转移。胸部转移性肿瘤伴有间歇性咳嗽，中枢神经转移性肿瘤可能导致失明或运动失调。

阴道阴门肿瘤较小时一般不容易被发现，较大的肿瘤脱出于阴门外，排尿困难，母畜常舔舐阴门，厌食和体重减轻，尿频便秘，里急后重，不时排出黏液性、血性或脓性阴道分泌物，往往被误认为是发情表现。肿瘤呈红色或灰白色的菜花状，有蒂，突起于阴道壁，与周围阴道组织界限清楚，质脆。传染性生殖道肿瘤开始时是单个或者多个灰红色的小硬结节，进而发展成为菜花样，或者溃烂。

3. 诊断　肿瘤的位置与肿瘤的类型没有关系，肿瘤的确诊需要进行组织病理学诊断。

对于体积大的卵巢和子宫肿瘤，中腹部或前腹部可能有一个可触摸到的团块，并可用影像学方法及手术探查确定肿瘤的大小、形状、质地和囊腔。卵巢和子宫肿瘤位于体内，经常是到了晚期才引起注意，经常是在卵巢子宫切除术时或死后尸体剖检时才被发现。

对于阴道阴门肿瘤，通过直肠或阴道触诊及阴道镜可触觉或观察到肿瘤的大小、位置、数目和侵入阴道壁的程度，能够给出初步诊断。通过临床症状、肿块位置及发情周期中肿块的变化，可与阴道脱出相区分。阴道细胞学可以说明体内存在雌激素，测定血液孕酮也很有用。另外，肿瘤表面有包膜，脱出时间稍长时可以看到表面的毛细血管，触诊质地较硬弹性强，无肿胀，有明显的蒂，游离性大；与此相反，阴道表面无包膜，较粗糙，肉眼一般看不到毛细血管，触诊质地较软，弹性小或无弹性，脱出时间稍长则重度肿胀，无蒂，游离性小。

进行胸腹部X线检查和手术探查可以确定肿瘤是否发生了转移。阴道、前庭及腹水中脱落细胞的细胞学检查也很有诊断意义。

4. 预后　良性肿瘤如平滑肌瘤预后良好，恶性肿瘤如腺癌则预后不良，尤其是已经发生转移的恶性肿瘤。犬切除良性阴道或者阴门肿瘤后平均存活18个月，而切除恶性阴道或者阴门肿瘤后平均存活11.6个月。切除肿瘤的同时切除卵巢子宫，可以降低复发率。

5. 治疗　经胸腹部X线检查确定生殖道肿瘤没有发生转移，手术切除肿瘤是首选治疗方法。肿瘤即使是良性的，也有可能通过淋巴管转移。施术过程中不要弄破肿瘤被膜，脓液中可能有脱落的肿瘤上皮细胞，会造成转移；施术过程中要详细检查腹腔各种组织器官，发现有异常变化时应全部清除，手术结束时要充分灌洗腹腔。

鉴于生殖道肿瘤的激素背景，发病动物应做卵巢子宫切除术。名贵品种可仅对发病的单侧做切除，对侧卵巢子宫功能可能无影响，产仔明显减少，但激素浓度长期升高对子宫也有害。

对于阴道阴门肿瘤，如果肿瘤单一发生并且有明显根蒂，用缝合线于根蒂的基部对肿瘤作多重结扎，1 周后肿瘤变为暗紫色，肿瘤表面干燥并萎缩，10 天左右肿瘤即可脱落，局部组织修复良好；如果肿瘤的部位浅，分离肿瘤与周围健康组织的联系，完整分离并剪除肿瘤；如果肿瘤位置较深，将一尿导管置于尿道中，指示切除的深度，手术中不要损伤尿道。将两把肠钳分别钳压在阴门背侧的两侧，沿阴门背侧联合处切开阴门，充分暴露阴道及肿瘤。于肿瘤基部的阴道上做一个纵向切口，沿肿瘤周围剥离阴道黏膜，完整切除肿瘤。对高度浸润性的恶性肿瘤，有时需要将阴门和/或阴道完整切除。如果肿瘤过大或者数目过多，或者不能达到肿瘤的部位，就不适宜进行手术切除。术中创缘和创面出血较多，通常采取烧烙法或缝合法止血。缝合时注意不要将尿道与周围组织缝在一起。术后需用 0.1%高锰酸钾溶液、0.1%新洁尔灭溶液或 0.1%雷佛诺尔溶液等冲洗阴道术部，每天 1～2 次，连续 5～7 天。

化疗可单独使用，亦可在手术切除后使用。对于发生转移的病例，只能用化学治疗。传染性生殖道肿瘤大小不一，手术治疗很难确保肿瘤切除干净，主要依靠化学药物进行治疗。根据病情和药理作用单独使用、交叉使用或配合使用化学治疗药物，直至控制住病情。化学治疗药物具有明显的副作用，使用时应当注意用量和疗程，力求在疗效和副作用之间取得较好的平衡。

老年动物每年进行一次 B 超检查，以期能够早些发现出现的肿瘤。

第九节 发 情 异 常

发情异常（abnormal estrus）包括发情表现异常和发情间隔异常两种情况。小动物的发情表现异常主要是持续发情，多见于初情期后至性成熟前生殖功能尚未发育完全的一段时间内；性成熟以后环境条件的异常也会导致发情表现异常，如严重应激、营养不足、管理不当和气候改变等。发情间隔异常包括发情间隔缩短和发情间隔延长。

（一）持续发情

动物长时间处于性兴奋状态，远远超出了正常发情期的时限，称为持续发情（persist or prolonged estrus）。某些繁殖状况正常的犬，发情前期可长达 17 天，发情期可达 21 天。这意味着正常犬表现发情的时间可长达 4～6 周。犬发情超过 21 天，或发情前期与发情期的总时间超过 6 周就是持续发情。持续发情是由持续分泌雌激素引起的，持续发情期间阴道上皮细胞≥90%为表层细胞，血液孕酮浓度通常保持在≤2mg/mL。犬发情期血液雌激素浓度没有降低，或者发情期用雌激素进行避孕，发情期就会延长。用促性腺激素诱导发情也会出现较长的发情期。持续发情通常见于排卵延迟及不排卵，主要表现为发情前期和/或发情期延长。超过 75%的肾上腺皮质功能亢进会引起持续发情，血液皮质醇浓度升高会引起 LH 合成或释放减少。持续发情还见于卵泡囊肿、卵巢颗粒细胞瘤，偶尔见于垂体或丘脑下部肿瘤。由于排卵延迟及不排卵，若仍按正常时间配种则受胎率明显降低。

母犬阴门肿胀，阴道持续排出血性分泌物，引诱公犬。身体两侧皮肤对称性脱毛。卵巢颗粒细胞瘤可能引起腹部下沉和腹水，发病时间与发情无关，卵泡囊肿则在发情时发生。

治疗持续发情首先要搞清并去除雌激素过多的原因，然后评价雌激素对骨髓所发生的抑制毒性，是否发生了再生障碍性贫血、白细胞减少症和血小板减少症，视骨髓抑制的程度进行输血和支持疗法，注射碳酸锂可能有益。犬发情间期或发情期超过 30 天就要进行 B 超检查，看是否发生了卵泡囊肿。对于发生卵巢颗粒细胞瘤和不考虑用于繁殖的动物，治疗方法首选卵巢子宫切除术。

猫的发情活动在发情间隔期没有停止，结果前后两个发情期连在了一起，发情活动持续可长达 26 天或更久。这些猫血液雌激素浓度居高不下，可能是由于不排卵造成卵泡波叠加的结果。对大多数猫来说，特别是东方猫，持续发情是一种正常现象。发情间隔期过短而没发现可被误认为是持续发情。连续 3～4 周进行阴道细胞学检测，可以将它们区分开来。卵泡囊肿或卵巢肿瘤时，或许身体两侧皮肤发生对称性脱毛，也会发生再生障碍性贫血。与有经验的公猫交配、人工刺激阴道、肌肉注射 25μg GnRH 或 250IU hCG 诱导排卵，或将猫放入每天 8h 光照的房间，可中止持续发情行为。猫发情延长好多天才会受到关注，这种情况会自行结束，所以进行治疗的效果不好确定。

（二）发情间隔缩短

犬每 5～9 月发情一次。犬的发情前期和发情期需要 20 天，加上 2 个月的发情间期，最短 2 个月的子宫修复阶段（乏情期），整个卵巢周期最短 4.5 个月。发情间隔不足 4 个月称为发情间隔缩短（shortened anoestrus）。

发情间隔缩短是由于促性腺激素释放不足，或者卵泡促性腺激素的反应不足，结果卵泡产生的雌激素不足以产生有效的正反馈，卵泡发育 3～5 天后逐渐萎缩退化。虽然动物出现发情前期的表现，但接下来没有出现发情表现，或出现一个很短的发情期。不排卵就不能形成黄体，不能形成发情间期，通常 3～4 周后动物会进入下一个发情前期，结果造成发情间隔缩短。发情间隔缩短，子宫复旧时间也会相应缩短，子宫修复没有完成，虽然接受交配，但经常引起不孕。发情间隔缩短可以连续出现数次，容易被误认为是发生了流产。年轻母犬生理功能旺盛，营养状况良好，功能恢复比较快，在较短的时间内就能进入下一个周期。没有经历妊娠、分娩和泌乳的犬，发情间隔可相对缩短。处于乏情期的母犬与处于发情期的母犬密切接触，可以缩短乏情期提前进入发情期，这是发情间隔缩短最常见到的情况。

发情间隔缩短伴随有典型的雌激素分泌活动，阴道细胞学检查有助于诊断发情间隔缩短；发情时无法识别是否发生了排卵，发情过后血液孕酮浓度没有超过 2ng/mL，可以证明没有排卵。发情间隔缩短与子宫病症之间不存在必然的关系，动物在后一个发情期正常排卵，如果配种可以妊娠。除应细心管理母犬之外，临床上不必过于担心。作出发情间隔缩短诊断之后，就要在接下来的发情期做好配种工作。

幼龄母犬经常有不规则的、频繁的不排卵的卵巢周期。部分母犬成熟要慢得多，母犬超过 3 岁且发情周期过于频繁就需要密切关注动物的下一次发情。如果下一个发情间隔仍然不足，就要在进入发情前期时开始每天测定血液孕酮浓度，当孕酮浓度首次表现升高时注射 500IU hCG，每天 1 次，连续 3 天，刺激排卵。此时阴道上皮细胞角质化达到最高比例。对于其他处于繁殖年龄的母犬，从发情前期的前 3 天开始使用乙酸甲地孕酮，每天内服 2mg/kg，连用 8 天，停药后 3 个月左右发情。另外，在上一发情期结束后的 6～8 周开始连用 6 个月米勃酮，用推迟下次发情时间的方法实现正常的发情间隔。必须确保开始使用米勃酮时动物没有妊娠。停药后犬会很快发情或在 6～9 个月后发情。如果动物在停药后的 60 天之内发情，这个发情期不适合进行配种繁殖，需要等到下一个发情期进行配种。

（三）发情间隔延长

发情间隔延长（prolonged anoestrus）是指犬在上一个发情期后 10～18 个月不发情。发情间隔会随着母犬年龄的增长而变长，6～8 岁母犬的发情间隔 10～12 个月不必担忧。然而，这样长的发情间隔对于 2～5 岁的母犬来说则是不正常的，每周进行阴道细胞学检查可以对此作出诊断。某些品种发情间隔本身较长，如巴辛吉（产于非洲的小猎犬）和狼犬可能每年就发情一次，没有公犬也没有坚持每周做 2 次阴门、行为检查会错过或漏检发情期，这两种情况不能算是发情间隔延长。母犬产 2 窝要空一个周期，以利于体况的恢复。如果连续生产 3 窝以上，就会出现发情间隔延长的情况。一般窝产仔数 10 头以上，也会造成因自身损耗过大而引起发情间隔延长。猫乏情期延长可能与全身性疾病、营养不良或体内寄生虫有关。

甲状腺功能减退是犬常见的一种内分泌疾病，多数病例是由自身免疫性甲状腺炎所引起。甲状腺功能减退能引起促甲状腺素释放激素分泌增加，而促甲状腺素释放激素又能引起促乳素的释放，促乳素具有抑制 GnRH 的作用，从而干扰动物的发情和排卵。病犬通常无精打采，食欲减退，便秘，生长缓慢，关节和骨畸形，皮毛无光泽，色素沉着过度，乏情期延长，不孕，乳溢，流产，子宫收缩无力，分娩过程延长，围产期胎儿死亡增加等。甲状腺功能减退具有遗传特征，一旦确认最好不再用于繁殖。对甲状腺功能减退敏感的种类有金毛猎犬、杜宾犬、达克斯猎犬、设得兰牧羊犬、爱尔兰长毛猎犬、斗牛犬、巴辛吉、小种鬈犬、美国曲卡、艾尔谷犬、大丹犬、拳师犬、小猎兔犬、狮子犬、俄罗斯狼犬。犬按 0.01～0.02mg/kg 左甲状腺素每天内服两次治疗 4～6 周，动物很快变得警惕活跃，接着是 4～6 个月的恢复性治疗，动物会恢复正常发情周期。不同犬和不同药物之间的吸收、代谢和排泄有很大差异；如果疗效不理想，可能是诊断错误或治疗剂量不足。甲状腺功能减退在猫非常罕见。

糖皮质激素抑制 FSH 和 LH 分泌。糖皮质激素被用来治疗很多小动物疾病，长期接受糖皮质激素治疗的母犬可能不会表现卵巢周期，除非所用剂量极小或停止用药。

发情间隔延长的另一种表现形式是安静发情（silent estrus）。动物能正常排卵但无明显外部发情表现，在猫则表现为有正常的激素范型、但无明显外部发情表现。初情期发情，在群内社会地位或者顺序排在最后，过度拥挤，长途运输，过度工作、训练、表演，环境温度过高或过低等应激因素都会抑制发情行为，严重疾病及其病后恢复期，营养不良，连续高产，光照不足，单独圈养不与公畜接触，衰老等也容易发生安静发情。犬几乎不存在严格意义上的安静发情。一般当猫连续两次发情之间的间隔相当于正常间隔的2倍或3倍时，即可怀疑中间有安静发情；采集血样测定孕酮，血液孕酮浓度超过2ng/mL说明此动物在过去的40天（猫）或60天（犬）内排过卵。每周进行2～3次阴道上皮细胞涂片检查，也可以检出安静发情的动物。在适宜的时间配种可以受孕，但配种时间很难掌握，受孕率比较低。遇到这种情况，可将母猫移入新环境，或进行诱导发情。偶尔泌乳母猫会发生安静发情，但更为常见的是猫在此阶段处于乏情期。

利用外源激素和某些生理活性物质及环境条件的刺激，促使乏情母畜卵巢从静止状态转变为活跃状态，以恢复母畜的正常发情和排卵，称为诱导发情；采用类似手段使一群母畜在特定时间内集中发情和排卵，称为同期发情。当动物出现原发性的或继发性的不发情，或者错失配种时机或配种后妊娠失败，以及在胚胎移植时，就需要对动物实施诱导发情或同期发情。可见，诱导发情和同期发情在临床上是常用的治疗措施，在配种管理上是常用的生殖技术。

用eCG诱导母犬发情，每天肌肉注射20IU/kg，连用8天，第5天血液孕酮浓度开始升高，与正常发情母犬血液孕酮浓度相似；第9天肌肉注射500IU hCG，常于注射hCG后27～30h发生排卵。使用促性腺激素诱导发情需注意用药时间和用药剂量。长时间大剂量使用促性腺激素可能诱发雌激素长时间升高，阻止胚胎附植，诱发骨髓抑制，表现再生障碍性贫血。

使用促乳素抑制剂是诱导犬发情的有效方法。促乳素在犬具有促黄体化作用。在发情间期使用促乳素抑制剂引起血液孕酮浓度迅速下降，此时停止用药动物进入乏情期。如果在乏情期连续使用促乳素抑制剂，约30天犬就会进入发情前，此时停止使用促乳素抑制剂，动物的受胎率与正常发情时相似。溴隐亭应连用 21 天，或卡麦角林最多连用30天。促乳素抑制剂对初情期延迟的母犬无效。

由于犬黄体溶解之后有一个很长的乏情期，因而不能用$PGF_{2\alpha}$溶解黄体的方法诱导发情。

动物存在同舍效应。把处于乏情期中期或后期的母畜与处于发情前期或发情期的母畜放在同舍或邻舍，会使乏情期缩短。将不发情的动物与其他母畜分开，更换或引进公畜，具有刺激发情的作用。保持每天12～14h光照，可以诱导和增强猫的发情表现，并保持全年发情。

用eCG诱导母猫发情，第1天注射100IU eCG，第2天注射50IU eCG，第6天注射100IU hCG，然后与公猫合笼24h，排卵时间范围为合笼后30h左右。或者注射150IU eCG，过80～88h注射100IU hCG或与公猫合笼，妊娠率为80%。若是在繁殖季节应用，剂量可减少到25IU，出现发情时配种可以受孕，平均可产仔猫4只。在发情后的第2～3天注射 250IU hCG，可有效增加排卵反应。若要重复诱导发情，间隔时间需要超过4个月。猫对外源性促性腺激素敏感，大剂量使用时可引起大量不排卵的囊状卵泡。

用FSH诱导母猫发情，第1天注射2.0mg FSH，第2天和第3天各注射1.0mg FSH，第4天和第5天各注射0.5mg FSH。发情之后进行自然交配或静脉注射250IU hCG 诱导排卵。自然交配后注射250IU hCG，协助猫排卵。

刺激动物生殖功能的方法和药物种类繁多，但是目前还没有一种能够用于所有动物并且完全有效的方法和药物，即使是激素制剂也不一定对所有病例都能奏效。影响催情效果的因素极其复杂，不但和方法本身及激素的效价、剂量有关，而且更重要的是取决于母畜的年龄、健康状况、内分泌状态、生活条件和气候环境等因素。

第十节　两性畸形

两性畸形（hermaphroditism, intersexuality）是动物在两性分化和发育过程中某一环节发生紊乱而造成的性别区分不明，性别介于雌雄两性之间，既具有雌性特征，又具有雄性特征。两性畸形根据表现形式可分为性染色体两性畸形（非正常 XX 或 XY）、性腺两性畸形及表型两性畸形三类。外生殖器明显异常的母犬可很快鉴别，性染色体异常由检测染色体组型确定，性腺性别通过性腺的组织学检查确定，表型性别通过内部和外部生殖器的彻底检查来确定。确定表型性别时必须检测：①阴门或阴茎包皮的形状和位置是否正常；②是否存在阴蒂或阴茎；③尿道的开口位置；④是否有前列腺或前端阴道。

（一）性染色体两性畸形

性染色体两性畸形（chromosomal intersexuality）是性染色体的组成发生变异，雄性不是正常的 XY，雌性不是正常的 XX，引起性别发育异常而形成的两性畸形。性染色体两性畸形中除了嵌合体外，其他的畸形一般是性腺和生殖道发育不全，雌雄间性极其少见。嵌合体引起的畸形则常为雌雄间性。大多数性染色体异常的动物没有生殖能力，不用考虑治疗。

1. XXY 综合征（XXY syndrome）　在减数分裂过程中，精子或卵子的同源染色体没有发生分离。如果卵子发生不分离，则卵子有两个 X 染色体而另外一个卵子没有性染色体。有两个 X 染色体的卵子与 Y 染色体的精子受精，发育成 XXY 个体。如果精子发生不分离，XY 染色体的精子与 X 染色体的卵子受精，也能发育成 XXY 个体。Y 染色体允许睾丸发育，有雄性生殖器官及性行为。然而，额外的 X 染色体抑制正常的精子发生，睾丸及附睾很小，且睾丸组织学检查可见典型的曲细精管玻璃样变性、精原细胞严重缺乏和睾丸间质细胞假性腺瘤样聚集，见不到精子生成过程，精液中不含精子。母畜高龄是一个危险因素，与父方高龄没有明显相关。犬和猫均有 XXY 综合征个体存在。犬 XXY 与睾丸发育不全和精子生成障碍有关，但与不明确的外生殖器无关。猫的橙色和黑色基因位于 X 染色体，Y 染色体只携带一个颜色的基因，所以 XXY 在外表呈三色猫。

2. XXX 综合征（XXX syndrome）　有两个 X 染色体的卵子与 X 染色体的精子受精，发育成 XXX 个体。母畜 X 染色体非整倍体（XO, XXX）导致不育。犬 XXX 个体的表型为雌性，常有卵巢发育不全，外生殖道可能无异常，有的表现原发性不发情。

3. XO 综合征（XO syndrome）　可能是亲代生殖细胞的减数分裂发生不分离，形成了没有性染色体的卵子或精子，这种配子与含 X 的精子或卵子受精后形成 XO 合子。XO 犬猫的表型为雌性，卵巢和子宫很小，没有卵泡和黄体，没有其他身体异常，2～4 岁未能出现卵巢周期，对促性腺激素治疗无反应。

4. 嵌合体和镶嵌体（chimeras and mosaics）　同一个体的细胞存在两种不同源染色体核型，即体内存在两种或两种以上的细胞系，称为嵌合体（chimera）。性染色体不同的两个合子融合形成XX/XY嵌合体。个体含有两种同源但不同组型染色体的细胞，称为镶嵌体（mosaic）。镶嵌体是配子在减数分裂时未能分离，可形成4种细胞种群：YO、XXY、XO、XYY，与正常细胞种群融合形成镶嵌体。镶嵌体中各种细胞系的类型及比例取决于发生染色体不分离时期的早晚。发生得越晚，体内正常二倍体细胞所占比例越大，临床症状也较轻。镶嵌体和嵌合体虽然细胞来源不同，但其结果一样，即这种个体含有两种不同染色体组型的细胞，而且是随机形成的。

犬存在嵌合体（78，XX）/（78，XY）和镶嵌体（78，XY）/（79，XXY）两种染色体构型。一只嵌合体犬（78，XX）/（78，XY）外生殖器性别模糊或不完全雄性化，虽然具有包皮样发育，但尿道开口的部位比雄性的靠后而比雌性的靠前。一只猫核型为（37，XO）/（39，XXX），右侧卵巢大小正常，在其表面有黄体，左侧卵巢发育不全，缺乏卵巢结构，子宫正常，并且妊娠。另一只猫核型为（38，XX）/（37，XO），左侧卵巢大小正常，表面有黄体，右侧卵巢发育不全，子宫正常，其中有5个胎儿。3个胎儿染色体正常［（38，XX）或（38，XY）］；1个表现腭裂，其余4个总体上正常，并且性腺正常。胎儿时期雌性胎儿前后如果都与雄性胎儿为邻，胎盘可能会发生融合，母猫容易不育。嵌合体和镶嵌体猫的外表也会呈三色猫。

嵌合体和镶嵌体动物的性腺取决于胚胎性腺组织内细胞种群的分布。如果一个种群的细胞有Y染色体而另一种群的细胞只有X染色体，结果性腺发育成卵睾体，组织学上的特点是既有睾丸组织又有卵巢组织。卵睾体个体的表型性别取决于睾丸组织和卵巢组织的相对数量：睾丸组织数量越多越倾向于表现雄性，卵巢组织数量越多越倾向于表现雌性。XX/XY嵌合体睾丸位于肾脏附近，子宫充满液体而增大，阴门样结构向前移，发育不全的阴茎代替阴蒂。动物在出生时比较温驯，通常被认为是雌性，其外生殖器和生殖道与雌性动物无异，但在达到性成熟时体格一般要比正常的雌性大，头似雄性，颈部被毛竖起，乳头细小，阴茎呈杆状并且较短，喜欢攻击斗殴，有的可能对雌性表现雄性性行为。

（二）性腺两性畸形

性腺两性畸形（gonadal intersexuality）指染色体性别与性腺性别不一致，这种个体又称为性反转动物（sex-reversed animal）。

1．XX真两性畸形（XX true hermaphroditism） 此种动物的性染色体核型为XX，性腺至少有一个为卵睾体，通常具有雌性生殖道和外生殖器，但阴蒂很大并在结构上与阴茎相似。XX真两性畸形犬存在睾丸、附睾、输精管、卵巢、输卵管和子宫，阴茎和包皮存在解剖学异常，尿道开口下裂。犬XX真两性畸形占性反转的90%。这些犬外表倾向于雄性化或性别不明确，不管阴门外形和位置是否异常，阴蒂都会明显增大。猫很少见到XX真两性畸形。

这类两性畸形的诊断依据是：表型性别为雌性但阴蒂一般很大，性腺组织学检查同时存在有睾丸和卵巢组织，经LH或GnRH刺激后血液睾酮浓度增加，染色体核型为XX。

2．XX雄性综合征（XX male syndrome） 染色体为XX，两侧性腺均为睾丸，位于发育不良的阴囊内，或为双侧隐睾。动物的表型为雄性，有前列腺。阴茎异常包括尿道下裂、发育不全或完全，包皮的形状或位置异常。存在子宫和卵巢，没有输卵管。犬XX雄性综合征占性反转的10%。此种畸形在哈巴犬、曲卡犬、比格犬均有发现，有可靠的家族遗传证据。XX 雄性综合征个体缺乏 Y 染色体，却发育成雄性，其发病机制可能是：①该个体核型为嵌合体型，在某些组织中带有 Y 染色体的细胞系；②发生了 Y 染色体与 X 染色体之间遗传物质互换。

没有发现犬 XY 性反转个体。

（三）表型两性畸形

表型两性畸形（phenotypic intersexuality）指染色体性别与性腺性别一致，但与外生殖器性别相反。也就是说，它们表型异常。犬猫都存在表型两性畸形。这种畸形动物根据其性腺是睾丸还是卵巢可分为雄性假两性畸形及雌性假两性畸形两类。

1．雄性假两性畸形（male pseudohermaphroditism）　染色体核型为 XY，性腺为睾丸，但生殖道和/或外生殖器雄性化不完全。胚胎时期睾丸分化异常，不能生产睾酮或睾酮产量不足，睾酮不能转化成二氢睾酮，或者靶组织上缺乏雄激素受体，或者雄激素受体后作用出现异常，结果生殖道和外生殖器向雌性方向分化，外生殖器界于雌雄两性之间，既有雄性特征又有雌性特征。雄性假两性畸形常见。

（1）睾丸雌性化综合征（testicular feminization syndrome）　由于缺少睾酮受体，中肾管没有发育成雄性生殖管道，外生殖器也没向雄性方向发育，而睾丸支持细胞产生的抗缪勒氏管激素仍能抑制缪勒氏管的发育，故输卵管和子宫也未能发育，睾丸位于腹腔或腹股沟管中，不存在附睾、输精管、输卵管和子宫，表型性别为雌性，但阴唇发育不良，阴门狭小，阴道为一盲囊，有一定的雌性行为，但没有正常的发情周期。犬猫这种病例数目不多，必须进行染色体及雄激素受体分析才能确诊。睾丸雌性化伴 X 染色体隐性遗传，只有公畜发病，病畜的雌性亲属（包括母亲及姐妹）均为致病基因的携带者，不能留作繁殖之用，其雄性亲属如表型正常则不会携带致病基因。

（2）尿道下裂（hypospadias）　此种异常见于波士顿犬。外生殖器异常，尿道开口于下部，可能是胎儿分泌的睾酮不足，经常伴随隐睾缺陷。

（3）谬勒氏管残留综合征（persistent Mullerian duct syndrome）　表型可能是正常雄性，通常为双侧或单侧隐睾。患病动物有由谬勒氏管系统发育而来的雌性管道，可能是谬勒氏管抑制因子作用不够所致。睾丸一般附着于两个子宫角的前端或相当于卵巢的位置，有时也可位于腹股沟管或阴囊中，通常都有阴道前部或前列腺。隐睾多数发育不全，无精子生成。每一睾丸都连有一附睾，往往见有支持细胞瘤，子宫亦不正常，有囊性子宫内膜增生和子宫积脓。此种异常见于犬。

2．雌性假两性畸形（female pseudohermaphroditism）　染色体核型为 XX，性腺为卵巢，但外生殖器雄性化，变异的程度个体之间有所差异。可能具有类似正常的雄性阴茎和包皮，且有前列腺，但同时亦有前部阴道及子宫。雌性假两性畸形罕见，妊娠期间注射雄激素或孕激素可使雌性胎儿雄性化，成为雌性假两性畸形，亦可由芳香化酶缺乏所致。

雌性假两性畸形犬有卵巢、前端阴道和子宫，阴蒂增大，或有类似阴门的包皮和发育不全的阴茎。小的时候被当做公犬，长大后出现发情表现，阴门肿胀，吸引公犬，有时并发囊性子宫内膜增生及子宫积脓。

第十一节 阴道狭窄

阴道狭窄（vaginal stenosis）指雌性动物内外生殖器连接处的纤维组织过于丰富，纤维组织压迫阴道管腔造成阴道窄带的情况。阴道狭窄是阴道的先天性异常，常见于柯利牧羊犬和雪特兰牧羊犬。由于大多数犬做了性腺切除手术，无从知道阴道狭窄的真实发病率。此病在猫罕见。

1. 病因 雌性动物内外生殖器连接处的纤维组织窄带的弹性很差，它在阴道发育时形成环形的阴道隔，当此处阴道壁中的纤维组织含量过于丰富时会压迫阴道管腔，造成阴道狭窄。这个纤维组织窄带位于尿道开口前端的阴道壁中。偶尔阴道发生节段性发育不全，临床上会遇到阴道有2处甚至3处狭窄。

2. 症状 阴道狭窄通常是在第一次配种遇到困难时才被怀疑或发现。动物表现正常的发情期，静止站立接受交配。然而，公犬阴茎不能插入，或者插入后不能形成完整的锁结状态，或者插入产生痛感，母犬表现痛苦，马上会逃避，撕咬和拒绝公犬交配。阴道狭窄通常位于阴道后端，不严重时不影响交配，但会造成难产。

阴道狭窄时发生尿液滞留，容易引起尿道感染，表现排尿困难或尿失禁，尿失禁进而引发慢性阴道炎和/或慢性膀胱炎，导致阴道分泌物增加，引起过分舔舐阴门区域，产生能够吸引雄性的气味。阴道炎会持续几周到几个月，若自然痊愈仍会复发，有时波及子宫，造成子宫感染。

3. 诊断 诊断阴道狭窄的最好办法是在发情期进行阴道指诊。阴道指诊可能带来痛苦和恐惧，需要给犬戴上嘴套。兽医戴上手套和擦过润滑油，将一个手指轻轻地伸进阴道，会马上发现阴道狭窄。没交配过的犬可能会有处女膜遗留；发情间期阴道会变细和坚硬，感觉好像阴道狭窄；小型品种阴道较细，阴道指诊要有耐心。镇静剂和麻醉剂有时会导致阴门区域的形态变化，要尽可能不使用。用直肠指诊的方法可以肯定和排除阴道粗厚和阴道周围异常造成的阴道狭窄。

借助于阴道内窥镜可以看到阴道隔和阴道狭窄，并且可以更好地估计异常的程度。阴道隔为纤维组织，它前面的阴道壁为正常的阴道黏膜。内窥镜没有阴道指诊敏感，可能绕过和漏掉狭窄。

阴道X线照相对诊断阴道缺陷有很高价值，并且这种检查不会引起母犬的疼痛和损伤。在触及不到阴道深处的狭窄时，在阴唇发育不良或浅部阴道狭窄而无法对深部阴道进行检查时，在犬太小或犬有异常不舒适时，在对阴道实施外科手术前需对整个阴道进行评估时，需要进行阴道X线照相。

胚胎时期雌性胎儿的两条缪勒氏管融合形成子宫和阴道。当这个融合过程不完全或发生异常时形成一个纵向的阴道隔。阴道隔可以只有几毫米长，也可以很长而形成双阴道。纵向阴道隔由阴道组织形成，而环形阴道隔为纤维组织，两者明显不同，容易鉴别。

4. 治疗 当阴道狭窄没有明显临床症状时，特别是不妨碍交配和产仔不发生难产时，就不用进行治疗；当阴道狭窄妨碍交配和产仔时，可以用人工授精和剖宫产的方法解决。当动物不是名贵品种不需进行繁殖时，可以选择卵巢子宫切除术。

对于阴道炎明显和严重的病例，首先要治疗阴道炎。用非刺激性消毒药液冲洗阴道，每天三次，直到症状减轻。

选择在乏情期或发情间期进行手术治疗。在全身麻醉下，用手可以断开薄的阴道隔，或者用手扩张狭窄的阴道，对45%的病例有效。分离和切除引起阴道狭窄的纤维比较容易，可以彻底治疗阴道狭窄。一般先从阴门背侧的结合缘切开皮肤，分离并结扎大血管。继续切开背侧的阴道前庭壁，切开深度和皮肤切口一样。将切开的阴道前庭壁和阴门皮肤进行T型间断缝合，阴门切开术后扩大了视野。小的阴道隔切成数段就可，大的阴道隔手术切除。手术部位通常在尿道附近，术前进行尿道插管可以指示尿道位置，避免手术时伤及尿道而引起泌尿异常。手术形成伤疤可能再次造成阴道狭窄，手术修复阴道缺陷后不能确保母犬能够繁殖，以后要在每次配种前再次进行阴道检查。

第十二节　不育的检查

在日常的饲养管理实践中，为了评价母畜生殖功能，或者查出引起母畜不育的原因并使其及时得到纠正，经常需要对母畜进行生殖功能检查或是不育检查。全面的身体检查对于评价母畜的生殖功能不育很重要。身体检查的内容除了对全身各个系统器官的检查之外，还应包括品种、年龄、体型、个体发育、营养状况、遗传缺陷、免疫注射、步态、行为表现、管理、环境等。在对其他器官系统已经检查过之后，再对生殖系统进行全面的检查。

母畜不育的表现通常是：①无法实现交配；②交配后不能妊娠；③妊娠后妊娠不能维持到分娩。母畜不育按性质不同可以概括为七类，即先天性（或遗传）因素、营养因素、管理因素、生殖技术因素、衰老、疾病和免疫（表 10-3）。先天性不育是指由于生殖器官的发育异常，或者卵子、精子及合子有生物学上的缺陷，而使母畜丧失生殖能力。有关母畜及仔畜先天性畸形的病例很多，但只有在同一品种动物或同一地域重复发生类似畸形时，才可认为可能是带有遗传性的。由于人们对于小动物生殖知识理解和生殖技术掌握有限，常常不能在适当的时间安排动物交配，从而导致动物没有妊娠。交由兽医进行不育检查的多数动物生育能力正常，也说明了这点。由此可见，管理因素在小动物生殖方面显得非常重要。

表 10-3　母畜不育的种类和原因

不育的种类		引起的原因
先天性不育		生殖器官畸形：阴道狭窄，两性畸形
获得性不育	营养性不育	过瘦或肥胖，维生素不足，矿物质不足
	管理性不育	运动不足，哺乳期过长
	生殖技术性不育	错配、漏配、拒配，交配不确实 精液处理不当，授精技术不熟练 妊娠诊断不及时或不准确
	衰老性不育	生殖器官萎缩，生殖功能衰退
	疾病性不育	卵泡囊肿，发情异常，假孕，甲状腺功能减退 阴道脱出，子宫积脓，阴道炎，生殖道肿瘤 结核病，布鲁菌病，阴道滴虫病
	免疫性不育	精子或卵母细胞的特异性抗原引起免疫反应，产生抗体，使生殖功能受到干扰或抑制

母畜不育检查首先从病史调查着手，根据这些历史资料可以判断生殖周期是否正常，生殖管理是否得当，生殖技术是否正确，以及母畜是否患有生殖疾病。畜主和饲管人员提供的繁殖史资料只可作为参考，而不是诊断的唯一依据。不育检查其次是检查外生殖器和乳房，最后检查阴道。需要进一步检查时，进行激素分析及其他特殊检查。如遇传染性因素，还需进行流行病学调查。在母畜的不育检查项目中，临床检查仍然是主要的。

一、繁殖史调查

繁殖史对判断母畜生殖功能具有重要意义。繁殖史料的可靠程度取决于资料的来源，在管理良好的饲养场，繁殖记录就是最为可靠的繁殖史料；但在单家独户饲养条件下，有繁殖记录的为数不多，经常只能靠畜主的记忆。多数畜主亲自饲养动物，对动物进行长期观察，对动物的生殖和疾病还是有相当丰富的经验，全面细致地向他们了解动物的情况，征询他们的看法，可能得到对诊断极为有用的资料。某些营养性、管理利用性、生殖技术性和衰老性不孕，有时根据繁殖史就可作出初步诊断。即使繁殖史与检查情况不完全符合，也能启发人们进一步思考，使诊断更为准确。因此，要事先拟定调查提纲，详细询问了解动物个体及全群的生殖状态。询问的内容主要包括以下几个方面。

（一）品种和年龄

犬的卵巢周期开始于24～30周龄，小型犬初情期要比大型犬早些。第一周期和第二周期可能是不规则的，持续时间或短或长。犬的发情间隔一般是5～8个月，小型犬的性周期要比大型或巨型犬频率大。因此，大多数母犬的不孕评估都要推迟到24～30周龄。仅仅知道犬的年龄和品种，就可以帮助推测是否有先天性或衰老性不孕的可能，断定一只犬需要作临床诊断的可能性有多大。

（二）饲养管理

管理问题是发情周期正常而表现不孕母畜的最常见原因。动物在饮食恶劣、危重疾病、过度拥挤、通风不良、温度过高过低或光线不足等的应激下会出现发情周期的中断或停止，巡回展示或旅游也会影响发情周期。要询问动物的身高和体重是否同它的品种和年龄相一致，近期身体健康或者生病的情况如何，是否接受药物治疗；饲料的种类、质量及来源，以及运动情况；母犬是否有完整的卵巢周期，是单独在家还是和其他母犬一起，是不是和公犬在一起，是不是和做过卵巢子宫切除术的母犬在一起。将母畜圈养在一起会导致母畜同步发情。相反，在过度拥挤的动物群中，社会顺序排在最后的动物的发情表现就会受到抑制。根据母畜的多少，可以估计不孕的原因是带有共同性的饲养管理性不孕，还是仅为个别情况。

（三）繁殖情况

生殖管理不当是小动物不育最为普通的原因，没能在合适时间安排配种是最为突出的问题。

需要了解初次发情的年龄，发情周期的次数和规律，发情前期阴道流血的日期，发情鉴定的方法，接受配种的日期，发情间隔的长短，最后一次发情的日期和发情持续时间，配种的次数和时间。小动物通常是在畜主认定的时间进行配种的，畜主的判断不一定准确。虽然大多数母犬是在发情前期开始后 10～14 天排卵，但排卵有时会早至第 5 天或晚至第 30 天。如果母犬都在发情前期开始后第 12～16 天交配，对有些犬就不合适。仅交配一次或仅在短时间（如 1 天）内交配多次，是引起母犬不孕的常见原因。犬配种要注意交配锁结持续的时间；猫是否接受爬跨，是否有配后鸣叫，是否表现出配后反应等。猫每天或隔天配种要至少 4 次，如果没有发现鸣叫和配后反应，可能根本没有发生交配。限制交配可使很大比例的母猫排卵失败。若发生了自发性排卵，过了 48h 或更长时间才进行配种，卵母细胞可能已经丧失了受精能力，从而母猫不会妊娠。人工授精要注意精液的类型（新鲜、低温、冷冻）及授精的部位（阴道、子宫颈）。调查配种或人工授精后是否返情及返情的日期。

需要调查以往历次妊娠和最后一次妊娠的过程，妊娠诊断的方法（触诊，超声，X 线）、日期和结果，分娩的日期，分娩的性质，死活胎儿的数量，产后期生殖道分泌物的性状；是否用过激素来抑制发情、诱导发情、终止妊娠及治疗不孕；初次拒绝交配的日期。拒绝交配和不育是完全不同的，母犬拒绝交配的最常见原因是配种时间错误，还可能一贯地拒绝与特殊的公犬进行交配。

（四）公畜

在对母畜进行复杂的检查和评价之前，要证明公畜的繁育力正常。评价公畜繁育力的简单和可靠方法是查看先前的繁育史。如果在此前的 1～4 个月内繁育过一窝或数窝后代，通常认为其现在具有生殖能力。即使这样，也应进行精液分析验证公畜的生殖力。如果在此前 6～12 个月内没有繁育过一窝后代，就要怀疑公畜的生殖能力。公犬对母犬的反应简单而不可靠：一些公犬总是有交配的想法，而另一些公犬从来没有交配的冲动。不孕可由种公畜和繁殖工作组织不当引起，如种公畜的数目、健康、年龄、配种能力、精液质量和配种定额，公畜不敢与排序高的母畜交配也会表现为不育。公猫交配后，可用棉签从母猫阴道采样涂片来了解公猫精液质量，但不能用于定量。

（五）一般病史

查阅以前的免疫、驱虫和诊疗纪录，注意是否发生过内分泌疾病及治疗用药和治疗结果，以及其他有关的健康情况，特别是妊娠期间的健康情况。需要了解母畜以前是否患过其他内外科疾病，特别是有关的传染病和寄生虫病，因为有些疾病可能影响母畜的全身健康或生殖道而导致不孕。例如，犬布鲁菌免疫学检测应为阴性，猫白血病病毒检测应为阴性，与其他猫同养还要检测猫传染性腹膜炎病毒。

（六）生殖病史

应了解母畜是否发生过流产、难产、胎衣不下、阴道炎、阴道脱出、子宫脱出、子宫积脓或其他生殖器官疾病，患病时间的长短、表现的症状，是否接受过治疗，治疗情况如何等。犬猫尚无早期妊娠诊断方法，因而无法将不能妊娠与早期流产进行区别。注意难产的原因，产仔的大小、死产，发育迟缓及在最初几周内死亡的幼仔数目，以及母畜是否频繁努责、阴门中有无液体排出、性状如何、数量多少等。以前使用过促性腺激素，可能长期对垂体功能有害；以前用过孕酮或雌激素，可能导致囊性子宫内膜增生，畜主或兽医只观察到了不孕这个外在表现。母畜不接受排序低的公畜配种，母畜胆小不敢交配，也会表现为不孕。

为了不浪费时间去询问一些繁杂的问题，避免在繁忙的工作中遗漏对一些重要条目的询问，在开始对不孕母犬进行临床检查之前，先请犬主书面回答表 10-4 所列出的基本问题，使得兽医能够在此基础之上迅速了解背景情况，作出从何处着手工作的正确决定。这个评价犬不孕的调查问卷也同样适用于猫，有些内容要做相应改变或调整，如是否观察到交配、是否出现交配后鸣叫并表现典型的交配后反应、每天配种的次数、发情期间配种的天数等。

表 10-4　不孕母犬的畜主询问表（引自 Feldman and Nelson, 1996）

一、犬名：　　　　品种：	年龄：	登记日期：	
二、普通病史（不包括生殖问题）			
1．该犬最近是否进行过疫苗接种？	是	否	
2．该犬以前是否患过需要住院的严重疾病？	是	否	
若有，请作简要描述：			
3．该犬是否：a．呕吐？	是	否	
b．腹泻？	是	否	
c．多饮？	是	否	
d．多尿？	是	否	
e．玩耍和运动能力正常？	是	否	
f．体重和身高正常？	是	否	
g．皮毛正常？	是	否	
h．有其他问题？	是	否	
若有，请作简要描述：			
4．该犬是否进行过甲状腺功能检测？	是	否	
5．该犬是否注射过甲状腺素？过去：	否	是	剂量：
现在：	否	是	剂量：
6．该犬现在是否正在使用药物？	是	否	
若是，请写出药物名称和剂量：			
7．该犬是否使用过药物驱赶跳蚤或治疗搔伤？	是	否	
若是，请写出药物名称和剂量：			
8．请列出现在给该犬食喂的食物和添加物：			
三、发情周期情况			
1．该犬是否重复出现发情表现？	是	否	
2．该犬重复出现发情表现的时间间隔：			
3．该犬重复出现过的发情表现次数：			
4．该犬阴门出血的天数（过去 2 个或 3 个周期的平均数）：			
5．该犬接受公犬爬跨或配种的天数（过去 2 个或 3 个周期的平均数）：			
6．该犬发情时是否观察过阴道上皮细胞涂片？	是	否	
7．是否观察了发情期一系列阴道上皮细胞涂片？	是	否	
8．该犬是否进行过某种激素分析？	是	否	
若是，请写出该激素的名称：			

续表

9. 该犬是否使用过催情或增加生殖能力的药物？	是	否
如使用过，请说明原因：		
四、繁育史		
1. 该犬是否接受公犬爬跨和交配？	是	否
2. 该犬一个发情期中配种的次数：		
3. 为该犬选择配种日期的方法：		
4. 配种公犬过去6个月是否成功配种产仔？	是	否
过去1～2年内呢？	是	否
5. 您观察到交配锁结了吗？	是	否
6. 交配锁结平均持续时间有多长？		
7. 交配锁结是在阴道的里面还是外面？		
8. 该犬在配种或装运前是否使用了镇静剂？	是	否
9. 该犬是在当地配种还是到别处配种？		
10. 该犬是否产生过仔犬？	是	否
如是，生产日期：a.	仔犬个数：a.	
b.	b.	
c.	c.	
d	d.	
五、生殖病史		
1. 该犬是否发生过胚胎吸收或流产？	是	否
如果发生过，a. 您是怎样知道的？		
b. 妊娠诊断的方法？		
c. 妊娠诊断的时间：①7天　②14天　③21天　④28天　⑤35天　⑥45天		
2. 该犬是否因错配而处理过？	是	否
3. 该犬是否进行过布鲁菌检测？	是	否
最近一次检查的日期：		
4. 该犬是否患过子宫积脓？	是	否
阴道炎？	是	否
5. 该犬是否用过药物来阻止或推迟发情？	是	否
若用过，用的是什么药物？		
使用药物的时间：		
6. 该犬现在或以往是否有过异常阴道分泌物？	是	否
六、同窝情况		
该犬同窝的其他母犬是否患有生殖疾病？	是	否
七、家族情况		
该犬家族其他母犬是否患有生殖疾病？	是	否

二、外生殖器及乳腺的检查

1. 外生殖器检查　检查阴唇大小、结构及分泌物。小的未成熟的阴唇，或由于体型或肥胖而凹进的阴唇，都可能会妨碍正常的交配。肥胖的母犬倾向于发生阴门周围皮炎。注意观察阴门有无病变及阴门周围的分泌物有无异常。

发情前期阴门肿胀，触及会阴和阴门时尾巴抬举或偏向一侧，出现血性分泌物；发情期的后期阴门肿胀消退，阴门变小、起皱，伸缩性好。发情期阴道分泌物逐渐变成淡粉色，发情间期和乏情期没有阴道分泌物排出。产后早期恶露呈深绿色。

阴道流出红色分泌物，可提示严重的阴道炎；红褐色、淡黄色、浅灰色，浓稠的、乳状的、恶臭的阴道分泌物常见于子宫积脓或子宫炎。非发情期阴道排出红色血性分泌物，要考虑子宫或阴道肿瘤、阴道溃疡、卵巢囊肿等。

2．乳腺的检查　观察乳房、乳头的外部状态，注意有无疱疹；触诊判定其温热度、敏感度及乳腺的肿胀和硬结等，主要是留意乳腺肿瘤的出现；同时触摸乳腺淋巴结，注意有无异常变化；必要时可榨取少量乳汁，进行乳汁的感观检查。检查腹中线有无手术创口的疤痕，疤痕提示该母犬做过卵巢子宫切除术。

乳腺通常较小，排卵后35天乳腺会增大，发情间期的后期经常会产生乳汁。

乳腺肿胀并有热痛反应，乳腺硬结，乳汁成絮状，凝结或混有血液、脓汁，是乳腺炎的特征。

三、阴道检查

在进行阴道检查之前，要对动物进行确实的保定。在大多数情况下，需要对动物进行镇静等药物保定。应当清楚，即使性情十分温驯的母犬也不允许进行阴道检查。

1．徒手检查　用无刺激性的肥皂水洗净动物的阴门及会阴部。用手指分开阴门，可以检视阴蒂窝，检视阴蒂大小及形状。术者手臂清洗消毒，戴上塑料手套，并充分涂敷润滑剂，用食指很容易通过阴道拱顶，进行内腔、尿道口的评定，探测阴门或阴道前庭狭窄，探测阴道中隔，检测阴道底壁的异常增生。阴道在发情后期和发情间期是干涩的，在发情前期和发情期是湿润的。

2．开膣器检查　应用开膣器可以直接观察前庭和阴道，观察阴道黏膜的颜色及有无疱疹、结节、糜烂、溃疡、创伤、瘢痕、肿瘤等；观察分泌物的颜色、性状。由于阴道狭窄和子宫颈的位置，应用开膣器观察不到犬子宫颈外口。

发情前期阴道黏膜为玫瑰红色及肿胀，并具有纵行皱襞和纵沟。发情期阴道黏膜增生，由淡红色到贫血像，没有皱褶。发情后期阴道黏膜呈灰白色，有纵褶。

阴道中积聚有异常分泌物，阴道及前庭黏膜潮红、肿胀、溃疡，形成溃疡或结节，常见于阴道炎，阴道撕裂，阴道狭窄粘连，阴道存在异物或肿瘤。阴道黏膜黄染，可见于各型黄胆；黏膜有斑点状出血点，提示出血性素质。

3．阴道镜检查　用阴道镜可以检查犬的整个阴道。先向阴道内灌注温热生理盐水以扩张阴道穹隆，直接观察阴道黏膜表面的颜色及褶皱的变化。正常的阴道黏膜为粉红色，发炎时变为暗红到红不等，淋巴样滤泡是炎症的非特异性指征。用阴道镜可观察的其他方面有分泌物、积尿、团块或异物及阴道狭窄。取出阴道镜后，前面灌入阴道的液体会流出来。

猫的阴道非常狭窄，用阴道镜难以进行检查。

4．阴道上皮细胞涂片　阴道炎时涂片中含有嗜中性粒细胞和非典型的双核或多核、排列成串的上皮细胞。化脓性子宫内膜炎时出现带空泡和大核细胞。暗发情动物仍然表现阴道上皮细胞角质化。

5．阴道X线造影　阴道X线造影用于估计先天性异常的生殖管道是否前后相通及异常的程度。

待检动物禁食24h，清洗灌肠后休息2～3h。使用镇静剂或全身麻醉药物，侧卧保定。

造影剂可用碘拉葡胺，与等体积乳酸化林格氏液混合后使用。向硬质橡胶导管内注满配制好的造影剂，用组织钳钳闭导管的一端，另一端插入阴道并尽可能地送到阴道的最前端。用组织钳钳闭阴唇，阻止造影剂流出阴道。按1～5mL/kg剂量用注射器经导管向阴道内注入造影剂，当感觉到压力或者犬试图收缩阴道肌肉把导管排出时，说明阴道已经充分扩张，可以进行正、侧位拍照。

正常阴道为瓶子形状，前端为匙形的子宫颈，尿道口前方稍窄一些。阴道隔在造影剂的对比下看起来是黑色的带。阴道狭窄的时候，狭窄区位于尿道突的地方，所以可以看见阴道周围狭窄。前庭收缩的时候与阴道狭窄相似，所以在检查的时候必须完全松弛；阴道前部到尿道突起的区域也狭窄，不要误认为是阴道狭窄。

四、子宫检查

徒手触诊检查子宫，可以感知子宫的形状、大小和质地，有助于进行病理定位或妊娠诊断。但徒手触诊检查大型和肥胖犬的子宫比较困难。

应用B超检查子宫的有无、大小、位置和内部是否出现液体和组织情况，有助于确定发情周期阶段，进行妊娠和流产诊断，以及子宫疾病诊断。检查时对母畜进行腹部剃毛站立保定。子宫位于膀胱的背侧，但其位置会因以下条件而发生改变：①膀胱的充尿程度；②子宫的大小；③生殖周期的阶段。发情期子宫横断面比乏情期大，经产母畜子宫较容易成像，妊娠期子宫直径增加，孕体为无回声区。

X线检查可探测出子宫增大，在胎儿骨骼钙化开始之后可以确诊妊娠，可以通过计数胎儿头的个数来确定胎儿数目。

在发情前期、发情期和产后期向阴道内注入造影剂，造影剂可以通过子宫颈进入子宫和子宫角，可以进行子宫X线照相。子宫内X线造影技术有助于诊断子宫内异常情况，如胎盘复位不全或者死胎。目前还不清楚造影剂对子宫内膜和将来繁殖的影响。

五、特殊检查

通过生殖器官的检查并结合病史，通常对大多数病例即可作出诊断，有时还需要借助特殊的实验手段来进行确诊。

1. 阴道样品培养　此项检查最好在动物发情时进行。使用专用拭子通过开膣器采集阴道黏液，也可用吸管或注射器直接插入阴道吸取分泌物。为了防止样品污染，使用专门采样的细小滴管。如果黏膜干燥，采样前可注入10～25mL生理盐水。样品应在采集后12h内检查完毕，必要时可将样品培养后再行检查。

生殖道中总是存在有一些非致病性细菌。约60%的犬阴道有需氧菌，约90%的犬阴道深部有相似的微生物。成年犬发情周期的不同时期其微生物的种类没有变化，微生物的数量在发情前期和发情期要比其他时期多。正常母犬阴道菌群跟那些有生殖疾病犬的菌群很相似，采样时及时严加防范、注意采样方法和采用特别设计的采样器械，也不能完全避免样品污染杂菌，所以阴道培养物的价值不是很大。

发生某些传染病时，生殖道的病原微生物或抗体滴度在患病的不同阶段变化很大，有时甚至经过一段时间后完全消失。因此，阴性结果可能只是由于采样时间或采样动物错误所致。

2．激素测定　测定血液孕酮浓度可用于判断发情鉴定准确与否，判断发情周期有无异常。在多数情况下，可用阴道细胞学方法代替测定血液雌二醇浓度。测定血液LH浓度可以判断是否存在性腺，GnRH刺激后测定血液LH浓度可以判断垂体功能。血液中出现松弛素意味着存在胎盘，测定血液松弛素浓度可用于妊娠诊断；血液中松弛素在流产几天后就消失，测定血液松弛素浓度还可用于诊断流产。

3．腹腔镜检查　直接观察子宫、输卵管、卵巢有无病变或粘连，并可结合输卵管通色素术于直视下确诊输卵管是否畅通。

六、流行病学调查

传染性因素是引起动物不育的一个极为重要的方面。进行不育的流行病学调查，其主要目的是摸清引起不育的传染性疾病的原因和条件，查明传染病发生和发展的过程，如传染源、易感动物、传播媒介、传播途径、影响传染散播的因素和条件、疫区范围、发病率和死亡率等，以便及时采取合理的防疫措施，迅速消灭传染病的流行。流行病学调查可从以下几个方面着手。

1．询问了解　这是调查流行病最主要的方法之一。询问的对象主要是与动物直接有关的人员，通过座谈询问等方式，力求查明传染源和传播媒介。

2．现场察看　除询问座谈外，调查人员还应仔细察看疫区情况，以便进一步了解疫病流行的经过和关键问题所在。在进行现场察看时，可根据疾病种类的不同进行重点项目的调查。

3．实验室检查　实验室检查的目的是确定诊断，发现隐性传染源，证实传播途径，摸清畜群免疫水平和有关病因等。流行病学调查一般来说虽然应以对该传染病已经获得的初步诊断为前提，但为了确定诊断，往往还需要对可疑病畜应用微生物学、免疫学、尸体剖检等各种诊断方法进一步检查。

4．统计学方法　调查完毕，对调查获得的数据需用统计学方法加以处理，对全部资料进行分析讨论，作出相应的结论。

第十一章 乳腺疾病

乳腺是皮肤腺衍生的外分泌腺，也是哺乳动物特有的腺体，母体的营养物质由乳腺供给子代。乳腺由腺上皮构成的管道树组成，管道树周围包围有肌上皮细胞，这些细胞包埋在间叶细胞或含有成纤维细胞及脂肪细胞组成的脂肪垫中。作为宠物饲养的小动物，其生命历程会进入老年期，乳腺肿瘤是一个能够明显影响小动物生存寿命和生存质量的乳腺疾病。在本章中先介绍乳腺结构和泌乳生理，然后分节讨论常见的乳腺疾病。

第一节 乳腺结构和泌乳生理

乳腺是与生殖功能密切相关的器官。初情期之前乳腺不发育，腺体末端为管状，与皮肤呈分离状态。性成熟后，乳腺受到雌激素的影响而有所发育，但仍然不明显。妊娠后，乳腺受孕酮的作用明显增大，乳头也随之增大，才可触及腺体。分娩前1～2天或分娩开始以后，由于激素的作用及仔畜的吸吮，乳腺开始分泌乳汁。分娩后的乳腺软化，通常会保持这种状态到断乳。断乳后乳腺迅速退化，腺体显著缩小，皮肤松弛，乳头伸长。进入乏情期后几乎触摸不到乳腺。

一、乳腺结构

乳腺分为两排，对称分布于胸后部、腹部和腹股沟部。乳头的排列几乎对称，同侧各乳头之间的距离基本相等。犬有5对乳腺，胸区和腹区各有2对，腹股沟区有1对。有的犬有4对或6对乳腺，时常可见一侧比另一侧乳腺多的情况，且90%是左侧比右侧多1个。猫有4对乳腺，胸部、前腹部、后腹部和腹股沟部各有一对。为了描述方便，通常将乳腺从前往后进行编号（M1～M4/M5）。

乳腺的实质组织是腺泡和腺管。腺泡是分泌乳汁的功能单位。腺泡是球形小泡，腺上皮为单层上皮，上皮的形状随分泌周期而有变化。当细胞内聚积分泌物时细胞呈高柱状或锥状，腺泡腔较小；分泌物排出后细胞变成低立方形，腺泡腔较大充满分泌物。腺泡外面被覆有梭形的肌上皮细胞，再向外是一层基膜。肌上皮细胞是可收缩的细胞，在催产素作用下肌上皮细胞收缩将乳汁由腺泡驱出，引起泌乳。

腺管是排出乳汁的功能单位。每个腺泡都有一条终末管，几个相邻的腺泡和终末管组成乳腺的基本单位小叶。每一小叶为一层结缔组织包裹。终末导管的结构与腺泡相似，由双层细胞组成，内层为立方上皮细胞，外层为肌上皮细胞，再外围以基底膜。几个相邻的终末管汇合成小叶内腺管，一些小叶内腺管再汇合成小叶间的集乳管，集乳管然后汇合成中等大的乳管，乳管最后汇合成大的输乳管开口于乳头。腺泡分泌的乳汁通过各级管道向外输出，腺管外壁有平滑肌包围。

乳腺的间质组织是疏松结缔组织，填充在腺泡间形成疏松的支架，在小叶间形成含有大的血管、淋巴管和叶间导管的叶间间隔，将乳腺的实质组织分隔成许多小叶，对乳腺的实质组织起着支持和营养作用。

乳头是乳腺分泌乳汁的出口，是新生仔畜吸吮的突出部分。乳头由三层平滑肌组成，外层和内层均为纵行的平滑肌，中间是环形平滑肌。乳头括约肌受交感神经支配，通常为收缩状态，防止不哺乳时乳汁漏出或外部的细菌侵入乳腺。经产动物的乳头较大，未产者乳头较小。犬开口于每个乳头的乳头管为7～16个，猫为4～8个。

乳腺血管非常丰富。M1 和 M2 乳腺主要接受胸内和肋间动脉的外侧皮支动脉血，M3 乳腺接受前腹壁动脉血，M4 和 M5 乳腺接受后腹壁动脉血和阴部外动脉血。静脉与动脉相伴而行对称分布，一些小静脉穿过中线并透过胸壁，可作为乳腺肿瘤转移路线。

犬 M1、M2 和 M3 乳腺的淋巴回流至同侧的腋淋巴结，M4 和 M5 乳腺的淋巴回流到浅腹股沟淋巴结。M1 与 M2 之间，M3 与 M4 之间有淋巴管交通，这些乳腺间交通在动物个体之间会有所不同。两侧乳腺的淋巴管不相通。猫 M1 和 M2 乳腺的淋巴流向腋淋巴结，M3 和 M4 乳腺的淋巴流向浅腹股沟淋巴结。前后乳腺淋巴管互不相通，也不穿过中线或透过腹壁。

二、乳腺的发育

哺乳动物乳腺的基本结构是在胎儿期形成的，出生后乳腺依年龄和生殖状态而不断变化。初情期前后乳腺虽有不同程度的生长，但大约到妊娠晚期或泌乳早期才达到完全发育状态。

1. 胎儿期 胚胎早期外胚层腹侧面增厚，以后变为圆球形和锥形的初级乳芽。乳芽细胞增殖很快，初级乳芽细胞增殖并分支形成二级乳芽，形成大导管进入乳腺。

早期胚胎皮肤下部长出球状的乳蕾，乳蕾表层突出部的细胞发生角质化形成乳头。初级乳芽发育后乳蕾逐渐消失，下面的细胞角质化变成栓塞。以后栓塞溶解，使乳头管与外界相通。即将出生时乳芽上皮细胞迅速增殖出现乳管，一端开口于皮肤形成乳头，另一端分支成导管。

2. 出生后 出生时乳腺只有简单的导管，并以乳头为中心向四周辐射，但纤维结缔组织和脂肪组织却发育良好。出生后乳腺的生长速度与身体的生长大致同步，增加的主要是纤维结缔组织和脂肪组织，腺组织只有乳导管稍有生长延伸并穿透基质。

3. 初情期 这是乳腺开始发育的时期。到达初情期后，促性腺激素分泌频率和分泌量增加，卵巢开始周期性地活动。雌激素刺激乳腺导管系统生长。在一次次重复的发情周期中，乳腺导管逐渐加长、变厚、分支增多，形成分支复杂的导管系统，同时发生脂肪积聚，乳腺体积明显增大，但乳腺腺泡系统一般只能形成少量发育不全的腺泡。

4. 妊娠期 这是乳腺发育最明显的时期。妊娠期导管系统的长度不再明显增加，主导管沿着结缔组织衬垫生长，分出许多侧支，开始出现小叶间导管。妊娠期乳腺腺泡系统的发育明显而持续，在出现没有分泌腔的腺泡和终末乳导管后，腺泡渐渐出现分泌腔，腺泡和导管的体积不断增大，大部分脂肪衬垫被腺组织取代，最后腺泡进一步增大，腺上皮开始具备分泌功能。同时，乳腺内血管和神经纤维不断增生，小叶间和叶间结缔组织隔膜伸长变薄，乳腺的组织结构接近于泌乳乳腺。临近分娩时出现合成乳糖和乳脂所需要的酶，产前乳汁合成能力趋于完善，出现合成高峰，腺泡分泌初乳。

5. 泌乳期 分娩时乳腺开始泌乳活动，进入泌乳期。分娩后乳腺继续或迅速增大，偶尔乳汁会从乳头滴出。在泌乳早期，乳腺的实质组织成分还在增加，以此迎接紧跟其后的泌乳高峰期。

6. 干乳期　泌乳量在泌乳高峰期过后明显下降，乳腺开始退行性变化。腺泡体积逐渐缩小，分泌腔逐渐消失，最后腺泡变性崩解消失。与此同时，导管系统也相应逐渐萎缩，最后只剩下有少数分支小管。结果，乳腺体积明显缩小，泌乳量显著降低。乳腺肌上皮细胞仍然存在，间质脂肪组织增加，腺体组织被结缔组织和脂肪组织所代替。泌乳量下降到最低时，继续哺乳不能增加泌乳或延长泌乳，最后泌乳完全停止。再次妊娠时，小叶腺泡系统会重新发育完全恢复。

三、泌乳生理

（一）乳汁的成分

乳汁的生成过程是腺泡的上皮细胞从血液中吸收乳的前体，血液中的营养成分进入乳腺；腺泡上皮细胞合成乳的部分成分，最后将分泌物转运进入腺泡腔内。比较血液和乳汁的相应成分，可发现乳中的无机盐、某些激素及一些蛋白质与血液相似，它们直接来自血液。而乳糖、乳脂及大部分乳蛋白与血液不同，是由乳腺上皮细胞合成的。乳腺细胞吸收血液中的葡萄糖、乳酸、氨基酸，以及在肝脏中制造的半成品，将它们转变为乳糖、乳清蛋白、酪蛋白等；吸收血液中的中性脂肪酸，制造成乳汁的脂肪，分散成极细的小滴；再吸收多种无机盐、维生素与其他物质及水分一起制造成乳汁。乳汁在腺细胞内是很小的颗粒，乳腺为顶浆分泌，上皮顶端脱落形成乳汁，在腺泡内聚积起来。乳在腺泡上皮细胞内形成后不断地分泌进入腺腔，腺泡腔和小导管被乳汁充满。乳的分泌速度取决于分泌细胞从血管中将吸收的营养物质转化为乳的成分并排到腺泡腔的速度。乳内压增高时，导致血流量减少，合成乳汁的能力下降。生乳伴随着乳腺内脂肪结缔组织的减少和分泌组织的相应增加。

1. 乳蛋白　乳中的主要蛋白质为酪蛋白和乳清蛋白，这些蛋白质是在乳腺分泌细胞内由游离氨基酸合成，其合成步骤与一般蛋白质的合成基本相同。乳中的血清白蛋白和免疫球蛋白则直接来源于血液，在乳中未起变化。

2. 乳脂　乳脂中的绝大部分是甘油三酯，此外还有甘油二酯、甘油一酯、游离脂肪及磷脂。乳腺从血液中吸收游离脂肪酸和一些甘油合成脂肪，其中50%为短链（C_4～C_{14}）脂肪酸，其余50%为长链（C_{16}～C_{20}）脂肪酸。脂肪酸由葡萄糖合成，也可由消化道吸收，长链脂肪酸是预先合成的。

3. 乳糖　乳中的糖主要是乳糖。乳腺先将葡萄糖转变成半乳糖，再将半乳糖与葡萄糖结合生成乳糖。乳腺将从血液吸收来的大部分葡萄糖用于合成乳糖。

4. 无机盐　乳腺可由血液中浓缩磷、钙、钾、碘和一些维生素。乳中钙和磷的浓度很高，钾、钠、镁、硫、氯较少，铁、铜、锰、锌、钴、氟、钼及硒仅为微量。乳中钠和氯的浓度低于血液，而钾高于血液。

5. 生物活性因子　乳中含有许多生物活性物质，包括激素和生长因子等。乳中的生物活性物质或者直接来自血液，它们的结构和活性都没有变化，或者由乳腺本身合成。这些生物活性物质参与乳腺功能的调节，将母体的信息传递给仔畜，调节仔畜的生理功能。

可见，乳汁的生成是包括选择性吸收、专门合成和浓缩分泌在内的复杂过程。

（二）泌乳的调节

泌乳是在卵巢类固醇激素、促乳素、肾上腺皮质激素、生长激素、胰岛素、甲状腺素、甲状旁腺素和催产素等的共同作用下完成和维持的。山羊妊娠期切断垂体柄可导致早产，但不能阻止泌乳；在泌乳期切断垂体柄则可抑制乳汁产生，产奶量降低，但可被生长激素、甲状腺素、胰岛素和皮质类固醇联合处理而部分地恢复。

腺泡和小导管外的平滑肌上皮细胞收缩，大导管外周的平滑肌松弛，使腺泡和小导管内的乳汁排出并进入大导管，这个过程称为排乳。排乳是在神经和内分泌控制下进行的一个迅速开始又很快消退的过程。

1. 卵巢类固醇激素　妊娠期间乳腺受到孕酮和雌激素的长期作用而得以充分发育，为泌乳提供充分的基础条件。分娩前后血液孕酮和雌激素浓度降低到基值，解除了对泌乳活动的抑制，泌乳活动得以开始和维持。

2. 促乳素　促乳素是乳腺腺泡发育、发动和维持泌乳必不可少的激素。多种动物的胎盘在妊娠后期产生大量类似促乳素的胎盘促乳素。

3. 肾上腺皮质激素　糖皮质激素和盐皮质激素是维持正常泌乳所需要的，摘除肾上腺可阻止泌乳。分娩时肾上腺皮质激素分泌增加，促进了促乳素的作用。

4. 生长激素　生长激素具有明显的促进乳汁生成的作用，给予生长激素可提高产奶量。切除泌乳山羊垂体，维持泌乳必须给予生长激素。挤奶可引起山羊和绵羊生长激素的释放，精神紧张可抑制其释放。母牛在整个妊娠期血液生长激素很低，但在分娩前1～10天升高。

5. 胰岛素　胰岛素影响葡萄糖代谢和细胞渗透性，血液胰岛素浓度与奶产量呈负相关。

6. 甲状腺素　甲状腺素能提高机体的新陈代谢，对乳的生成有显著的促进作用。甲状腺功能不足者产后乳汁分泌往往减少。

7. 甲状旁腺激素　摘除甲状旁腺可使泌乳减少，但其作用主要表现在对于整体代谢方面的影响。

8. 催产素　哺乳刺激反射性地引起催产素大量释放，催产素促进腺泡排空乳汁，腺泡排空后便会继续合成和分泌乳汁。哺乳时需要仔畜对乳腺进行反复和持续的吮吸刺激，频繁哺乳通常可使泌乳量增加。在精神紧张或生理性应激时，肾上腺素能神经功能过强使血管收缩，催产素分泌减少或停止，结果排乳受到抑制。

第二节　乳　腺　炎

乳腺炎（mastitis）是由各种病因引起的乳腺炎症，其主要特点是乳腺出现肿大及疼痛，乳汁发生颜色改变，乳汁中有凝块及大量白细胞。犬乳腺炎常发生在分娩后6周之内，可发生在一个乳腺或数个乳腺，是哺乳期经常发生的一种疾病。乳腺炎在猫较为少见，发生时多见于后一对乳腺。小动物假孕时细菌感染乳腺亦可造成乳腺炎。

1. 病因　由于解剖学上的特殊性，乳腺容易受到环境和皮肤微生物的入侵而发生炎症。常见的感染途经为乳头的上行性感染，卫生不良会强化这个病因，偶尔也会发生仔畜吮乳损伤乳头造成感染及细菌的血源播散。乳腺组织十分敏感，当乳管的管壁细胞受到损伤或受到细菌释放的物质刺激时，即使刺激很微弱，也能迅速引起乳腺的防御性反应，进入炎症阶段。急性乳腺炎发生于仔畜吮乳损伤乳腺或乳腺外伤时，也见于哺乳期突然断奶或仔畜全部死亡而乳汁积滞时。哺乳后乳头管松弛，细菌容易侵入。乳腺炎亦可由急性子宫炎的转移性感染而继发。乳腺炎的病原菌主要为大肠杆菌、链球菌和葡萄球菌。

2. 症状　乳腺炎初期，发炎乳腺表现不同程度的红肿热痛，乳汁变为棕色脓性或血色，带凝乳块、血块或脓汁，偶尔乳汁正常，乳腺引流区淋巴结肿大，母畜不愿哺乳，泌乳减少或停止，仔畜很快虚弱和脱水。随着感染的发展会出现全身症状，体温升高、精神沉郁、食欲减退、经常子宫感染及发生败血症等，发病乳腺外观发黑，局部可能发生脓肿，以后坏死溃烂。哺乳仔畜急性发病，精神不振，可能腹泻、胀气、体温升高或死亡。慢性乳腺炎的特征是乳腺组织仍然可见轻微的炎症变化，但红热疼痛不如急性时明显，或者出现肿瘤样结节，或仅表现为乳汁异常。新生仔畜死亡增加或增重不良时可怀疑亚临床型乳腺炎。

3. 治疗　治疗措施主要是抗菌消炎，加强护理可促进病畜痊愈。在治疗以前，应采集乳汁样品进行细菌培养和药物敏感测定。可以尝试用注射器从感染的乳腺中抽取液体。

（1）*全身疗法*　对出现全身症状的乳腺炎，为了治疗乳腺感染并同时控制或防止出现败血症或菌血症，应该采用全身抗生素疗法。用广谱抗生素如红霉素、克林霉素、林可霉素、泰乐菌素等，可有效地控制全身症状，特别是脂溶性高的抗菌药物比较容易向乳腺组织扩散，在乳汁中可达到甚至超过血中的药物浓度，对于消除乳腺感染比较有利，但要注意对新生仔畜的副作用。脂溶性低的抗菌药物，如青霉素、氨苄西林、阿莫西林、先锋霉素，在乳汁中不能达到血中的药物浓度，不是治疗乳腺炎的首选药物。革兰氏阴性菌感染可选头孢菌素；革兰氏阳性菌感染可选红霉素；厌氧菌感染可选头孢西丁、红霉素；支原体感染可选红霉素。急性乳腺炎时血乳屏障失去完整性，可选用青霉素类、头孢菌素、甲硝唑等，配合使用抗组胺药物和糖皮质激素有助于减轻炎症。非类固醇类抗炎药有明显的抗炎作用，但加重产后出血，或者抑制新生仔畜的肾脏成熟。

（2）*局部疗法*　哺乳后可用泪管插入乳腺口向乳腺注入广谱抗生素，每天2～3次，是治疗乳腺炎的有效方法，但操作时要严格消毒，杜绝二次感染。在灌注治疗之前注射催产素使乳区完全排空，乳腺灌注之后设法使药物在乳腺内停留的时间尽可能长些。也可用普鲁卡因青霉素做乳腺基部环形封闭，或直接注入发炎乳腺并轻轻按摩散开药物，每天1～2次。

（3）*外科疗法*　如果乳腺发生脓疮，可以切开创部冲洗消毒，剔除坏死组织，创口滴加林可霉素，再用纱布加厚包扎，不让仔畜再从感染乳腺摄乳。

（4）*护理*　对由于乳汁积滞引起的乳腺炎，可进行乳腺热敷和按摩，然后让仔畜吮乳吸食。热敷和按摩可以使乳汁软化顺畅，从而有效缓解乳腺炎症状。对于急性乳腺炎，如果没有形成坏疽或脓肿，可以允许母畜继续哺乳。仔畜通过吃母乳可以摄取抗生素，而且经常授乳有利于排出乳腺中的炎性乳汁，防止发生泌乳停止。在病情稳定后禁食24h，之后每天进食正常食量的25%、50%、75%，可以减少泌乳，有助于乳腺恢复正常。

4. 预防 接近分娩时用消毒药液给乳腺消毒，保持分娩和育仔环境的干净卫生。经常检查和清洗乳腺，及时处理被幼畜抓伤咬伤的乳腺。

第三节 无乳症

无乳症（agalactia）是指母畜的乳腺在产后产生和分泌的乳汁稀少或全无，通常是由营养不良、应激、子宫感染、全身性疾病引起。无乳症多发生在产后数天至半个月内，也可发生在整个哺乳期。无乳症在猫少见。

1. 病因 先天性或其他原因造成乳腺发育不良或乳腺腺体部分缺损，可以导致产后乳汁分泌障碍或不足。乳腺发育、泌乳发动和泌乳维持是在促乳素的参与下完成的，能够抑制促乳素分泌的因素都会对泌乳产生不利的影响。应激可以抑制促乳素分泌，延迟哺乳使促乳素分泌延后，从而导致无乳。排乳反射是在催产素的参与下完成的，能够抑制催产素分泌的因素都会对排乳产生不利的影响。使用麻醉或镇静药物，使母畜对哺乳的感觉减弱或丧失，可以引起催产素分泌不足，致使不能发生排乳反射，导致无乳和泌乳停止。乳腺疼痛可导致泌乳停止。

初产母畜可发生暂时性无乳。剖宫产过早会造成分娩准备过程和分娩过程缺失，胎儿体弱吸吮力差对乳头吸吮刺激弱，都会导致暂时性无乳。乳汁潴留腺腔内又使腺上皮受压而产生萎缩变性，造成乳汁分泌减少。

子宫感染、全身性疾病等可引起母畜体质虚弱全身不适，或产后食欲减退、营养不良，这些都会导致乳汁稀少。

泌乳期母畜乳量下降直至无乳汁排出称为泌乳停止（galactostasis），常见于泌乳量高且喂以低能量低蛋白食物的犬，在猫常见于胸部乳腺。

2. 症状 无乳症时乳腺发育不良或发育正常，产后开始哺乳时乳腺不胀，挤压乳头乳汁稀少或全无。母畜神经紧张而表现不安，有时厌食，不愿意或不正确哺乳仔畜。

或者产后哺乳曾正常，以后因各种原因导致乳汁减少。泌乳停止后乳腺肿胀发热，不易捏住乳头，有的乳头会流出乳汁，检查乳头有时可见乳头内翻。

3. 治疗 无乳与促乳素分泌不足有关，可尝试能够增进促乳素分泌的药物。多潘立酮（domperidone）是多巴胺拮抗剂，甲氧氯普胺具有多巴胺受体阻断功能，都能刺激促乳素分泌。吩噻嗪和普罗酚胺也有刺激促乳素分泌的作用。

可服用甲氧氯普胺，每天 3 次，每次 0.1～0.2mg/kg，连续使用直到产奶。

也可用党参、通草、当归、王不留行各 15g，花粉 20g，煎汤内服每天 1 剂，连用 3 天。

营养不良造成的无乳或泌乳停止，喂食蛋白质丰富的汤类食物，如鱼汤、肝汤、猪蹄汤、猪肚汤、鸡汤等，在煨汤时加入中药通草同煮，效果更好。也可喂催乳糖浆或催乳糖片。

不排乳造成的无乳，产后 2 天内多次注射或滴鼻催产素，每次用药后让母畜给新生仔畜哺乳，促进排乳。

对于哺乳时神经紧张的母畜，注射少量孕酮可以改善哺乳状况。也可以用少量镇静剂，如服用 0.25～0.50mg/kg 普罗酚胺可使母猫安静而哺乳仔猫，可能需要多次用药使母猫习惯哺乳。

轻轻按摩乳头可纠正乳头内翻，然后让母畜哺乳。

减少喂食、按摩和挤出乳汁可缓解乳腺肿胀症状。使用少量利尿药有助于减轻乳腺肿胀，但连续使用利尿药可降低泌乳量。

对于乳房发育不良或乳房损伤所造成的无乳，药物治疗常难奏效，须改为人工喂养。

4. 预防 将临产和产后母畜放在安静舒适、清洁熟悉的环境中，避免生人及其他动物骚扰；供给蛋白质丰富的汤类食物，及早开乳，定时哺乳。

对于乳汁较少的母畜要及早治疗，一般在产后半月内治疗效果较好。时间过长，乳腺腺上皮细胞萎缩，此时用药往往疗效不佳。

第四节 乳 腺 增 生

乳腺增生（mammary hyperplasia）是乳腺的间质和导管上皮发生快速、良性和均匀的生长。乳腺增生见于初情期过后的犬猫，在妊娠期或发情间期也可发生。乳腺增生还见于使用孕酮的犬猫，可见于使用孕酮抑制尿液标记行为的公猫，甚至见于卵巢子宫切除后一年之内的猫。猫乳腺增生的发病率比犬常见，症状比犬严重。

1. 病因 乳腺增生似乎与孕酮有关，可能是动物对孕酮过度敏感所致。发生增生的乳腺组织中，孕酮受体浓度高而雌激素受体浓度低。从组织学的角度来看，乳腺增生分为两种类型：①小叶增生，乳腺导管上皮增生的结果。在给予外源性孕酮的个体中可见到这种典型病例。②纤维上皮增生，乳腺整体增大。在处于发情间期的猫中可见到这种典型病例。

2. 症状 犬在发情期、发情间期和妊娠期常见乳腺肿块，这些肿块或柔软或硬实，组织学检查可见乳腺腺泡增生和腺管扩张，有充满液体的囊泡结构。乳腺增生肿块通常会随血液孕酮浓度的降低而缩小，随下一个发情间期的到来又变大。开始时可能仅是乳腺中出现了一个简单的囊肿，或者出现多个质地均匀坚实、无触痛的团块，动物没有出现明显不适。接下来，乳腺增生组织中经常出现多个不同大小、含有液体的囊肿，很容易触诊发现。如果将囊肿中的液体抽吸掉，囊肿会很快再次充满液体。疾病的发展进程可能很快，进而乳腺表现疼痛，皮肤发红，有时出现溃疡，有或没有分泌物，动物厌食，昏睡，可能发热。

犬的临床症状往往比较缓和，血液孕酮浓度下降后临床症状常常会自动消退。猫的临床症状常常非常严重，可能发生急性局部缺血性坏死或形成血栓而最终死亡。

3. 诊断 乳腺组织中出现肿块，且肿块的出现与增长和血液孕酮浓度升高相关。

有些乳腺肿瘤具有与乳腺增生类似的表现，但乳腺肿瘤的肿块在发情间期结束后无缩小趋势。病理组织学诊断可将乳腺肿瘤和乳腺增生区别开来。

4. 治疗 该病在犬具有自限性和重复性，在一定意义上属于生理性变化的范畴，临床症状不重者可不治自愈。对于临床症状重者，则要采取治疗措施。

（1）对因治疗 消除孕酮对乳腺的刺激作用。对于正在使用孕酮的病例，停止孕酮。对于处于黄体期的动物，皮下注射阿来司酮，每次 10～15mg/kg，在第 1 天、第 2 天、第 8 天共注射 3 次；或者内服卡麦角林，或者内服溴隐亭，共 5～7 天。

病情稳定后进行卵巢子宫切除术，这可能对病情严重的病猫非常重要。手术时采取侧腹开口，以避开肿胀的乳腺。

（2）对症治疗　使用非类固醇消炎药，减轻发炎、发热和疼痛。可考虑使用利尿剂或糖皮质激素控制临床症状。如果出现溃疡或感染，使用广谱抗生素。

（3）乳腺切除术　当药物治疗无效、溃疡症状明显或乳腺肿胀很大时，可以考虑实施乳腺切除术。

第五节 乳腺肿瘤

乳腺肿瘤(mammary tumour)是中老龄母犬和母猫的多发疾病，平均发病年龄为10～12岁。乳腺肿瘤是犬的第二常见肿瘤，是猫的第三常见肿瘤。纯种犬乳腺肿瘤发病率高于杂种犬，无产仔犬高于产仔犬。猫的前两对乳腺多发，犬的后两对乳腺多发。乳腺肿瘤偶尔见于雄性动物，且以恶性肿瘤为多。

1. 病因　生殖激素在犬猫乳腺肿瘤的病因学方面起一定作用。乳腺肿瘤中出现环氧化酶Ⅱ，芳香化酶活性增加。1～2岁是生殖激素促进犬猫乳腺肿瘤形成的最强作用时间，体成熟后激素刺激的作用有限。50%～60%的犬乳腺肿瘤表达雌激素受体，44%的犬乳腺肿瘤表达雌激素受体和孕酮受体。犬在初情期前切除卵巢，乳腺肿瘤的发生率只有2.5%；在一个发情期后切除卵巢，乳腺肿瘤的发生率为8%；在两个发情期后切除卵巢，乳腺肿瘤的发生率为26%。经历两次以上发情周期或达到2.5岁之后再切除卵巢，降低乳腺肿瘤发生率的效应就会丧失，乳腺肿瘤发生率与未切除卵巢者相同，都为40%。猫在初情期之前切除卵巢，老年后发生乳腺肿瘤的概率是完整猫的1/7。猫乳腺肿瘤仅10%可检测到雌激素受体，存在更多的是孕酮受体，施用孕酮类药物可能会诱发乳腺肿瘤。饲喂牛肉、猪肉等红肉及早年肥胖动物乳腺肿瘤的发病率较高。

2. 症状　初期无明显的全身性临床症状。乳腺及其附近皮下有一个或多个边界清楚或不清、质地较硬的肿块，凸出的皮肤呈淡蓝色，常是多个乳腺一起患病，乳腺引流区淋巴结可能肿大。乳腺肿瘤呈乳头状或管状，切面色灰质硬，常有大小不等的液体囊泡。肿瘤一般无热无痛，有的肿瘤内部有波动。非常疼痛的病猫，会发生心动过速或心律不齐。腺瘤为良性肿瘤，生长慢，一定时间后可能恶变。乳腺肿瘤细胞通常经淋巴管转移到淋巴结和肺，动物表现慢性咳嗽，偶尔转移到肾、肝，犬还会转移到骨、脑和肾上腺，猫会转移到胸膜和横膈，可用X线检查胸腹部来寻找转移的肿瘤。M1和M2乳腺肿瘤向腋下淋巴结转移，而M4和M5乳腺肿瘤向腹股沟浅淋巴结转移，M3乳腺肿瘤既可转移向头侧也可向尾侧转移。肿瘤生长很快，约25%的猫的乳腺肿瘤在突起的地方破溃形成溃疡，渗出褐色或黄色液体，散发恶臭气味，迅速摧毁机体的免疫系统，引起败血症或菌血症。恶性肿瘤发展到一定时期，动物呈恶病质状态，出现精神沉郁、厌食呕吐、消瘦贫血等全身症状。如果不予治疗，从首次看到肿瘤到患猫死亡的平均时间是12个月。

3. 诊断　乳腺肿瘤一般可根据临床症状作出诊断。犬在发情期、发情间期和妊娠期常见乳腺肿块，这些肿块可能是肿瘤，亦可能不是，仅凭临床症状很难将两者区分开来。个别肿瘤的初始表现很像乳腺炎，它的第一个症状经常是乳腺皮肤发红发热，大多数没有清楚的肿块，使用抗生素治疗后症状没有好转也没有恶化，以后出现溃疡。这种情况实为炎性乳腺癌，是一种侵袭性极强的恶性肿瘤。因此，未泌乳腺体出现炎症和/或异常分泌，都必须考虑炎性乳腺癌的可能。炎性乳腺癌可表现慢性肿胀和广泛性肿胀，与正常组织的界限不明显，质地非常硬，有并发弥散性血管内凝血的可能，而乳腺炎相对较软，多发生于分娩和假孕后。

犬乳腺肿瘤约有一半为恶性肿瘤，猫乳腺肿瘤 80%～90%为恶性肿瘤。良性乳腺肿瘤多为含有纤维组织和软骨组织的混合瘤，细胞分化良好，与周围组织细胞结构相似，但细胞形态较大；恶性乳腺肿瘤多为腺癌，细胞分化不良，与周围组织细胞结构不相似，异型性明显。17%～30%的腺癌可发生转移。恶性肿瘤通常生长迅速，侵害附近组织，边缘出现液体渗出或中央出现溃疡。乳腺肿瘤通常向乳腺引流区淋巴结、肺、肝和骨骼转移。初次诊断时，犬 50%的恶性乳腺肿瘤已经发生转移，猫为 80%。良性肿瘤和恶性肿瘤可以同时发生，仅从外观无法区分。术前以细针抽取肿块做组织学检查不易区分良性肿瘤和恶性肿瘤。因此，术前要对每个肿瘤进行编号和记录位置，术后分别取样，做组织学检查给出确切诊断。

超声扫描有助于肿瘤的术前诊断。良性肿瘤边缘规则，内部回声均质；恶性肿瘤边缘不规则，无明显结构区域，明显向周围组织扩散，内部回声为非均质。X 线检查有助于肿瘤的转移诊断。肿瘤转移到肺部后，胸部 X 线检查要分别拍摄左侧、右侧和腹背共 3 张胶片，可以观察到粟粒状病灶。读片时应当注意，犬猫肺部转移病灶在 X 线胶片上有些差别。

4. 预后　肿瘤的性质决定疾病预后，良性肿瘤存活时间较长，恶性肿瘤存活时间较短。肿瘤大小是判断预后的最重要的因素，肿瘤越大存活时间越短。犬乳腺肿瘤小于 3cm 预后较好。猫乳腺肿瘤小于 2cm 可以存活 3 年，2～3cm 可以存活 2 年，大于 3cm 可以存活 4～6 个月。与预后有关的其他因素包括发病年龄、阳性淋巴结、多发性溃疡和外科治疗的组织完整性，而与病畜的年龄、肿瘤的个数和部位无关。若肿瘤细胞已侵入血管或淋巴结，则肿瘤的大小对存活时间的影响已无多大区别。切除犬猫乳腺恶性肿瘤，术后存活时间平均为 12 个月，肿瘤复发和/或转移为常见的死亡原因。猫乳腺肿瘤切除后的复发率为 66%。

5. 治疗　不论肿瘤的体积大小、数量多少、有几个乳腺并发，都应给予恶性肿瘤考虑。

（1）手术切除　手术切除肿瘤可以进行组织学诊断，可以治愈或影响疾病进程，可以改善生命质量，是最有效的疗法。但手术切除肿瘤的复发率和转移率都很高，对于已经发生肿瘤转移的病例一般不建议实施手术切除；对年老体弱、可能转移及肿瘤大的病例，选择手术时要十分慎重。炎性乳腺癌的侵袭性极高，手术切除无助于控制或缓和病情。

乳腺肿瘤切除方法有三种：①切除有肿瘤的乳腺，仅用于体积小、边界清楚的肿瘤；②切除有肿瘤侧的所有乳腺及其腋窝淋巴结和腹股沟淋巴结，用于界限清楚的恶性肿瘤、可扩散的恶性肿瘤及术后残留或转移的弥散性肿瘤；③切除两侧乳腺，并切除腋窝淋巴结和腹股沟淋巴结，适用范围同上一条但两侧乳腺都有肿瘤的病例。

单侧乳腺切除术的切口为一个与腹中线平行的椭圆形切口，内侧切口位于中线位置并弯向头尾两个乳头，外侧切口靠近乳腺外侧的基部，基本包括所有的乳腺组织。切开必须在肉眼上确认无肿瘤病变的组织上进行。切开后将乳腺群连同皮下脂肪组织一起从头侧向尾侧分离，深度达肉眼可见的腹部筋膜。分离结扎乳腺动脉和静脉，深层钝性分离乳腺和腹壁肌肉和筋膜，将乳腺与腹股沟脂肪一并切除。分离乳腺时尽量避开血管，尤其注意避开腹壁后浅动脉和静脉。前两个乳腺与胸部肌肉粘连，与体壁分离比较困难；而第3～5个乳腺则很容易与腹直肌筋膜分离。用温生理盐水冲洗创腔，剪除外侧切口多余的皮肤，安置引流管，间断缝合皮肤切口，缝合时带上部分下层组织，缝合后包裹腹部绷带。若要切除两侧乳腺，要先切除一侧乳腺和淋巴结，间隔2～4周之后再切除另一侧乳腺和淋巴结，以免正中线的皮肤发生坏死脱落。为保险起见，至少取第2种切除方法，并切掉其周围1～2cm的健康组织。猫只适用后两种肿瘤切除方法。

进行肿瘤周围组织浸润麻醉时，针头不能刺入肿瘤组织，以免造成肿瘤细胞转移。切开皮肤后钝性分离皮下组织，注意止血。不能损伤肿瘤，尽量大范围地切除组织，以免复发或转移。小心分离和确实结扎手术区域的大血管，如外阴动脉和静脉、会阴动脉和静脉及大的皮下静脉，注意结扎肿瘤蒂部的动静脉血管。注意留下相应皮肤，避免所留皮肤过少缝合不上。切除肿瘤后应彻底冲洗创口，更换器械进行后续操作。关闭手术创口时不要形成死腔，分别缝合皮下组织和皮肤。

对切除的组织进行病理组织学检查和诊断。肿瘤切除后要定期进行全身和局部检查，重点是进行胸部X线检查。良性肿瘤6个月检查一次，恶性肿瘤3个月检查一次。

（2）化学疗法　抗肿瘤化学药物治疗的作用有限，单独使用通常不能治愈肿瘤，而是用作手术治疗的辅助手段，使动物的存活期延长。对于不可切除的肿瘤（如炎性乳腺癌）和已经发生转移的肿瘤，则只能使用化疗方法。化学药物治疗不但可以防止肿瘤过度扩散，还能有效地减轻动物的痛苦。

药物作用与动物的基础代谢率、肾小球滤过率等生理活动的关系非常密切，大多数化疗药物使用体表面积计算药物剂量，比按年龄、体重计算更为准确。抗肿瘤化学药物的有效剂量和毒性剂量之间的范围通常很窄，需要准确把握药物的使用剂量。当通过体表面积进行剂量测定时，不同物种（从大鼠到人类）对化疗药物的耐受性通常表现一致；而用体重进行剂量测定时，这种耐受性差异显著。所以，许多抗肿瘤化学药物是通过体表面积进行剂量计算。犬猫的体表面积可以通过体重（kg）用以下公式求得。

犬：$y=0.0227x+0.2481$，体重x取值为3.0～57.0kg，y为体表面积（m^2）。

猫：$y=0.0357x+0.093$，体重x取值为2.3～9.2kg，y为体表面积（m^2）。

阿霉素（doxorubicin）是最常用的化疗药物。静脉注射对肾（猫）和心脏（犬）有剂量依赖性刺激作用，每次用药前都要评价肾和心脏功能。如果存在心脏功能异常就不能使用阿霉素，而要使用表柔比星或者米托蒽醌。阿霉素用量犬（≤15kg）和猫为25mg/m^2或1mg/kg，犬（>15kg）为30mg/m^2，每3周1次，共4～6个疗程。阿霉素要缓慢注射，如果发生药液外溢，要对局部进行冷敷。要使用甲氧氯普胺或布托啡诺止呕。有些犬在用药后会发生3～7天带血性腹泻，通常在进行特异性治疗后24～48h停止。

氟尿嘧啶＋阿霉素＋环磷酰胺联合用药方案，最常用于肿瘤边界不清晰手术后的化疗。最好在早晨实施这个方案，治疗过程中鼓励动物饮水，或者注射糖皮质激素。阿霉素第1天静脉注射，用法和剂量同上。环磷酰胺第1天静脉注射或内服，剂量为100mg/m^2，此药有造成出血性膀胱炎的风险。氟尿嘧啶肌肉注射，剂量为150mg/m^2，第1天和第15天各注射1次。每3周一个疗程，最多6个疗程。氟尿嘧啶不用于猫，所以此方案不用于猫。

阿霉素＋环磷酰胺联合用药方案：阿霉素第1天静脉注射，用法和剂量同上。环磷酰胺，犬在每个疗程第1周的第4～7天每天50mg/m^2，猫在每个疗程第1周的第2～4天每天内服8mg/m^2。

米托蒽醌，5.5mg/m^2，每3周静脉注射1次，重复4～6次。

卡铂，250～300mg/m^2，每3周静脉注射1次。按每100mL 5%葡萄糖液中加入100mg卡铂配制。用药后会出现呕吐或肾衰，会出现一过性的骨髓抑制。

顺铂，60～70mg/m^2，每3周静脉注射1次，可重复6次。肾脏功能障碍病例禁用，腹部转移病例可腹腔注射。

其他化疗药物还有氨甲蝶呤、紫杉醇等。

（3）*激素疗法*　这是肿瘤治疗的辅助方法，需要配合其他治疗方法进行使用。芳香化酶抑制剂和雌激素受体抑制剂是治疗雌激素受体阳性肿瘤的有效药物，可用作乳腺肿瘤的辅助疗法。芳香化酶抑制剂有依昔美坦、阿那曲唑、来曲唑、白藜芦醇。它莫西芬是雌激素受体抑制剂，犬每天内服0.4～0.8mg/kg，连用4～8周。

对于肿胀明显的乳腺，可皮下注射阿来司酮消肿。手术治疗前一周注射1次，20mg/kg；或者手术治疗前1天、2天、7天、8天，每天1次，每次10mg/kg。对于正在泌乳的乳腺，可用卡麦角林停乳，这样手术时就不被乳汁干扰，方便看清肿瘤边界。

许多非类固醇消炎药是环氧化酶抑制剂，能够抑制前列腺素的合成。在手术治疗前后使用非类固醇消炎药，可以起到消炎止痛作用。

（4）*卵巢子宫切除术*　鉴于卵巢激素在诱发乳腺肿瘤中的作用，以及多数乳腺肿瘤表达卵巢激素受体的事实，卵巢子宫切除术可以消除卵巢激素对现存乳腺肿瘤的作用，还可能有助于减少乳腺肿瘤的复发和延长患病动物的存活时间，有助于收缩乳腺组织，杜绝子宫积脓。另外，性成熟后切除卵巢对乳腺已无保护作用，特别是在发生了乳腺肿瘤之后再切除卵巢，对于病畜的存活可能已无影响。若要切除卵巢子宫，应在乳腺切除术之前进行，且要选择腹侧手术通路；乳腺切除术时要避开卵巢子宫切除术的切口。这样，乳腺切除术时可以避免乳腺肿瘤细胞植入腹腔。

（5）*抗生素治疗*　当肿瘤发生溃疡或继发感染时，全身使用抗生素。如动物仍在妊娠或哺乳期，仅使用青霉素。

（6）*安乐死*　对于已经发展到疾病后期和丧失治疗价值的病例，给畜主作出安乐死的建议。

第十二章 仔 畜 科 学

新生仔畜（neonate）通常是指自出生到睁眼和能够站立（一般 15 天）的仔畜，仔畜（infant）指自出生到断奶（一般 45 天左右）的仔畜，实际包含了新生仔畜，幼畜（toddler）指自断奶后到开始换牙（一般 3.5 月龄）的仔畜。广义的仔畜是新生仔畜、仔畜和幼畜的统称。仔畜科学（pediatrics）专门研究仔畜疾病的发生发展规律及临床诊断和治疗的理论和技术。仔畜的免疫系统和许多代谢功能尚未充分发育，自身防护能力弱，对外界环境的反应力和适应性差，易受各种不良因素影响而发病，尤其是对感染性疾病有更高的易感性，应注重预防保健工作；仔畜发病的临床特征是呻吟、厌食、瘦弱、少动、昏睡、被毛粗乱、肌紧张度下降，无明显定位症状和体征，感染性疾病也是主要表现普通的消化呼吸道症状；仔畜对疾病的耐受力差，应对脱水、低体温和低血糖的储备能力有限且发病后相关测值会进一步降低，脱水、低体温和低血糖之间很容易形成恶性循环，疾病往往来势凶猛而且极易全身蔓延，应及时检查、抓紧治疗和加强护理，以减轻疾病的严重程度和缩短疾病的持续时间；仔畜新陈代谢旺盛，对疾病造成损伤的恢复能力较强，只要度过危重期常可满意恢复，较少转成慢性或留下后遗症，适宜的康复治疗常有事半功倍的效果。由此可见，仔畜疾病并非成年动物疾病的缩小翻版。在本章中先介绍仔畜生理特点、护理、临床检查和用药，然后分节讨论常见的仔畜疾病的诊断和防治技术。

第一节 生 理 特 点

新生仔畜出生以后，生活条件骤然发生改变，由胎盘循环进行气体交换转变为自主呼吸，由胎盘获得营养物质和排出废物变为自行摄食、消化和排泄。因此，胎儿时期的一些解剖生理状况必须随着这些变化而迅速发生相应的变化，新生仔畜才能适应外界条件，进行独立生活。新生仔畜丘脑下部和垂体的功能发育则要到生后很久才逐渐成熟，但垂体往往在丘脑下部控制系统尚未发育成熟之前就能自动地分泌各种激素。

新生仔畜出生时的体重因品种不同而异，同一品种也会因新生仔畜数的不同而有差异，同一窝新生仔畜的体重也不尽相同。窝产仔数多的新生仔畜体重较轻，少的则重。新生仔畜出生后次日会出现生理性体重下降，但温度、湿度等生活条件保持良好状态时可制止体重下降。小型犬的新生仔犬体重约 125g，巨型犬可达 625g。新生仔犬的体重从 3 日龄开始增加。新生仔犬体表长出被毛，被毛颜色从妊娠 55 天以后即已明显。新生仔犬的性别容易鉴别。

新生仔猫体重为 100±10g，出生重低于 90g 的新生仔猫死亡率高。新生仔猫的包皮开口和阴道都是向尾部延伸的裂隙状开口，而且出生时睾丸没有下降到阴囊内，所以新生仔猫的性别不容易鉴别。测量肛门和生殖道或包皮开口之间的距离有助于区别新生仔猫的性别：雄性为 11～16mm，雌性为 6～9mm。

（一）呼吸和循环系统

胎儿出生前血氧分压仅为20mmHg。新生仔畜出生后，不能再通过胎盘进行气体交换，血液中氧气减少二氧化碳聚积增多，这种变化刺激延脑呼吸中枢，在1min之内就可引起新生仔畜的呼吸动作，血氧分压上升到50～60mmHg。母畜舔舐刺激新生仔畜的皮肤可引起呼吸反射。新生仔畜刚出生时呼吸慢而不稳，最初会出现一段时间的腹式呼吸、断续呼吸，但不久即转为正常。出生时新生仔畜黏膜可能呈现灰白色，在开始自主呼吸后变为粉红或红色。生后1～2天听诊肺部，肺泡音清晰，常可听到锣音，几天后锣音消失。1周龄内新生仔犬心率每分钟160～200次，呼吸频率每分钟10～18次；第2周心率每分钟200～220次，呼吸频率每分钟18～36次。

新生仔畜开始呼吸之后，血液就会通过肺脏进行气体交换，胎儿时期所特有的循环构造就要立即转变为成年动物的循环通路。肺脏因为吸入气体而扩张，右心室的血液沿肺动脉进入肺脏，动脉导管由于血液氧压增高和前列腺素的作用在1～2天之内封闭变为动脉导管索。脐静脉血流停止，新生仔畜右心房血压降低左心房血压增高，两个心房间的卵圆孔即封闭。脐动脉封闭变为膀胱圆韧带，脐静脉封闭变为肝脏圆韧带。肝脏的静脉导管也封闭，脐尿管封闭后和两侧的脐动脉一起脱离脐孔。

新生仔畜心跳通常快于母体一倍或一倍以上，新生仔犬正常心率是每分钟200～250次。新生仔畜出生后不久常能听到心区杂音，这与卵圆孔未完全闭合有关。压力感受器到出生后第4天开始发挥功能，新生仔犬心率可以应对血压和血氧分压的变化而发生改变。新生仔畜出生后平均动脉压50±10mmHg，以后逐渐增加，在6周～12月龄达到成年犬的数值。2月龄时红细胞数接近成年数值。

（二）消化系统

动物出生后就断绝了与母体身体的直接联系，维持动物生命的各种物质，除从母体带来的一点储备之外，完全改由消化道吸收供应。新生仔畜的生长发育很快，新陈代谢过程特别旺盛，对食物的需求量大。

新生仔畜有吮乳反射，会主动寻找乳头吮乳。新生仔畜唾液腺分泌不发达，胃肠容量不大，分泌及消化功能尚不完善，肠壁的通透性较高，吸收能力较强，屏障功能很弱，初期进入肠道的物质很容易通过肠壁进入体内。初乳是分娩后最初几天分泌的乳汁，一般呈淡黄色、较稠，所含的免疫球蛋白和淋巴细胞的浓度很高。母畜哺乳24h后，乳汁变得稀薄，呈白色。新生仔畜肠道吸收初乳免疫球蛋白能力的高峰是在出生后8h，这个能力到了出生后24h显著下降。新生犬猫分别在最初24h和16h从初乳中吸收抗体，可获得6～10周的被动免疫能力。初乳中抗胰蛋白酶的活性很高，保护免疫球蛋白在肠管内不被胰蛋白酶破坏。新生仔犬IgG半衰期约为8天。新生仔猫IgG半衰期约为4.3天，IgA半衰期约为2.0天。以后肠壁的通透性降低，从初乳中吸收抗体减少，抗体留在肠管内保护口腔和肠黏膜不受感染。因此，要让新生仔畜尽早吃到初乳，至迟应在出生后6h内吃足初乳。

新生仔犬出生后多在1h之内排出黄褐色条状胎粪，胎粪是由胎儿吞食唾液、部分羊水及肠道分泌物和脱落的上皮细胞等所组成。初乳富含镁盐，能促进胃肠蠕动而有轻泻作用，可促进胎粪排出。新生仔畜的排粪排尿功能尚未发育成熟，自己不能排泄粪尿，必须由母畜舔舐肛门和生殖器刺激排泄。母犬清洁新生仔犬，经常看不到新生仔犬粪便。如果母犬不会舔舐新生仔犬，新生仔犬得不到刺激就会变成弱胎，最后死亡。产仔数过多的母犬、老龄母犬及相当数量的玩赏犬母犬对新生仔犬照顾不周，当新生仔犬肛门堵塞、腹部胀满时不太舔舐。可把肉汤、鸡蛋清等涂擦到新生仔犬肛门周围，诱导母犬舔舐，促进新生仔犬排粪。仔犬在16～20日龄能自己排泄粪尿，仔猫在21日龄左右才会自己排泄。

（三）水和肾脏功能

新生仔畜水分占体重的82%，水分更新速度大概为成年动物的2倍。新生仔畜皮肤透过性高，体表面积大，经皮失水多。新生仔畜肾脏发育不成熟，肾单位到第3周才完全形成，浓缩尿的能力低，尿比重低，每天对水的需求高。因此，很容易和很快发生脱水。常见的脱水原因有腹泻、呕吐、肺炎、吮乳减少、环境温度过高。

用黏膜变化可以评价新生仔畜脱水程度。5%～7%的脱水，黏膜发黏或变干；10%的脱水，黏膜非常干，黏膜皮肤弹性降低；>12%的脱水，循环衰竭。

轻微脱水时，如果可以听到肠音，就可以经口喂水，也可以皮下注射，这些水会被缓慢吸收。中等程度脱水就可严重危害新生仔畜，需要立即处理。理想的情况是经静脉注射给水，注意无菌操作。如果静脉给水不成功，可放置骨内导管给水。股骨或肱骨都可取，用18～22号注射针头或20号脊髓针。

（四）体温

新生仔畜3周龄内的体温低于成年动物。新生仔畜仅靠代谢棕色脂肪主热，体温较低，体温调节功能尚不完善，体内供能物质储备有限，被毛短而稀少，很难在被毛中形成保温的空气层，皮下脂肪层薄，保温能力差，单位体重的体表面积相对较大，体温散失快而恢复慢，借助颤抖反射维持体温的能力很低，对失热的耐受能力差，丢失少量热量体温便可降低。新生仔畜对低温环境敏感，主要靠依偎母畜身体维持体温。新生仔畜出生后体表的羊水和黏液蒸发散热，1～2h体温降低0.5～1.0℃。可见新生仔畜在出生后最需要的不是食物，而是保暖。所以，要尽快擦净新生仔畜体表的黏液，用电吹风烘干被毛后放进温暖的产箱，或由母畜用体温给新生仔畜保暖。随着进食，新生仔畜的代谢率增加，体温调节功能完善，体温在3天内逐渐上升，6～8日龄时出现颤抖和血管收缩机能。大概6周龄时达到成年体温，成为恒温动物。因此，产后一周内的保温是护理新生仔畜的重要环节。

新生仔犬的体温为36～37℃，生后40min体温降到33～34℃。新生仔犬被毛干燥后，体温逐渐上升为35℃。新生仔犬7日龄体温约为36℃，10日龄体温为37.3～37.5℃，这一体温持续很长时间。一个月后为38℃，50日龄时达到成年动物的正常体温。

新生仔猫出生时体温低于正常，第1周体温为35.0～37.2℃，第2～3周为36.1～37.7℃，到了第4周才能完全控制体温并达到成年正常体温37.7～38.9℃。因各种犬、各种猫的个体差异较大，图12-1为犬、猫出生后体温变化的大致图。

新生仔畜所处环境的湿度以保持50%～65%为宜，温度则要随新生仔畜的生长发育不断调整。保育箱要有保暖供暖措施，最好上有远红外取暖灯，下有保温板或电热毯。仔犬保育箱的温度第1周为28～32℃，第2～3周为27℃左右，第4周为23℃。仔猫保育箱第1周为30～32℃、第2周为27～29℃、第3～5周为24～27℃。当窝产

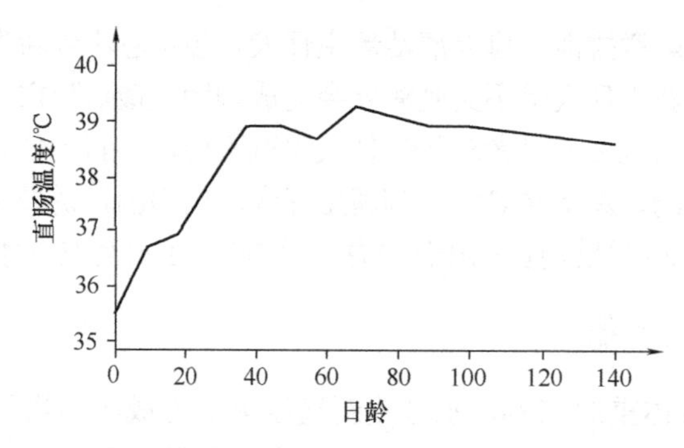

图 12-1　犬、猫出生后的体温变化（引自 Johnston et al., 2001）

仔数较多时它们可以相互取暖，温度可稍低点。如果新生仔畜弱小，湿度为 85%～90%较好。新生仔畜可能没有能力趋近或避开热源，要注意经常检查和保证保育箱温度的准确和稳定。

仔畜到能够平稳行走时才具有体温调节功能，在此之前很容易着凉。新生仔畜着凉后会损坏生理功能。出生时直肠温度低于 34.4℃，1～3 日龄低于 35.6℃，1 周龄时低于 37.2℃，就视为发生了低体温。低体温时仔畜皮肤发凉，不安哭叫，小肠停止蠕动，肠道丧失吸收功能。动物停止进食，强迫进食会产生食物回流导致异物性肺炎。或者食物发酵造成腹胀，横膈受压表现呼吸困难。如果直肠温度降到 28.0～29.4℃，心率则降至每分钟 40～50 次，动物昏睡，动作不协调，口唇周围潮湿，低血糖，组织缺氧，发生代谢性酸中毒。体温低于 21℃，动物呈假死状。母犬不会照料皮肤温度过低的新生仔犬，会把它们推到一边，不理会它们的呼叫。新生仔犬吮乳时发出高亢的叫声，或不吮乳而离开乳头，都是低体温的反映，应立即放入保温箱中缓慢加热。经过 30min～2h，待直肠温度恢复至 36.1～37.8℃及精神恢复正常后，再放回母犬并把新生仔犬嘴对到乳头上，这样新生仔犬就可以正常吮乳了。体温恢复速度不能超过每小时 1℃。体温恢复过快，如在 1h 内升高≥2℃，就会引起呼吸加快、呼吸费力、黏膜苍白、腹泻、痉挛等心衰表现，对生命造成威胁。

同样，室温也不能过高。室温过高时新生仔畜呼吸困难，表现气喘，容易脱水。新生仔畜脱水后皮肤弹性降低，口腔干黏。发生过热后可用冷空气和微温水浴降温。经受过热的动物当时可能存活下来，接着便会发生心脏和肾脏衰竭而死亡。身体局部过热会造成烧伤烫伤，要进行局部和全身液体治疗。轻易不要使用抗生素药膏，药膏很容易经皮肤吸收。如果局部烫伤严重，可局部使用药粉，全身使用青霉素类抗生素，每天 2～4 次能量维持。

（五）行为

犬猫出生时就会吮乳和发声，能对气味、触摸和疼痛发生反应，能发生缓慢的撤回反射，屈肌占支配地位，在 3 周后才出现明显的伸肌功能。仔畜的神经功能要到 6~8 周才发育成熟。新生仔畜在出生后的前 2 周，90%的时间用于吮乳和睡眠，眼睛和耳朵都完全闭着，光线直接照射眼睑会诱发眨眼反应，对噪音刺激也能作出反应。新生仔畜有嗅觉和爬行能力，在出生后不久就会缓慢不规则地爬向母畜取暖和寻找乳头，头部微微昂起左右摇摆，并用鼻子摩擦母畜的皮毛，直到找到一个乳头为止，吮乳时发出轻松的哼哼声。母畜在舔舐清洁新生仔畜时，就能将新生仔畜移到接近乳头的位置。新生仔畜在出生后 1h 就可以开始吮乳，或者最迟到最后一只新生仔畜出生后吮乳。3 日龄能够抬头，1 周龄能够爬动。仔犬的眼睛于 10～15 日龄睁开，刚睁开时的眼睛混浊发蓝，几天后变黑。此时，外耳道也从原来的黏合状态变成开张状态。仔猫在 7～14 日龄开眼和开放外耳道。在这段时间内，应避免强声强光刺激。如果到了开眼的日子仍睁不开眼，可用温水打湿棉签湿润眼缝，然后再用手指轻轻地分开眼皮。

仔犬 15 日龄能够站立，20 日龄开始学习行走，吮乳行为可能完全由仔畜自己掌握，它们可以跟着母畜以便吮乳。仔畜学会行走后开始探索和熟悉周围环境，吸乳时间逐渐减少，对母畜的依附也逐渐降低，母畜有时也会避开仔畜吸乳。随着发育，长毛品种的被毛迅速增长，鼻镜、口唇、眼睑等处出现色素变化。仔犬 4 周龄时步态很踏实，头部的容貌可以显示出该犬种的特征。仔畜往往站立或贴近母畜身体卧下，在人接近时常自动站立起来。有些仔畜还对移动的物体感兴趣并有盲目跟踪的表现，应注意护理，防止走失或遭受损伤。

仔猫在 2 周龄试图站立起来。每次哺乳之后母猫都给仔猫清洁梳理，以刺激通尿和排便。仔猫 3 周龄时比较活跃，开始学会离开窝巢撒尿排便，4 周龄时学会走、跳和玩耍，可以完全自理。随着仔猫对周围环境探索时间增加，吸乳时间逐渐减少，母猫有时候也会避开仔猫吸乳。

（六）长牙和换牙

动物长牙和换牙的时间相对恒定，可用来指示或者监视动物发育，还可用来鉴定动物的年龄。

1. 犬　仔犬在 20 日龄左右开始出牙，30～40 日龄乳切齿长齐，2 月龄时乳齿全部长齐。乳齿尖细而呈嫩白色，数量分布：切齿上下各 6 枚，犬齿上下各 2 枚，前臼齿上下各 6 枚，总计 28 枚。仔犬 3～5 月龄更换第一、第二、第三乳切齿，5～7 月更换全部乳犬齿，8 月龄时恒齿长齐。恒齿光洁牢固，切齿上部有尖突。成年犬的恒齿分布：切齿上下各 6 枚，犬齿上下各 2 枚，前臼齿上下各 8 枚，臼齿上颌为 4 枚，下颌为 6 枚，总计 42 枚（图 12-2）。表 12-1 中数据为一侧牙齿的齿式，数字表示各类牙的顺序，“/”前为上颌牙齿，“/”后为下颌牙齿，空行和“0”表示没有此牙。

表 12-1　犬的齿式及出牙、换牙时间（引自 Constantinescu, 2002）

乳齿	出牙时间	恒齿	换（长）牙时间	乳齿	出牙时间	恒齿	换（长）牙时间
切齿 1/1	4～6 周	切齿 1/1	3～5 个月	前臼齿 3/3	5～6 周	前臼齿 3/3	5～6 个月
切齿 2/2	4～6 周	切齿 2/2	3～5 个月	前臼齿 4/4	5～6 周	前臼齿 4/4	5～6 个月
切齿 3/3	4～6 周	切齿 3/3	3～5 个月			臼齿 1/1	4～5 个月
犬齿 1/1	3～5 周	犬齿 1/1	5～7 个月			臼齿 2/2	5～6 个月
		前臼齿 1/1	4～5 个月			臼齿 0/3	6～7 个月
前臼齿 2/2	5～6 周	前臼齿 2/2	5～6 个月				

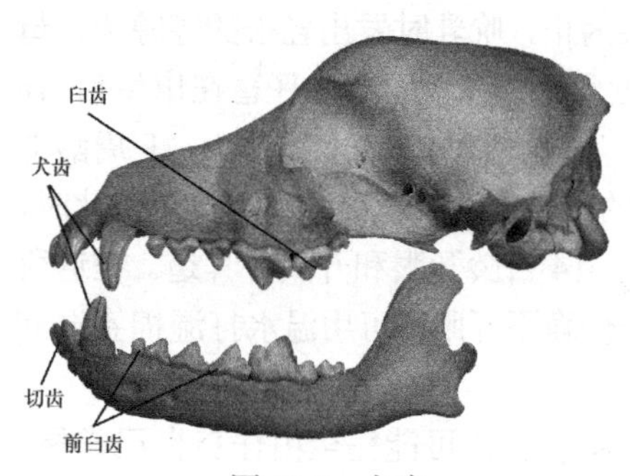

图 12-2　犬齿

成年犬的年龄在牙齿的磨损、锐钝等方面看得最为明显，可以从犬齿的数量、力量大小、新旧、亮度等方面粗略判断犬的年龄。1.5 岁下颌第一切齿尖峰磨灭，2.5 岁下颌第二切齿尖峰磨灭，3.5 岁上颌第一切齿尖峰磨灭，4.5 岁上颌第二切齿尖峰磨灭。5 岁下颌第三切齿尖峰轻微磨损，同时下颌第一、第二切齿磨呈矩形。6 岁下颌第三切齿尖峰磨灭，犬齿钝圆。7 岁下颌第一切齿磨损至齿根部，磨损面呈纵椭圆形。8 岁下颌第一切齿磨损向前方倾斜，10 岁下颌第二及上颌第一切齿磨损面呈纵椭圆形。16 岁切齿脱落，犬齿不全。20 岁时犬齿脱落。

2. 猫　仔猫在 20 日龄左右开始出牙，30～40 日龄乳切齿长齐，2 月龄乳齿全部长齐。乳齿数量分布：切齿上下各 6 枚，犬齿上下各 2 枚，前臼齿上 6 枚下 4 枚，总计 26 枚。仔猫 3.5～5.5 月龄更换乳齿，6 月龄左右恒齿长齐。成年猫的恒齿分布：切齿上下各 6 枚，犬齿上下各 2 枚，前臼齿上 6 枚下 4 枚，臼齿上下各 2 枚，总计 30 枚。表 12-2 为猫的齿式及出牙、换牙时间，表中数据意义与表 12-1 相同。

表 12-2　猫的齿式及出牙、换牙时间（引自 Constantinescu, 2002）

乳齿	出牙时间	恒齿	换（长）牙时间	乳齿	出牙时间	恒齿	换（长）牙时间
切齿 1/1	3～4 周	切齿 1/1	3.5～5.5 个月	前臼齿 2/0	5～6 周	前臼齿 2/0	4～5 个月
切齿 2/2	3～4 周	切齿 2/2	3.5～5.5 个月	前臼齿 3/3	5～6 周	前臼齿 3/3	4～5 个月
切齿 3/3	3～4 周	切齿 3/3	3.5～5.5 个月	前臼齿 4/4	5～6 周	前臼齿 4/4	4～5 个月
犬齿 1/1	3～4 周	犬齿 1/1	5.5～6.5 个月			臼齿 1/1	5～6 个月

第二节　护　　理

新生仔畜发育不完全，感觉能力差，行动迟缓，适应能力弱，全靠母畜照护，断奶后才具备独立生活的能力。母畜分娩时体力消耗较大，挪动身体不灵便，常会压伤或压死新生仔畜。产仔数过多（犬 8 头猫 5 头）时，母畜往往照顾不过来新生仔畜。如果母畜的母性差，新生仔畜易被母畜踩伤或挤压，或不能找到乳头。早产几天的新生仔畜体格弱小，身上少毛或无毛，可能不会吮乳和吞咽，特别怕冷，需要给予精心的护理才能存活下来。如果一个仔畜患病，就要对整窝仔畜和母畜进行检查。因此，新生仔畜从出生到断奶要有专人护理，定期进行体格检查，便于早期发现缺铁性贫血、佝偻病、营养不良、发育异常等疾病并予以及时干预和治疗。从分娩到断奶，仔犬和仔猫的死亡率约为 12%，死亡事件几乎都发生在 2 周龄内，且以 3 日龄内为最多。

（一）母乳哺乳

母乳是新生仔畜生长发育的最好食物，母畜最好在产后 1～5h 就开始哺乳。一般新生仔畜出生后会自行固定乳头吸乳，但新生仔畜强弱不均会时常发生争斗。犬乳腺在腹部排列的位置不同，前后拉开的距离较远，不同位置的乳腺发育程度有明显的差别。越靠近腹股沟部的乳腺发育程度越好，泌乳量越多；越往前的乳腺发育程度越差，泌乳量越少。胸部乳腺的发育程度最差，泌乳量最少。应尽早将健壮新生仔畜固定到前面的乳头吸乳，把体质较弱的新生仔畜固定到后两对乳头上，这样可以弥补其先天不足，使全窝新生仔畜生长发育均匀一致。

仔犬一般吸 6～8 次才咽一次，吃饱后会安稳入睡，用母犬乳头触碰仔犬口唇也置之不理，每天排 3～5 次金黄色稠粥样大便。相反，如果吮乳的次数多而咽的次数少，要费很大力气吸奶，吸完奶后还含着乳头不肯放松，或者猛吸一阵就把乳头吐出来哀吠，不断躁动乱拱乳房，说明母犬乳汁不足，仔犬没有吃饱，或是受冻或便秘了。饥饿使肠蠕动加快，导致大便次数增多，胆汁不能在肠道内完全分解，大便则呈绿色黏液状。

（二）寄养代乳

如果母畜产仔数过多，乳汁不足甚至无乳或死亡，或者为了预防新生仔畜溶血病，都要尽各种可能寻找分娩期相近的同种或异种母畜进行寄养代乳或人工哺乳。在寄养代乳或人工哺乳之前，要尽量让新生仔畜吃 5 天左右生母的初乳，这样可以提高新生仔畜的免疫抗病能力。未吃初乳的新生仔畜没有 IgG 和 IgA。对于没有吃到初乳的新生仔畜，在出生时、出生后 12h 和 24h 每只仔畜皮下分点注射 1mL 高免血清来补充抗体。血清供体的血型要与受体仔畜的血型一致，尤其是在猫要十分注意。

寄养代乳对新生仔畜的发育非常有利，同时也可免去畜主的许多麻烦。后产的新生仔畜往先产的窝里寄养代乳要选体大的个体，先产的新生仔畜往后产的窝里寄养代乳要选体小的个体。母畜通常都有强烈的排他性，因此应挑选母性强、性情温驯、乳汁充足、乳头多的母畜充当保姆畜。

母畜主要通过嗅觉和视觉辨认亲子，进行寄养代乳之前必须以气味或视觉等手段蒙骗保姆畜。为此，可将保姆畜的乳汁或粪尿涂于要寄养的新生仔畜身上，让新生仔畜身上带有保姆畜的气味，这样保姆畜就能很快接受。或喷洒有气味的药水于寄养及亲仔群中，然后再轻轻放入寄养新生仔畜窝内；也可等待保姆畜外出觅食时，将寄养新生仔畜混入亲仔中，并将保姆畜与亲仔隔离一段时间，使其增强恋仔性后再让它回窝，在夜间开始寄养效果更好。不论采用哪种方法，在开始几天要密切注视保姆畜接触寄养新生仔畜时的举止行为，严防出现踩咬，必要时可给母畜戴上嘴套，在其允许寄养新生仔畜吮乳后再摘下。只有当保姆畜允许寄养新生仔畜吃乳并照顾它时，才能放手让其正常喂养。哺乳期的母猫可以接受并照顾那些与自己亲生仔猫大小相似的孤儿，孤儿的年龄和体格大小与母猫自己的仔猫差异越大，母猫越不能接受。

（三）人工哺乳

如果不具备上述寄养代乳条件，就要进行人工哺乳。出生后第 1 周能量的主要来源，犬为脂肪，猫为蛋白质，在选用食物配方时要注意这个区别。仔犬前 1～2 天的配方可选：1 杯当天鲜牛奶，1 勺食用油，1 撮食盐，3 个蛋黄，搅拌均匀后加热煮沸，稍凉后加入适量乳酶生。牛奶中乳糖及脂肪浓度较高，仔犬的消化能力差，稀释不足或饲喂过量都会引起消化不良，甚至下痢。开始时向奶中加入 1/3 的水稀释，3～5 天后逐渐减少水的比例。仔猫要选羊奶，适当添加牛磺酸。

人工哺乳要严格遵守定时、定量、定温的三定原则。奶温应控制在 38～40℃，用手背试温时奶的温度要等于或略高于皮温。喂奶用具用后必须洗净煮沸消毒，接触动物前后用消毒药液洗手。

奶瓶喂奶最为常用。用烧红的缝衣针在奶嘴上穿透一次，就能烫出一个直径 1mm 的孔，奶可以从此慢慢流出。让新生仔畜俯卧抬头，护理员一手托起新生仔畜下颌使头端平，另一手持奶瓶把奶嘴插入新生仔畜嘴内让新生仔畜自饮。慢慢抬高奶瓶后部，随着新生仔畜吸吮奶嘴，奶就进入新生仔畜嘴内。要给新生仔畜的吞咽和呼吸留有充分的时间。不要让新生仔畜的嘴高于头顶部，更不要挤压瓶子给新生仔畜强行灌奶。喂奶过快会咽下空气或呛着动物。

胃管投喂更加可行。选用一根柔软的细导管和一支注射器，导管头端要光滑。用导管在从新生仔畜鼻尖开始向后沿食管比量到最后肋骨，将此长度减小 1/4，在导管上做好标记，这是导管插入新生仔畜体内的长度，并注意每周调校一次。每日称量新生仔畜的增重，将此增重除以 6 就是每次喂奶的量。把注射器与导管联结起来吸取奶液，导管中要充满奶液没有气泡。给导管头端沾上奶液让新生仔畜舔品，抬起新生仔畜的头，顺势将导管插入食管。稍微休息一会，如听到新生仔畜发出哭叫声，感觉到新生仔畜在吞咽导管，或者回抽注射器遇到负压，都表明导管进入食管。继续插送导管达到标记的长度，让动物的胸腹体位保持水平，然后慢慢推注射器，奶液便流入新生仔畜胃中。新生仔畜胃的容积约为 4mL/100g，单次饲喂不能超过此量。推注时要注意仔畜胃的扩张，推注后要将导管扭结后抽出食管。

小勺喂奶和细管滴喂不能过快，以免动物过小吞咽反射不精准而将奶吸入肺中。所以，这种方法比较费时。

初次喂奶有部分新生仔畜不习惯，要适当间歇停顿后再试，避免过分挣扎，奶量应由少到多逐渐增加，新生仔畜饥饿时喂奶的效果最佳。第 1 周每天的喂食量为 12～13mL/100g，第 2 周每天的喂食量为 14mL/100g，第 3 周每天的喂食量为 18mL/100g。饲喂过量会导致腹泻、胃涨、腹部不适及呛食。饲喂不足则会引起脱水和增重不足。在第 1 天每小时饲喂 1 次，第 1 周每 2h 饲喂 1 次，第 2～3 周每 3h 饲喂 1 次。从第 4 周起，晚上 11:00 喂最后一次，清晨 5:00 喂第 1 次。第 5 周每天喂 4～6 次，补饲米糊。最初饲喂时要量少多次，随着仔畜的生长而变为次少量多，3～4 周龄时不再用手喂饲。体质特别弱或食量小的要每小时喂 1 次，直到体重增加上来。喂食量根据仔畜的胃容量来确定，以五至八成饱为宜，不能过量，特别是在出生后的头几天。

每次喂奶之后，用一个温暖、湿润、柔软的毛巾清洁仔畜。经常变换新生仔畜的体位和姿势，以减少呕吐。用玻璃棒向肛门内及周围涂擦凡士林，用一小块粗糙的洗碗巾擦拭肛门及阴部区域，轻揉腹部，刺激胃肠及膀胱蠕动，诱导反射性排粪排尿，这项护理工作要持续到仔畜满 3 周龄。人工喂食的代乳品无轻泻作用，容易引起便秘；先天性发育不良或早产者体质衰弱，肠道弛缓无力排出胎粪，也会发生便秘。便秘时仔畜吃奶次数减少，肠音减弱，表现不安，拱背努责。以后精神沉郁，不吃奶，结膜潮红带黄色，心跳呼吸加快，粪块堵塞直肠继发肠道臌气，肠音消失，全身无力，逐渐全身衰竭，呈现自体中毒症状。对于发生便秘的仔畜，从肛门注入几滴液体石蜡或开塞露，润滑肠道软化粪便，促进肠道蠕动，引起排粪。每隔3h注入一次，直至胎粪排出为止。也可向代乳品中加入1～2滴食用油，直到恢复正常。过食导致仔畜拉稀，应及时减少乳量和喂乳次数；当粪便如同没有消化过的奶时停止喂奶，仅给些水和助消化药，直到粪便正常，必要时进行治疗。

新生仔畜发育快增重明显，在1周龄内要每天称重一次，2～3周龄每2天称重一次，4周龄到断奶每3天称重一次。尽早辨别新生仔畜性别和外表特征，或者用涂指甲等非损伤性标记方法来帮助识别个体。仔犬生后除第1天体重稍有降低外，以后每天平均增重应为初生体重的10%～15%，在10～14日龄时体重增加一倍。每次称重时顺便观察新生仔畜的肌肉张力和对刺激的反应。如果对新生仔畜的进食量有疑问，可在进食前后分别给仔畜进行称重。体重停止增加甚至降低经常是新生仔畜发生异常的第一个症状，并且与生存机会降低直接相关。从第11天起，母犬泌乳量有所不足，仔犬增重可能下降，此时应采取补乳措施。仔猫在哺乳期间应该每天增重7～10g，每周增重70～100g，在7～10日龄时体重增加1倍，6周龄时至少达到500g。要根据新生仔畜的生长和增重情况进行营养评估，注意食物的钙、磷比例。如果母畜奶水不足或新生仔畜增重不足，可在母畜喂奶后1～3h人工饲喂一次。食物中缺乏L-精氨酸可以导致仔猫出现白内障。注意观察新生仔畜的食欲、粪便情况，有无呕吐、眼屎等。仔畜要有适当运动和日光浴，以防发生佝偻病。经常更换垫料，保持产室和/或产箱干燥，做好清洁卫生和消毒工作。经常轻轻抱起仔猫，可以增强仔猫体质和合群性。

（四）诱食补饲

母畜的泌乳量通常在20天左右达到高峰，以后逐渐减少。仔畜在14～25日龄时体重及营养需要日益增加，自15日龄起仅靠母乳就不能满足仔畜的需求。因此，必须给仔畜补饲才能满足营养需要。补饲还可锻炼仔畜胃肠功能，促进仔畜消化器官的发育，使其逐步适应以后的独立生活。

诱食是补饲的前提，要让仔畜学会采食母乳以外的食物。开始诱食时把奶放到瓷盘里，给仔畜的吻端和/或前爪蘸些奶，仔畜1～3天就能学会舔食，在适应了奶的气味后很快就会主动采食。初期仔畜应少食多餐，1天喂5～6次，每次补饲前将食盘敲出一定声响训练自食，反复几次后仔畜就会建立起条件反射，以后补饲时仔畜闻声即会前来采食。20日龄后仔畜开始长出乳牙，特别喜欢啃东西，此时要抓紧时间调教仔畜开食吃料。向盘子的奶中放入固体食物形成粥状饲料，以后逐渐减少奶的用量，慢慢转为半流质和常规饲料。仔畜30日龄后消化功能渐趋增强，已能自由采食常规饲料，食量和体重迅速增加。这时应把母畜和仔畜分开饲养，分开时间由短到长。35日龄后逐渐增加补饲量，补饲的食物主要是由牛奶、鸡蛋、碎肉、稀饭等混合成的半流食，还可适当喂些鱼肝油、骨粉等，亦可逐渐过渡到饲喂颗粒饲料。为了提高仔畜的断奶体重，以及适应成年饲料类型，补饲时要选择香甜适口的饲料，同时注意补料多样化，保证营养丰富。

仔猫应喂用鸡肉做成的仔猫饲料诱食，而不是喂用鱼肉做成的成年猫饲料。成年猫饲料和油性过大的饲料会引起仔猫腹泻。

（五）断奶

断奶意味着仔畜的生活由依靠母畜母乳到独立生活，断奶时间可根据仔畜的体质和母乳授乳情况而定。仔猫断奶时体重为600～1000g，雄性仔猫的体重明显高于雌性。仔犬仔猫一般在45日龄左右断奶，这样就不会因断奶而丢失体重。

1. 一次断奶法　到断奶日期将母畜带离，仔畜留在熟悉的环境，并用原盆和原饲料进行喂养，断奶时间短，分窝时间早，不足之处是断奶突然，易引起仔畜消化不良，母子双双精神紧张，乳量足的母畜还可能引起乳腺炎。

2. 分批断奶法　根据仔畜的发育情况和用途在一周内分批断奶，发育好的先断奶，体格弱小的后断奶。分批断奶的缺点是断奶时间长，管理上比较麻烦。

3. 逐渐断奶法　仔畜到38日龄后逐渐延长哺乳间隔时间和减少每天哺乳次数，同时增加补饲量。在断奶前几天就将母子分开，相隔几小时后将其关在一起让仔畜吃奶，吃完奶后再分开，此后逐天减少吃奶次数，直到完全断奶。此法可避免母子遭受突然断奶的刺激，不会引起仔犬消化不良，对于母畜恢复体况和防止断乳引起的乳腺炎十分有利，是一种比较安全的方法。

仔畜由原来完全依赖母乳生活过渡到自己完全独立生活，是一生中的重要转折点。断奶时仔畜仍处于旺盛的生长发育时期，其消化功能和抵抗力还没有发育完全。为了减少应激，要让仔畜与母畜一起生活到2月龄，让仔畜与同窝伙伴一起生活到3月龄。

断奶初始仔畜可能不吃食物，此时对待仔畜要温柔友善，不应强迫。仔畜一般需3～5天适应新环境，当仔畜在舍内自由走动开始吃食时，表明已初步适应了新环境。要保证仔畜有良好的食欲及规律的生活，断奶一周内喂食的人员、时间、地点、食盆和食量均应固定。从断奶至8周龄每天饲喂5～6次，8～12周龄每天饲喂4次，12周龄至6月龄每天饲喂3次，8月龄以上饲喂2次。一般每次喂七、八成饱即可，给予充足清洁的饮水，饲喂前后不宜剧烈活动。在自由采食情况下，仔猫每次进食量很小，每天进食可达12次。

仔猫比仔犬对断奶敏感，仔猫断奶时间可适当推迟，断奶过程可适当延长。所以，要做好仔猫断奶前的诱食补饲，密切监视仔猫断奶过程中的体重变化。

（六）消毒

每次食后清除剩余的食物，清洗干净食具，每周消毒一次喂食饮水的用具，每天清扫窝舍，保持干燥，随时清除粪便，每月消毒一次窝舍。灭鼠灭蝇，防止其他动物进入，定期清除外界杂草污物。

母畜分娩后用消毒药液对产床、母畜阴门和乳房消毒。仔畜皮薄，要轻刷轻拭保持身体清洁，养成梳拭的习惯。每天早晚进行一定的户外运动和日光浴，逐渐锻炼对外界的适应能力。无需洗澡，避免感冒。

（七）驱虫

仔畜易感染的肠道寄生虫有蛔虫和钩虫。这些寄生虫有些是由母体粪便传染而来，有些是由跳蚤带来。在粪便中通常看不到这些寄生虫，要用检查粪便中虫卵的方法进行确诊。患病动物表现体弱，粪便长期稀软或带血，食欲差，毛色无光。可用盐酸左旋咪唑、硫苯咪唑、吡喹酮等药驱虫。一般在20～30日龄进行首次驱虫，投服盐酸左旋咪唑10mg/kg，以后每月驱虫一次，3个月后改为每季度一次。驱虫的粪便和虫体应集中发酵处理，以防止污染环境。犬4周龄前和猫6周龄前不用吡喹酮。

仔畜还容易感染体外寄生虫，常见的是跳蚤和虱子，可用外用药或内服药进行驱杀。外用药6周龄时可用司拉克丁（Selamectin），8周龄时可用吡虫啉（Imidacloprid），10周龄时可用氟虫腈（Fipronil）；内服药4周龄时可用烯啶虫胺（Nitenpyram），6周龄时可用氯芬奴隆（Lufenuron）。

（八）免疫接种

仔畜通常在40日龄左右进行第一次免疫注射，间隔2～3周连续接种3次。母畜接种过疫苗的，仔畜可在9周龄进行接种；母畜没有接种过疫苗的，仔畜要在30日龄进行接种。没有吃到初乳的仔畜，要在2～3周龄进行接种。

选择晴天进行免疫接种。接种前驱除体内寄生虫，尤其是肠道寄生虫。出现腹泻、患病、体温异常时，应暂缓接种。禁止妊娠母畜接种弱毒疫苗，接种疫苗时不能同时使用血清，皮肤消毒剂不要与弱毒疫苗接触，及时处理有过敏反应的个体。

（九）仔畜父系测定

犬猫为多胎动物且发情期持续数天，在一个发情期与一个以上公畜交配，卵子就有机会与不同公畜的精子受精，结果就会导致同窝仔畜有不同的父系公畜。畜主有时会要求兽医进行鉴定，以确定仔畜的父系公畜身份。

1. 表型 由于遗传的原因，父子一般会有某些相似的地方，仔畜的表型可用于估计父系。例如，当被认为是某品种的犬却有另一品种犬所具有体形、颜色和被毛等特性时，则是父亲有问题。某些特征具有遗传性，这在确定幼犬是否具有可以预测的表型时是有用的。但在多数情况下，这种方法仅是一种猜测或判断，只能作为一种参考。例如，如果拉布拉多母犬和公犬都是黄色的，这对犬所繁殖的幼犬都应是黄色，如果幼犬中有其他颜色出现，就要怀疑原设想的公犬是不是真正的公犬。

2. 血型 血型按照遗传基因传给下一代，一般来说血型是终生不变的，故一定血型的父母所生子女也具有相应的血型。血型检验的结果表示无遗传关系，可作出否定亲子关系的结论，但结果存在遗传关系时，不能完全确定是亲子关系。血型位点是众多遗传位点上的一个，有一定参考价值。但是由于常规血型鉴定都是在较简陋的条件下由肉眼观察得知，其中存在的误差很大。

3. DNA指纹图谱 DNA指纹图谱能检测到许多高度变化的基因位点。生殖细胞形成前，染色体进行过随机互换和组合，除同卵双胞胎以外，没有任何两个动物具有完全相同的核苷酸序列。也就是说，每个动物都有自己的细胞核DNA指纹图谱，可以明确区分个体与个体的不同；每个动物的染色体必然也只能来自其父母，染色体核苷酸序列的遗传遵循孟德尔遗传定律，父母各自把一半DNA遗传给仔畜，这就是细胞核DNA亲子鉴定的理论基础。对于父母子女这种直系亲属，可以使用细胞核染色体核苷酸序列进行鉴定，确定父母子女的亲缘关系。同一对染色体同一位置上的一对基因称为等位基因，一个来自父亲，一个来自母亲。如果检测到某个 DNA 位点的等位基因一个与母亲相同，另一个就应与父亲相同。利用细胞核 DNA 进行亲子鉴定只要检测十几至几十个 DNA 位点，如果全部一样就可以确定亲子关系，如果有 3 个以上的位点不同则可排除亲子关系，有一两个位点不同则应考虑基因突变的可能，要加做一些位点的检测进行辨别。细胞核 DNA 亲子鉴定，否定亲子关系的准确率几近 100%，肯定亲子关系的准确率可达到 99.99%。受精是精子头部与卵细胞结合，卵细胞带有线粒体，而精子头部只有细胞核，几乎不带任何细胞器，只有卵细胞中的线粒体随着受精卵遗传下来，也就是随母亲遗传。因此，线粒体 DNA 检测可以进行母系家族的鉴定，可以鉴定来自于同一母系的个体，是细胞核 DNA 检测的一个有效补充。

通过遗传标记的检验与分析可以判断父母与子女是否为亲生关系，还可对兄弟姐妹进行鉴定，对表兄弟姐妹进行鉴定，对祖父母、外祖父母与孙子的亲缘关系进行鉴定，以及对家族的近亲和远亲的亲缘进行鉴定等，这对于兽医和畜主都有经济价值。然而，不同品种犬之间 DNA 指纹图谱的相似性与同一品种内犬 DNA 指纹图谱的相似性差不多，用 DNA 指纹图谱不易辨识犬的品种，个别品种甚至不能辨识。DNA 指纹技术有时不能区分家养犬和野生犬种系进化之后的关系。

第三节　临 床 检 查

新生仔畜的死亡率很高，12 周龄的死亡率有时可高达 40%。传染病是新生仔畜高死亡率的主要原因。良好的饲养管理可以显著降低新生仔畜的死亡率，尤其是当感染性疾病所致的死亡率较低的时候。新生仔畜发病时所表现的临床症状与成年动物有所不同，新生仔畜的体况可以影响新生仔畜发病时的反应模式。新生仔畜无力处理各种病理过程，一旦发病很快死亡。因此，尽早发现新生仔畜的临床异常、迅速进行临床检查并且及时进行适当处置，才能给予发病个体以最大的存活机会。

（一）发病历史

新生仔畜通常没有特殊症状，收集病史就显得非常重要。不仅要收集患病个体的病史，还要收集同窝、父母及有血缘关系个体的病史，包括系谱信息和尸检报告，看其中是否有个体表现相同症状。动物的品种、性别、以前患过什么病的线索可引导发现遗传性疾病。要关注母畜的营养状态、免疫数据、发情间隔和发情持续时间、配种活动、妊娠期用药或补饲、可能遇到过的有毒物质、妊娠或分娩期间的发病，对新生仔畜表现的母性，等等。

新生仔畜的相关信息，如每日体重增减可提供发病时间线索，没有吃初乳可能患败血症或者免疫力差。要关注饲养方法、饲养环境、行为、体格、同窝中每只个体的体重、临床症状的类型和持续时间、代乳情况、用药情况。

（二）临床检查

要对发病的仔畜、母畜及未发病仔畜进行充分的体检和对比。新生仔畜经常免疫力不足，可能还未接种疫苗。接诊环境应认真清洁消毒后再使用，病畜在诊所不能再接触其他病畜。

给新生仔畜体检是一个挑战。发病个体可能完全没有反应，病情稍轻个体可能因环境干扰而对刺激不表现正常反应。还要注意成年动物与新生仔畜的差异。与新生仔畜发育特征比对，有助于发现其他方面的一些异常。

新生仔畜体检要使用儿科听诊器，使用可以快速探测温度的数字式体温计。新生仔畜体温可低至34℃，要求体温计可探测32℃。新生仔畜出生后前几个星期不能自主调节体温，检查体温时应将动物放在温暖干净的桌面，而不能放在冰凉的金属桌面。检查口腔黏膜可以评价新生仔畜体内水分情况。新生仔畜的皮肤弹性还未充分发育，不足以用来判断体内水分情况。2～4日龄新生仔畜口腔黏膜是充血的，此后变成粉红色，黏膜青紫或苍白都属异常现象。新生仔畜体内水分正常时口腔黏膜湿润，黏膜发黏或干燥说明机体脱水5%～7%。脱水10%时黏膜很干，皮肤弹性明显降低。

新生仔畜出生时全身大部带毛，仅腹下部位无毛。无毛或少毛提示早产或皮毛遗传异常。新生仔畜正常时腹下无毛区域皮肤呈现黑粉红色，蓝红或黑红分别提示苍白病（cyanosis）和败血症。除了粪尿之外，任何体孔出现分泌物均为异常。

仔细检查仔畜的头、体、四肢和尾的结构和对称性，仔细检查头的囟门、上腭裂和眼眶突起（新生儿眼炎），检查鼻和外耳的形状。注意胸部有无扁平胸或其他异常，还要检查胸部有无突起，如食管积气、心脏异位、甲状腺肿。新生仔畜的腹部大而滚圆，但不应该发胀。腹部胀满可能提示呼吸困难、吞气或粪尿积蓄。新生仔畜疼痛时常见吞气。

检查腹壁和脐尿管有无异常。腹部会阴区域出现创伤可能是永久脐尿管、腹裂愈合障碍或母畜过分舔舐所造成。用湿润棉签刺激泌尿外口和肛门，看是否可以刺激排泄出尿液和粪便。背部被毛异常可能是脊柱裂。检查尾巴的力量和长度，看尾巴是否存在卷曲甚至扭结。尾部肌肉力量异常可见于骨盆末端神经支配异常。

（三）实验室检查

对于危重病例，完成主要的临床检查后需立即实施稳定病情的措施，等病情稳定下来后再继续进行剩余部分的实验室检查和进一步的诊断实验。实验室检查结果要与日龄相仿的正常个体进行对照。同窝中如有多个个体发病，可能需要对症状最严重的个体实施安乐死，对新鲜尸体进行剖检和采样。

1. 采血 从新生仔畜颈静脉可以采集到血样，但在1周之内采集血量不能超过循环血量10%。例如，新生仔畜体重250g，1周之内采血量不能超过2.5mL，1滴血约为0.1mL。如果新生仔畜住院几天，应记录每次的采血量，以免造成贫血。对于那些无力维持血糖浓度而需要反复采集血样的新生仔畜来说，这种监控尤为重要。由于每次的采血量都很小，要使用大小合适的容器采集血样，避免抗凝剂稀释血样造成测值误差。

2. 采尿 用湿润棉签刺激新生仔畜会阴区域可以引起排尿，或者轻轻挤压膀胱排尿。很少有切实需要进行膀胱穿刺采取尿样，新生仔畜的皮肤和脏器很脆。新生仔畜的尿液总是混浊，尿液颜色过深通常说明脱水。

3. 影像 影像检查对于新生仔畜非常有用。超声检查最好使用7.5MHZ或更高频率的探头，新生仔畜可以很好地耐受检查。X线检查需要使用清晰度荧幕和单感光胶片。新生仔畜体内几乎没有脂肪，组织矿化程度很低。为了获得最佳对比度，不要全身摄像，电压值调到成年动物的一半。新生仔畜X线检查结果很难解释。如有可能，要对同窝健康个体进行X线检查和结果对比。

第四节　用　　药

药物是治疗疾病的一个重要手段，而药物的毒副作用经常对机体产生不良影响。因此，必须充分了解仔畜药物治疗的特点，掌握药物的性能、作用机制、毒副作用、适应证和禁忌证，根据仔畜的年龄、身体状况和治疗目的慎重选择药物，并且精确计算用药剂量，选择适当的给药方法。

（一）药物选择

由于药物在体内的分布受体液的pH、细胞膜的通透性、药物与蛋白质的结合程度、药物在肝脏内的代谢和肾脏排泄等因素的影响，仔畜的药物治疗具有下述特点：①新生仔畜心跳频率高，血液循环迅速，对药物吸收较快。新生仔畜的心血管系统对血容量增加不能发生心率增加反应，要严格控制静脉给药的速度和总量，不要引起肺肿胀。低体温动物消化道蠕动减慢，药物吸收速度很慢。②药物在组织内的分布因年龄而异，新生仔畜血脑屏障发育不成熟，脂溶性药物（特别是麻醉药物）的通过性高，容易进入中枢神经系统，如巴比妥类、吗啡、地高辛、阿佛菌素、四环素在新生仔畜脑中的浓度明显高于年长仔畜。③仔畜对药物的反应因年龄而异，吗啡对新生仔畜呼吸中枢的抑制作用明显高于年长仔畜，麻黄碱的血压升高作用在未成熟仔畜却低得多。④新生仔畜肝肾功能发育要分别到5月龄和8周龄才成熟。在此之前，肝脏合成蛋白质的能力低，血液中白蛋白的浓度低结合的药物少，血液的凝固能力低，肝脏代谢药物的能力低，肾脏排泄药物的能力不足，药物的半衰期长，药物的毒副作用高。

1. 抗菌药　仔畜容易患感染性疾病，故会经常使用抗菌药。兽医工作者既要掌握抗菌药的药理作用和用药指征，更要重视其毒副作用。对个体而言，除抗菌药本身的毒副作用外，过量使用抗菌药还容易引起肠道菌群失衡，造成体内微生态紊乱，引起真菌或耐药菌感染；对群体和社会来讲，广泛、长时间地滥用广谱抗生素，容易使微生物产生对药物的耐受性，进而产生极为有害的影响。临床应用某些抗菌药时必须注意其毒副作用，如肾毒性、对造血功能的抑制作用等。较长时间使用抗菌药时使用续贯疗法，以提高疗效和减少抗菌药的副作用。一旦观察到中毒症状，就要马上停药。

青霉素类、头孢菌素类安全，抗菌谱宽，不抑制肠道菌定植抗力，使用时要增加初始剂量，延长用药间隔。肌肉注射头孢菌素会有疼痛。

大环内酯类安全，不抑制肠道菌定植抗力，增加胃肠道蠕动，降低呼吸道分泌，可用于支原体感染。

氨基糖苷类不抑制肠道菌定植抗力，对耳和肾脏有毒性，一周龄内仔猫禁用，以后用时要增加用药间隔。仔犬对这类药物肾脏毒性的抵抗力较高。卡那霉素比庆大霉素安全，庆大霉素对仔犬有肾毒性。

四环素类中等程度地抑制肠道菌定植抗力，能与钙进行螯合反应，导致牙釉发育不良，牙齿变色，骨骼畸形，尽量少用。

氯霉素中等程度抑制骨髓造血功能和肠道菌定植抗力，对仔犬有心血管毒性，应该少用，使用时要降低剂量，仔猫禁用。

磺胺类药物及抗菌增效剂甲氧苄氨嘧啶不抑制肠道菌定植抗力，可引起肝炎、贫血、角膜结膜炎和多关节炎，可能引起甲状腺功能降低，尽量不用或少用，使用时要降低剂量，增加用药间隔。

甲硝唑能抑制肠道菌定植抗力，可用于厌氧菌和贾第虫属寄生虫感染，可引起厌食、呕吐、瞳孔扩大。

氟喹诺酮类不抑制肠道菌定植抗力，但可引起关节软骨发育异常，禁止用于18月龄之前的犬，尤其是大型品种犬。

克林霉素和林可霉素为非安全药物。

2. 肾上腺皮质激素 短疗程常用于过敏性疾病、重症感染性疾病等；长疗程则用于肾病综合征、某些血液病、自身免疫性疾病等。哮喘、某些皮肤病则提倡局部用药。在使用中必须重视肾上腺皮质激素的副作用：①短期大量使用可掩盖病情，故诊断未明确时一般不用；②较长期使用可抑制骨骼生长，影响水、电解质、蛋白质、脂肪代谢，也可引起血压增高；③长期使用还可导致肾上腺皮质萎缩，降低免疫力，使病灶扩散。

3. 退热药 一般使用对乙酰氨基酚和布洛芬，剂量不宜过大，可反复使用。

4. 镇静止惊药 在高热、烦躁不安等情况下可考虑给予镇静药。发生惊厥时可用苯巴比妥、水合氯醛、地西泮等镇静止惊药。缓解疼痛通常不用非类固醇类镇痛药，而用药效短而不易中毒的阿片类药物。布托啡诺，0.005～0.01mg/kg，皮下、肌肉或静脉注射均可，视需要1～4h给药1次。吩噻嗪可引起低体温和低血压，新生仔畜对低血压不能发生心率增加的代偿反应，咪达唑仑可能要好些。

5. 镇咳止喘药 仔畜一般不用镇咳药。多用祛痰药，内服或雾化吸入，使分泌物稀释、易于咳出。

6. 止泻药 对腹泻仔畜慎用止泻药，除用内服补液疗法防治脱水和电解质紊乱外，可适当使用保护肠黏膜的药物，或辅以含双歧杆菌或乳酸杆菌的制剂以调节肠道的微生态环境。仔畜便秘一般不用泻药，多采用调整饮食和松软大便的通便法。

（二）给药方法

根据年龄、疾病及病情选择给药途径、药物剂型和用药次数，以保证药效和尽量减少不良影响。

1. 内服法 最常用的给药方法，需注意避免送入空气。仔畜用糖浆、水剂、冲剂等较合适，也可将药片捣碎后加糖水灌服。病情需要时可采用鼻饲给药。新生仔畜胃排空慢，胃液酸度高，会降低酸性药物吸收而增强碱性药物吸收。新生仔畜内服药物后血药浓度峰值出现晚，峰值浓度低。新生仔畜胆汁少，会降低脂溶性药物的吸收。仔畜3周龄前四肢血管相对较不发达，低体温时血液向心分布增加，消化道分布减少，从而会减缓内服药物的吸收。当动物病情严重、意识不清或昏迷不醒时不可使用这种给药方法，避免将药物送入肺中，避免药物在消化道吸收的不确定性对治疗造成的延误。

2. 注射法 肌肉和皮下注射简单易行奏效快。新生仔畜的肌肉体积小，注射药物的体积不能过大；病后血管容量降低，肌肉注射药物的吸收速度也随之降低。新生仔畜皮下脂肪少，皮下注射药物的吸收速度快。但如果仔畜体温降低皮下血流量减少，皮下注射药物的吸收速度也会减慢。在这种情况下，皮下注射应分点进行。

静脉推注多在抢救时应用。新生仔畜的个体很小，头部和四肢的静脉脆弱易碎，静脉注射通常选择颈外静脉。竖直保定下垂前肢，或者将仔畜仰面朝上放在手掌中，头朝腕部，用拇指和食指将前肢固定在身体的两侧。伸展头颈，充分暴露颈部，在胸腔入口处压迫静脉，如对成年动物那样穿刺颈静脉。

濒死的新生仔畜个体太小，甚至脱水，静脉注射非常困难。如果静脉注射不成功，可用股骨髓腔插管滴注替代，液体可以快速和完整吸收。股骨头位于髋臼窝内，在臀部关节伸缩的时候可以触摸到股骨大转子的边缘。在大转子的内侧，在大转子与股骨头之间是转子窝。对穿刺部位进行剃毛消毒，注射<0.5mL 利多卡因进行皮肤、皮下和骨膜浸润麻醉。用一只手固定和旋转大腿骨，使股骨顶端的穿刺部位得以突出被摸到。用另一只手持 18～22 号注射针头或 20 号脊髓针以旋转的方式插入转子窝，沿着骨髓腔方向插入股骨。一旦进行途中出现坚实感觉，给针头安上一个盖子（图 12-3）。针头穿过骨密质后就可感觉到阻力减轻。针头进入骨髓，用注射器轻轻抽吸可以吸出黑血样的骨髓，或者可以轻松注入肝素生理盐水。在导管上用胶布粘出一个蝴蝶样翼翅，将此胶布缝合到皮肤上，以固定针头和导管，防止导管移动或滑落。再将导管包上绷带防止感染。靠重力或接上蠕动泵进行输液。针头没插好时输液不畅，或引起周围组织肿胀。消毒不严会引起感染，针头留置时间过久会引起败血症。不要在同一根股骨上尝试第 2 次插管。股骨髓腔插管会损伤股骨的骨骺板和骨髓腔，尚不清楚这种损伤对动物的股骨生长和血液状态有何影响。

新生仔畜水分维持每天需要 8～10mL/100g。输液用液体的温度要高于体温，但不超过体温 1℃。输液速度控制在每小时 0.3～0.4mL/100g。遇到休克、中等或严重脱水的情况，在开始的 5～10min 可将输液速度提高 10 倍；当体况稳定以后，将输液速度调整到每小时 0.6mL/100g。这样，6h 内可以补充缺失水分的 50%。要认真和不断观察黏膜，每天称量体重 2～3 次，以评估和调整输液量。新生仔畜的心血管系统对血容量增加发生心率加快反应的功能不成熟，输液过多动物会表现呼吸困难，口鼻出现泡沫（肺水肿），身体末梢肿胀，心率加快，痉挛或者昏迷（颅内出血），最后因呼吸困难和代偿失调而死亡。

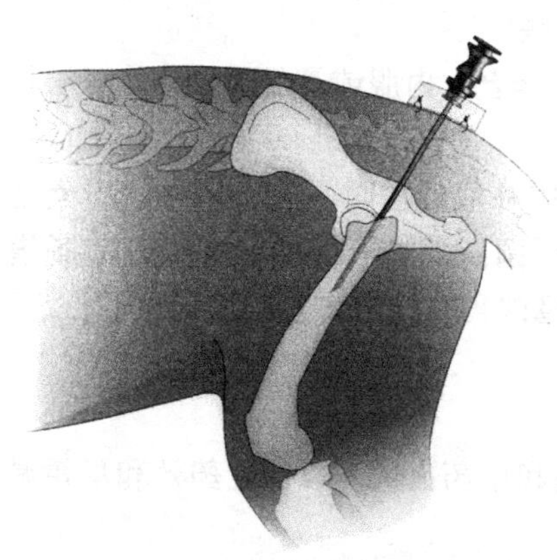

图 12-3　新生仔畜股骨髓腔滴注
（引自 England and Heimendahl, 2010）

3．外用药　以软膏为多，也可用水剂、混悬剂、粉剂等。要注意不要误入眼口而引起意外。

4．其他方法　雾化吸入法常用，灌肠法采用不多，可用缓释栓剂。

（三）给药剂量

新生仔畜肝肾功能发育不成熟，药物代谢和排泄过程缓慢，所以用药的剂量和频率都要相应地比成年动物有所降低。新生仔畜用药量一般为同种成年动物的 1/12～1/8，一天用药1次。新生仔畜体内水分占体重的比例相对较高，水溶性药物能在体内广泛分布，在血液中不易达到治疗所需的药物浓度，给药剂量要高；同理，仔畜体内脂肪含量很低，脂溶性药物在血液可能会达到非常高的浓度，给药剂量要低。确定给药剂量时还要考虑用药目的、个体对药物的敏感性和耐受程度。例如，对重症仔畜的用药剂量宜比轻症仔畜大，阿托品用于抢救中毒性休克时的剂量要比常规剂量大。治疗化脓性脑膜炎时，药物须通过血脑屏障发挥作用，应相应增大磺胺类药或青霉素类药物剂量。

（四）哺乳母畜用药

哺乳母畜使用药物时能否继续哺乳是个值得关注的问题。一般情况下，母乳中的药物浓度很少超过母畜用药剂量的1%～2%，其中又仅有部分被新生仔畜吸收，通常不至于对新生仔畜造成明显危险，故除少数药物外无需停止哺乳。阿托品、苯巴比妥、水杨酸盐等药物可经母乳影响哺乳仔畜，应慎用。然而，为了尽量减少或消除药物对新生仔畜可能造成的不良影响，应注意以下一些事项：①哺乳母畜用药应具明确指征；②在不影响治疗效果的情况下，选用进入乳汁最少、对新生仔畜影响最小的药物；③可在用药后立即哺乳，并尽可能将下次哺乳时间推迟，有利于新生仔畜吸吮母乳时避开药物高峰期，还可根据药物的半衰期来调整用药与哺乳的最佳间隔时间；④若哺乳母畜必须用药，且用药物剂量较大或疗程较长，有可能对新生仔畜产生不良影响时，或不能证实该药对新生仔畜是否安全时，可暂停哺乳；⑤若哺乳母畜应用的药物也能用于治疗新生仔畜疾病，一般不影响哺乳。

第五节　窒　　息

窒息（asphyxia）也称为假死，指仔畜出生后无明显的自主呼吸而仅有微弱心跳，导致低氧血症、高碳酸血症和代谢性酸中毒。遇到这种情况必须立即进行复苏抢救，抢救不及时可导致死亡。

1．病因　窒息的本质是缺氧，凡是影响胎盘或肺气体交换的因素均可导致窒息。窒息可发生于妊娠后期，但绝大多数发生于分娩开始以后，新生仔畜窒息多为胎儿子宫内窒息的延续。

分娩时产出期过长或胎儿排出受阻，助产过程中麻醉药、催产药使用不当，胎盘过早分离或胎囊过迟破裂，子宫发生痉挛性收缩等，或者胎儿呼吸道被羊水或胎粪阻塞，均可导致胎儿得不到足够的氧气而发生窒息。

此外，分娩前母畜过度疲劳，发生贫血及大出血，患有某些严重的热性疾病，分娩时血液含氧量不足，可致使仔畜发生窒息。

2．症状　轻度窒息时，新生仔畜体温降低，软弱无力，皮肤和可视黏膜青紫，舌头青紫脱出口外，存在角膜反射，心跳快而弱，呼吸微弱而短促，或两次呼吸间隔延长，有时张口呼吸，继而出现呼吸停止。

严重窒息时，新生仔畜全身松软，皮肤和可视黏膜苍白，舌头苍白，卧地不动，反射消失，呼吸停止，心跳微弱，脉搏不显，呈假死状。

窒息还可导致并发症，如咳嗽流鼻涕，肠蠕动减弱或停止，腹胀，坏死性肠炎，肠道细菌迁移。

病情恶化的表现顺序为：皮肤和黏膜颜色→呼吸频率→肌张力→刺激反应→心率。根据新生仔畜的皮肤和黏膜颜色、呼吸频率、肌张力、眼睛和鼻腔黏膜对刺激的反应和心率五项指标，可以对新生仔畜窒息的严重程度和复苏效果进行评估。在这五项指标中，呼吸频率是基础，皮肤和黏膜颜色最敏感，心率是最终消失的指标。每项 0～2 分，总共 10 分，分别于出生后的 1min、5min、10min、15min 和 20min 时进行 5 次评估（表 12-3）。1min 评分反映胎儿在子宫内的情况，而 5min 及以后评分则反映复苏效果。8～10 分为正常，4～7 分为轻度窒息，0～3 分为重度窒息。评分结果与疾病的预后高度相关，但与血液生化异常不相关。评分低意味着需要更加努力进行复苏抢救，以增加存活机会。

表 12-3　新生仔畜窒息评分

体征	评分标准/分			评分时间/min				
	0	1	2	1	5	10	15	20
皮肤和黏膜颜色	青紫或苍白	淡红	红润					
呼吸	无	慢或不规则	正常					
肌张力	全身松软	四肢不动	四肢活动					
刺激反应	无	弱	强					
心率（次/分）	无	＜120	＞150					

3. 治疗　复苏过程要遵循评估→决策→措施的顺序进行。接产时遇见有窒息症状的新生仔畜，要在几秒钟时间内完成窒息评估，并立即严格按以下顺序进行复苏。复苏效果主要取决于新生仔畜出生后 5min 之内的努力。

（1）*初步复苏*　①用温热干毛巾快速揩干仔畜全身，将仔畜放在 37℃环境或电热毯上保持体温；②用洗耳球或不带针头的注射器先后吸出仔畜口腔和鼻腔内的黏液，或将仔畜放在手掌上，头朝向手指尖方向，双手握住仔畜，向下甩出口鼻中的积液；③助产时如果母畜用了阿片类药物，可用细注射针头给仔畜舌下滴 1 小滴纳洛酮进行复苏；助产时如果母畜用了苯二氮卓类药物（如地西泮或咪达唑仑），可用氟马西尼给仔畜进行复苏；④如果仔畜呼吸在每分钟 10 次以上，还能活动或出声，就接着处理脐带，如果仔畜呼吸不到每分钟 10 次，也不能活动或出声，供氧 30～40s，用力摩擦仔畜身体刺激呼吸；⑤如果仔畜没有呼吸，刺激和诱发仔畜自主呼吸，用羽毛刺激鼻腔黏膜，用浸有氨水的棉球放在鼻孔上，用 25 号针头针刺人中、耳尖及尾根穴。以上初步复苏步骤应在 30s 内完成。

（2）*人工呼吸*　若仔畜仍无呼吸，就要进行人工呼吸。方法是将仔畜倒提起来抖动，有节律地拍击或轻压胸腹部；或将仔畜仰卧放在手掌上，将仔畜头部放低，用手指在其身体两侧轻柔地按压胸腹部；还可前后拉动两前肢，交替扩张和压迫胸壁。用一只饮水的小吸管可以进行口对口人工呼吸，注意不要将黏液或杂物吹下气管。仔畜的肺很小，吹气时用力要轻，每 4～5s 进行 1 次。

人工呼吸一般进行 3～4min 开始张口呼吸，约 10s 呼吸 1 次；继续人工呼吸 5min，呼吸转为正常，几分钟后舌头恢复粉红色；继续人工呼吸 5min，呼吸平稳正常后再停止。使用 100%的氧气进行供氧呼吸，或许可以加快复苏进程，等仔畜舌头恢复粉红色后再停止供氧呼吸。新生仔畜开始自己呼吸后，仍需继续监测体温、心率、呼吸、肤色和尿量。

（3）胸外心脏按压　如果没有心跳或心率过慢，要用短而快的手法按压胸腔的心脏区域，每分钟 90 次，以增加回心血流量。心脏每按压 3～5 次可以配合人工呼吸及按压腹部 1 次。

（4）药物治疗　如果人工呼吸和胸外心脏按压 1min 后不能触发呼吸和心跳，皮下、肌肉或脐静脉注射或舌下滴洒呼吸兴奋药物刺激呼吸，并继续进行人工呼吸。常用的呼吸兴奋药物有多沙普仑（doxapram）、尼可刹米、咖啡因等。多沙普仑犬的用量为 1～5mg，猫的用量为 1～2mg。如果心脏按压 1min 后不能触发心跳或心率仍然过慢，脐静脉、气管或骨髓腔内注射 1∶10 000 肾上腺素 0.1mL/kg，并继续进行心脏按压。如果 3～5min 后呼吸或心率没有改进，可以再次用药。

复苏的表现顺序为：心率→刺激反应→皮肤和黏膜颜色→呼吸频率→肌张力。肌张力恢复越快，预后越好。复苏活动要直至连续两次评估分数≥8 分为止。如果发现窒息引起的多器官损伤的症状，须及时进行相应的治疗处理。

如果经过 5～10min 的努力没有恢复呼吸，就宣告仔畜死亡并停止抢救工作。

第六节　败　血　症

败血症（septicemia）是指细菌侵入机体血液循环并在其中生长繁殖产生毒素而造成的全身感染性疾病。临床上以精神萎靡、拒绝吮乳、皮肤黏膜淤点、黄疸、肝脾肿大为主要症状，死亡率较高。

1. 病因　新生仔畜，尤其是早产仔畜和没有吃到初乳的仔畜，容易发生败血症。母畜经常表现发热、子宫炎、阴道炎、乳腺炎。

侵入机体的病原微生物能否引起败血症，不仅与微生物的毒力及数量有关，更重要的是取决于机体的免疫防御功能。出生前病原体可通过胎盘感染胎儿，出生时胎儿可吸入产道中污染的分泌物、羊水或血液而感染，出生后在污染的环境中，各种细菌容易通过皮肤、黏膜、脐部、消化呼吸道侵入血循环。伴随着寒冷，仔幼畜淋巴细胞转运功能降低。新生仔畜的屏障功能差，免疫功能还未充分发育，淋巴结发育不全，缺乏吞噬细菌的过滤作用，不能将感染局限在局部淋巴结。

生后 3 天内发生的败血症，感染发生在出生前或出生时，死亡率高，以革兰氏阴性菌如大肠杆菌、绿脓杆菌等多见；3 天后发生的败血症，感染发生在出生时或出生后，死亡率稍低，以革兰氏阳性菌为多，如葡萄球菌、链球菌等。

环境条件较差，卫生措施不足，不同年龄动物混养，都可增加新生仔畜与病源接触的机会。

2. 症状　最早表现的症状是指甲根部变紫或呈黑红色。动物主要表现为昏睡或不安，反应性差，吸乳无力，吞气，结膜发炎，体重不增。然后病情迅速恶化，突然出现严重症状，很快波及全窝。呕吐出泡沫样液体，水样腹泻，肛门发红，腹胀腹痛等。呼吸急促，黏膜和腹部皮肤暗红或发绀，抽搐。有的表现出血倾向，皮肤黏膜淤斑淤点，针眼处渗血不止，血尿等。最后少尿无尿，末梢发凉，脱水，休克。脐部或皮肤可有原发性感染病灶，身体其他部位亦可出现转移性病灶，如肺炎、深部脓肿、关节炎、骨髓炎、脑膜炎等。

3. 诊断　根据临床症状及发病史可作出初步诊断，但死前诊断非常困难，经常是不可能的。

确诊需要较大体积的血液进行实验室相关检查，这对个体很小的犬猫仔畜来讲不现实。可尝试在使用抗生素之前采取1mL血样，注入5～10mL肉汤培养基中培养6～18h，进行细菌培养和药物敏感试验。如检出致病菌，可作出诊断。

败血症发病迅速，可能会救不活濒死的个体。但对于死亡个体进行尸检、微生物培养和药敏实验的结果，则可能提供对其余个体有价值的信息。可采集肝、脾、肾、淋巴结等内脏组织进行培养，也可采用皮肤、脐部脓性分泌物，眼、鼻、咽部和气管分泌物，粪尿，腹水等标本进行培养，涂片找菌，如检出致病菌，可作出诊断。

除了新生仔畜，还要对母畜进行病原学检查和血清学检查，以找到或者排除感染性致病因素。

4. 治疗　对怀疑患败血症的病例和濒死病例，应立即使用广谱抗生素治疗，青霉素类和头孢菌素类是首选药物。细菌培养和药物敏感试验结果出来后确认或调整抗生素，如果治疗效果不佳可考虑更改抗生素。一周以内的新生仔畜肝肾功能不成熟，给药次数宜减少，每12h给药1次，1周后每8h给药1次，同时给予小剂量糖皮质激素治疗5～7天。由于病重，药物在消化道吸收不确实，首次用药采取注射途径。经抗生素治疗后病情好转时应继续治疗5～7天。

清除感染灶。脐炎者需对脐部清洁消毒，皮下脓肿者需切开引流。

注射免疫球蛋白，维持血糖浓度和水电解质平衡。有发绀症状的可进行氧气疗法；有消化道症状的可给予益生元，以恢复和稳定肠道细菌区系。抽搐不安可给镇静剂，如地西泮或苯巴比妥。高热时可用氨基比林，体温过低则需保暖。

5. 预防　落实产房产箱的卫生消毒措施，注意围产期母畜会阴部和乳腺部位的清洗消毒，加强仔畜护理，做好保温工作，保证仔畜吃到初乳，如不能进食则应实施人工喂食。

第七节　腹　　泻

腹泻（diarrhea）是仔畜最常见到的临床症状。腹泻的发病年龄越小，引起脱水和低血糖越快。由于仔畜的代偿机制没有充分发育，需要尽快进行处置。

1. 病因　腹泻通常是由感染性因素引起的多因子状况。仔畜免疫功能不成熟，且饲养管理经常不良。在年龄最小的发病个体，细菌很快定植在幼稚的肠道。然而，初乳中的IgA可以提高局部免疫力，防止发病，可见生后尽早吮食初乳的重要性。

最常见的感染因子为冠状病毒、轮状病毒、细小病毒和大肠杆菌。前两种病毒在不发生继发感染的情况下很少致死。饲喂生食容易感染沙门氏菌。其他细菌有产气荚膜杆菌、梭状芽孢杆菌及弯曲杆菌。寄生虫能够引起腹泻，如弓形虫、球虫、蛔虫、鞭虫、线虫。代谢异常也可引起腹泻，如维生素B_{12}缺乏、胰腺外分泌功能不足。

2. 诊断　发病史可以提示营养缺乏或饲喂不周。仔细触诊腹部可能发现存在异物、肠道发炎、胰腺炎或其他异常。检查粪便的颜色、质地和气味，检查病毒、细菌和寄生虫。代谢和遗传异常的诊断用时较长，还要进行全血细胞计数，血液生化筛选，尿液分析，以及一些器官的组织活检、B超检查、X线检查和生化酶类分析。

3. 治疗　针对病因进行特异性治疗。发现脱水、低血糖和其他临床症状都要立即进行处置，如输液、口服或静脉注射葡萄糖、止泻或止呕。

第八节　脐　　炎

脐炎（omphalitis）是指细菌入侵脐带残端所引起脐血管及周围组织的急性炎症。

1. 病因　接产时对脐带消毒不严，脐带受到污染及尿液浸渍，仔畜彼此吸吮脐带等，均可使脐带遭受细菌感染而发炎。气候湿冷、通风不良、笼舍污潮、仔畜体弱时脐带干燥脱落时间推迟，这会增加感染机会。

2. 症状　轻者脐孔周围皮肤发生轻度肿胀，或者伴有少量浆液脓性分泌物，有疼痛反应。重者脐孔周围明显红肿发硬，分泌物量多且呈脓性，常有臭味。炎症可向周围皮肤或组织扩散，引起腹壁蜂窝织炎、皮下坏疽、腹膜炎。脐带发生坏疽时脐带残段呈污红色，有恶臭味。有时脐部形成脓肿，除掉脐带残段后，脐孔处肉芽赘生，形成溃疡，常附有脓性渗出物。

若化脓菌沿血管侵入肝脏及其他脏器，可引起败血症或脓毒血症。

3. 治疗　局部用碘酒清洗消毒，每天2～3次。在脐孔周围皮下分点注射青霉素普鲁卡因溶液。对脓肿应按化脓创进行切开引流处理。如果脐带发生坏疽，必须切除脐带残段，除去坏死组织。为了防止炎症扩散，全身应用抗生素。

4. 预防　应经常保持产房清洁干燥。接产时不要结扎脐带，经常涂擦碘酒，防止感染，促进其迅速干燥脱落。注意新生仔畜的脐带状况，勿使仔畜互相舔吮脐带，防止发生感染。如脐血管或脐尿管闭锁不全而血液或尿液流出不止时才结扎脐带。

第九节　溶　血　病

溶血病（haemolytic disease）是指母子血型不合而引起的一种同种免疫性溶血。新生仔畜吃食母体初乳后即发病，表现昏睡、贫血、黄疸、血红蛋白尿等危重症状。

1. 病因　母畜和胎儿的血型不同，妊娠期间胎儿抗原通过胎盘进入母体，刺激母体产生相应血型的特异性抗体。母畜分娩时血型抗体进入初乳，新生仔畜哺乳后抗体通过消化道吸收进入仔畜血液，与红细胞的血型抗原结合，引起红细胞破裂（溶血）。犬和猫抗体可经胎盘进入胎儿体内，胚胎期或许就已经发病。不加选择地配种或给母犬输血，容易诱发新生仔犬溶血病，尤其是A血型因子的犬更易发病。猫主要有A、B两种血型。A血型猫有弱的抗B血型抗体，B血型母猫有很强的抗A血型抗体。这类抗体天然形成，不需要经过输血或妊娠接触异型抗原而产生。如果B血型母猫与A血型公猫配种妊娠，就会产下A血型仔猫；A血型新生仔猫吮食B血型母猫的初乳后就会发病，即使B血型母猫初次分娩哺喂A血型或AB血型新生仔猫也会发病。某些品种中B血型母猫的百分率很高，如埃塞俄比亚猫为16%，伯曼猫为18%，英国短毛猫为36%，波斯猫为14%。相反，B血型新生仔猫吮食A血型母猫的初乳后不表现任何临床症状。

2. 症状　新生仔畜刚出生时表现正常，吸吮初乳后很快发病。病初精神沉郁，反应迟钝，不愿吮乳，叫声无力，肌张力降低，畏寒震颤。接着出现明显的贫血症状，可视黏膜苍白，继而出现黄染，腋下及腹股部皮肤黄染较为显著。尿量渐减，次数加多，排尿时努责呻吟。尿液颜色由淡红色到酱红色逐渐加深，尿液潜血反应和尿胆红素均为阳性。大量游离胆红素进入脑组织，引起神经细胞坏死，动物出现嗜睡、惊厥、肢体强直等神经症状。心跳增速，心音亢进，呼吸粗厉。严重者卧地呻吟，呼吸困难，尾尖和肢体末端渐进性坏死，最终多因高度贫血、极度衰竭（主要是心力衰竭）而死亡。

症状轻重基本上与溶血程度一致。初乳中抗体效价越高，吸吮的初乳越多，病情就越严重。往往体质好、个体大、活力强的新生仔畜先发病，发病越早病情越重。一窝仔畜若发现一只发病，往往很快波及全窝。发病仔猫通常在出生后48h内死亡。

3．诊断　根据发病的年龄、典型的症状及仔畜红细胞与母畜的初乳或血清出现凝集反应可确诊。

红细胞减少，大小不匀，多呈崩解状态；尿液潜血检查为阳性，血清胆红素反应呈阳性，血浆红染或黄染。取2～3滴仔畜新鲜血液，加入含有初乳的生理盐水中，轻轻混合后即发生溶血。另取仔畜血液数滴加母畜血清数滴，也可见有明显的溶血反应。

4．预后　此病发生迅速，死亡率高。发病后若及时确诊并进行适当治疗，采取隔离母仔、寄养给A血型母猫或人工喂养，以及皮下注射A血型猫血清以增加抗体等措施，一般预后良好。但重危病例，很难挽救。

5．治疗　对该病尚无特效疗法，通常采取换奶、人工哺乳或是代养等措施，可进行输血和辅助治疗。

如果是在出生当天或次日发病，应立即停食母乳，实行寄养或人工哺乳，直至初乳中抗体效价降至安全范围，或到4日龄仔畜肠道已经完全闭锁之后。有时一窝仔畜中只有部分发病，为了确保安全，需将整窝仔畜实行代养及人工哺乳。

为改善贫血状况，可施行输血或换血疗法。输血能迅速增加循环血量，维持一定的血压，增加血液运输氧的能力，增加血红蛋白浓度及血液凝固性，刺激造血功能。输血应先做配血试验，选择血型相合的同种动物作为供血者。若无条件做配血试验时，亦可试行直接输血，但应密切注意有无输血反应，一旦发生反应立即停止输血。注射糖皮质激素抑制引起溶血的免疫反应，降低输血反应。母血中含有大量抗体，输入后会加剧病情。若无其他血源，可输弃去血浆的母体血细胞生理盐水液以应急需，然后再找其他供血者。输血总量为10～20mL/kg，4h完成。新生仔畜静脉输血失败后可以进行股骨或肱骨近端骨髓内输血，输血后95%左右的血细胞可被吸收进入血液循环系统。腹腔输血的作用较慢，输血24h约50%血细胞被吸收进入循环系统，2～3天后约70%血细胞进入循环血液。

游离胆红素在光的作用下转变成水溶性的异构体，经胆汁和尿液排出。波长425～475nm的蓝光和波长510～530nm的绿光效果较好，照射时间通常不超过4天。日光灯或太阳光也有一定效果。光疗主要作用于皮肤的浅层组织，因此黄疸消退并不一定表明血清游离胆红素已经降至正常。蓝光可分解体内核黄素，光疗时每天补充3次核黄素，光疗后再每天1次连用3天。

注射白蛋白以增加其与游离胆红素的联结，减少胆红素脑病的发生。应用5%碳酸氢钠纠正代谢性酸中毒，利于游离胆红素与白蛋白的联结。发生溶血时叶酸消耗可能增加，宜适当补充叶酸。

为增加机体营养，可给予葡萄糖和能量合剂。必要时注射抗生素，防止感染。

6．预防　配种前做血型试验，用同种血型动物配种，避免再用已引起溶血病的公畜配种。分娩时采脐带血进行血型检验，禁止血型不合的母畜在产后2天内给仔畜哺乳，等待抗体效价降至安全范围后再哺乳。必要时，两头同期分娩母畜交换哺乳。给新生仔畜灌服食醋（加等量水）后，再让吮乳，有一定效果。

第十节　低　血　糖

低血糖（hypoglycemia）是生后血糖急剧下降的一种代谢性疾病，临床上出现衰弱乏力、运动障碍、肌肉痉挛、衰竭等症状，是导致新生仔畜死亡的一个常见病因。个体较小的观赏犬易患。

1．病因　动物出生后几天内缺乏糖原异生能力，依靠肌肉和肝脏中储藏的糖原，可以维持24h血糖浓度。吮乳后血糖浓度可增加30%。在哺乳期，乳糖是主要的能量来源。新生仔畜肝糖原储备低，对胰岛素相对不敏感，糖的分解和合成功能不完善，是发病的内在因素。母畜妊娠后期和哺乳期严重营养不良，产后少乳无乳；或者仔畜生后吮乳反射弱或消失，由于饥饿而发病。惊吓、受凉、败血症等引起胃肠消化吸收功能障碍，影响了养分的消化和吸收，可直接引起低血糖。低血糖还见于早产和/或弱产胎儿、败血症、先天性代谢缺陷等情况。

2．症状　病初精神沉郁，心动过缓，心音微弱，呼吸深慢，黏膜发绀，体温下降，全身发凉，吮乳停止，无力少动，瘫软地趴在窝里。病情加重后出现癫痫颤抖，全身肌肉阵发性痉挛，体温降到37℃以下，很快进入昏迷状态而死亡。仔犬正常血糖浓度范围：1～3日龄为52～127mg/dL，2周龄为111～140mg/dL，4周龄为86～115mg/dL，成年犬为65～110mg/dL。新生仔犬血糖浓度低于30mg/dL，2周至6月龄仔犬血糖浓度低于40mg/dL应视为异常。严重低血糖症仔犬的平均动脉压下降50%。

3．诊断　根据临床症状、结合病史进行初诊。实验室检查血糖降低到50mg/dL以下，血酮体升高到30mg/dL以上。

4．治疗　如能早期治疗，在短期内提高血糖浓度，注意维持病畜体温，预后多良好。

先在舌上抹几滴糖浆或蜂蜜，然后内服25%葡萄糖1～2mL，或喂饮白糖水。皮下或腹腔注射25%葡萄糖液，配合腺苷三磷酸和肌苷，每隔4～6h 1次，连续2～3天。要缓慢和持续给予葡萄糖，过早停止给予葡萄糖可能会复发低血糖，所用液体要加热到略高于体温的温度。新生仔畜对血糖浓度的调节能力低，对补糖治疗的反应不敏感。如果对补糖治疗没有反应，在给予更多糖之前应测定血糖浓度，以免发生高血糖。低血糖持续时间较长者可加用氢化可的松3～5天，诱导糖异生酶活性增高。

对于全身发凉的病畜，要借助热水袋或电热毯在20～30min缓慢升高体温，以后每小时为病畜翻身一次。情况紧急时可温水灌肠。

5．预防　产房内增设防寒设备，保持体温正常。尽量早吃多吃母乳，频繁喂食有助于保持血糖正常。母畜乳汁缺乏，进行人工哺乳鲜牛奶。母畜给予高蛋白、高碳水化合物的食物。

第十一节 破 伤 风

破伤风（tetanus）是由于在生产过程中消毒不严，破伤风梭菌通过脐部侵入体内引起以牙关紧闭和全身肌肉强直性痉挛为特征的急性感染性疾病。

1. 病因 破伤风梭菌为革兰氏阳性厌氧菌，广泛存在于土壤及人畜粪便中，其芽孢抵抗力强，普通消毒剂无效。使用消毒不彻底的器械、污染的手或敷料处理仔畜脐部，会引起破伤风梭菌侵入体内。致病菌在体内繁殖产生大量外毒素，外毒素沿神经、淋巴或血流传入中枢神经系统，导致抑制性神经介质释放障碍，造成运动神经中枢应激性增高，引起全身肌肉痉挛。此毒素也可兴奋交感神经，引起心动过速、血压升高等。

2. 症状 感染破伤风梭菌后，动物多在4～6日龄发病。起初病畜不安，吮乳困难，继而四肢强直，牙关紧闭，重症者发生全身性痉挛，角弓反张，心跳急速，呼吸浅快，对外界环境的敏感性增强，轻度刺激就可诱发喉肌、呼吸肌痉挛，严重时造成窒息、呼吸暂停。

3. 诊断 询问分娩时的处理情况，检查仔畜损伤，并根据症状和体征加以判断。如属破伤风，往往可因声音、光线等诱发因素引起痉挛发作。此病体温不高或仅有低热，但有并发症时，如败血症、肺炎、脐炎等可有高热。

4. 治疗 破伤风外毒素对机体的致病作用强烈，中和毒素是治疗的关键。皮下或静脉注射破伤风抗毒素。首次用量要足，病情严重者可重复注射1次或数次。抗毒素只能中和游离破伤风毒素，对已与神经节苷脂结合的毒素无效，因此越早用越好。

配合解痉镇静药物，控制痉挛及抽搐。地西泮为首选药物，可按每天2～5mg/kg的用药量，用注射用水稀释后分4～6次肌注。连用数天后逐渐减量，直至张口吸乳，痉挛解除后停药。如用地西泮不能控制痉挛，则可用苯巴比妥、硫酸镁普鲁卡因液（20%硫酸镁与2%普鲁卡因按10∶3的体积混合配制）适量肌注。

用非刺激性消毒药液清洗脐部，清除脓汁及坏死组织，然后用高锰酸钾溶液、过氧化氢或用碘伏消毒创面，以杀灭组织中破伤风梭菌。

青霉素杀灭破伤风梭菌效果好，甲硝唑是抗厌氧菌的首选药物。体温升高提示合并细菌感染，采用抗生素或磺胺类药物进行治疗。

护理对破伤风的病程有很大影响。将患畜置于光线较暗、通风良好、清洁干燥的畜舍中，保持安静，保证营养，尽量减少刺激以减少痉挛发作。痉挛期间禁食，可通过静脉供给营养，待症状减轻、有吸吮能力时，可用滴管喂奶，但要防止过食。

第十二节 佝 偻 病

佝偻病（rachitis）指机体钙磷摄入不足引起血液中钙磷特别是钙浓度降低，导致软骨骨化障碍、骨盐沉积不足的一种慢性疾病。临床上以软骨肥厚、骨骺肿胀和四肢变形为特征，常见于1～3月龄的幼犬，并以大型品种犬多发。断奶过早、消化道疾病及光照不足可以促使发病。

1. 病因 食物中钙磷含量不足和钙磷比例失调。食物中钙磷的理想比例是（1.5～2.0）∶1，钙过多影响磷的吸收，磷过多也影响钙的吸收，两者中有一种吸收不足就会影响骨的生成。母畜在妊娠期和哺乳期对钙的需要量大而没有获得补充，维生素D缺乏或长期阳光照射不足会影响母畜钙的吸收。断奶过早、胃肠疾病、肠道寄生虫病、慢性肾功能不全、甲状旁腺功能减退等，会影响仔畜钙磷的吸收。氟喹诺酮类药物中的氟极易与血液中钙结合形成氟化钙而影响骨骼钙沉积，投服过量此类药物可引起幼畜软骨症。长期饲喂动物肝脏，导致慢性维生素A中毒，抑制钙的吸收。

2．症状 先期精神倦怠，食欲不佳，消化不良，异嗜癖。生长缓慢，逐渐消瘦，容易生龋齿。随着病程的延长，四肢关节肿胀变形疼痛，四肢呈X形或O形，肋骨与肋软骨接合部呈串珠状肿大，肋骨扁平，胸廓狭窄。重症者可见脊椎弯曲，面骨变形，软弱无力，不愿起立和活动，站立困难，跛行，以胸骨支撑身体，四肢划水状移动。会对人的触摸表现恐惧神态，稍有磕碰即骨折。体温、脉搏、呼吸一般无异常变化。

3．诊断 根据典型的临床症状、饲养状况和血液检查可以确诊。实验室检查可见血钙浓度降低，碱性磷酸酶活性显著升高。X线检查有助于确诊。

关注父母畜、同窝仔畜及有亲缘关系的仔畜，看它们的健康状况如何，其中是否有个体表现相同症状，以排除遗传性发育障碍。检测生长激素和甲状腺素，以排除内分泌性发育障碍。

4．治疗 10%葡萄糖酸钙注射液，用5%葡萄糖注射液5～10倍稀释后缓慢静脉注射，每天2次。血钙浓度升高可抑制窦房结引起心动过缓，甚至心脏停搏，静脉注射时应保持心率大于每分钟80次。肌肉或皮下注射维生素A和维生素D，每周1次，或内服鱼肝油，促进消化道对钙的吸收，但对有长期饲喂动物肝脏史的病例禁用。

取竹板数片用绷带缠绕，用绷带将竹板包裹在变形的四肢上，连续固定30天。增加光照，适当运动，进行对症治疗。

5．预防 妊娠期应供给全价饲料，注意磷钙平衡，定期驱虫，多晒太阳，保证充足的运动。

第十三章 人 工 授 精

借助于器械或徒手操作，以人工的方法采集雄性动物的精液，经过精液品质检查、稀释、保存和运输等一系列处理后，再将精液送入发情雌性动物的生殖道内以达到受胎的目的，这种代替自然配种的技术称为人工授精（artificial insemination, AI）。在家畜中，犬的人工授精开展得最早。1780 年，犬人工授精成功，1969 年，犬冷冻精液人工授精成功；1976 年，家猫冷冻精液人工授精成功。

自然交配时，一头公犬每次只能与一头母犬交配，每天最多只能交配 1～2 次，公母比例为 1∶5。采用人工授精技术，一次采出的精液经稀释处理后可供数头甚至数十头母犬授精，公母比例为 1∶（80～100），可提高约 16 倍；1 头种公犬的冷冻精液每年可配母犬达几千头甚至万头。由于人工授精技术和新品种扩繁，特别是冷冻精液的应用，实现了充分利用优良公畜的生殖性能，强化良种基因的影响，加快品种改良和新品种扩繁的速度。

冷冻精液可以长期保存，并能不受时空限制运送到任何地方。将传统的引种方式改变为引进精液，降低运输和检疫费用，减少引进种公畜而传入疫病的机会。用冷冻精液建立精子库，收集和保存具有种用价值和濒临绝种动物精液，延长种畜利用年限，是一种理想的保种手段。

采用人工授精可以有效解决雄性动物和雌性动物没有能力自然交配繁殖的问题。例如，胆小害羞、没有交配经验、不喜欢配偶、阴道狭窄、后肢无力、身体虚弱、雌雄体格差异过大等。

人工授精避免了公母畜直接接触，因而可以防止疾病从母畜传给公畜，特别是某些因交配而感染的传染病的传播。人工授精不能避免通过精液从公畜传给母畜的疾病，因而必须严格监测供精公畜的健康状况。

人工授精所使用的精液都经过品质检查，保证质量要求，对母畜经过发情鉴定，可以掌握适宜的配种时机，同时又可建立完整的配种记录，及时发现和治疗不孕母畜，有利于提高母畜的受胎率。

犬是多产动物，自然交配多能成功妊娠。人工授精主要用于不能自然繁殖的犬，纯种犬和比赛犬繁殖中也非常欢迎人工授精。

母猫为诱导性排卵，公猫采精比较复杂，所以猫不常用到人工授精。

第一节 采 精

用于繁殖的动物应无遗传性异常和传染性疾病。不同品种动物所要求进行的遗传异常检查项目有所不同，都要没有布鲁菌病。

采精场所应宽敞明亮、安静清洁和无风，地面平坦不滑。采精对象应是以往没有发生过任何健康问题的 2～4 岁公犬。将公犬带入采精场地，先让犬排尿，再用温肥皂水清洗公犬的包皮和阴茎。初次采精的犬不容易射精，让公犬嗅闻和爬跨体格相近、带上嘴套的发情母犬，或者用蘸有发情母犬阴道分泌物和尿液（事先采集，放在塑料袋中冰冻保存备用），或犬外激素对羟苯甲亚胺酸甲酯的棉球让公犬嗅闻，也能很快引起公犬性欲，阴茎开始膨大勃起。应定时定点定人地进行采精调教，以利于公犬形成稳定和良好的条件反射。经过数次这样的调教，公犬进入采精场地后稍加刺激就会引起射精。大多数公犬可以在没有发情母犬的情况下采精成功，试情可提高公犬的兴奋状态，提高精液质量。有些公犬要有发情母犬在旁才会射精，有些公犬需要专门的采精人员，有些公犬拒绝按摩采精。畜主在场会减轻公犬的紧张程度，但有的些公犬只有畜主离开后才能采精成功。

犬在4月龄睾丸就能产精子，最早5月龄时可有交配行为，7.5月龄附睾中出现精子，到初情期才能够射精。小猎犬平均成长到235天发生第一次射精。公犬适宜交配的年龄为2岁，一般利用年限为4～5年，以3～5岁交配能力最强，8岁以后进入老年期，性欲和精液品质显著下降，胚胎死亡增加，一般不再作为种用。采精之前最好有4～5天性休息时间，采精之后要等阴茎退回包皮内再将公犬带回或与其他犬放在一起。犬猫精子的冷休克不如其他动物那么明显，采精设备和精液样品保持室温就可以。

猫在20周龄左右睾丸开始生成精子，此时睾丸重量超过1g。猫7月龄时可射出有精子的精液，适宜交配的年龄为1岁。公猫通过尿液来建立自己的领地或势力范围，在此范围之外公猫可能会不理睬母猫。所以，应提前几天把母猫送到公猫的领地，让公猫在采精前熟悉母猫。

一、采精方法

（一）按摩法

采精人员用手指对动物的阴茎进行按摩刺激，以引起性欲而出现射精。采精人员于公犬的左侧，左手握住集精杯预热避光，准备收集精液，右手戴上乳胶手套刺激阴茎，待阴茎处于半勃起状态时把包皮推到阴茎根部，使阴茎和阴茎球头从包皮伸出，用食指和拇指轻缓地握住阴茎的龟头球后段，节奏性地给予龟头球施加压力并作前后按摩，数秒后阴茎开始膨大勃起。阴茎勃起后公犬进行阴茎抽送动作，并且很快开始射精。

犬是多次射精动物，射精活动分三段进行，两段之间有一间隔时间。阴茎抽送动作时间通常很短（5～30s），阴茎抽送动作结束时开始第一段射精。第一段射出0.5～2.0mL不含精子的水样透明液体，是前列腺的分泌液，以冲洗润滑尿道。动物开始射精后很快就处于安静状态，第一段射精与第二段射精之间间隔 5～10s。第二段射出 0.5～3.0mL乳白色黏稠液体，是附睾排出的含有高浓度精子的液体。第三段射出5～20mL不含精子的澄清透明液体，是前列腺的分泌液。射精过程中肛门表现出明显的收缩活动。第一和第二段精液的射出时间约为2min，第三段精液射出时间约为20min。刚采出的精液呈均质状态，静置后精子逐渐沉到管底。精液体积主要取决于前列腺液的分泌量，变化较大，且与质量无关。

有时阴茎充分勃起后仍不射精，可用左手两手指轻轻按摩一下龟头，右手不要压住阴茎下面的输精管。当第一部分射完后，左手的集精杯对准阴茎龟头，但不要触到阴茎头部，否则会造成射精停止。右手要稍用力继续握住球节。在射出第二部分精液时，多数公犬会抬起一只后腿，转身跨过采精者的手臂，阴茎发生 180° 旋转，从两后腿间向后伸出，就像从爬跨母犬身上跳下一样。采精者应允许这种动作，慢慢水平地朝后反转阴茎，在两后腿之间握住阴茎并保持一定拉力，将阴茎斜向后下方，继续有规律地挤压阴茎头球的基部，继续采集。待第二段射精结束后停止按摩，在没有压力的情况下，阴茎和球节的勃起膨胀逐渐萎缩，用温水冲洗阴茎。

如果精液马上用于人工授精，可一起采集第二、三段精液；如果精液是用于保存，就只采集第二段精液，这样可以提高精子活力和延长精液的保存时间。采精时三段精液很难截然分开，只要精液呈白色混浊状就继续采集，直到精液变得澄清才停止采集。

（二）假阴道法

假阴道法是将勃起的阴茎引入润滑过的假阴道进行采精的方法。犬用假阴道的外壳为圆柱形，由外壳、内胎、集精杯及其附件所组成。外壳是一段硬质塑料或橡胶圆筒。内胎为弹力强、无毒、柔软的乳胶或橡胶管，衬在外壳中成为假阴道的内胎。12～15mL 集精杯用于收集精液，一般用棕色玻璃制成，也可用有刻度的试管或玻璃保温杯代用。集精杯安装在假阴道的后端，有的以乳胶漏斗相连接。假阴道法所用的采精器械简单，使用装卸方便，精液不易污染。三段精液混合在一起，以及精液与假阴道乳胶内胎及润滑剂接触，都会对精子产生不良影响。

假阴道的内胎和集精杯先用洗涤剂清洗干净，再用清水彻底冲净晾干。把内胎放置于外壳内，将长出的两端外翻于外壳上，用胶圈扎紧固定，防止滑脱。安装中注意使假阴道的内腔平直成空筒状，没有扭曲和皱襞。用长柄镊夹取 75%乙醇浸湿的纱布块，全面涂擦内胎进行消毒，待乙醇彻底挥发后，再在假阴道的后端安装集精杯。集精杯可用蒸煮或乙醇消毒。将内胎和集精杯用稀释液冲洗 2～3 次，以消除残存的乙醇气味和水分。由假阴道外壳的注水孔向假阴道夹层腔注入热水，热水的体积约为假阴道夹层腔体积的 2/3，使假阴道内腔温度维持在 38～40℃。再向假阴道夹层腔注入一定量的空气，使假阴道内腔产生适宜的压力。以玻璃棒蘸取润滑剂（用医用凡士林和液体石蜡配成）涂抹假阴道的前 1/2 段内腔，以利于公畜阴茎的插入。要特别注意控制好假阴道的温度、压力和润滑条件，有效刺激公畜的射精反射。

选择处于发情期的母畜作为台畜，引诱公畜爬跨。台畜应健康体壮、性情温驯，与公畜体格大小相宜，后躯还需作清洗消毒。使用假台畜采精更为方便和安全可靠。假台畜可用木材或金属材料制成，要求坚固耐用、便于清洗消毒。在假台畜的后躯涂抹发情母畜的尿液或阴道分泌物，也可在假台畜旁栓系一只发情母畜，刺激公畜性兴奋，诱导公畜爬跨假台畜。这样反复训练多次，可使公畜形成爬跨假台畜的条件反射。

采精人员位于台畜的右后方，手持假阴道，其倾斜角度为 35° 左右，当公畜两前肢跨上台畜后，阴茎和阴茎球头从包皮里伸出，采精者就牢牢地抓住阴茎的基部，将阴茎导入假阴道内，拇指和食指在阴茎上摩擦并在阴茎头球基部向下施压。勃起之后公犬开始进行阴茎抽送动作和射精，想在这时把阴茎导入假阴道比较困难。最初阶段射出的精液不含精子。第二阶段射出的精液为白色或奶油色。因此，第一阶段采精失败时不要惊慌。在阴茎抽送动作停止之后，许多公犬从台畜上跳下转身，抬起一只后腿跨过采精者的手臂，导致膨胀的阴茎180°的旋转，使得阴茎从两后腿间伸出。握阴茎头球的手指一直保持压力，直到射出的精液变得很澄清。将假阴道集精杯向下倾斜，以便精液流入集精杯。待公畜阴茎软缩脱出后移开假阴道，此时动物还会继续射精几分钟。要继续采集精液，直到射出精液变得澄清时才停止。

采精失败的原因包括犬的紧张、畜主干扰、没能从包皮中拉出阴茎头、阴茎勃起的时间不合适、对阴茎施压过大、假阴道冰冷和采精场所拥挤嘈杂。个别犬阴茎勃起后阴茎表面小血管会出血，这对犬没有危险，且不会持续发生。个别犬阴茎会持续勃起和长时间流出前列腺液，或者采精后阴茎没有在5min内软缩，遇此情况要将公犬从试情母犬身边和采精场所牵开，并进行牵遛活动，对阴茎进行冰水冷敷，或饲喂，确保阴茎软缩，不让阴茎头超过公犬膝盖。在阴茎尚未缩回时，不能将公犬与其他犬放在一起，如关入同一个笼子或圈舍。

对于猫，偶尔可以用手采精成功。猫用假阴道是一个1～2mL橡胶移液球，将封闭端剪掉0.5cm左右，断端固定在一个剪掉帽的1.5mL离心管上或一个小试管上（图13-1）。使用前在假阴道橡皮球部分内侧涂抹凡士林油润滑，将假阴道放入装有52℃温水的塑料瓶内，这样可以提供44～46℃体内温度。猫假阴道法采得精液量为40（10～120）μL。

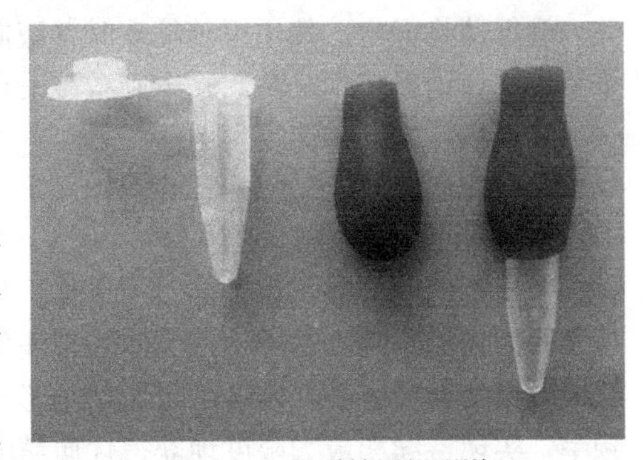

图13-1　猫采精用假阴道

采精前5天给母猫注射10mg孕酮，采精前3天再注射1mg苯甲酸雌二醇，这样可获得发情良好的母猫。采精时将公猫与此发情母猫共同放进采精室。发情母猫会嚎叫，并有举尾、毛竖立、打滚、弓腰和左右摆等动作。公猫随即发出尖锐的叫声，爬上蹲伏下来的母猫的背部，用牙齿揪住母猫颈部疏松的皮肤，前爪揉母猫的两侧，弯腰屈膝，阴茎勃起并作腰荐部前后挺伸动作。此时用润滑过的假阴道套住阴茎，在几秒钟的时间内就可使公猫射精。射精后公猫会发出响亮的尖叫声，阴茎会缩小、自然脱出假阴道，然后悄然离去。经过2～3周反复多次训练，60%～70%的公猫可以在假阴道内射精。公猫的生殖行为具有攻击性，采精时要高度警惕。在猫的繁殖实践中，假阴道法不是常规方法。

（三）电刺激法

雄性动物生殖道的肌肉受到脉冲性电刺激后会发生收缩活动，由此可以引起射精。电刺激法不需要训练公畜，多用于野生动物及失去爬跨能力的驯养动物，获得精液的体积略大一点。在小动物方面，电刺激法主要用于性情粗暴的公猫和假阴道法采不出精液的公猫。对于不同的个体和不同的参数，电刺激法采集到的精液体积和精子总数方面变异很大。

电刺激器由电流控制器和直肠探棒两部分组成。电流控制器的输出范围是1～8V、5～250mA、30Hz的正弦波，直肠探棒长12cm直径为1cm，探棒下面有三个3mm×35mm的纵向不锈钢电极。

公猫采用药物麻醉保定，肌肉注射氯胺酮，或者肌肉注射赛拉嗪和氯胺酮。在完全麻醉状态下，剪去包皮及其周围的被毛，灌肠清除直肠内宿粪。将涂抹滑润剂的电极探棒插入直肠6～9cm达到输精管壶腹部位，探棒的电极面朝向公猫的腹侧。开通电源确定频率，调节电流、电压和通电时间，由低逐渐增强加大刺激强度，直到动物阴茎伸出，用 1.5mL 离心管对准阴茎开口接取排出的精液。至此不再加大刺激强度，但应继续刺激直至射精完毕。待收集精液后将电压调回零，频率调回到 20Hz，关闭电源拿出直肠探棒。先用 2V、20～30mA 刺激 40 次，然后用 3V、30～40mA 刺激 20 次。每个刺激持续 2～3s，两个刺激之间间隔 2～3s；每 10 个刺激为一组，每组之后休息 5min。每次射精中精子的数量受猫本身和应用电压强度的影响，一般在 4V 或 8V 时收集到的精子数量要比在 1V 或 2V 时收集到的精子数量多。过度刺激可能导致一些精液被尿液污染，副性腺分泌增加，精液向膀胱逆流。如精液随同尿液排出，一般应废弃，不做离心去尿处理。泄精（附睾，输精管）或者射精（尿道肌肉）可能有各自特定的电压阈值，副性腺分泌物（精清）释放的电压在 0～1V。精子活力、精液成分、精液质量、精液体积与电压和频率无关。进行药物保定，使用甲苯噻嗪时精液向膀胱逆流可能比较严重，使用美托咪啶时精子浓度比使用氯胺酮时高。猫电刺激法采得精液量为 220（140～740）μL。

犬电极探棒插入深度为 10～15cm。

二、采精频率

每次射精的精液体积受品种、个体、年龄、性欲、采精技术、采精频率和营养状况等多种因素的影响。在给定的饲养管理条件下，要考虑精子的产量与储量，每次射精的精液体积及其精子数、精子活力、精子形态正常率，性活动表现等因素，合理安排采精频率，实现持续和最大限度地获得优质精液，并能维持公畜的健康和生殖功能。睾丸精子产量、附睾储精量和精子成熟时间相对恒定，采精对每日精子产量没有影响。采精频率过高会耗尽附睾和输精管中的精子储量，精液体积明显减少，精子密度降低，尾部带有原生质滴的不成熟精子比例却会增加，还会造成公畜性欲下降和体质衰弱等不良后果。附睾和输精管精子耗尽后 7 天就可完成重新储备。长久不采精，如性休息时间超过 10 天，衰老精子和畸形精子增加，精子活力降低。每天采精 1 次会使采得的精子数量逐渐减少，连续 4～5 天就可耗尽附睾和输精管中保存的精子，此后每天采得的精子就是每天产生的精子，其数量保持稳定。如此连续采精，时间长了性欲也会下降。如果没有特殊需求，不要一天多次采精和连续多天采精。

1. 犬　犬精液排空试验表明，需要 24～36h 才能产生新的精子，两次交配至少要间隔 24h 以上，一年中的交配次数不能超过 40 次。犬每周采精 2 次，精子的品质最好。每天采精 1 次，通常连续 2～3 天要休息 2 天。若每周采精 2 次，6 个月后精子数量和性欲也会有所降低。

2. 猫　猫每周采集 3 次精液，第一周内每次所收集到的精液体积和精子数保持稳定，与每周采集 1 次收集到的量相当，说明每周采精 3 次不会影响每次射精的精子数量。公猫可频繁交配，接触发情母猫后的最初 2h，每小时交配 5 次不会引起性欲降低。公猫每天交配 3 次，连续 4～5 天，对受孕率和产仔数没有影响。

第二节　精液品质检查

精液品质检查能准确、快速、直接地反映精子生成和运输情况，是衡量公畜生殖能力的一个重要而简便的方法，可以鉴别精液品质的优劣，并以此作为新鲜精液稀释、保存的依据。检查结果反映最近62天睾丸精子生成情况，最近14天附睾精子成熟情况，附睾和输精管精子储存情况，实际射精的精子输出数量。检查结果也能反映种公畜饲养管理水平，还能衡量精液在稀释、保存、冷冻和运输过程中的品质变化及处理效果。常规的精液品质检查包括宏观评价（体积、颜色、pH）和微观评价（活力、浓度、形态）。存在活的、会动的及形态正常的精子，并不能保证精子可使卵子受精，不能对公畜生育力作出结论。精子功能检查可以比较准确地测定精子结合透明带的能力和穿入卵子的能力。受胎率是检验精液品质最直接和最可靠的标准，但所需时间较长。除此之外，到目前为止尚没有能够预测精液受精能力的完美方法。对不育公畜精液的检查总能发现严重的精子异常，可以解释公畜不育的原因。因此，精液品质检查结果最好是用于评定生育能力低下的公畜是否应该淘汰。

正常情况下精液是黏稠混浊不透明的液体，呈暗乳白色，有特殊的腥味。精液一般呈弱酸性，pH为6.4（5.8～7.0）。精液pH与副性腺分泌有关，第一部分精液pH居中，第二部分精液的pH最低，第三部分精液的pH最高（6.0～7.4），可见采精方法不同精液pH也会不同。精子在精液中能进行糖酵解产生乳酸，使精液的pH下降，从而减弱精子的代谢活动，对精子存活和保持活动力有利。精液pH异常时，精子活力降低存活时间缩短。

常用的精液品质检查项目有精子数量、精子活力、精子形态、微生物污染等。精液品质检查要求快速准确，取样要有代表性。操作室室温保持在18～25℃，清洁无尘。精液要保持一定的温度，温度太低会降低精子的活力，从而使检测出现错误，迅速降低温度会造成精子冷休克。

影响精液品质的因素有很多，如品种、年龄、睾丸体积、营养、季节、采精环境、性唤醒程度、采精方法、采精频率、生殖障碍疾病、全身性疾病等。精子的产量直接与睾丸体积相关，个体大的精液体积比个体小的多；附睾中储存的精子数量则取决于采精的频率；性欲强时精液体积多，弱时少，冬春季多，夏季少。2～4岁是采精的最好时期，秋天的精液品质最好。公畜过于年轻和过于年老精液品质都很差，动物近亲繁殖精液品质也差，纯种动物精液品质要比杂种动物差。采精前至少要4天没有配过种，对于不是正在使用的种畜，可能需要连续采3次样品进行检查。

（一）精子数量

测定每次射出精液中精子数量是检测精子生成的准确指标。犬每次射精的精子总数为（2～12）$\times 10^8$个，对于正常体型和体重动物为2×10^7个/kg。猫每次射精的精子总数为（1.3～5.0）$\times 10^7$个，假阴道法为5.7（3～143）$\times 10^7$个，电刺激法为2.8（9～153）$\times 10^7$个。性兴奋程度影响精子数。对于不方便或没有进行性唤醒的公畜，采精时皮下注射$PGF_{2\alpha}$或GnRH可以增加精子数。精子密度指单位体积精液内所含有的精子数目。精子密度与混浊度成正比，与精液体积和采精频率成反比。精子数量比精子密度和精液体积更有意义。

1. 估测法 用显微镜400倍目测精液的稠密程度，将其分为稠密、中等和稀薄三个等级：①稠密。精子彼此之间的空隙小于一个精子的长度，非常拥挤，很难看清楚单个精子的活动情况。②中等。精子彼此间的空隙为1～2个精子的长度，能看到单个精子的活动情况。③稀薄。精子在视野中彼此的距离大于3个以上精子的长度。这种方法简便易行，但不能准确测出每毫升精液中的精子数。

2. 计数法　用3% NaCl溶液（可加少量清洁剂防止精子凝集）在小试管内10倍稀释精液，轻轻摇匀后再次进行10倍稀释。取1滴稀释后的精液滴入血细胞计数板存储槽内，使精液渗入到计数室，用显微镜100倍观察。血细胞计数板上中央大方格由9个中方格组成，计数其中1个中方格内的精子数就得到精子密度，即每毫升精液中的精子数=精子数×10^6个。

第一次在37℃下计数不动的死精子数，然后将计数板放在50℃的温箱中10～15min后再次计数不动的死精子数，从第二次的计数数字中减去第一次的计数数字即为存活精子数。这样计数可以更准确地反映精液的真实情况，提高计数的可信度。

为了减少误差，必须进行两次精子计数。如果前后两次误差大于10%，则应作第三次检查，三次检查中取两次误差不超过10%的结果，求其平均数即为所确定的精子数。

3. 光电比色法　精子密度越高，精液透光性越低。将精液稀释成不同比例，并以血细胞计数板测定各种稀释比例的精子密度，制成标准管。用光电比色计测定已知精子密度的各标准管的透光度，制成精子查数表或绘制成曲线图。稀释被测精液，测定透光度，根据透光度来查对精子查数表，便可从表中找出每毫升被测精液样品中所含精子数。利用光电比色计测定精子密度，应避免精液内的细胞碎片等干扰透光性，造成误差。

（二）精子活力

精子的活动有三种类型，即直线前进运动、旋转运动（小圆圈运动）和振摆运动（原地摆动）。精子尾部呈鞭索状来回摆动，尾部摆动的轨迹呈∞形，使整个精子旋转向前运动。精子活力是指精液中呈前进运动精子占全部精子的百分率。犬精子在静态液体中的游动速度为45μm/s。精子依游动的速度可分为快速精子、中速精子及慢速精子。精子的游动速度不影响精子的受精能力，与动物的生殖能力之间没有联系。

精液采出后应该尽早和尽快地在35～37℃下进行精子活力测定。用玻璃棒蘸取1滴未稀释精液加于预热的载玻片上，加上预热的盖玻片，两者之间应充满精液，不存在气泡，也可不加盖玻片。用带有可控温载物台显微镜100倍或200倍观察。密度大的精液可用稀释液稀释后进行测定。注意显微镜需放平，最好是在暗视野下进行观察。显微镜视野中呈直线前进运动精子数为100%者为1.0级，90%者评定为0.9级，以此类推，采用十级评分。应观察精液的上、下两个液面和三个不同的视野，然后进行综合评分。犬精子活力为0.79～0.91，猫精子活力为0.70～0.95。

精子活力通常与正常精子形态百分数成正相关。精液采集后在室温下12h精子活力会有所增强，以后精子活力很快降低，经过保存后精子活力会进一步降低。精子活力不受采精频率的影响。光照会导致精子活力下降，前列腺液对精子活力的影响不大。气泡边缘精子的活力会增加，杯壁边缘精子的活力会降低。精子的活力会因加入混合剂而有所增强。缓冲液pH会影响精子活力，精液稀释液中的黏性物质，如蛋黄，可能会降低精子活力。精子活力降低与采精器械污染和采精器械本身所含有的有毒物质有关，或与过多地暴露在空气中及润滑剂的污染有关。大部分润滑剂会对精子造成一定的损伤。精子和乳胶接触15min就会造成精子活力的降低。

（三）精子形态

精子形态的变化与疾病密切相关，凭检测样品精子形态的结果就可以对疾病作出诊断和预后。

精子由头、颈和尾三部分构成，呈蝌蚪状。精子头部呈扇卵圆形，中间有核；颈部为供能部分；尾部最长，是精子的运动器官。睾丸内刚形成的精子经常成群附集在曲细精管的支持细胞游离端，尾部朝向管腔，精子成熟后脱离支持细胞进入管腔。

1. 畸形精子 形态和结构不正常的精子称为畸形精子。畸形精子从形态上可分为头部畸形、颈部畸形和尾部畸形，从原因上可分为原发性畸形和继发性畸形（表 13-1）。

表 13-1 畸形精子类别

畸形部位	原发性畸形	继发性畸形
头部	梨形头、锥形头、窄头、小头、大头、圆头、双头	脱落
颈部	双颈、粗颈、近端质滴	末端质滴
尾部	中部盘卷、双尾	弯曲、反转、末端盘卷

取 1 滴精液加于载玻片上，以拉出形式制成精液抹片，精子密度大的精液需用生理盐水稀释。自然干燥 2～20min，用紫药水或蓝墨水染色 3min，水洗干燥后镜检。每张抹片在不同视野观察 300 个精子，求出畸形精子百分率。如果某个精子存在多种异常，仅计数最为严重的那种异常。正常精液中就存在有一些畸形精子，重复采精不影响畸形精子的比率。畸形精子过多会影响精子活力和受精能力，不利于精子的低温保存，不宜用作输精。不同形态的异常对于不育或生育的贡献不一样。

犬和猫的畸形精子一般不会超过 20%。犬原发性畸形精子为 1.6%±2.6%，继发性畸形精子为 10.0%±5.4%。猫精液中形态异常精子不到 10%，从猫附睾中收回的精子具有 50%活力和 50%形态正常。

2. 顶体异常 精液抹片自然干燥，以 1～2mL 福尔马林磷酸盐缓冲液固定。对含有卵黄甘油的精液样品需用含 2%甲醛的柠檬酸液固定，静置 15min，水洗后用吉姆萨染液染色 90min 或用苏木精染液染色 15min，水洗风干后再用 0.5%伊红染液复染 2～3min，水洗风干。采用吉姆萨染液染色时，精子的顶体呈紫色，而用苏木精-伊红染液染色时，精子的细胞膜呈黑色，顶体和核被染成紫红色。用显微镜油镜观察抹片，每张抹片在不同视野观察 300 个精子，统计出顶体异常百分率。

精子顶体在受精过程中具有重要的作用。正常精子的头部外形正常，细胞膜和顶体完整，着色均匀，顶脊、赤道段清晰，核后帽分明。顶体异常一般表现出三种情况：①顶体膨胀。顶体着色均匀，膨大呈冠状，出现明显条纹。头部边缘不整齐，核前部细胞膜不明显或部分缺损。②顶体缺损。顶体着色不均匀，顶体脱离细胞核，形成缺口或凹陷。③顶体全脱。赤道段以前的细胞膜缺损，顶体已经全部脱离细胞核，核前部光秃，核后帽的色泽深于核前部。精子顶体异常可能与精子生成过程和副性腺分泌物的不良有关，离体精子遭受低温打击和冷冻伤害等因素更易造成精子顶体异常。因此，精子顶体异常率是评定新鲜或冷冻精液品质的重要指标之一。

（四）微生物

精液中微生物的种类和数量是评定精液品质的检验项目。精液样品离心后进行检查，偶尔有上皮细胞、红细胞、白细胞和细菌。细胞学变化与细菌生长的相关性不好。如果怀疑前列腺或生殖道某处发生了感染，即使没有发现炎性细胞也应进行微生物培养。尿道和包皮中存在着正常的细菌丛，射精时精液冲洗尿道后就会带菌。精液中正常的细菌有葡萄球菌、链球菌、大肠杆菌、棒状杆菌等。精液中不应含有病原微生物，细菌数不得超过 10^5 个/mL，否则视为不合格精液。

采集精液时应当尽量减少污染，精液样品应在采集后立即进行微生物培养。如不方便可随即放入 5℃冰箱保存，并于 8h 内进行微生物培养。将精液样品用生理盐水 10 倍稀释，取 0.2mL 倾倒于血琼脂平板培养基，均匀分布，在普通培养箱中 37℃恒温培养 48h，观察平皿内菌落数并计算每剂量中的细菌菌落数。每个样品做两个，取其平均数。计算公式：每剂量中的细菌数＝菌落数×样品量的稀释倍数。

精液培养可以鉴定不育、睾丸炎、附睾炎、前列腺炎，有助于确定是单纯感染还是复合感染。分离到的细菌可能是原发感染，也可能是继发感染，还可能是污染所致。精液中分离到的细菌可能不同于睾丸组织和前列腺中分离到的细菌。因此，解释培养结果时要考虑临床症状、培养原因、采样技术、精液的细胞形态和细菌生长的总数。若结果可疑，要重新培养。

第三节　精 液 保 存

精子在无氧情况下进行酵解，有氧时进行呼吸作用，精子将精清中的能量物质耗尽后就消耗自身的储备物质。因此，精液采集后应在体温和室温之间避光保存，尽可能少搅动。采出的精子必须进行适当处理，抑制精子的代谢和运动，延长精子在体外的存活时间，并通过运输扩大精液的使用范围。

一、液态保存

精液液态保存的有效期较短，要尽量缩短采精与输精之间的时间间隔。液态精液保存条件简便，具有良好的实用价值。犬精子对冷休克有一定的抵抗力，减轻了对温水浴或温箱保存精子的依赖。

（一）稀释液

动物一次射精所含的精子数高于使母畜受孕所需的精子数，将精液稀释可以更有效地用于多次人工授精。精液的稀释倍数取决于实现较高妊娠率所需要的最低精子数，而这个因素又取决于输精位置、精子活力及动物个体特异性。一般来说，输精位置越靠前所需的最低精子数越少，但所需的技术越高。

在精液中添加一定数量的、适宜精子存活并保持其受精能力的溶液称为精液的稀释，添加的溶液称为稀释液。稀释液的功能是为精子提供营养物质，补充精子所消耗的能量，减少精子自身储备物质的消耗，保护精子防止遭受低温打击，缓冲不良环境的危害，抑制细菌的繁衍，延长精子在体外的存活时间。经过适当稀释的精液才适于保存和运输，并可增加每次射出精液的配种母畜头数。因此，精液稀释是人工授精的一个重要环节。为了从多个方面有效地保护精子，稀释液中要添加有如下作用的各种制剂。

1. 营养物质 如葡萄糖、果糖、甘氨酸、卵黄、脱脂牛奶等。

2. 缓冲物质 精子所能耐受的pH范围较窄，在稀释过程中必须给精液提供一定的缓冲能力。精液在保存过程中，由于精子代谢产物乳酸的积累，pH常会有偏酸现象，达到一定限度后即会影响精子活力。在稀释液中加入适量的缓冲剂，以保持理想的精液pH6.75～7.50。柠檬酸盐缓冲剂能与钙和其他金属离子结合并起到缓冲作用，又能使卵黄颗粒分散，有利于精子运动。三羟基甲基氨基甲烷（Tris）是一种碱性缓冲剂，它还有防冻保护作用。乙二胺四乙酸（EDTA）是一种螯合剂，当与重碳酸盐结合时能对精子起可逆的酸抑制作用，又有制菌功效。常用的还有碳酸盐缓冲剂。

3. 防冻剂 精液从体温降到5℃左右时精子将遭受冷休克损伤，会降低精液品质。加快冷却速度会加剧冷休克损伤，缓慢冷却也不能防止冷休克。冷休克会引起细胞膜损伤，导致钾离子、酶、脂质、胆固醇、脂蛋白和ATP外漏。精子主要是利用精清中的果糖和精子体内的缩醛磷脂提供能量。缩醛磷脂的融点高，在低温下凝结后就不能被精子所利用，造成精子不可逆的冷休克。卵黄和奶类含有的卵磷脂，在低温下不易被冻结，可透入精子代替缩醛磷脂而被精子所利用，保护精子不发生冷休克。应选用新鲜鸡蛋，卵黄中不应混入蛋白和卵黄膜。经加热消毒过的稀释液，待温度降至40℃以下时再加入卵黄，并注意充分溶解。奶和奶粉溶液需新鲜，必须加热到92～95℃水浴10min消毒灭菌和使酶失去活性。

4. 抗菌药物 在稀释液中需添加抗生素来防止微生物污染。常混合使用青霉素和链霉素，每100mL稀释液用量为5万～10万IU，在稀释液加热灭菌后温度降至40℃以下后加入。磺胺每100mL加0.3g，不仅可以抑制细菌的繁殖，而且可以抑制精子的代谢功能，有利于延长精子的存活时间，但它不宜应用于冷冻精液。可用的抗生素和磺胺类药物还有卡那霉素、林可霉素、多黏菌素、氯霉素、磺胺甲基嘧啶钠等。

5. 酶制剂和其他 这些添加物用来改善精子外在环境和母畜生殖道的生理功能，提高受胎率。淀粉酶、葡萄糖醛苷酶有助于精子获能。过氧化氢酶有助于防止精子代谢过程产生的过氧化氢对精子的危害。催产素可促进母畜生殖道蠕动，加快精子运行。维生素B族、维生素E具有提高精子活力的作用。ATP、精氨酸、咖啡因等具有提高精子活力的作用。

精清中所含的电解质浓度很高，能够激发精子活动促进精卵结合。但高浓度的电解质也能使精子早衰，破坏精子的脂蛋白膜，使精子失去电荷而凝聚，从而降低精子的抵抗力。本交时精子很快与精清分离，就摆脱了高浓度电解质的危害。在人工授精过程中，直到输精之前，精子一直受到精清高浓度电解质的危害。精液的比重为1.011，渗透压与血浆近似。在稀释液中主要用非电解质成分形成与精清相等的渗透压，使稀释液在稀释精清电解质浓度的同时维持精清的正常渗透压，就可延长精子在体外的存活时间。常用的非电解质为各种糖类和弱电解质，如甘氨酸等。

（二）稀释方法

精液采出后恒温存放，经品质检查合格后马上用稀释液进行稀释。根据精液体积和精液中的有效精子数、每头份输精体积及其中必须含有的有效精子数计算稀释倍数，以此来确定向精液中加入的稀释液量。将稀释液的温度调整到和精液温度一致，沿玻璃棒或集精杯壁徐徐倒入精液内稀释。精液稀释后应做精子活力检查，并与原精液精子活力相比较，以鉴定稀释效果。奶类稀释液可作高倍稀释，而糖类稀释液则稀释倍数不宜过大。高倍稀释时要分次加入稀释液，使精子逐渐适应稀释环境。对于犬猫的精液来说，进行3～5倍稀释比较适合，将精子浓度稀释到（1～2）×10^8个/mL。

（三）保存温度

液态精液不能长期保存，要在母畜开始发情后再采集精液。可以采用低温保存或常温保存。

1. 低温保存　精液稀释后保存于5℃。低温能降低精子的代谢活性，减少精子的能量消耗，可以相对延长精子的存活时间。稀释液中应加入卵黄、牛奶等抗低温保护剂，卵黄浓度为20%。将稀释过的精液浸在装有37℃水的800mL烧杯中放入5℃冰箱过夜，经过缓慢降温逐渐冷却到5℃。精液急速降温到10℃以下，会对精子造成不可逆的冷休克作用。有些犬的精液不耐低温和运输，要让精液在5℃冰箱中过夜再次进行检验，精液合格的犬以后才能低温保存和使用该犬的精液。要每12h取样检查精子活力，前24h活力仅下降10%～15%。

运输时要将装精液的试管盖严放入小塑料袋中，再用几层报纸、棉花等具有缓冲作用的材料包裹一下，然后放入冰壶或泡沫塑料盒中，再在纸包周围放入冰袋。如果试管直接与冰袋接触，在最初几小时内会造成精液结冰。最好在精液采出后24h内送达输精地。使用商业性的犬精液稀释液，精子活力可以维持70%以上达10天之久。

输精前将精液试管放入37℃水浴中缓慢升温到35～38℃，使精子的运动恢复正常，保持正常的受精能力。用巴氏灭菌牛奶等量稀释犬精液，在5℃可保存1～3天，可供母犬间隔48h授精2次。有的精液保存5天还能使母犬妊娠。猫精液在5℃通常可以保存24h，有的精液保存3天后授精还可使母猫妊娠。

2. 常温保存　新鲜精液在常温下只能保存4h。精液稀释后保存于15～25℃，精子运动加快，能量消耗增加，子宫颈的屏障作用也比较小，在母犬生殖道中的存活时间较久。在精液稀释液中加入有机弱酸类物质，创造一定的酸性环境抑制精子的活动。使用CO_2或N_2饱和稀释液，也可达到同样的效果。常温保存不加卵黄和/或牛奶这些低温保护剂。常温保存的精液可供几只同时发情的母犬使用。

二、冷冻保存

精液冷冻保存是将采集的新鲜精液，经过品质鉴定、稀释和冻前处理，按特定的程序降温，最后在超低温（−196～−79℃）环境下长期保存。精液冷冻后，精子的代谢几乎停止，活动完全消失，生命以相对静止状态保持下来，一旦温度回升，又能复苏活动。从理论上讲，冷冻精液的有效保存时间是无限的。然而在实践中，只有一部分精子能经受冷冻，升温后可以复活，而另一部分会在冷冻过程中死亡。血红蛋白降低解冻后活力，含血较多的精液不适合冷冻保存；带有近端质滴的精子受精力低、解冻后活力差，近端质滴比率高的精液也不适合冷冻保存。可见，仅高品质精液才适合冷冻保存。解冻的精子比新鲜精子寿命要短，冷冻精液的受孕率比新鲜精液的受孕率要稍低。目前还没有犬精液冷冻保存的工业标准。

（一）稀释液

精液在冷冻和解冻过程中，精子内外的水分要经历液态和固态的转化过程。细胞内结晶破坏细胞内的微细器官，对精子的存活极其有害，向稀释液中加入一些抗冻保护剂可减轻或消除这种危害。甘油是常用的抗冻剂，它容易扩散和渗入细胞，最终使用浓度多为4%～6%。甘油的三个羟基和水能形成有很强吸水性的氢键，牵制水的结晶过程，从而降低了细胞内水分形成冰晶的程度。甘油可被分解成果糖，为精子代谢所利用。甘油可以保护精子的谷草转氨酶免受冻害而逸出，解冻后精子存留的谷草转氨酶量高时，精子的活率也高。蛋白质可以促进快速冷冻时的脱水过程，从而减少细胞内形成冰晶的危害。此外，二甲基亚砜、Tris和乙基乙二醇等也具有抗冻作用。犬精液冷冻保护剂使用甘油及乙基乙二醇最有效。

常用的稀释液有两类：一是卵黄-Tris稀释液，主要成分是Tris、柠檬酸、果糖、甘油和卵黄，多使用青链霉素或庆大霉素；另一类是卵黄-乳糖稀释液，主要成分是卵黄、乳糖、甘油和抗生素类。卵黄-Tris稀释液优于卵黄-乳糖稀释液。卵黄的使用浓度为20%，卵黄除具备冷冻保护作用之外，还能阻止精子提前获能。

（二）精液稀释

精液冷冻之后，有半数以上的精子因遭受冻害而死亡。冷冻后的精子活力一般在0.3～0.5。根据每次采出精液中的有效精子数、每头份输精量中必须含有的有效精子数和冷冻后的精子活力计算出稀释倍数，以便确定向精液中加入的稀释液量。稀释液的温度要调整到和精液温度一致。

1. 一次稀释法 将含有甘油的稀释液按比例一次性加到精液内，稀释的精液在1h内冷却到5℃。

2. 二次稀释法 甘油在室温下会对精子产生一定的危害，其危害程度随着稀释液温度的降低而降低。采出的精液在等温条件下立即用不含甘油的稀释液做1～2倍稀释。稀释后的精液经40～60min缓慢降温至7℃，再加入等温的含甘油的稀释液做1倍稀释，使稀释精液中的最终甘油浓度达到4%～6%。采用二次稀释法既可以保持甘油最终浓度不变，又可以减少甘油的毒害。

精液用含有甘油的稀释液稀释后，需在7℃环境下放置2～4h，使精子在稀释后的新环境中重建离子平衡，使甘油充分渗透进入精子内部产生抗冻保护作用，为下一步低温冷冻做好生理上的准备，减少冷冻过程对精子的损害。

（三）分装冻结

冷冻精液的分装采用颗粒、细管和安瓿三种方法。聚氯乙烯塑料细管用自动细管分装装置一次完成灌注、标记。细管上标明犬名、品种、精液生产日期、批号、精子活力等。把装入精液的细管放到距离液氮液面 3cm 蒸气中熏蒸冷冻 3～4min，最后将精液缓慢投入液氮中保存。

完成冷冻的冷冻精液，每批需抽样 2～3 头份放入 30℃温水中 5～10min 解冻，检查精子活力、精子密度、精子畸形率及顶体完整率和存活时间等，看冷冻精液是否合格，其中精子活力与冷冻前相比降低不超过 20%，或者评分至少在 0.35 以上。检查合格的冷冻精液需在液氮中计数分装，细管精液可以每 10 支装入一个小塑料筒内，然后将塑料筒装入纱布袋中，包装上需明确标明犬名、品种、精液生产日期、批号、精子活力及数量。不同品种、不同个体的精液不能混杂在一个包装中，包装标记好的精液在液氮中可长期保存。

（四）保存运输

冷冻精液必须一直完全浸在液氮中保存，每隔半年时间需抽样检查精子活力。储存精液的液氮罐应放置在干燥凉爽、通风安全的专用房间，由专人负责，每周检查一次液氮容量。当剩余液氮为液氮罐容量的 2/3 时，需及时补充。如罐外壳有水珠或挂霜，或者液氮消耗过快，说明液氮罐的保温性有问题，应及时更换。清楚记载每次入库和出库的冷冻精液数量，每月结算一次。

冷冻精液在保存过程中，每取用一次精液就会使一个包装的冷冻精液脱离一次液氮，造成精液品质下降。取用精液时，精液提筒不得超越液氮罐颈下沿，而且脱离液氮时间不得超过 5s。

运输冷冻精液要有专人负责，办好交接手续，附带运精清单。液氮罐应罩有保护袋或装入木箱内，放置牢固稳妥，防止暴晒，减少震动，严禁撞击和翻倒，长途运输还应注意及时补充液氮。

第四节　授　　精

授精是将符合标准的精液用输精枪械适时而准确地输入到发情母畜的阴道前端或子宫内，以达到妊娠目的的技术操作。授精操作应做到慢插、轻注、缓出。授精场地最好有精液处理室和输精室，地面平整，光线充足，方便操作。

人工授精要有准确的记录，记录输精日期和公母畜身份。前者可用于估算分娩日期，确定妊娠诊断方法和时间，后者可避免近亲繁殖。

（一）发情鉴定

动物在一日内多次配种的受孕率并不比在最佳配种时间里配种一次的受孕率高，在排卵期进行一次人工授精比每日多次人工授精更重要。因此，在进行人工授精时，鉴定母畜发情期中最佳授精时间是一个非常重要的问题。犬发情表现明显，通常不会错过配种时间。以阴道出现血样分泌物的第 1 天为标志，犬通常在第 10 天出现 LH 排卵峰，12（10～14）天排卵，配种的最佳时间为 12 天和 14 天，或 11 天、13 天和 15 天。然而，犬有时发情表现不典型，或者存在限制发情表现的管理因素，发情前期和发情期开始的时间难以确定，加上发情前期和发情期的长度变异很大，常常不在第 12 天排卵。例如，有时会在第5天或25天排卵，那么在12天配种会遭母犬拒绝，人工授精也不能妊娠。同理，试情也不能准确判断母犬的可妊娠配种时间。LH排卵峰有时在发情期开始之前3天出现，有时在发情期开始之后9天出现，但LH排卵峰与排卵之间的关系相对稳定。因此，确定LH排卵峰的时间就非常重要。一旦LH排卵峰的日子确定下来并记为第1天，排卵在第3天，在第1～7天配种都可以妊娠，在第5～6天配种可获得最大怀胎数。

阴道细胞学可以确定发情周期的进程，帮助估计人工授精的适宜时间。

用阴道镜观察阴道黏膜颜色和皱襞的变化，可以估计LH排卵峰出现的时间。乏情期阴道黏膜扁平干燥，呈苍白或乳白色。发情前期阴道黏膜肿胀充血呈粉红色，出现皱襞，这种现象在发情期的第1天最为典型和明显；LH排卵峰时阴道黏膜肿胀消退，皱襞发生渐进性皱缩，形成锯齿状皱纹。此后几天锯齿状皱纹最为明显，这是最佳的配种时间。随着发情间期的临近，阴道黏膜由粉红色变成淡白色，阴道黏膜皱襞变得扁平。

用血液孕酮浓度开始升高的时间可以估计LH排卵峰的时间和判断排卵时间，测定血液孕酮浓度对于确定配种时间非常有用。通过阴道上皮细胞抹片观察上皮细胞角质化程度，在表层细胞占到60%后开始进行连续性的血液孕酮浓度测定。血液孕酮浓度为1.5～2.0ng/mL时正是LH排卵峰出现的时间，血液孕酮浓度达到2.0ng/mL后2～4天开始排卵。血液孕酮浓度升至＞5ng/mL时排卵结束，从此开始往后的4～6天是最佳配种时间，血液孕酮浓度＞15ng/mL时最佳配种时间结束。从发情前期的5～7天开始，每隔1天采样1次，当天测定并获得结果，直到血液孕酮浓度达到5～15ng/mL为止。采样越频繁，鉴定就越准确。如果在当地配种且公犬配种没有限制，可以每3～4天采样1次；如果母犬需要送到外地配种，就要隔天采样；如果使用冷冻精液人工授精，需要每天采样。如果仅采1次样，血液孕酮浓度测值＜1ng/mL，配种至少应在4天之后；血液孕酮浓度在2.0～4.0ng/mL时，要在2天之内配种；血液孕酮浓度为10～15ng/mL是最佳配种时间；血液孕酮浓度＞15ng/mL时，就要检查母犬是否仍在发情，以及检查阴道细胞学是否进入发情间期。如果母犬仍在发情并且阴道细胞学没有进入发情间期，就要马上配种，否则就要等到下次发情时配种了。检测LH排卵峰需要频繁采取血样，一来采样不方便，二来测定费用高。所以，通常是测定血样孕酮浓度来判断LH排卵峰。

猫发情前期短，且是诱导性排卵，发情鉴定较为简单。在阴道细胞涂片上观察到表层细胞占绝大多数时，或者在猫开始表现发情后的2～4天肌肉注射250IU hCG诱导排卵，12～24h进行输精。

（二）准备

输精器材有2mL玻璃移液管或金属输精枪、开膣器、一次性的公畜导尿管或硬质塑料管、2mL注射器。接触精液及母畜生殖道的器械要洗涤干净并消毒灭菌，在使用前用生理盐水或稀释液冲洗两次。开膣器可浸泡于消毒药液中，使用时再用清水冲洗去除消毒药液。润滑剂具有杀精作用，因而不能使用。

用新鲜精液进行人工授精，如果精液的色泽气味正常，应在采集后10～15min给母畜授精，留下几滴做活力评估。如果精液颜色和黏稠度不正常，就要在检验合格后授精，其间要把采集管一直握在手里进行保温和避光保护。

常温和低温保存的精液，在使用前必须按常规项目进行品质检查。冷冻精液的解冻温度对于保持精子活力非常重要，精液可直接投入30～37℃水浴中。水浴的水量要多，以便精液解冻后能够保持温度的稳定。犬精液解冻后在37℃只能存活几个小时，只要30～60min活力就会急剧下降。所以，一定要等到卵细胞成熟之后输精，并尽可能缩短解冻与输精之间的时间间隔。输精前将精液加温到35℃左右，精液温度过低会刺激母畜努责，导致精液倒流。精液解冻后放在5℃冰箱中1～3h，不会对精液品质造成很大影响。

（三）输精

输精人员要身着工作服，手指甲剪短磨光，手臂洗刷干净，用酒精棉球或适宜的消毒药液进行消毒，待挥发或擦拭干净后戴上医用乳胶手套，再持输精枪械进行操作。

畜主坐在椅子上，在膝盖上放一个布单，抓住母犬的后腿抬高到膝盖部位保定，或用两膝夹住母犬保定，或者将母犬放在适当高度的台上站立保定或做后肢举起保定。将尾巴拉向一侧，先用清水洗净阴门、会阴部，再用消毒药液涂擦消毒，经作用片刻后用清水冲洗，最后用纸巾或纱布擦干。

犬的阴道很长，10kg体重母犬从阴门到子宫颈为10～14cm，用手指经阴道无法触及子宫颈。母犬的阴道前庭向后下方倾，与脊椎呈45°，人工输精时要注意这一解剖特点。用左手分开阴唇暴露阴道前庭，将输精枪捻转缓慢插入阴道前庭，输精枪要以与母犬脊椎大约成45°向前向上插入5cm左右，随后顺着与脊椎平行的方向沿着阴道的背侧向前慢慢插进，感到有明显阻力时表明输精枪到达了阴道穹隆或阴道头端。当输精枪不能再前进时将输精枪后退少许，即可慢慢地注入精液（图13-2）。当注射器推空精液后，马上从输精枪上分离出来，吸入1～3mL空气，再连上输精枪推空，1min后慢慢地从阴道抽出输精枪。犬子宫颈口位于阴道穹隆稍后的阴道顶部，与阴道呈45°向斜下方开口。这种解剖结构决定了用这种方式插入输精枪通常仅能到达阴道穹隆的头端，不能伸进子宫颈。

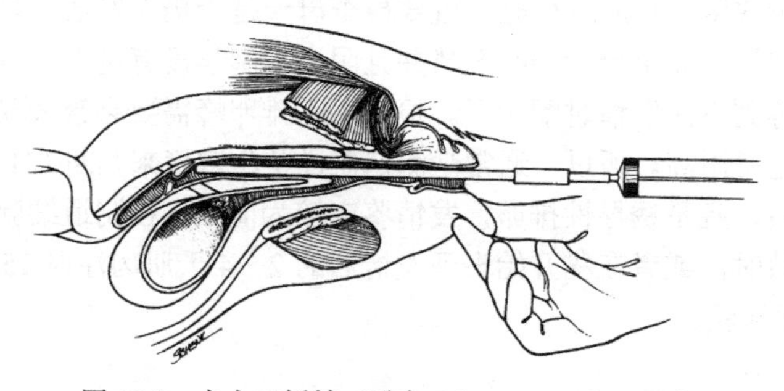

图13-2　犬人工授精（引自Johnston, et al., 2001）

若要把精液注入子宫，则需用一只手握住输精枪，另一只手于犬的腹下耻骨前缘2～3cm处通过输精枪前端摸到并固定子宫颈，或许可以找到子宫颈外口并从此将输精枪轻轻插入子宫。犬发情时子宫颈比黄豆粒稍大，有弹性，用拇指、食指、中指将其固定在输精枪前端，另一只手持输精枪在子宫颈处稍回撤，再向前反复抽动寻找子宫颈口，将输精枪轻轻地前插和上挑，找到子宫颈口时可感知前进阻力突减有落空感。输精枪向前继续插进2～3cm，将精液缓缓地注入子宫内。借助于内窥镜寻找和通过子宫颈会容易些。子宫内输精要控制精液体积，小型犬输1mL，中型犬输2mL，大型犬输3～4mL。精液体积过大会使子宫过载，并且增加精液倒流的可能性。

输精后让畜主坐在椅子上，大腿上铺一张布单，让他们抓着母犬的后腿抬高母犬后躯，按摩阴蒂10～15min，刺激阴道肌肉收缩，防止精液倒流。当后腿及臀部放下来之后，要在一段时间内不允许母犬蹲下或排尿，然后将母犬放入笼中并保持安静，整个过程都不要从腹部抱犬。

输精量视母犬体格大小而定。液态保存的精液每次输入3～8mL，含有效精子数不低于2×10^7个。对于冷冻精液，0.5mL含有效精子数（5×10^7）～（1×10^8）个。人工授精的妊娠率和产仔数都不如自然交配，间隔一天再次授精可提高产仔数。神经质的犬不好操作时，可以使用镇静剂进行轻度镇静。

将猫的输精时间选在排卵前好还是排卵后好，现在还没有定论。可以在母猫发情2～4天后肌肉注射250IU hCG诱导排卵，过12～24h进行人工授精。母猫输精时需用氯胺酮后仰卧保定，将输精管沿背线慢慢插入阴道4～6cm，用0.25mL注射器轻缓注入0.1～0.2mL精液，将母猫后躯抬高20min，以利精液向子宫颈口处汇流。或者猫排卵后，麻醉状态下借助腹腔镜在每个子宫角的前1/3处放置精子，子宫内受精的妊娠率为50%。

（四）影响因素

人工授精的成功有赖于几个因素，包括所用精液正常、精液采集和稀释的操作正确、授精时有活力的精子数目足够及授精的部位和授精的时间正确。新鲜精液在母犬生殖道里可以保持6～7天的受精能力，而经过解冻后的冷冻精液的精子在母犬的生殖道中存活7～12h。冷冻精液解冻后输入母畜生殖道，精子存活时间大大缩短，有效精子数大为减少，这就给选定输精时机提出了更高的要求。输精时间过早，待卵子排出后精子已经衰老死亡；输精过晚，排卵后输精的受胎率又很低。所以，使用冷冻精液输精的时间应当比使用新鲜精液适当推迟一些，输精间隔时间也应该短一些。新鲜精液和低温精液通常是在排卵后2天输精，而冷冻精液则要等到排卵后3～4天输精。低温保存精液的人工授精对象应是以往没有发生过任何生殖问题的2～4岁健康母犬，结合母犬的行为变化和一系列阴道细胞学检查可以确定人工授精的时间。如果可能，还可以运用阴道内窥镜。为了保证发情期早晚都有精子存在于生殖道，人工授精必须每天一次或每隔一天一次，最低限度是3次，或直到用阴道细胞学证实到了发情间期为止，以提高受孕的机会。由于精液稀释的作用，精液中前列腺素浓度不足，在冷冻精液稀释液中加入前列腺素在一定程度上能够提高受精率。授精精子的数目要随精液质量的不同有所改变。自然交配时，勃起的阴茎填满阴道穹隆阻止精液倒流，大量的精液进入子宫，生殖道的收缩也可以帮助精液流动。阴道授精的受胎率比子宫授精的受胎率低，授精部位尽量向前一些，将精液送到阴道穹隆的前方，才能保证较高的受胎率。如果操作得当，在合适的时间给犬进行人工授精，新鲜精液的受胎率为60%～100%；低温精液的受胎率为60%～80%，穿子宫颈的子宫内输精的受胎率为81%；冷冻精液的受胎率为50%～60%，穿子宫颈的子宫内输精的受胎率为70%，手术子宫内输精的受胎率为95%。与自然交配的窝产仔数相比，用新鲜精液和低温精液进行人工授精窝产仔数减少15%，用冷冻精液进行人工授精减少25%～30%。

第十四章　公 畜 科 学

公畜科学（andrology）是专门研究公畜生殖系统疾病的发生发展规律及临床诊断和治疗的理论和技术。无论是采用人工授精，还是采用自然交配，公畜对繁殖效率均具有极为重要的影响，因此公畜科学也是现代兽医产科学的重要内容之一。与母畜相比较，公畜的生殖功能更为复杂。例如，母畜在一个发情周期只能产生一个或数个成熟的雌性配子（卵子），而公畜几乎每时每刻都在产生着成千上万具有生殖能力的雄性配子（精子）；母畜一般只在发情时表现性行为，而公畜性行为不受季节的限制，没有明显的周期性，影响因素中除激素外，在较大程度上还涉及神经反射和性经验；母畜血液生殖激素浓度呈现规律性的周期性波动，而公畜血液生殖激素浓度除一些动物具有季节性变化特点外，主要表现为连续的、阵发性释放的特点，并可能具有一定的节律性；利用外源性激素比较容易干预母畜的生殖内分泌活动，达到改善和提高母畜繁殖效率的目的，而公畜的生殖内分泌体系中不存在正反馈，大多数不育病例的血液生殖激素浓度基本正常，利用外源性激素干预公畜生殖内分泌活动的空间非常有限，干预的结果往往适得其反。在本章中先介绍公畜的性行为，然后分节讨论常见的公畜生殖障碍的诊断和防治技术，最后介绍公畜不育的检查。

第一节　性　行　为

性行为是动物生长发育到一定年龄后，在生殖激素的作用下，通过嗅、视、触、听的感觉神经接受异性刺激，对异性所表现的一种特殊的行为，是哺乳动物在进化过程中逐渐形成的一种非条件反射。由于类固醇激素的产生早于精子生成，公畜一般先表现阴茎勃起，然后才会射精，最后才能从精液中发现精子。利用性反射的各种因素对公畜进行调教，可以在一定程度上提高精液品质和提高公畜利用率。但如果把性反射与不良刺激因素联系起来，将导致公畜性行为异常或不能交配。从广义上讲，公畜的性行为不仅指使雄性配子进入母体的交配行为，还包括与求偶活动有关的行为，如攻击行为、挑战行为、触推行为、领域行为、寻找和驱赶母畜及看守母畜的照管行为等。从狭义上说，公畜的性行为主要指一系列顺序发生的交配行为。这些性行为在不同动物虽然可能有不同表现方式，但出现的顺序大体上形成一个行为链：性兴奋—求偶—阴茎勃起—爬跨—插入—射精—爬下和不应期。在这一行为链上，公母双方均有相应的表现，相互配合，但公畜表现强烈而主动，母畜则较被动。公畜正常的性行为是使母畜受精、妊娠和物种繁衍的保证。

公猫额皮质的损伤会干扰爬跨和交配的运动模式（如爬跨推迟、插入的频率减少、爬跨次数增多但没有插入、颈部搔痒次数增多但没有爬跨），顶叶皮层或颞皮质的损伤对交配行为的影响很小。枕叶皮质的损伤可以引起公猫的视力减弱，明显增加定位和跟踪母猫的困难，但并不妨碍交配。切除嗅球或损伤丘脑下部的前丘两侧，公猫的性行为消失。成年公猫的尾状核损伤时表现脊柱前凸、后肢撑地踏步和发出叫声，这些变化与血液中睾酮或雌激素浓度无关，表明这些表现是神经性的，不是由激素介导的。龟头上的感觉神经支配对后肢定向起一定作用，手术脱敏龟头，会使有性经验公猫的龟头变得没有方向感而不能正确插入。

一、性行为的表现

（一）性兴奋

性兴奋（sexual arousal）也称为性激动（sexual drive）或性欲（libido）。公畜看见或嗅知附近有发情的同种母畜时，会表现出一种兴奋、焦急的状态，力图接近发情母畜。公畜在性兴奋时行为不易控制，可能伤人或造成自体受伤，应引起配种人员和饲养人员的重视。

（二）求偶

求偶（courtship）也称为试情，公畜常表现多种形式的求偶行为，最经常的形式是嗅舐母畜。有蹄动物常表现出典型的性嗅反射（olfactory reflex or flehmen），公畜伸展头颈，收缩鼻翼，上唇上卷，嗅母畜的尿液和会阴。猪鼻的结构特殊，是个例外。公畜犁鼻器接受母畜尿液或阴道分泌物中信息激素后出现性嗅反射。此时母畜也可能舐嗅公畜的后躯和阴囊，相互嗅闻使两者呈现环旋运动。性嗅反射说明通过嗅觉传递化学信息对诱导动物性行为的重要性。触推是另一种求偶表现行为。公畜常用前肢、肩或前躯触推母畜的后躯或颈部。对于公畜的触推行为，发情母畜一般呈现站立反射，作出接受交配的姿势。公畜在出现求偶行为时，通常还表现出尾根抽动，排出少量尿液，表现出试图爬跨的行为。

公犬与母犬通常可以友好相处，不发生争斗，喜欢在一起互相追逐、玩耍。当母犬进入发情前期后，随着血液雌激素浓度增加，尿中出现一种特殊气味，公犬从很远处就可嗅到并找到母犬，用鼻子嗅母犬阴门或耳朵，对母犬表示求爱行为，但此时母犬拒绝爬跨。在进入发情期后，母犬对公犬的行为发生明显改变，对公犬及其遗留的粪尿、足迹等气味非常敏感，常主动接近公犬，彼此嗅闻对方的外生殖器，互相追逐嬉戏。母犬尾巴歪向一侧，露出阴门，阴唇有节律地收缩，接受并愿意让公犬爬跨交配。对于不甚主动的公犬，母犬会作出公犬交配的动作，爬到公犬背上抱住公犬，后躯来回推动。公犬嗅闻时间的长短，与公犬的经验、母犬所处的发情阶段和双方的性欲水平有很大的关系，公犬愿意爬跨站立不动的母犬。配种前公犬与母犬的逗玩和几次爬跨，能激发公犬的性行为，有助于提高精液质量，提高血液雄激素浓度。

公猫会接近发情母猫，围着母猫转圈，用鼻子触摸母猫的鼻子，然后嗅闻母猫会阴区，轻轻地闭眼张嘴鸣叫。

（三）阴茎勃起

阴茎勃起（erection）是指公畜阴茎充血、体积膨大伸出包皮腔，硬度及弹性增加，敏感性增强的一个生理过程，是公畜交配的先决条件。正常情况下，公畜阴茎的勃起一般需要有发情母畜在场，通过嗅觉、触觉、视觉和听觉等方面的刺激，引起中枢神经系统发出冲动。

由于各种动物阴茎解剖结构有差异，因此勃起的状态也有所不同。公犬经过逗引以后非常激动，海绵体窦呈充血状态，阴茎的静脉尚未闭锁，只是动脉血液流入多于静脉流出，阴茎部分勃起。猫阴茎勃起后由指向后下方变为指向前下方，与水平面呈 20°～30°，尿道外口常滴出稀薄透明的液体，这主要是尿道球腺的分泌物。

（四）爬跨

爬跨（mounting）时公畜由后向前将前躯跨在母畜背上，以前肢紧紧抱住夹住母畜体躯，并将下颌靠在母畜背上或颈部。发情母畜对公畜爬跨行为表现出站立反应，即站在原地不动地接受公畜爬跨。

公犬迅速爬到母犬背上，两前肢抱住母犬。此时的母犬站立不动，脊柱下凹，使会阴部抬高，便于阴茎插入阴道。

公猫见到发情母猫后会抓住母猫，并且平均保持 16s。公猫从侧面或后面接近母猫，咬住母猫颈背部的皮肤，后脚交替踩踏转而将前躯跨在母猫背上，当公猫要从母猫背上滑下来时，公猫会用后足撑地，这样方便阴茎插入阴道。

（五）插入

插入（intromission）指阴茎完成勃起后插入阴道的过程。公畜爬跨时依靠腹肌特别是腹直肌的收缩，使阴茎正对母畜的阴门并插入阴道。公畜阴茎插入阴道的动作较为猛烈，在阴茎未对准阴门时发生插入动作可能造成阴茎弯折。

犬的阴茎分两期勃起。开始时呈未完全勃起的状态，腹部肌肉特别是腹直肌收缩，后躯来回推动，半勃起的阴茎靠阴茎骨支持插入阴道。阴茎受到阴道的刺激，阴茎根部肌肉和阴门括约肌收缩，压迫闭锁阴茎静脉，阴茎动脉血液继续流入，龟头体部先膨胀变粗，尿道突起逐渐明显，阴茎头球完全充血，阴茎达到完全勃起，体积为平时的 2～3 倍，阴茎不能从相对狭小的阴道口退出，雄性雌性生殖器官不能分离，在阴道内形成锁结状态。

公猫从抓住母猫颈部到插入可能持续 30s～5min，插入时间只有 1～4s，第一次插入平均需要 107.5s，与母猫的特征性鸣叫声相伴。

（六）射精

阴茎插入阴道后在阴道内来回猛烈抽动摩擦，阴茎头上神经感受器感受温度、压力、润滑刺激，经过一段时间后将兴奋再经阴部神经传入中枢，引起高级射精中枢兴奋；待兴奋积累加强到一定程度时，冲动回传至脊髓射精中枢，并进一步经交感和副交感、阴部和盆神经等协同作用，引起附睾尾、输精管、前列腺、精囊腺、尿道球腺和尿道平滑肌的收缩，以及坐骨海绵体肌、球海绵体肌和骨盆一些横纹肌的节律性收缩，将精子及副性腺的分泌物（精清）射出，称为射精（ejaculation）。各种动物射精对阴道内温度、压力、润滑条件要求的程度不一。正常的射精活动包括三个生理过程：①泄精。将前列腺液、精囊腺液和精子排入后尿道。②射精。后尿道的精液达到一定量后，经尿道外口射出体外。③尿道内口闭合。射精的同时，膀胱内括约肌关闭，外括约肌放松，以防止精液逆流至膀胱。

犬阴茎插入阴道后公犬的后脚做踏步运动，同时猛烈抽动阴茎，不到 2min 就发生射精，射精开始时阴茎停止抽动。犬先是射出不含精子的清水样液体，用来冲洗和清除尿道的破碎细胞；接着将含有大量精子的乳白色精液射入阴道穹隆；最后射出体积最大、不含精子的液体，将精子冲进子宫。

猫阴茎插入阴道后进行几次阴茎抽送，不到20s就射精。

（七）爬下和不应期

射精后公畜很快从母畜背上爬下（dismount），阴茎立即缩回包皮腔内。大多数公畜在交配后性欲降低，短时间内无性活动表现，称为不应期（refractoriness）。不应期持续时间的长短变化很大，与环境刺激有关，除了物种和品种的差异外，一般会随着交配次数的增多而延长。

公犬从母犬一侧爬下并调头转身，提起一只后腿放在母犬背部，与母犬尾对尾，阴茎也随之反转180°指向后方。阴茎静脉流出受阻，阴茎持续保持勃起状态，防止精液从阴道流出。公母犬尾对尾，阴茎和阴道形成锁结状态。这种状态持续15～30min，个别也有长达2h的情形，在这段时间它们会拖着对方转圈。母犬阴道收缩减弱停止。公犬阴茎勃起肌也停止收缩，阴茎的静脉解除闭锁血液流出，龟头球萎缩，阴茎变软滑出阴道缩入包皮。公母犬分开后各躺在一边休息15～30min，舔舐自己的外生殖器。

公猫射精后迅速离开母猫，或站或坐在母猫不远处等候，偶尔舔舐一下阴茎和前爪，10min～1h后会再次爬跨交配。公猫可连续交配7次，性疲惫的公猫可被一只未曾与其交配过的母猫再度激起。

二、性行为的调节及影响因素

（一）公畜性行为的机制

公畜性行为主要受神经和内分泌系统的调节。公畜的嗅觉、触觉、视觉和听觉等感觉器官感受和采集性刺激信息，并将这些信息转换成神经冲动信号传递到大脑，经过中枢神经系统综合兴奋不同的性中枢，使动物表现性行为。勃起和射精主要是副交感神经兴奋的结果，中枢位于荐部脊髓内。因此，影响自主神经系统的药物可以用来改变射精过程，对荐神经进行电刺激可以引起勃起和射精。公畜的性行为以交配为中心，其发生可以分为三个主要阶段：公畜和母畜的相互寻求、公畜对母畜生理状态的辨认和公畜出现爬跨反应。

雌雄两性的相互寻求依靠的是嗅觉、视觉和听觉等感觉器官，公母畜都会释放外激素来吸引对方。在自然情况下，公畜积极地接触母畜，不断地嗅闻母畜的阴门和后躯来搜寻发情母畜，并根据母畜是否出现站立反应鉴别发情母畜。有经验的公犬会对将进入发情前期母犬的尿液感兴趣，并用自己的尿液覆盖住母犬的尿液，将母犬进入发情前期的线索掩盖起来，不让其他公犬获知。发情母犬尿中能强烈吸引公犬的物质为对羟基苯甲酸甲酯，它在尿中的浓度较阴道分泌物中的多，把这种化学物质涂抹到非发情母犬的阴唇上能引起公犬的性行为。公犬可通过气味寻找母犬，对母犬表现一些求爱行为。公猫尿液中含有的外激素可以诱导母猫发情，还具有标示领地的作用；发情期母猫分泌的外激素除能吸引公猫外，还能诱导其他母猫发情。

公畜和母畜的接触、公畜的触推和爬跨动作使发情母畜出现站立反应，并呈现出接受交配的姿势。一般来说，出现交配姿势的母畜会立即被公畜爬跨，这一反应似乎主要是由触觉和视觉引发，一头受约束的母畜即使不在发情期也会被有性经验的公畜爬跨；如果把发情和不发情的母畜拴在一起，公畜会无选择地与之交配。就爬跨而言，母畜的静止和外表对公畜的刺激是主要的，发情母畜的其他信息可能是次要的，但却能增进公畜的性反应，大部分公畜可以爬跨假台畜并进行射精也证明了这一点。

性腺类固醇激素作用于大脑的性中枢，调节性行为的启动，公畜性行为与性激素的相关性不如母畜明显。雌性动物性激素的分泌存在着明显的周期性变化和季节性变化，发情和接受交配的行为仅局限于发情期的数小时至数天之内。雄性动物一般常年都可能具有交配能力，每天激素浓度虽然也有一定的节律性变化，但激素分泌的总量却是基本一致的；即使交配能力表现出一定季节性变化规律的雄性动物，每天血液激素浓度的变化也不很明显。睾酮对公畜性中枢的作用有赖于芳香化酶将睾酮转变为雌激素，外周组织和器官中的睾酮也需要在 5α-还原酶的作用下转变为二氢睾酮才能发挥生理效应。在初情期之前切除睾丸，动物到了初情期年龄不会表现性行为；在初情期之后切除睾丸，有些有性经验的动物可以将性行为保持数月甚至数年。切除睾丸雄性动物性行为的恢复需要使用大剂量的雄激素进行较长时间的处理，配合使用雌激素可以增强雄激素恢复性行为的效果，单独使用雌激素也可以基本恢复切除睾丸公绵羊的雄性活动。

（二）影响公畜性行为的因素

公畜性行为的强度、频度、精力、体力、精液质量、性兴奋高峰期持续时间等在很大程度上是由遗传因素决定的，也受环境因素、自身生理状况和经验的影响。由于品种、品系或个体不同，性行为及性欲反应有快慢、强弱的差异。公犬每天射精 2～3 次会表现出性欲下降，休息 2 天后精液质量及性欲会恢复正常。年老犬睾丸激素分泌发生生理性减少，从而表现出性欲下降。

外界环境对公畜性行为的影响比对母畜明显。环境嘈杂，地面光滑，光线强烈，其他公畜、母畜或畜主在场，都会或多或少影响公畜的性行为。有些人工饲养的动物仍表现一定的领地属性，如笼养公猫只有在较长时间熟悉环境并在认为是其领地之后才与母猫进行交配，通常是把母畜送到公畜的饲养地进行配种。畜群中增加新的发情母畜、调换试情母畜或台畜、改变采精地点，可以刺激性反应迟缓的公畜的性欲，增强公畜的性行为。在进行自由交配的畜群中，公畜可出现等级统治现象，在群中地位较高的公畜才能交配，壮年强健的优势公畜将与大部分母畜交配，并限制较弱公畜的性活动。这些优势公畜并不总是生殖能力最好的公畜，如果优势公畜中有不育或遗传性能差的个体，则可能降低全群的繁殖效率。因此，畜群中应该配备年龄相当、数量适当的公畜，并经常对公畜进行精液品质检查。在没有优势个体的压制时，年轻公犬的性成熟略能提早。地位比较低的公犬可能会拒绝与它们认为处于统治地位的母犬交配，或者不愿意与最近攻击过它的母犬交配。这时在采精或试图交配之前 2～3h 皮下注射 25μg GnRH，会有很好的效果。

尽管公畜全年都可能出现性活动，但季节性繁殖动物在繁殖季节性腺活动和性行为增强。在炎热的夏季，公犬通常表现为性欲降低、精子减少，精液品质下降，母犬的空怀率上升。在凉爽的春、秋季节，公犬表现为性欲旺盛、交配受孕率高。

公犬和母犬同群饲养，对公犬正常性行为的发育是必要的。幼年时要群养，初情期后要使其接触发情母犬，观摩成年公犬的交配行为，为以后的交配打下良好的基础。公犬从 8～9 月龄开始逐渐形成性经验，同伴之间开始有模仿行为。青年犬即使能自发射精也不一定能进行交配，没有经验的公犬会得益于无攻击性且有经验的母犬。

性经验对公畜的交配行为有明显的影响，初情期公畜第一次交配时通常动作笨拙，表现为不知所措，或不爬跨，或爬跨部位不当，或阴茎没有勃起就爬跨，或爬跨后阴茎的空间定向不准等现象，经过多次爬跨后才完成交配，且精液体积少。随着交配经验的增多，公畜寻找和识别发情母畜的效率得到改进，逐渐达到正常交配水平。出生前后睾丸激素导致神经分化，性成熟后特异地表现出公畜的交配行为。睾丸切除术对公畜性行为的影响在很大程度上取决于施行手术时公畜所处的状态。一般来说，在新生期睾丸切除的动物由于睾丸激素缺乏的影响，即使在成年后补充睾丸激素也不能表现出交配行为；在初情期前切除睾丸的动物很少出现交配行为；但在初情期后切除睾丸，在一定时间内公畜可维持标记、漫游、攻击、爬跨、勃起、插入甚至射精等行为。成年动物的爬跨行为有时只表示社会序列的高低，不一定属于单纯意义上的性行为，如同性之间的爬跨和睾丸切除动物的爬跨。睾丸切除术效应还存在着较大的物种差异，如公牛和公羊即使在初情期前切除睾丸，也可能表现爬跨行为。经常在一起嬉戏、追逐的公母犬，发情时很少发生过分激动地相互接触。相反，非发情期很少共同嬉戏的公母犬，在母犬发情时较频繁地相互接触。公犬的性情和求爱方式可能会影响母犬对它的接受。犬在选择配偶方面是有所偏好的，有的公犬有时不受某些母犬的欢迎，这种行为在东非猎犬和拉布拉多犬表现得特别明显。母犬只接受支配欲强的公犬，而拒绝与顺从的公犬进行交配。公犬经长途运输后会出现运输应激，表现性欲缺乏。最好是将母犬带到公犬的领地进行配种，在这里公犬容易具有支配权，母犬更可能顺从及接受配种。母犬在群中处于较低序列，这会抑制它表现正常的发情行为。

公猫常常习惯于在特定环境中交配，改变环境后可能会表现不愿交配。公猫用尿液来建立自己的领地或势力范围，如果这个范围被彻底打扫干净、喷洒香味剂或气味很大的消毒药液，公猫可能不理睬母猫，甚至攻击发情期的母猫，直到它的势力范围重新建立为止，所需时间在 14 天左右。必须将母猫带入公猫的领地进行配种，如果交配过程被干扰，交配可能会中止几个小时到几天。由于运输应激会扰乱垂体和卵巢的功能和抑制母猫的发情表现，所以应提前几天甚至几周把母猫送到公猫处，让母猫在配种前能熟悉环境和公猫。母猫有择偶性，如在颜色、品种、气味、性情等方面有偏爱，接受了一只公猫，可能就不再接受另一只公猫。

第二节 隐 睾

隐睾（cryptorchidism）是指单侧或两侧睾丸没有降入阴囊而滞留于腹腔或腹股沟管的现象。犬隐睾的发病率为 0.8%～10%，常发生于小型犬。发生隐睾可能性高的品种有波美、贵宾犬、约克夏、小型腊肠犬、吉娃娃、马耳他犬、拳师犬、北京犬、英国牛头犬、古英国牧羊犬、小型髯犬、雪特兰牧羊犬；发生隐睾可能性低的品种有比格犬、拉布拉多犬、金毛犬、圣伯纳犬、大丹犬。猫隐睾的发病率为 0.4%～2%，主要见于波斯猫、埃塞俄比亚猫和缅甸猫。

1. 病因　胎儿时期，睾丸后方与阴囊底部之间有一条韧带，出生的时候这条韧带开始萎缩，逐步将睾丸从腹腔拉入阴囊。犬出生时睾丸通常位于肾脏和腹股沟环之间，睾丸会在10日内进入腹股沟管，10～14日进入阴囊。猫的睾丸最晚在出生后2～5天下降到阴囊。由于睾丸很小很软很容易移动，阴囊发育程度小，阴囊中存在着脂肪，睾丸有时还会退回到腹股沟内，所以在8周龄之前很难对睾丸进行触诊。到了10周龄，在受到惊吓、寒冷、紧张等刺激的时候，有些个体的睾丸仍然会在提睾肌收缩后退回到腹股沟内，但用手指轻压就可以使睾丸重新回到阴囊。犬4月龄之后触摸不到睾丸可怀疑是隐睾。犬猫6月龄时腹股沟环关闭，没降入阴囊的睾丸就不再有机会降入阴囊。因此，到了7～8月龄之后睾丸还没有降至阴囊，才认为是发生了隐睾。

隐睾是一种常染色体隐性遗传发育缺陷，带有这种基因的雄性和雌性都可将这种遗传型传给后代，只有纯合体的雄性发生隐睾。杂合型的雄性和雌性及同型结合的雌性仔畜在表现型上是正常的，通过后裔测验才能确定雌性和表现正常的雄性个体是否携带有隐睾基因。要排除隐睾基因，至少需要40只6月龄以上正常雄性子代才能给出证明。在一个品系中偶然发生了隐睾病，发病的原因可能是偶然的或诱导因素诱导的，这与遗传无关。但是当隐睾的个体增多时，则很可能与遗传有关。猫隐睾的遗传性还没有得到确认。

睾丸下降受阻的原因还不十分清楚，目前认为一是与睾丸大小、睾丸系膜引带、血管、输精管和腹股沟管的解剖异常有关；二是与睾丸下降过程中血液促性腺激素和雄激素（特别是二氢睾酮）浓度偏低有关。摘除犬胎儿的睾丸，附睾将不会下降。如果睾丸向腹股沟的移动受阻，或者睾丸在到达腹股沟之前长大，睾丸就可能滞留在腹腔中；如果睾丸出腹股沟的移动受阻，或者睾丸在腹股沟中长大，睾丸就可能滞留在腹股沟中。

隐睾潜在的并发症有睾丸扭转和睾丸肿瘤，隐睾睾丸发生肿瘤的概率是正常睾丸的9～14倍。

2. 症状　隐睾可能涉及两个睾丸，也可能只涉及一个睾丸。单侧隐睾比两侧隐睾常见，单侧与两侧隐睾的比例，犬是4∶1，猫是9∶1。在发生单侧隐睾的动物中，犬左侧与右侧隐睾的比例是1∶2，猫左右侧隐睾出现的概率相近。犬的隐睾睾丸约有75%位于腹股沟内，猫是60%，其余的位于阴囊的皮下、阴茎的一侧或是腹腔。

隐睾可能存在于肾脏后端与阴囊之间的任何位置，如可能位于腹股沟管中、阴囊前方、阴茎外侧皮下或会阴部海绵体后侧腹部皮肤下，通常是镶嵌在一个脂肪块中。两侧隐睾的阴囊小或缺如，单侧隐睾阴囊内只能触及一个睾丸。隐睾睾丸的体积与隐睾位置有关。隐睾位置距阴囊越远，隐睾睾丸的体积越小。隐睾睾丸小而软，大致为正常睾丸的1/3～2/3大小。

隐睾睾丸暴露于较高的温度之下，导致生精上皮变性，精子发生不能正常进行，通常看不到精子细胞和精子，几乎连精母细胞也看不到，从而失去了生殖功能。因此，两侧隐睾者不育。

然而，异位睾丸的睾丸间质细胞的形态和功能基本正常，睾酮的产量约是正常睾丸的一半。所以，患单侧性和患两侧性隐睾的公畜仍然表现雄性表型（厚的颈部真皮）和雄性性行为，爬跨、漫游、攻击、尿液标记和的尿液气味基本正常。大多数患单侧性隐睾的公畜，阴囊睾丸的大小、质地和功能均可能正常，公畜可能有生殖能力，但每次射精的精子数量下降。这是因为单侧隐睾时，持续性的异位睾丸刺激通过生殖股神经传到交感神经中枢，反射性地引起对侧睾丸血液灌注量下降，从而损伤对侧睾丸的生精功能。切断隐睾侧的生殖股神经，可以阻止或减轻对侧睾丸的这种损害。患有腹部单侧隐睾的公畜，在对单侧阴囊睾丸切除后还表现雄性行为，这些行为在进行剖腹探察术、摘除腹部睾丸后终止。

3. 诊断　细致检查阴囊和阴茎两侧的皮肤，看有无手术疤痕来确定近期是否做过睾丸切除术。没有手术疤痕时，或者只有一个睾丸时，需要对阴茎两侧和腹股沟进行全面和仔细的检查。触诊时隐睾睾丸可以移动位置，睾丸还有附睾结构，这两点可与腹股沟表面淋巴结相区别。可以触诊到的腹股沟睾丸，猫只有50%，犬的比率稍多。由于隐睾睾丸较小且可能位置的范围很大，进行触诊、B超和X线检查确诊都比较困难。

如果触诊和超声检查不能确诊，进行内分泌功能测定可以确定体内是否存在睾丸组织，结合检查阴囊内是否有睾丸可以区别切除睾丸公畜和隐睾公畜。犬的前列腺和猫的阴茎龟头是雄激素依赖性器官。检查犬前列腺的体积，检查猫阴茎龟头的角质化乳头突，也可以判断成年动物体内是否存在睾丸组织。猫睾丸切除术后6周，阴茎龟头的角质化乳头突就会萎缩。

如无条件检测血液睾酮浓度，可进行剖腹探察确定是否存在隐睾。

4. 治疗　隐睾具有遗传特征，患病动物没有种用价值，隐睾睾丸发生肿瘤的风险很高。所以，无论是单侧隐睾还是两侧隐睾，都应该实施睾丸切除术。

如果事先可以诊断出隐睾所处的位置，则对于选择手术通路非常有利。通常是在隐睾侧包皮旁切口或腹股沟环处切口，发现并摘除隐睾。犬输精管是白色硬的条索，直径大约为2mm，找到并牵引输精管通常会引导发现睾丸。睾丸偶尔会发育成不规则的条索状，有很长一段附在精索上，手术时要注意识别和切除干净。如果在腹股沟附近没有找到输精管，则要打开腹腔，在肾脏后端找到睾丸血管，沿着这个血管向后寻找可以找到睾丸；或者在腹股沟内口找到输精管，沿着输精管向前寻找也可以找到睾丸。切除腹腔隐睾手术时，要注意区别输精管与输尿管，不要误伤输尿管。

5. 预防　禁止使用单侧隐睾公畜进行繁殖，及时淘汰隐睾后代较多的公畜和母畜，避免近亲繁殖，可在一定程度上防止隐睾的发生。

第三节　睾丸发育不全

睾丸发育不全（testicular hypoplasia）指一侧或两侧睾丸的全部或部分曲细精管生精上皮不完全发育或缺乏生精上皮，间质组织可能基本正常，可以维持睾酮分泌和性欲。睾丸发育不正常，即出生后一直很小，这是一种很少见到的疾病。

1. 病因　睾丸发育不全是由隐性基因引起或由染色体组型异常所致，一般是多了一条或几条X染色体，额外的X染色体抑制两侧睾丸发育和精子生成。卵黄囊的原始生殖细胞不足，生殖细胞没有移行到未分化的生殖腺，移行到性腺的原始生殖细胞缺乏增殖能力或者在胎儿发育过程中受到了破坏，结果睾丸中的精原细胞缺乏或者明显减少，造成睾丸发育不全。睾丸发育不全也可能是两性畸形的一种症状。睾丸50%～70%的成分是曲细精管，缺少生殖上皮使得睾丸体积减小。睾丸发育不全可能是单侧性的，也可能是两侧性的。睾丸发育不全通常在初情期后很快就可以注意到，也很容易和成年雄性的睾丸退化相区别。睾丸到初情期才充分发育，此前营养不良、阴囊脂肪过多和阴囊系带过短也可引起睾丸发育不全。

2. 症状 发生该病的公畜在出生后生长发育正常，初情期后第二性征、性欲和交配能力也基本正常，但睾丸较小，质地软，缺乏弹性，精液水样，无精或少精，精子活力差，畸形精子百分率高，且多次检查结果比较恒定。精子减少的严重程度与受影响的睾丸组织多少有关，两侧性睾丸发育不全通常发生精子活力减退和不育。生殖能力取决于病情的严重程度和精子减少的程度。有的病例精液品质接近正常，但受精率低，精子不耐冷冻和保存；有的病例有一定的受胎率，但发生流产和死产的比例很高。

3. 诊断 根据睾丸大小、质地、精液品质和交配记录，睾丸发育不全在初情期即可作出初步诊断，确诊要到成年后，犬为1～2岁。

根据组织学检查，睾丸发育不全分为三种类型：①整个性腺或性腺的一部分曲细精管完全缺乏生殖细胞，仅有一层没有充分分化的支持细胞，间质组织比例增加；②生殖细胞分化不完全，生精过程常终止于初级精母细胞或精细胞阶段，几乎不能发育到正常精子阶段；③曲细精管出现不同程度的退化，虽有正常形态精子生成，但精子质量差，不耐冷冻和储存。

染色体检查有助于睾丸发育不全的确诊。

4. 治疗 没有治疗方法，注射GnRH、FSH或hCG无效，应对患畜进行睾丸切除术。

5. 预防 该病具有很强的遗传性，禁止使用睾丸发育不全公畜进行繁殖。

第四节 睾丸肿瘤

睾丸肿瘤（testicular tumor）是发生于睾丸的各种肿瘤的统称。犬发生睾丸肿瘤的年龄平均为9～11岁，睾丸肿瘤占所有肿瘤1%左右，占生殖器官肿瘤90%以上，35%患犬同时存在两种或三种肿瘤。睾丸肿瘤高风险的有拳狮犬、德国牧羊犬；睾丸肿瘤低风险的有比格犬、腊肠犬、拉布拉多猎犬和杂种犬。猫睾丸肿瘤的发病率很低。

1. 病因 睾丸肿瘤多为良性，常见的睾丸肿瘤种类有以下三种。

（1）*支持细胞瘤*（sertoli cell tumor） 来源于曲细精管的支持细胞，占睾丸肿瘤的44%。支持细胞瘤通常单个单侧发生并且生长缓慢，触诊很硬，有结节，直径为0.1～5.0cm，切面白色或淡黄色。未发生肿瘤侧睾丸萎缩。隐睾睾丸发生的支持细胞瘤可以长得很大，如直径为10cm。10%～20%的支持细胞瘤是恶性的，9%会发生转移，如转移到腹股沟、腰下淋巴结、肺脏、肝脏、脾脏、肾脏和胰脏。支持细胞瘤分泌雌激素。猫还没有发生支持细胞瘤的报道。

（2）*精原细胞瘤*（seminoma） 来源于曲细精管的精原细胞，占睾丸肿瘤的31%。精原细胞瘤通常是单个单侧发生，直径为1～10cm，触诊较软，切面白色，质地均匀或者分叶。精原细胞瘤通常是良性的，但直径为5～10cm时就是恶性的。约15%发生局部扩散，6%～10%发生远处转移。

（3）*间质细胞瘤*（interstitial cell tumor） 来源于间质细胞，占睾丸肿瘤的25%。间质细胞瘤的直径通常小于1cm，质地柔软，切面黄色，很少发生转移。75%的患病睾丸觉察不到肿瘤，25%的患病睾丸发生肿大，尸检时可以发现个别大的肿块。间质细胞是睾丸的内分泌细胞，间质细胞瘤可以分泌睾酮或雌激素。

睾丸肿瘤较少见到的有性腺母细胞瘤、平滑肌瘤、颗粒细胞瘤、淋巴瘤、血管肉瘤、纤维肉瘤、畸胎瘤等。

隐睾睾丸肿瘤的发生率是正常睾丸的13.6倍，发病年龄会提早。隐睾肿瘤中有60%为支持细胞瘤，40%为精原细胞瘤。腹股沟睾丸发生肿瘤的概率高于腹腔睾丸，各种肿瘤发病的概率与睾丸的位置有关，可能是因为腹股沟、腹腔和阴囊内睾丸的温度不同。阴囊睾丸受到正常温度的影响，能保证精原细胞、支持细胞和间质细胞三种细胞的正常功能。所以，阴囊睾丸发生精原细胞瘤、支持细胞瘤和间质细胞瘤的概率接近，间质细胞瘤几乎总是发生于阴囊睾丸。

一般情况下，睾丸肿瘤很少发生转移。一侧睾丸发病可以通过局部或神经反射引起对侧睾丸萎缩。肿瘤组织部分或完全挤占或替代睾丸组织。肿瘤组织细胞生长异常，经常导致发病睾丸温度调节功能发生改变。正常侧睾丸也因与发病睾丸相邻，常常发生温度调节变化，睾丸功能或许会受到一些影响。

2. 症状 临床症状是由于肿瘤本身的占位性影响或其分泌的激素引发。阴囊或睾丸增大，睾丸不对称，可触诊到睾丸团块，睾丸变形，质地坚实，无生殖能力。肿瘤破坏血睾屏障，针对精原细胞的免疫反应使得精子减少。

支持细胞瘤分泌雌激素，雌激素过多可以引发雌激素过多综合征。间质细胞瘤分泌雄激素，雄激素过多可以引发雄激素过多综合征，如前列腺增生、前列腺瘤、肛周腺增生、肛周腺瘤等。

3. 诊断 通过视诊和触诊可以发现明显的睾丸肿块，睾丸发生了典型的不对称性增大。如果睾丸增大是弥散性的，有时可以触摸到离散性的小结节。很小的肿瘤用手可能触摸不到，但很容易用B超检出。

腹部超声检查可以用来确诊腹腔内睾丸和腹腔肿瘤。超声检查可以确定睾丸内肿块位置并且可以引导进行活检。正常睾丸组织回声均质，纵隔回声为线样，睾丸膜界线清晰。小于3cm的肿瘤表现弱回声，大于5cm的肿瘤表现混合回声。混合回声是由肿瘤中的出血、坏死、梗死和钙化区域引起。睾丸肿瘤回声是可变的，通过超声图像很难鉴别肿瘤的种类。睾丸直径不到小肠直径的一半，用X线检查很难鉴定。

测定血液雌激素浓度和检查包皮黏膜上皮细胞是否发生了角质化，有助于确诊分泌雌激素的睾丸肿瘤。睾丸肿瘤的确诊需要进行病理组织学检查和诊断。

没有发生转移的动物，生命预后良好。转移性肿瘤的预后是死亡。

4. 治疗

(1) *睾丸切除术* 睾丸肿瘤的根本治疗方法是睾丸切除术，即对于不用于繁殖的动物、两侧睾丸都发生肿瘤的动物及隐睾与睾丸肿瘤同发的动物，手术切除两个睾丸。在进行手术之前，要对腹部和胸部进行X线检查和对腹部进行超声检查，以确定是否发生了肿瘤转移。

对于一侧睾丸发生肿瘤并且还打算用于繁殖的动物，手术切除发生肿瘤的睾丸。如果手术切除的是能够分泌雌激素的睾丸肿瘤，就消除了体内过多的雌激素的来源，从而就解除了丘脑下部分泌GnRH和垂体分泌FSH和LH的抑制因素，经过2～3个月，个体发生的雌性化和对侧睾丸的萎缩是可恢复的。如果睾丸有不能检查出的肿瘤或是转移到别处的肿瘤产生了激素，会阻碍对侧睾丸生殖能力的恢复。

（2）*化疗放疗*　对于已经确诊有转移性病灶的犬可以使用化学疗法和放射治疗。使用长春碱、环磷酰胺、氨甲蝶呤或顺铂治疗，可以减少肿瘤的体积，使动物的生命延长几个月，但化学疗法不能治愈。

精原细胞瘤对放射敏感，用每次剂量为17～40Gy 的铯对犬进行放射治疗，每周 3 次，总共进行 8～10 次，可使肿瘤和转移灶消失。

（3）*输血疗法*　对出现骨髓抑制症状的病例，进行输血治疗。

第五节　雌性化综合征

雌性化综合征（feminization syndrome）是由睾丸肿瘤引起的雌激素分泌过多或医源性雌激素用药过量所致。临床特征为性欲减退、乳腺发育、腹侧和性器官部位的皮肤角质化和色素过度沉着。

1．病因　雌性化综合征产生的原因，可能是睾丸肿瘤产生的雌激素过多，肿瘤细胞和外周组织（如肝脏、脂肪组织、毛囊、神经组织和肌肉）将睾酮和雄烯二酮转化为雌激素增多，或雄激素分泌减少，雌激素分泌正常，导致性激素平衡失调。正常公犬血液雌激素浓度＜15pg/mL，患有支持细胞瘤的犬，血液雌激素浓度为 10～150pg/mL。

虽然精原细胞瘤和间质细胞瘤也可引起雌性化综合征，但是以支持细胞瘤引起的最常见，25%～50%的支持细胞瘤的公犬会出现雌性化综合征。雌性化综合征与发生肿瘤睾丸所处的位置有密切关系，70%的腹部睾丸肿瘤伴发雌性化综合征，腹股沟睾丸肿瘤是 50%，阴囊睾丸肿瘤是 17%。

2．症状　精神抑郁，厌食，性欲减退，交配无力；阴茎下垂，包皮上皮角质化，雌性化排尿姿势，乳腺发育，有的分泌乳汁，吸引其他雄性；身体两侧皮肤对称性脱毛，皮肤色素沉着；前列腺功能减退，前列腺鳞状上皮化生；抑制骨髓引起再生障碍性贫血，血小板和全血细胞减少，常见皮下淤点状出血。

3．诊断　具有隐睾和睾丸肿瘤的症状，身体两侧皮肤对称性脱毛，无生殖能力。如果睾丸在阴囊内并且触诊正常，对内分泌性脱毛可以帮助作出诊断。全血细胞减少和血液雌激素浓度增加（＞20pg/mL），可以支持诊断。睾丸肿瘤的组织学检查和在实施睾丸切除术后临床症状消失，可以证实诊断。

4．治疗　手术切除睾丸。在手术之前要对胸部和腹部进行 X 线检查和对腹部进行超声检查，确定有无发生肿瘤转移。睾丸切除后 4～6 周临床症状可以消失，全血计数恢复正常则需要几个月的时间。如果症状没有消失，则有可能之前发生了肿瘤转移，或者发生了误诊。

如果通过 X 线、超声和组织学检查发现有肿瘤转移，或者睾丸切除后仍有症状，则应考虑采取化疗或放射性治疗。

如果犬患有再生障碍性贫血，则要集中治疗贫血、出血和感染。根据贫血和血小板减少的严重程度，使用静脉输液、全血输血或注入富含血小板的血浆和广谱抗生素，还可使用补血药、糖皮质激素和葡萄糖。在治疗的过程中要多次输血，以提供红细胞、白细胞和血小板，直到骨髓功能恢复。一旦病情稳定，出血得到控制，则应实施睾丸切除手术，消除引起骨髓毒性的雌激素源。可以尝试使用造血生长因子，尤其是粒细胞集落刺激因子和促红细胞生成素，来促进化疗后骨髓的恢复。由于免疫原性的差异，用人的重组促红细胞生成素和粒细胞集落刺激因子，开始会引起嗜中性粒细胞增多，如果长期用药会出现相应的抗体，导致慢性嗜中性粒细胞减少。

第六节 睾丸扭转

睾丸扭转（testicular torsion）是以剧烈腹痛为特征的极为罕见的急症，一旦发生须立即施行手术。睾丸扭转多数发生于腹腔中的隐睾。

1. 病因 腹腔隐睾发生肿瘤后肿大下垂，在身体活动或外伤时容易引起睾丸扭转。外伤、身体过度运动或被踢都会使阴囊韧带断裂，也会使阴囊内的睾丸发生扭转。睾丸扭转引起精索扭转，后者导致精索静脉阻塞，但血液仍然通过精索动脉进入睾丸，睾丸快速发生肿胀和疼痛。

2. 症状 阴囊内睾丸扭转的典型症状是急性腹部疼痛和不安，阴囊肿胀，睾丸坚硬肿大，精索变粗，不愿站立或走动，站立则后肢叉开，走动则步态强拘，因为疼痛经常发生自我损伤阴囊。如果扭转持续时间长，还会发生嗜睡、厌食、呕吐、血尿、疼痛性尿淋漓和休克。

腹腔睾丸扭转可引起急腹症，包括腹部膨胀、腹水和体温升高，如果没有发生腹水，触诊中后腹部可以发现有疼痛的团块，还会出现与睾丸肿瘤产生激素有关的其他症状。

3. 诊断 急性腹痛和隐睾同时存在，高度提示发生了睾丸扭转。阴囊中的睾丸容易诊断，除非有睾丸肿瘤存在。触摸阴囊时只能触及一侧睾丸，或者两侧睾丸都不能触及。腹部触诊时，当触到与睾丸相邻的部位或组织，就出现剧痛。有时可能触到一个团块（睾丸）。诊断睾丸扭转时超声检查应该优于外科检查，在腹腔后部可发现有一团块物体，B 超检查可见睾丸肿大、图像回声均匀降低，彩超显示睾丸供血减少或停止，据此可以诊断为睾丸扭转。在有些病例需剖腹探察才能确诊，打开腹腔往往能见到扭转的睾丸肿胀、充血和出血。

注意阴囊内睾丸肿胀与一些具有腹痛表现疾病的鉴别诊断，如急性附睾炎和睾丸炎、胰腺炎、腹膜炎、泌尿道阻塞或肠道梗阻。

4. 预后 手术切除受侵袭的睾丸可以消除剧痛，发病睾丸经常不能恢复正常功能。

5. 治疗 睾丸扭转是一种急症，需要尽早进行睾丸切除术，并针对所出现的临床症状进行对症治疗。手术切除睾丸后，临床症状则立即缓解。由于睾丸扭转和睾丸肿瘤关系密切，睾丸切除后要对睾丸做组织学检查，以便排除睾丸肿瘤。

第七节 睾丸炎

睾丸炎（orchitis）是睾丸实质所发生的炎症。睾丸和附睾通过管道系统紧密连接在一起，常同时感染和互相继发感染。睾丸炎常见于年轻犬。猫很少发生，通常咬伤是其主要病因。

1. 病因　睾丸炎的主要病因是创伤和感染。炎症引起局部组织温度升高，病原微生物释放的毒素、组织分解的产物等，首先影响生精上皮，其次影响支持细胞，只有在严重急性炎症时，间质细胞才受到损伤。炎症过程产生热量，睾丸的温度升高到与体温相同时，精子就会失去活力；持续时间超过10天会引起不可逆转的损害，睾丸就会丧失生精能力。

典型的睾丸炎是由细菌引起。睾丸受到直接外伤及钝性挫伤后引发感染，包皮、尿道或前列腺中的病原微生物可通过输精管逆行进入睾丸造成感染，全身感染可通过血液或淋巴途径使睾丸发生感染。经常分离到的细菌有葡萄球菌、链球菌、大肠杆菌和变形杆菌，在有些病例还可以分离到支原体。布鲁菌感染引起急性睾丸炎而肿胀和疼痛，不表现症状的感染会引起睾丸的潜在障碍，如发生非化脓性炎症、纤维变性、精子缺乏或精液减少。犬瘟热病毒能够引起睾丸化脓性炎症和纤维变性，在支持细胞和附睾上皮细胞里可以找到犬温热病毒的包涵体。猫结核病两侧睾丸扩大到正常的5倍，并伴有精索和附睾的扩张。全身感染性疾病可引起长期发热，从而损害睾丸。在腹压突然增加的情况下，如冲撞、压迫，尿液发生逆流经过输精管进入附睾也可以引起睾丸炎。动物斗殴常常造成睾丸损伤而引起睾丸炎。病变可能两侧出现，单侧更为常见。感染扩散会影响到另一侧睾丸，还会波及膀胱和前列腺。

精子对于动物自身是抗原物质，炎症反应破坏血睾屏障，精子抗原就会暴露给免疫系统并招致免疫系统的攻击，浆细胞和淋巴细胞流入睾丸实质，免疫球蛋白在曲细精管聚集，曲细精管发生阻塞，间质细胞流失，发生免疫性睾丸炎，造成精子数目减少，活力下降，形态发生卷尾、尾部缺损、近端质滴、顶体损伤。抗精子抗体还可引起精子凝集，使精子活力下降。

急性睾丸炎没有及时治愈可转成慢性，组织纤维化最终会导致输精管功能障碍和睾丸生精作用丧失，睾丸质地变硬，没有触痛。

2. 症状　睾丸肿胀发热疼痛，睾丸可增大至正常时的2～3倍。阴囊肿胀发亮，拒绝交配，站立时后肢叉开，行走时步态强拘，偶尔会寻找湿凉地面卧在上面，疼痛严重时也可能出现体温升高，精神沉郁，厌食，饮水增加，还会呕吐，过度舔舐会损伤阴囊。由于疼痛，病畜会拒绝交配和检查。有时候需要使它们镇静后才能进行充分的身体检查。检查可以发现不同程度的睾丸和附睾肿胀充血，局部温度过高，睾丸触痛，鞘膜腔积液，睾丸与附睾界限不明。如果脓肿破溃，脓汁可由阴囊皮肤破裂处流出。

布鲁菌引起的急性附睾炎患犬，染病后2～5周畸形精子可达30%～80%，感染后5个月可高达90%以上。精液抹片检查，发现有嗜中性粒细胞和单核细胞。精子凝集试验证明存在抗精子免疫反应。犬瘟热急性传染期的患犬，性行为和全身状态正常，虽然有强烈的交配欲，但交配时既无精子，也无精液排出。

慢性睾丸炎的典型症状是不育，触诊睾丸不疼痛，可见睾丸萎缩硬化，睾丸常与总鞘膜粘连而不能移动。

3. 诊断　通过观察和触摸均不难发现损伤和炎症，困难的是要确定没有外部损伤的病因。对急性疼痛和睾丸肿胀的病例，首先要进行睾丸扭转诊断。使用超声对阴囊进行检查，可以区别睾丸扭转和睾丸炎，也可以触诊睾丸或附睾中的脓肿进行鉴别。布鲁菌感染一般不波及睾丸鞘膜，炎性损伤常局限于附睾，特别是附睾尾。初发的附睾病变表现为肿胀，间质组织内血管周围浆细胞和淋巴细胞聚积，小管的上皮细胞增生和囊肿变性。通常在急性感染期睾丸和阴囊均发生肿胀，附睾尾明显增大，触摸时感觉柔软。如果炎症主要发生在附睾，就要进行免疫学检验，以确定是否发生了布鲁菌感染。注意睾丸炎与阴囊疝和睾丸扭转相鉴别。阴囊疝不常见，可见于4岁前的犬。

B超检查。发生睾丸炎时，发炎局部回声降低，图像表现异质性；如果发生脓肿，可发现无回声或低回声的液体区域。慢性睾丸炎时，由于发生了组织纤维化或矿化作用，图像回声增强。

一旦怀疑是睾丸炎，就应该对血液、尿液、精液和阴囊的流出物进行培养，分离病原体。精液培养阳性并不能确定感染发生在睾丸和/或附睾，细菌可来自尿生殖道的任何部位。健康动物的精液也可能培养出少量细菌，通常它们来源于包皮。精液用瑞特染色液或新的亚甲蓝染剂染色鉴定炎性细胞和细菌。犬的正常精液很少出现炎性细胞、红细胞和细菌。上皮细胞常见，特别是在长期的性休息之后。睾丸炎时的疼痛使得采集精液比较困难，但是应该尽量进行尝试。如果采集到精液，通常可以观察到嗜中性粒细胞和畸形精子增多，精子数量减少，精子活力降低，或许还有含精子的上皮细胞。血睾屏障如被破坏，精子抗原将暴露给免疫系统，抗精子抗体会引起精子凝集。分别培养第二段和第三段精液可以区分睾丸或前列腺感染，并同时进行药物敏感试验。

很少做睾丸的活组织检查（简称“活检”）。睾丸活组织检查可见曲细精管退化，睾丸纤维化和萎缩。嗜中性粒细胞浸润说明发生了感染；浆细胞性淋巴细胞浸润说明血睾屏障已被破坏，曲细精管发生了免疫损伤。如果做活检，可对部分活检标本进行细菌和支原体培养。

如果对前列腺检查发现有异常，则要进行前列腺超声检查和前列腺抽吸、活组织检查、细胞检查和组织培养，验证最初的诊断是否正确。

4. 预后　急性睾丸炎的生殖能力预后比较谨慎，深度睾丸损伤很少能够治愈。炎症对生殖上皮组织造成不可逆性损伤，高热导致曲细精管退化，血睾屏障破坏会导致精母细胞和精子受到自身免疫攻击，坏死残骸或纤维阻塞曲细精管可能导致精子囊肿和精液肉芽肿。这些后遗症中很多都要花几个月的时间才能形成。发生急性睾丸炎后，在短期内精液检查和生殖能力可能是正常的，但是最终仍会发生精液减少、精子减少和无生殖能力。

如果生殖上皮完好无损和生精管道没有阻塞，则几个月后可以恢复精子发生和生殖能力。在痊愈后3～6个月检查精液质量，评价动物有没有生殖能力。

睾丸纤维化变性和曲细精管生殖上皮细胞的损失是永久性的，控制免疫介导的曲细精管损伤比较困难，没有可靠的措施治疗睾丸管道系统普遍发生的阻塞，生殖能力恢复的预后是谨慎或不良。

5. 治疗　首先是安静休息。急性期（24h内）用乙酸铅、明矾液对阴囊进行冷敷，后期用樟脑软膏、鱼石脂软膏等进行热敷，局部涂擦鱼石脂软膏、复方乙酸铅散。在精索区注射盐酸普鲁卡因青霉素溶液，隔天注射1次。戴上伊丽莎白项圈或嘴笼，剪去爪甲，防止自损伤。

全身应用广谱抗生素，如甲氧磺胺嘧啶、阿莫西林、环丙沙星或恩诺沙星。配合使用非类固醇类消炎药物控制炎症稳定病情，如阿司匹林。如果知道病原体的抗生素敏感性，应该选择更适合的抗生素，治疗通常持续4～12周甚至更长时间，来消除感染并使精液质量得到改善。

慢性睾丸炎很难治疗。如果细菌培养呈阳性，抗生素治疗不能少于3周。停用抗生素3个月后再进行精液培养，以确定是否控制了感染。

如果发生了浆细胞性淋巴细胞浸润，则应考虑使用糖皮质激素类免疫抑制剂。如果长期或过量使用，会造成糖皮质激素性不育。所以要最小剂量多次给药，将副作用降到最低。但是这种情况是很难掌握的，因为控制免疫反应需要大剂量使用糖皮质激素，而大剂量反过来会引发不育。几种用作免疫抑制的化疗药物也会影响生殖能力，可能引起睾丸退化。有的免疫抑制药如硫唑嘌呤，每天2mg/kg，不会影响繁殖。治疗无效者，最终可能导致睾丸变性或精子肉芽肿。

睾丸发生严重损伤、感染或脓肿，或者对药物治疗的反应迟缓，要尽早将睾丸切除；慢性睾丸炎长期治疗无效，也应采取睾丸切除术。布鲁菌感染的治疗不能达到完全清除病原的目的，病犬临床症状消失后进入带菌状态，也应采取睾丸切除术。如果是单侧睾丸发病，切除患病侧睾丸可防止感染扩散到对侧健康睾丸，可防止发病侧睾丸温度升高影响对侧睾丸的生精活动。只有一个正常睾丸时每次射精的精子数量会减少，但仍然具有生殖能力。一只睾丸时会发生功能代偿性增强，有些个体过半年左右时间精子产量可以达到两个睾丸的2/3。

第八节 睾丸萎缩

曲细精管被破坏后将会发生睾丸萎缩（testicular atrophy），有炎症或无炎症的创伤也会继发睾丸萎缩。睾丸萎缩也可能是自发性的，查不到潜在原因。原发性睾丸萎缩是一种非炎症形式的退化，经常发生于3～6岁的中年犬。睾丸萎缩是渐进性的，最终导致不育。

1. 病因 可引起睾丸萎缩的原因有：睾丸局部温度过高，甲状腺功能减退，肾上腺皮质功能亢进、丘脑下部垂体功能障碍，睾丸肿瘤，睾丸扭转，睾丸损伤和炎症，年老（>10岁），化学物质，有毒物质、放射损伤，自体免疫性因素，先天性因素；食物中缺乏核黄素、维生素A或必需脂肪酸（尤其是亚油酸），维生素A中毒可以造成睾丸萎缩；使用了可影响生精作用的化疗药物，如白消安、苯丁酸氮芥、顺铂、环磷酰胺、糖皮质激素、酮康唑、氨甲蝶呤、长春碱、长春新碱等。中年犬自发性的睾丸萎缩没有明确的原因。

2. 症状 患病公畜一般会有过一段正常繁殖史。临床症状主要是依赖于发病的原因、病程的长短、曲细精管损坏的程度、阴囊中纤维化的程度而定。因炎症引起者具有睾丸炎症；出现非炎性损伤时，睾丸组织先变小变软，继之纤维化或钙化，睾丸组织最后变硬。精液体积一般正常，但精子浓度逐渐降低，精液呈乳清样或水样，畸形精子增加，精子活力下降，造成暂时性生殖能力低下或永久性不育。一次精液检查不足以说明问题，应间隔两个月重新检查一次或多次，每次检查精子总数应超过1000个，单侧睾丸萎缩者精液品质优于两侧睾丸萎缩者。

触诊发病的睾丸，可感觉到睾丸质地正常或柔软，大小正常或较小。由炎症、钙化和纤维化引发的慢性萎缩导致睾丸变小、坚硬、凹凸不平，缺乏弹性。由非炎性损伤引发的慢性萎缩和先天性萎缩，睾丸会变得越来越软和越来越小。完全萎缩者睾丸体积缩小一半或一半以上，呈圆球形或细长形。如果是严重的萎缩，如晚期先天性萎缩，在触诊阴囊时只存在附睾，睾丸的精子生成功能和内分泌功能都丧失，血液睾酮浓度比较低，血液 FSH 和 LH 浓度都升高。

睾丸萎缩的病理学特征为精原细胞损伤，根据曲细精管的病理组织学变化可以将睾丸萎缩分为 5 个阶段：精细胞变性；精细胞消失；精母细胞及精原细胞消失；所有支持细胞消失；管腔壁玻璃样变、增厚，管腔消失。根据精细管横切面上生精细胞和支持细胞的比例，也可以衡量睾丸萎缩的程度。对于发生局部睾丸组织萎缩的病例，要多点采样（至少 5 点）检查才能发现。

由于睾丸萎缩主要损伤生精上皮，间质细胞形态和功能基本完好，因此公畜的性欲和交配能力一般不受影响。但是内分泌疾病，如甲状腺功能减退，导致的睾丸萎缩除外。

3．诊断　动物没有生殖能力且睾丸的硬度和大小发生了变化，就应怀疑睾丸萎缩。诊断的主要依据是睾丸的组织学检查。检查精液通常可以证实睾丸疾病，需要鉴别萎缩过程是否由炎性诱导，然后试着找出潜在的发病原因。

4．预后　治疗之后能否恢复生殖能力，要根据发病的原因、病程的长短、曲细精管损坏的程度、阴囊中纤维化的程度而定。早期发现，及时消除病因，生殖功能可望有一定程度的恢复。如果精原细胞和支持细胞被破坏了，将会发生不育；如果精原细胞和支持细胞完好无损，以及致病因素只是暂时性的，则不育是短暂性的；如果间质细胞仍保持有功能，则仍分泌睾酮和保持性欲。在确定睾丸疾病和排除致病因素后，至少应有 3～6 个月的观察时间才能对不可逆性精子缺乏症作出诊断。中年犬自发性睾丸萎缩的繁殖预后不良。

5. 治疗　睾丸萎缩无有效的治疗方法。重要的是采取预防措施和在病变初期及时消除引起萎缩的各种因素。对睾丸炎病例应抓紧治疗，及早切除无法治疗的患侧睾丸。在发现精子数减少、活力降低时，可试用来曲唑、克罗米芬、精氨酸、醋酸可的松或甲基二氢睾酮。

第九节　持久性阴茎系带

持久性阴茎系带（persistent penile frenulum）妨碍阴茎的正常伸出，或使伸出的阴茎向下弯曲。持久性阴茎系带见于犬，多在交配发生困难时才被注意到。此病有一定的遗传性，曲卡犬发病率相对较高。

1．病因　在胚胎期间，一层由外胚层分化而来的组织包裹在阴茎的表面，顶端没有完全闭合，一条结缔组织系带将阴茎和这层组织联起来。胎儿睾丸分泌的雄激素引起这层组织分裂形成包皮腔，分为外面皮肤和内层黏膜，两者的分界是在阴茎头的皱褶处。阴茎系带是存在于龟头腹部连接龟头与包皮的组织小薄片，是包皮与龟头未完全分离的部分。到了初情期，阴茎系带中的纤维组织成分明显减少或者消失，阴茎系带变薄变细从而显得松弛，甚至可以通过机械性的拉伸而断裂，结果使龟头的游离度增大。如果系带没有消失或变得松弛，就会形成从龟头腹侧到包皮或阴茎体腹侧的持久性结缔组织系带。

2．症状　龟头斜向一侧，将尿排到脚后或其他不正常的方向，反复舔舐包皮，阴茎勃起时不能伸出包皮或伴发疼痛，性欲下降，不愿或不能交配。

3. 诊断 检查阴茎和包皮，观察勃起的阴茎，可以发现持久性阴茎系带。注意区分阴茎与包皮粘连的情况。

4. 治疗 没有临床症状也不用于繁殖的病例不需要治疗。对有遗传特征的病例不治疗，不用于繁殖。

系带通常没有血管，局部麻醉后用剪刀剪断或剪开切除即可，如遇少量出血可行压迫或烧烙止血。术后创口涂布抗生素软膏，防止发生粘连。

第十节 尿道下裂

尿道下裂（hypospadias）指尿道开口不是位于龟头的前方，而是位于龟头的腹面、阴茎腹面、阴囊或者会阴部，是一种先天性的泌尿生殖器缺陷。尿道下裂常常发生于雌雄间性的犬，常见于波士顿犬，具有家族倾向。猫很少见先天性阴茎缺陷。

1. 病因 尿道下裂可能是胎儿分泌的睾酮不足或者受体缺乏，导致胚胎期生殖褶或生殖突起融合失败引起的，这也可能引起阴茎、包皮和/或阴囊发育异常，经常伴随隐睾缺陷。

2. 症状 尿道开口位置在阴茎头冠状沟、阴茎腹面、阴茎阴囊或会阴，尿道开口越向后移病情越严重。可见有与之相关的泌尿道感染，表现排尿困难、血尿、小便失禁和排尿疼痛。通常还伴随有隐睾、阴茎短小歪斜、阴茎骨畸形、包皮不完全闭合、阴囊发育缺陷等泌尿生殖器异常。

3. 诊断 需要对泌尿生殖系统进行全面检查，包括外生殖器检查和尿道插管检查。

4. 治疗 根据先天缺陷的程度和临床症状决定是否进行外科矫正，无症状者无需治疗。

（1）抗生素治疗 尿道开口异常伴发泌尿道感染，用抗生素治疗感染。

（2）手术矫正 尿道开口于龟头下面，可用导尿管指引，向龟头前方延伸尿道；尿道开口于阴茎下面，根据尿道开口的位置切除阴茎与包皮，术后可能有尿道狭窄；尿道开口于阴囊和会阴，则要求阴茎完全切除。

（3）睾丸切除术 尿道开口于阴囊和会阴可能存在遗传性，尤其是伴随着雌雄间体、隐睾等发育异常者，要做睾丸切除术。

第十一节 包茎和嵌顿包茎

包茎（phimosis）是指包皮开口狭小导致阴茎不能从包皮口伸出勃起。包茎可能是先天性的包皮狭窄，也可能是包皮发生炎症、创伤、肿瘤形成的瘢痕引起包皮口狭小。德国牧羊犬和金毛犬存在包皮狭窄。

嵌顿包茎（paraphimosis）是指阴茎从包皮口伸出后不能退回到包皮腔。嵌顿包茎多是一种急症，常见于外伤引起阴茎肿胀和体积增大，治疗不及时或治疗失败会有发展为尿道阻塞、阴茎缺血性坏死和阴茎坏疽的危险。犬常见嵌顿包茎。

1. 病因 包茎和嵌顿包茎常与包皮口狭窄有关。初情期前切除睾丸导致阴茎发育不充分，阴茎毛环，阴茎与包皮粘连，都可以表现阴茎不能伸出包皮口。嵌顿包茎常发生于交配之后，由于包皮孔狭窄，使阴茎呈半勃起状态，不能缩回到原来的位置。交配时包皮上的毛会缠绕龟头基部，阴茎被橡皮带或结扎线勒伤，伸出的龟头也会被限制在包皮腔外。偶尔，交配时公犬阴茎嵌入母犬阴道长时间不能脱离而发生嵌顿包茎。此外，犬经常舔舐阴茎可引起充血、创伤、龟头包皮发炎，阴茎尿道口发生裂伤或阴茎损伤及阴茎不时异常勃起，亦可引起嵌顿包茎。

犬在没有性刺激状态下有时也会伸出阴茎。如果遭受到畜主的强力斥责，经常会被犬理解为赞扬，几次之后伸出阴茎的行为就得到加强，这也会增加发生阴茎损伤和嵌顿包茎的机会。阴茎勃起功能受神经支配而不受激素调节，睾丸切除后的动物仍然可能发生某种程度的阴茎勃起，阴茎受到不良刺激后可以发生嵌顿包茎，因此不能将睾丸切除作为长期处理嵌顿包茎的方法。

2. 症状 包皮开口小会阻碍尿液排出，尿液蓄积于包皮腔内会导致龟头包皮炎、局部溃疡、腐烂。阴茎不能伸出包皮口，人为地引出龟头也很困难或不能引出，通常在勃起时会有疼痛症状，动物不能进行交配，导致性欲降低。

阴茎长时间不能缩回，使阴茎更加充血肿大，龟头发生淤血和肿胀，龟头表面很快干燥、脱皮和坏死，进行阴茎检查时通常没有痛觉。阴茎背侧神经参与射精反射，对缺血性损伤十分敏感，即使较小的阴茎损伤都可能导致不能射精。

3. 诊断 在性冲动时观测可以诊断阴茎能不能从包皮中伸出勃起。阴茎缩肌麻痹、阴茎骨先天畸形、包皮口过大、包皮先天性过短、阴茎异常勃起也表现出龟头不能缩回到包皮内，但可以通过阴茎的松弛状态和持续时间来与嵌顿包茎相区别。长毛猫的毛发可能缠住包皮口，引起与包茎相似的临床症状。

4. 治疗 包茎不严重或不作种用可以不用治疗。如果阻碍了排尿或种用动物的交配，可以用手术方法扩大包皮开口。从包皮口背侧切除一块V形外层的皮肤，内层黏膜纵行切开一个相应长的切口。或者在包皮口腹侧正中纵向切开5～10mm，然后将皮肤和黏膜间断缝合在一起。参考体格相似正常动物包皮口的情况决定切口的程度，过分扩大包皮口会导致阴茎干燥和容易受外伤。术后创口涂布油性抗生素软膏，防止发生粘连；每天将阴茎从包皮口挤出两次，以保持包皮口的大小。

对新发生的嵌顿包茎，首先进行全身麻醉，用肥皂水清洗阴茎和包皮，检查和取走缠绕在龟头基部的毛发异物，涂布油性抗生素软膏后将阴茎抬向腹壁以减轻包皮口对阴茎近端的压力，然后再尝试复位。用高浓度的葡萄糖、尿素、明矾或硫酸镁冷溶液清洗患部并浸湿纱布冷敷，可减轻阴茎的肿胀，脱出的阴茎会逐渐变软缩小。阴茎变软缩小后涂布油性抗生素软膏，将阴茎推回包皮内。每天拉出阴茎，并在包皮和阴茎之间涂布油性抗生素软膏，持续1～2周防止粘连。阴茎回缩确实困难者，应行包皮扩开术，以解除阴茎嵌顿。如果阴茎在包皮鞘内复位不好或者还要脱出，可将包皮口缝合1～2针，防止脱出。对于反复出现嵌顿包茎的去势犬，可采用孕酮进行治疗。在治疗和恢复期间避免性刺激，以免复发。

阴茎外伤且可能牵涉到尿道时，在尿道内放置导尿管7～14天，防止尿道狭窄。对阴茎严重损伤或肿胀时间较长的病例，需用硼酸溶液或氨明矾溶液清除腐烂坏死组织。有撕裂伤时，需加以缝合并进行止血。为防止阴茎发炎和感染，应定时涂布抗生素软膏。严重的阴茎损伤可能引起阴茎和包皮粘连，应每天将阴茎从包皮内拉出，连续进行10～

12 天。

当嵌顿包茎超过 24h，阴茎先后发生严重水肿、勒伤或坏死，绝大多数都需施行阴茎截断术和阴囊或会阴部尿道造口术。对于用其他方法仍然不能解决的病例，这个手术可能是唯一选择。嵌顿包茎多数发生在阴茎头和阴茎体交界处。因此，阴茎截断术常在阴茎骨后方进行。其断面可见阴茎海绵体、尿道、尿道海绵体和阴茎动静脉。于包皮后方至阴囊后缘中线切开皮肤，分离皮下组织，将阴茎从切口处拉出，在阴囊前方 2cm 正常与异常阴茎交界处将阴茎体截断，移除坏死阴茎。阴茎在体断端用 7 号丝线在尿道海绵体和阴茎海绵体间的白膜进行贯穿 8 字形结扎，以闭合尿道海绵体、尿道和阴茎海绵体。阴囊部尿道浅而较宽，尿道海绵组织少。阴囊部尿道造口术后出血少，很少发生尿道狭窄。在阴茎体断端后方 1cm 向一侧牵引阴茎退缩肌，暴露尿道海绵体。纵行切开尿道海绵体和尿道 1.5cm，从切口向后插入导尿管至膀胱。切除多余的阴囊皮肤，用 1 号丝线结节缝合尿道黏膜与同侧皮肤。缝合要密，针距 3～4mm。最后闭合剩余皮肤创缘，将导尿管临时固定在皮肤上。

5. 预防　交配前剪掉包皮口周围的毛，包皮应该很容易移动和翻卷。交配后检查阴茎和包皮，直到阴茎完全缩回包皮内。不要对犬的不良行为反应过度，要想办法打破不良行为的链条，如给犬拴上牵引带，将犬的注意力引到别的地方。

第十二节　阴茎异常勃起

阴茎异常勃起（priapism）是指在没有性刺激的情况下阴茎长时间持续性勃起、并在其后不能退缩进包皮的情况。犬猫很少发生阴茎异常勃起，但睾丸切除的猫也可发生阴茎持续勃起。阴茎异常勃起在暹罗猫较为常见。

1. 病因　确切的病因难以确定。阴茎的正常勃起受副交感神经系统的支配。刺激骨盆神经可引起神经递质的释放，阴茎动脉供血增加，引起海绵体迅速填充体积增大，同时阴茎平滑肌收缩，静脉回流受阻，出现阴茎勃起。交感神经兴奋则与此相反。

阴茎异常勃起可能是由副交感神经长时间兴奋、脊髓损伤和阴茎局部炎症等引起，或由阴茎损伤导致静脉回流受阻引起，阴茎异常勃起还可能是脑炎型犬瘟热或阴茎血栓性疾病的后遗症。阴茎异常勃起可继发于糖尿病、肿瘤、创伤、凝血病，或者是对吩塞秦镇静药物、高血压药物及全身麻醉药物的一种特异质反应。血流停滞导致低氧和二氧化碳浓度升高，导致阴茎肿胀，进一步导致静脉闭塞和不可逆转的纤维化，最后阴茎会发生缺血性坏死。

2. 症状　阴茎异常勃起，阴茎突出，黏膜红肿，排尿困难。阴茎海绵体淤血很快凝固，接着发生局部缺血和坏死，很快就对阴茎造成不可逆的损伤。阴茎长时间暴露会造成阴茎黏膜干燥，很快会发生糜烂、溃疡和坏死。

3. 诊断　根据病史和临床检查可作出诊断。要详细了解动物以往的用药史，了解是否发生代谢性疾病、肿瘤、痛性尿或尿淋漓。诊断病因则需对犬进行全面的检查及泌尿生殖道检查，包括全血计数和血液生化、血凝检查、尿液分析和细菌培养。进行胸腹部 X 线检查和 B 超检查，以排除肿瘤。进行脊髓 X 线检查和脑脊液化验，检查尾腹部有无损伤。

兴奋性高的犬兴奋时经常会出现暂时性的阴茎勃起，这种勃起通常在成年后减少或者去势后消失；有些犬在交配或采精后偶尔出现持续勃起，将发情母犬移开或将公犬带离采精场所，可以分散公犬的注意力，使勃起消退，无效时可用药物镇静或凉水冷敷。这两种情况都不是阴茎异常勃起。阴茎血肿通常由外伤或出血性疾病引起，嵌顿包茎通常造成阴茎肿胀，简单视诊和触诊通常可以鉴别这些情况。超声检查有助于鉴别血肿和阴茎异常勃起。

4. 治疗 消除阴茎异常勃起需松弛平滑肌来促进静脉回流，可试用抗组胺药、抗副交感神经药（甲磺酸苯扎托品）或肾上腺素激动剂（如间羟舒喘宁）。苯扎托品含有阿托品和苯海拉明的有效成分，犬静脉注射参考剂量为0.015mg/kg，或尝试使用特布他林。在发病后数小时内进行药物治疗才能有效。用肝素化生理盐水冲洗阴茎海绵体，再用去氧肾上腺素灌注。还可以在阴茎海绵体上切一个纵向切口，用手向外挤出静脉血液。

治疗原发性疾病。对于没有发现原发病因而且没有或者不能校正的病例，以及没有及时送医的病例，阴茎会发生坏死，要采用阴茎截断术和会阴尿道造口术进行治疗。对发病动物进行睾丸切除术。

对阴茎脱垂出包皮不能缩回的病例，可用中药治疗：枸杞子、黄精、海金沙、猪苓、泽泻、黄柏、酒黄芩、金银花、鱼腥草、黄芪、党参、白术、陈皮、升麻、柴胡、当归、莲须。研磨成末，以温开水或清洁冷水调成糊状灌服或混饲，视病情轻重间隔1天用药1～2剂。

对于脱出和受损的阴茎要加强护理，避免额外损伤和刺激。如使用润滑剂防止干燥，使用伊丽莎白项圈防止舔伤。

第十三节 阳 痿

阳痿（impotency）指阴茎不能勃起，或虽能勃起但不能维持足够的硬度以完成交配。阴茎勃起依赖于正常的阴茎解剖结构、血液循环、神经支配和血液睾酮浓度。

1. 病因 阳痿是一种复杂的功能障碍，影响因素较多。根据病因，将阳痿分为功能性阳痿和器质性阳痿。

（1）功能性阳痿 功能性阳痿往往是因老龄、过肥、交配过度、长期营养不良、消耗性疾病、勃起或交配时疼痛及不适宜的交配环境等原因所造成。场地太小、环境嘈杂、主人在场及相互不喜欢对方，都不利于交配活动。公犬不愿意爬跨近期攻击过它的和处于统治地位的母犬。动物在家庭环境因表现性行为而遭受惩罚，形成了抑制性行为的条件反射。患有腿关节或颈椎脊椎疼痛的犬不愿意爬跨母犬或不能保持正常的交配姿势。前列腺炎和睾丸炎可以引起射精过程的疼痛。初开始交配的公畜有时也有阴茎不能勃起的现象，经调教后可逐渐改进。

（2）器质性阳痿 器质性阳痿的病因有：①阴茎解剖异常。阴茎海绵体与其他海绵体或阴茎背侧静脉之间出现吻合的交通支，造成阴茎海绵体内血液外流，从而达不到很高的血压而使阴茎不能勃起。阴茎及骨盆内炎性损伤、精索静脉曲张、包茎等，也可导致阳痿。②内分泌异常。如睾丸肿瘤、睾丸变性萎缩或发育不全、雌性化综合征、雌雄间性、垂体功能减退、甲状腺功能亢进和肾上腺出现肿瘤等，均可引起血液睾酮浓度降低而导致阳痿。③神经系统损伤。脊髓及阴部神经损伤可引起阳痿。④药物。过量使用雌激素、孕酮、糖皮质激素、阿托品、巴比妥、吩噻嗪、安体舒通、利血平、胃复安、酮康唑、西咪替丁、化疗药物等可能导致阳痿。

2. 症状及诊断 问诊包括饲养管理条件、用药历史、治疗经过和交配环境。检查时要注意动物的年龄体况，注意关节尤其是髋关节是否正常。检查睾丸和前列腺的大小和密度，阴茎及阴茎周围组织是否有损伤或炎症。包茎、阴茎肿瘤或阴茎粘连的公畜，试情时阴茎可能勃起，但不能伸出包皮口，应注意观察并触摸包皮鞘内是否有勃起的阴茎。如果怀疑雌雄间性，应该检测细胞染色体核型。用发情母畜逗引时，公畜可以出现性兴奋，甚至出现爬跨动作，但阴茎不能勃起或勃起不坚，完成不了交配过程。注意观察和区别是心理性的还是器质性的，是否与疼痛有关。与疼痛无关的阳痿，应检测血液睾酮浓度。正常公犬血液睾酮浓度为2.3～3.0ng/mL，并且肌注GnRH后1h或肌注hCG后4h血液睾酮浓度应该有所升高。如果动物交配时出现疼痛则要做进一步的检查。

3. 治疗 原发性阳痿可能与遗传有关，无治疗价值。因阴茎海绵体出现血管吻合支和神经系统损伤所致的阳痿一般无有效治疗办法。药物导致的阳痿，在停药6～8周后阳痿好转。由疾病所致阳痿，应消除病因。因环境和管理所致的阳痿，应从改善饲养管理、改换试情母畜或变更交配和采精的环境着手，采精或交配前几分钟使用动物的性外激素。皮下或肌肉注射丙酸睾酮或苯乙酸睾酮，隔天1次，一般连续2～3次；注射hCG或eCG，对治疗某些阳痿有效。在交配前1h肌肉注射25μg GnRH可改善性欲差的状况。电针百会和交巢穴，对阳痿也有一定的治疗作用。

第十四节 龟头包皮炎

龟头包皮炎（balanoposthitis）是指龟头及包皮的炎症。尿道口流出脓汁时应该怀疑龟头包皮炎。偶尔会有少量黄白色包皮垢，含有上皮细胞、炎症细胞和细菌，位于包皮口附近。龟头包皮炎是犬的一种常见病，这与犬包皮腔解剖有关。龟头包皮炎少见于猫。

1. 病因 公畜包皮腔的微生物菌群一般是需氧菌，包括大肠杆菌、链球菌、葡萄球菌、棒状杆菌、假芽孢菌、奇异变形杆菌和支原体，龟头和包皮一旦遭受损伤容易发生急性感染，可见于异物、创伤、自咬或交配损伤等。下腹壁和包皮污染可增加感染的机会或加重感染的程度。先天性或后天性包皮口狭窄或包茎状态，尿液和包皮垢分解产物长期刺激黏膜也可引起发病。龟头包皮炎还可由尿道炎、膀胱炎、前列腺炎等相关病症蔓延而来。与生殖道感染母畜交配亦可引起龟头包皮感染发炎。

2. 症状 包皮肿胀疼痛，龟头淤血紫红，阴茎和包皮黏膜出现红斑甚至糜烂，包皮孔中经常流出浆液性或脓性分泌物，但对受精力和性欲的影响不大，亦无特异性的病原菌。由于包皮口紧缩狭窄，阴茎不能伸出，病畜排尿困难。龟头神经丰富，发病后会因疼痛不许触摸。严重者可能导致全身症状，如嗜睡、厌食、体温升高。

慢性包皮炎包皮增厚，常形成包皮腔内外层的粘连和/或阴茎与包皮的粘连。包皮流出炎症产物，如脓和脓血产物，炎症区的包皮有白斑、溃疡和干酪样物质。发生病毒性包皮炎时，皮肤上有小泡，黏膜上有淋巴小结，阴茎黏膜会充血、有斑点或出血，同时还有浆液性分泌物。包皮会发生过敏性皮炎。动物表现明显的舔舐和/或自咬阴茎和包皮的行为，会加重阴茎和/或包皮的损伤。

3. 诊断　犬包皮腔平时就有分泌物排出。翻开包皮用温生理盐水进行清洗，查看龟头包皮有无炎症发生。如果病畜过于疼痛不许触摸可先进行治疗，待疼痛减轻了再翻出龟头进行检查，看是否有异物、肿瘤、溃疡或炎性结节。在退热消炎治疗2～3天后，若龟头有脓液流出即可确诊。

4. 治疗　剪除包皮口毛丛，用非刺激性消毒药液清洗包皮腔，清除异物和脓肿。包皮与龟头粘连时应将粘连组织切除，每天涂布抗生素药膏。局部肿胀严重的，宜配合温敷、红外线照射等物理治疗方法，出现全身症状时使用抗生素2～4周。由皮炎引起的包皮炎可用抗组胺或糖皮质激素类药物。动物表现明显的舔舐和/或自咬阴茎和包皮的行为，可服用抗焦虑药物和/或使用伊丽莎白项圈。

如果找不到病因，可以尝试使用孕激素进行治疗。如每天内服0.5mg/kg的乙酸甲地孕酮，最多连用30天；或者皮下注射2.5mg/kg的乙酸甲羟孕酮，5个月后可再注射1次。孕激素具有抗炎和抗焦虑作用，但对公犬的副作用有多食、糖尿病或者乳腺肿瘤。

5. 预防　平时加强对龟头的卫生保洁工作，特别是要注重交配前的清洗消毒，可减少龟头感染发病的机会。实施睾丸切除术可减少包皮分泌物。

第十五节　阴 茎 损 伤

阴茎损伤（penile injury）指阴茎受到的损伤，通常包括血肿、撕裂和阴茎骨骨折。动物的阴茎在许多情况下会受到损伤，使得阴茎损伤成为一种较为常见的疾病。犬猫均可发生，但更多见于犬。

1. 病因　阴茎损伤多由机械性损伤所致。争斗打架咬伤、火器击伤、汽车碰撞挫伤或跳越篱笆、栅栏或矮墙时被刺伤碰伤、橡皮套损伤等，均可造成阴茎海绵体、白膜及血管的擦伤、撕裂伤、挫伤和刺伤，甚至还可能引起阴茎血肿和尿道破裂。清理尿道结石时可造成尿道损伤。犬阴茎勃起后受到冲击可发生阴茎骨骨折；猫龟头基部缠上被毛可以引起阴茎肿胀。

2. 症状　阴茎局部出血肿胀、增温疼痛、触诊敏感，动物通常表现排尿不畅或排尿困难，后肢跛行。重者尿闭、膀胱过度充盈。包皮严重肿胀者包皮口狭窄，阴茎不能外伸。阴茎肿胀明显者阴茎不能回缩，可形成嵌顿包茎，时间稍长可导致坏死。尿道破裂者尿液渗入腹下结缔组织和包皮内，发凉无痛，触压留痕，穿刺为尿液。阴茎骨骨折会导致阴茎表现偏斜或并列性变形。

阴茎白膜破裂可造成阴茎血肿，血肿可能局限，也可能扩散到阴茎周围组织，并引发包皮肿胀。开始时阴茎肿胀部位柔软，有波动感；2h左右肿胀到最大程度，触摸较坚实。几天后肿胀消退，血肿慢慢缩小变硬，并可能出现纤维化，使阴茎和包皮发生不同程度的粘连。若继发感染，可导致蜂窝织炎或脓肿，严重的继发肾后性氮质血症。

3. 诊断　一般是对排尿困难或阴茎肿大进行检查时发现阴茎损伤，此时有的阴茎骨骨折已经发生了错位愈合。要调查损伤的原因，检查阴茎和包皮上是否有破口。通过尿导管、X线检查鉴定尿道开放和阴茎骨的状况。如果需要，还可以进行逆行尿道造影检查。必要时穿刺检查肿胀部位液体，并进行细菌学检查。超声检查有助于鉴别血肿和阴茎异常勃起。注意与原发性包皮脱垂、嵌顿包茎、龟头包皮炎等区别。

4. 预后　取决于损伤的严重程度和是否粘连和感染。纤维变性和瘢痕组织引起包皮和阴茎粘连或包皮狭窄，使阴茎不能伸出。阴茎血肿愈合后阴茎海绵体和阴茎背侧静脉之间可能出现血管相通而致阳痿。各种损伤引起的化脓感染预后均不良。

5. 治疗　以预防感染、防止粘连和避免各种继发性损伤为治疗原则。公畜发生阴茎损伤后立即停止交配，隔离发情母畜饲养，以减少性兴奋。使用镇静剂，以控制阴茎勃起。局部和全身连续使用抗生素、糖皮质激素及镇痛剂7～10天。创口愈合后每天拉出阴茎两次，以防止粘连。

若发生排尿困难，可行尿道插管。尿道横断性损伤可先做断端吻合术，再插入导尿管。轻度尿道撕裂伤，导管可保留在尿道内5～7天，待阴茎肿胀减退后撤除；断端吻合的尿道，导尿管应置留21天。尿道破裂难以吻合缝合时，则应在创伤后部做会阴部尿道造口术。阴茎损伤严重时，或者愈合组织形成的尿道缢痕影响排尿时，就要将阴茎切除并且进行会阴或阴囊的尿道造口术。在损伤痊愈之前，避免动物受到性刺激引发勃起；对不用和不能繁殖的动物，还要切除睾丸消除勃起功能。

（1）创伤　清理消毒创口，制止出血，创伤严重的要用精细的可吸缝线进行缝合止血，包皮创伤按一般创伤处理。

（2）挫伤　初期冷敷。2～3天后改为热敷，或涂刺激性小的软膏或擦剂，辅以红外线、中波透热或特定电磁波谱等物理疗法。每天适当运动，以利肿胀消散。损伤部上方用普鲁卡因青霉素溶液封闭。

（3）血肿　治疗以止血、消肿、预防感染为原则。可采用肌注维生素K_3止血，一天2～3次。在伤后5～7天，将青霉素和链激酶分点注入血凝块使血凝块溶解。5天后将已液化的血凝块吸出。这种方法可以减轻粘连的程度。若血肿较大，在7～10天组织尚未发生机化粘连时，在良好的麻醉状态下，切开并取出全部血凝块和粘连组织，清洗后分别缝合白膜、弹力膜、皮下组织和皮肤切口。白膜缝合是手术成功的关键。用铬化肠线连续缝合白膜，缝合时不能刺伤海绵体，也不能缝入皮下组织。皮下结缔组织可用肠线闭合；皮肤可用丝线做结节缝合；创腔内可放入青霉素预防感染。由于白膜愈合较慢，动物数月内不能用于交配。结缔组织损伤或感染可导致粘连，会妨碍阴茎勃起伸出，或使阴茎发生偏斜。阴茎头丧失敏感性者，说明已发生阴茎麻痹，可作为淘汰的依据。

（4）阴茎骨骨折　在整复阴茎骨的错位后，若导尿管易穿过尿道，且阴茎骨骨折易复位，插入导尿管，对阴茎骨骨折实施外固定。若是粉碎性骨折，则需切开取出碎骨，用骨板或螺丝对阴茎骨骨折实施内固定。螺丝用在阴茎骨背部，防止损伤和压迫尿道。严重阴茎损伤和伴有阴茎骨骨折，可施部分阴茎截除术。

（5）龟头基部被毛缠绕　去掉缠绕龟头基部的被毛环，对阴茎损伤进行常规外科处理。

第十六节　传染性生殖道肿瘤

传染性生殖道肿瘤（transmissible venereal tumor）是发生在犬的外生殖器表面的肿瘤，一般是通过性交传播，还可通过嗅舔生殖器官而感染口腔、鼻腔或眼睑周围黏膜。

传染性生殖道肿瘤是公犬最常见的外生殖器肿瘤，亦见于母犬。此病不会发生于散养犬，多见于热带、亚热带大城市中那些年轻、好动、性欲旺盛的流浪犬。发病年龄平均为4.5岁，没有品种差异。

1. 病因 传染性生殖道肿瘤是自然发生的同一品种个体之间的细胞移植产物，只能通过活细胞进行传播。供体脱落的肿瘤细胞植入到受体被损害的生殖器官的黏膜内，就发生了肿瘤的移植。传染性生殖道肿瘤的细胞在移植15～30天后迅速生长，35～50天达到最大体积，50%发生在阴唇，25%在阴茎，21%在包皮，也会发生在口腔和鼻腔。这些肿瘤块40%是局部浸润性的，另有17%是转移性的，会转移到身体的其他部位。肿瘤组织一般在感染6个月后自然退化消失，结果可能会出现增长和消退交替发生的现象。肿瘤细胞会有57～62条染色体，而不是犬正常细胞的78条。

2. 症状 传染性生殖道肿瘤通常见于雄性动物的包皮内侧面和阴茎上，包皮肿胀，尿道感染，血尿，排尿困难，如果尿道开放会出现肾后性尿毒症。犬过度舔舐包皮和龟头还可引起面部、鼻腔、口腔、眼内或眼周感染发病。肿瘤为单个或多个直径为0.5mm的硬结，这些结节融合后形成菜花样结构，也有花梗状、结节状、乳头状或多重分叶状等。肿瘤具有局部侵袭特征，表现为可能发生溃疡和出血，间断性分泌脓血性物质，恶臭明显。转移病灶通常位于浅表腹股沟淋巴结和髂外淋巴结，很少发生远端转移，如胸腹部脏器或中枢神经系统。转移引发的症状因转移的部位和肿瘤程度不同而异，如流鼻血、脓血、面部畸形、咽下困难、口臭和牙齿丢失、呼吸困难和淋巴结肿大等。转移到眼或大脑时预后不良。

3. 诊断 常见的症状是阴茎出现血样分泌物，肿瘤突出部滴出血液并被动物舔食。通过临床检查和病史询问可以初步怀疑此病，确诊需要做穿刺活检。

组织压片染色检查是一种比较精确的诊断方法。传染性生殖道肿瘤的细胞是脱落的细胞，细胞为圆形到椭圆形，有许多排列成链的细胞质空泡，核仁突出，常见有丝分裂相。细胞出现微绒毛，同质的细胞互相连接成片。

4. 治疗 传染性生殖道肿瘤对化疗药物敏感，一般注射几次后可使肿瘤消退，肿瘤消退后还要处理1～2次。

使用长春新碱0.5～0.75mg/m^2，每周1次，连续2～6次。如果无效，改用阿霉素30mg/m^2，每3周1次。

其他化疗药物还有环磷酰胺、氨甲蝶呤。

小的肿瘤可以用手术方法摘除，用电刀切除的手术时间短，流血少。术后6个月约有35%复发，因而要配合化疗方法。

冷冻疗法也是一种选择手段。

放射疗法是一种有效的辅助治疗方法，放射量和相隔时间取决于肿瘤大小和程度。

也可实施睾丸切除术。禁止患病动物交配有助于阻止疾病的传播，但不能降低肿瘤的复发率。

第十七节 前列腺良性增生

前列腺良性增生（benign prostatic hyperplasia）是前列腺长期接触二氢睾酮所造成的

一种自发性病理状态。前列腺良性增生是犬最为常见的一种前列腺疾病。犬前列腺下壁贴在耻骨上，前列腺发炎增生时会向上压迫直肠。粪便经过直肠时会压迫增生发炎的前列腺而产生疼痛，以致出现典型的排便嚎叫症状。猫很少发生前列腺疾病，直肠指诊不容易摸到前列腺，很难收集前列腺液。

1．病因　睾酮在 5α-还原酶的作用下代谢成 5α-二氢睾酮，后者促进前列腺上皮细胞数目增多、体积增大，前列腺持续生长，导致前列腺增生和肥大。5 岁时 50%的犬有某种程度的前列腺良性增生，6 岁时 75%～80%的犬发生前列腺增生。以后睾酮分泌逐渐减少，雌激素分泌逐渐增多，前列腺中雌激素受体增加。雌激素增加前列腺对二氢睾酮的敏感性，促进前列腺继续增生，并使前列腺表皮发生鳞状化生。结果 8 岁以上的中老年犬前列腺体积增大 2.0～6.5 倍。增生的前列腺高度血管化，很容易发生出血。随着年龄的增长，雌激素分泌逐渐减少，11 岁或更大年龄时前列腺开始退化。用雌二醇可诱发前列腺增生，继发上皮细胞分泌功能降低。过量或长期投用雄激素可引起前列腺缓慢增生，只有同时应用雄激素和雌激素才可以明显发生前列腺良性增生。虽然该病同血液雌激素和雄激素浓度和比例改变有关，但引起前列腺增生的确切机制还不十分清楚。

2．症状　许多病犬不表现临床症状，当出现排便困难和血尿时才引起注意。最初的和典型的临床症状，是在不排尿时尿道滴出血浆样或血样前列腺液。受到发情母犬的刺激后，这个症状会加重。前列腺显著增大后逐渐出现排粪困难，里急后重，粪便呈扁带状，常见尿频尿淋漓，少见尿失禁，膀胱膨胀，尿液混浊，有时血尿或血精，后肢跛行或后肢无力，性欲减弱，很少出现全身症状，一般不造成不育。将导尿管送入膀胱比较容易。腺体增生后易受到从尿道逆行而来微生物的感染，从而引发不育。病程较长，伴有体重减轻、全身消瘦。

3．诊断　前列腺良性增生有特征性的临床症状和发病年龄。前列腺位于骨盆的入口处和膀胱后上方，是左右对称的光滑卵圆形硬块，围绕膀胱颈，有一条独特的背正中脊。当膀胱充满尿液时会位于腹腔。腹部触诊可以检查前列腺的前部，还可从腹部将前列腺向后推以方便直肠指诊。前列腺呈对称性体积增大，质地略似海绵，无波动感，没有触痛。增生的前列腺中会逐渐出现包含液体的囊肿，其直径可达 4cm，若如此则前列腺呈现不对称性增大，患囊性增生病的犬精液体积明显减少。体积增大的前列腺会向前移动进入腹腔，这样指诊便无法触及前列腺。前列腺直肠指诊不是很准确的检查方法。

在 X 线片上，正常的前列腺密度均匀边缘整齐。用导尿管把造影剂注入膀胱，逆行性尿道膀胱造影可以检查尿道和膀胱，由于前列腺增生压迫尿道，造影剂充盈不足甚至缺如，受压尿道的远心端影像突然变得锐利而中断。X 线图像可测量前列腺的大小和形状，可见到团块阴影。如果膀胱充满尿液，要注意区分前列腺中的囊肿和膨胀了的膀胱。逆行膀胱尿道造影可用来检查前列腺增生和尿道结构，造影剂从尿道向腺体组织扩散吸收的表现可以用来评价疾病的严重程度。

超声检查，正常的前列腺质地均匀，形状对称。前列腺增生图像均匀，回声降低或增强，体积正常或增大，形状对称，边缘规则，边界清楚。前列腺囊肿、前列腺脓肿和前列腺肿瘤则多数明显不对称。囊肿时边界清楚，视囊内液体的性质不同为无回声或低回声。用导尿管向膀胱内导入或导出液体，前后引起的影像变化有助于将膀胱与前列腺囊肿区分开来。

前列腺良性增生无炎症变化，病理组织学检查可将前列腺良性增生与前列腺炎区别开来。人工采集精液进行检查和培养，看其中是否存在血液（前列腺良性增生）或合并感染（前列腺炎）。可在 B 超的引导下对前列腺进行细针穿刺，采取样品进行细胞学检查和微生物培养。

4. 治疗　患有前列腺良性增生的犬在有症状时才进行治疗，治疗方法视动物是否用于繁殖而定。

（1）睾丸切除术　用于老年和不用来繁殖的动物。睾丸切除术可使临床症状改善或消除，是治疗前列腺良性增生的最简单有效方法。睾丸切除术后 1 周前列腺开始萎缩，3 周前列腺的体积减小 50%，4 周前列腺出血症状消失，9 周前列腺的体积减小 70%。睾丸切除后前列腺的萎缩过程通常需要 6～12 周时间，手术时前列腺体积大则前列腺萎缩需要的时间就长。在前列腺完全萎缩之前，临床症状就会消退。

（2）药物治疗　用于价值很高并且还要用于繁殖的种公畜。药物治疗能暂时阻止前列腺疾病的发展，并可以防止生殖能力随后降低，但停药后病症会复发。药物治疗可使囊肿随着前列腺体积减小而缩小，但不能完全消失。用注射针抽吸掉囊肿中的液体只起暂时作用。由于囊腔还在，过一段时间后液体会再次充盈囊腔。手术切除囊肿非常困难，可在抽出液体后尝试向囊腔中填入网膜。

抗雄激素药物能治疗犬的前列腺良性增生。乙酸奥沙特隆（Osaterone acetate）是睾酮的竞争性抑制剂，抑制前列腺对二氢睾酮的吸收。可每天 1 次，每次 0.25mg/kg，连用 7 天。用药 2 周可缩减 30%前列腺体积，对性欲和精液质量没有影响，长期使用可减少精液体积。氟他胺（Flutamide）每天 5mg/kg，用药 10 天前列腺的体积开始缩小，用药 6 周不引起精子变化，停药后 2 个月前列腺体积反弹。

非那雄胺（Finasteride）是一种 5α-还原酶抑制剂，可以阻止睾酮向 5α-二氢睾酮的转变。犬每天内服 2.5～5.0mg，连续 5 个月，可显著减小前列腺的体积，减少精液体积，对睾丸组织结构、精子质量和性欲没有副作用。偶氮类甾醇类（Azasteroids）也可以抑制 5α-还原酶的活性，可以减小前列腺的体积。

孕酮可以降低前列腺体积，显著缓解临床症状，但停药后前列腺的体积会逐渐反弹。乙酸甲地孕酮，每天 0.1mg/kg，连续 4～8 周。乙酸甲羟孕酮，皮下注射 3～4mg/kg，每 10 周或更长时间间隔重复 1 次。乙酸地马孕酮 1～2mg/kg，每周注射 1 次，连用 3～4 次。高剂量孕酮能引起精子总数下降，渐进性的精子运动能力下降，正常形态的精子减少，因而不能长期使用。

对于便秘，需经常饲喂具有轻泻作用的食物并每天灌肠。尿潴留时，每天至少 3 次导尿排空膀胱尿液。氨基甲基甲酰胆碱，内服 15～25mg，可帮助排出积尿，使膀胱保持空虚状态，从而增强膀胱肌的紧张性。

当睾丸切除术和药物治疗无效时，应考虑前列腺切除术。术后有 10%～30%的犬尿失禁，可试用苯丙醇胺进行治疗。

第十八节　急性前列腺炎

急性前列腺炎（acute prostatitis）通常由细菌感染所引起，是影响生殖能力的最重要的前列腺疾病。急性前列腺炎可通过许多途径影响生殖能力，包括感染向附睾和睾丸扩散引起睾丸附睾炎和免疫介导的睾丸炎，发热诱导精子发生功能缺损，局部炎症疼痛引起性欲降低，前列腺肿胀导致输精管机械性阻塞，前列腺出血引起射精带血，精清改变引起精子活力下降。犬常见的是细菌性前列腺炎，睾丸切除公犬罕见急性前列腺炎。

1. 病因 包皮和尿道远端有正常的微生物群，前列腺距尿道远端微生物的距离非常近。细菌通过尿道向前列腺和膀胱的迁移被各种防御机制所阻挡，包括尿液和前列腺分泌物的不断冲洗、尿道的蠕动、尿道的高压区、尿道黏膜表面的抗细菌因子。任何一种防御机制的改变都可能引起细菌逆行而感染前列腺，能够使前列腺尿道部细菌增加的疾病（如细菌性膀胱炎、肿瘤）或改变前列腺结构的疾病（如前列腺良性增生）都能增加前列腺感染的危险性。

前列腺通常被在尿液培养中能够生长的同一微生物所感染，所以引起前列腺感染与引起尿道感染的细菌是相似的。70%的感染病例是由单一的病原微生物感染引起的，大肠杆菌是犬细菌性前列腺炎最常见的诱发原因，继之而来的感染细菌有葡萄球菌、链球菌、变形杆菌、假单胞菌、克雷白氏杆菌属，由厌氧菌感染的病例很少。前列腺感染经常表现为局灶性，可以合并或发展成为脓肿；如果感染没有扩散，病灶临近组织中的细菌很少。在前列腺发生混合感染后，引起前列腺感染与引起膀胱尿道感染的细菌是不同的。正是由于这个原因，怀疑犬患有前列腺炎时要对前列腺液体或组织进行培养。

2. 症状 发病较急，临床症状通常包括高热、乏力、昏睡、厌食、呕吐、里急后重、便秘、尿频、尿急、尿痛、偶尔尿闭、尿道流出血液或脓汁、后腹疼痛、行走缓慢、步态拘谨、拒绝交配，或射精时嚎叫。血液和尿液中白细胞数量升高，细菌培养阳性。白细胞增多，中性粒细胞核左移，在前列腺发生脓肿时会更加严重，抗生素治疗效果不佳。由于前列腺液可以进入膀胱，因而可以引起膀胱炎，所以可能会发现血尿、脓尿和菌尿。腹部症状的发展取决于前列腺、膀胱、附睾和睾丸的感染程度。前列腺发炎增生时出现典型的排便嚎叫症状，若治疗不及时可转为慢性前列腺炎。慢性期有时可急性发作，出现急性前列腺炎症状或长期尿道口滴有血色或脓样分泌物。

直肠指诊可发现前列腺肿大、触痛、局部温度升高和外形不规则等。正中缝可能不容易辨认出来，发生脓肿时会出现波动区域。如果脓肿破裂，脓液流入腹腔，病犬可能发生腹膜炎、败血症而迅速死亡。

3. 诊断 诊断主要依靠病史，体格检查，以及血、中段尿的细菌培养结果。对病犬进行直肠指诊是必需的，但禁忌进行前列腺按摩。用尿常规分析及尿沉渣检查可排除尿路感染。

B 超检查可以发现前列腺实质回声不均或减少，局部出现不规则的高回声，但没有前列腺炎的特异性表现。在充满液体的脓肿或囊肿区域则出现低回声到无回声，无法区别前列腺脓肿和前列腺囊肿。在超声引导下用 6～15cm 长的脊髓穿刺针对脓肿、囊肿及前列腺实质进行细针抽吸，避免伤及前列腺尿道，对采集到的前列腺液或组织进行培养检查和药敏试验。超声波图像的变化与前列腺组织培养没有很好的相关性，评价培养结果时必须考虑细菌的数量和类型，考虑样本中中性粒细胞和鳞状上皮细胞的有无及它们的数量。通过精细针头的抽取物可对 70%的前列腺炎作出诊断，但可能造成出血和/或引发针道感染。

诊断急性前列腺炎要采集精液的第三部分，如果怀疑同时发生了睾丸炎，要分别采集精液的第二部分和第三部分。要先采集膀胱尿液（膀胱穿刺法获得）和尿道分泌物，与精液样本一起进行定量培养，对结果进行比较才能确保精液培养结果解释的可靠性。每毫升精液中超过 100 000 个菌体才有诊断意义。发生急性前列腺炎时，最后部分精液中可见到大量白细胞，细菌的数量远远超过尿道中任何一种细菌的数量至少10 倍，甚至 100 倍或者更多。前列腺液进入精液后会降低精子的活力。如果并发细菌性膀胱炎，情况就变得更加复杂，结果解释就更加困难。患有急性前列腺炎的犬很难采到精液，30%的健康犬精液培养为阳性。

4. 预后　急性前列腺炎能发展成为急性睾丸炎、慢性前列腺炎、慢性睾丸炎，停用抗生素后要再次评价。

5. 治疗　急性前列腺炎治疗的原则是使用广谱抗生素，手术疗法有穿刺引流、前列腺切除术和睾丸切除术。

（1）*抗生素疗法*　要选择能透过血液-前列腺屏障的抗生素。血液和前列腺间质 pH 为 7.4，前列腺液 pH 为 6.4。具有较高 pK_a、较高脂溶性和较低血浆蛋白结合性的抗生素，才能够有效地穿过血液-前列腺屏障。部分或全部符合这三项标准的抗生素有氯霉素、磺胺类、甲氧苄啶、红霉素、林可霉素和氟喹诺酮类。在细菌培养和药敏试验结果出来之前，先用恩诺沙星或环丙沙星控制感染。急性前列腺炎时血液-前列腺屏障遭受某种程度的破坏，许多脂溶性较低的抗生素得以进入前列腺组织，如青霉素、先锋霉素、土霉素和氨基糖苷类，应用之后临床症状往往迅速消失，病情可以得到改善。

开始时静脉注射抗生素，待发热等症状改善后可改为肌肉注射或内服药物，疗程持续 4～6 周。如果产生了耐药性就要改换药物敏感性高的抗生素，或者选用低剂量的长效抗生素。长期抗生素治疗会产生明显的副作用，如长期应用甲氧苄啶等磺胺类药物可能会产生干燥性角膜结膜炎、可逆性的甲状腺功能减退、尿石症、免疫性关节炎、肝病及由于叶酸不足造成的贫血。使用此药超过 30 天就要当心。每天应用 5mg/kg 叶酸，贫血状况可以得到改善。

抗生素治疗期间每 3 周进行一次前列腺液培养，直到培养为阴性才可能停止使用抗生素，并在停药后 3 周再进行一次前列腺液培养，以确保感染真正消失而不是暂时受到抑制。如果开始治疗时前列腺液细菌生长表现为阴性且抗生素治疗使得临床症状好转，应在继续使用抗生素 3 周后重新进行前列腺液培养；如果抗生素治疗没有疗效，应尽快进行前列腺液培养，尤其是最初没有进行前列腺液培养的。如果停药后感染复发，就应按慢性前列腺炎治疗。

配合使用非甾体消炎镇痛药及雌激素拮抗药他莫昔芬，对缓解症状有一定的帮助。

（2）*前列腺切除术*　对于前列腺形成脓肿，抗生素穿过脓肿壁的作用很弱，穿刺引流也不能根治。切除前列腺，再结合抗生素治疗，可以成功治疗犬前列腺脓肿。切除前列腺易损伤输精管而导致不育。如果要保存动物的生殖能力，手术时要小心避开输精管。

（3）*睾丸切除术*　切除睾丸可以减小前列腺的体积，从而减小被感染组织的体积，可使治疗时间缩短 4～5 周，对于没有种用价值的公畜是一个有效的辅助疗法。实验诱发切除睾丸犬的细菌性前列腺炎，比对照犬的发病时间短。在睾丸切除术前用抗生素几天以缓解感染，可以防止前列腺纤维化。

第十九节　慢性前列腺炎

慢性前列腺炎（chronic prostatitis）是急性前列腺炎治疗失败的后遗症，或是没有前列腺病史的出乎意料的结果。犬慢性前列腺炎比急性前列腺炎常见。

1．病因　慢性前列腺炎多由急性前列腺炎转变而来。

2．症状　慢性前列腺炎症状基本与急性前列腺炎相同，只是很少出现全身症状，局部症状较轻微，病程较长。通常的症状是尿道反复慢性感染，早晨第一次排尿时尿道排出血液或脓液，或在它的卧处周围发现有血液或脓液，严重感染时尿道经常流出分泌物，里急后重，大小便困难，或排便时痛苦嚎叫。

前列腺呈对称或不对称性增大，没有疼痛。如果前列腺内有囊肿或脓肿，或许能触到波动区域。

3．诊断　需详细询问病史和全面体格检查（包括直肠指诊）。用两杯法或四杯法进行尿液病原体定位试验。根据临床症状和对前列腺液进行培养可以确诊。

当出现脓尿、血尿和菌尿时，应引起对慢性前列腺炎的高度怀疑，并注意与膀胱结石伴有继发感染的鉴别诊断。B 超检查，前列腺脓肿出现低回声或无回声区域，不好与前列腺囊肿相区别；前列腺钙化或纤维化出现回声遮蔽。血液涂片可能发现幼稚型嗜中性粒细胞。

50%的慢性前列腺炎患犬通过耻骨前缘穿刺术获取的尿液细菌培养为阳性，对病原菌的鉴定必须依赖于前列腺液的细胞学培养。

前列腺按摩是获取前列腺液的一种方法。犬排尿后侧卧保定，向膀胱内插入导尿管，抽取按摩前尿液样本。如果此时膀胱中没有尿液，向膀胱中注入 5～10mL 生理盐水，反复冲洗几次，将最后一次冲洗的液体吸出保存，用作按摩前尿液样本。然后在直肠触诊的指导下回抽导尿管，使导尿管的管口退到前列腺尿道开口之后停下来，再用手指按摩前列腺 1～2min。然后用手指捏住尿道外口，通过导管缓慢注入 5～10mL 生理盐水，并要不停地进行温和的抽吸，要点是让液体既可以流出导管，又不会进入膀胱，通过液体在前列腺尿道处的来回流动收集前列腺液，这是按摩后样本。或者在冲洗液来回流动几次后冲入膀胱，导管再次前伸插入膀胱，从膀胱中抽取按摩后样本。采集到按摩前样本和按摩后样本后立即离心，分别对上清和沉渣进行细菌培养和细胞学检查。正常犬按摩后样本是清的，只能看到少数的红细胞、白细胞、鳞状上皮细胞和过渡型上皮细胞。混浊或有出血的按摩后样本炎性细胞增加，有大量细菌生长可以诊断为前列腺炎。培养物通常为阴性或含有少量微生物，这可能与插入导管时的污染有关，但不能排除慢性前列腺炎。有时不一定能获得按摩后样本。收集前列腺液的过程不是无菌的，区分尿道疾病还是前列腺感染是有困难的，当尿道感染时很难检测出按摩后样本中细菌数量的增加。在膀胱和尿道感染的情况下，可先注射一次氨苄西林，24h 后再采取前列腺液样品。氨苄西林不能进入前列腺，在膀胱和尿道中的浓度较高。

当出现下列情况时应怀疑样本是否污染：中性粒细胞的数量很少，只有革兰氏阳性菌生长或多种菌体生长，或出现鳞状上皮细胞。如果大量细菌生长尤其革兰氏阴性菌，或细菌只在纯培养基中生长，或出现大量中性粒细胞，就要怀疑是否是感染。

4. 预后　慢性前列腺炎可引起睾丸炎、附睾炎和不育。不育可能是由继发睾丸炎后体温过高，生精细胞免疫介导破坏，或者是产生细菌毒素后使精子死亡所引起。

5. 治疗　治疗慢性前列腺炎，要选择能透过血液-前列腺屏障的抗生素，要选择对致病细菌敏感性高的抗生素。

高浓度红霉素对多数革兰氏阴性菌也有抗菌作用，溶液为碱性时可提高抗菌效能。红霉素配合碳酸氢钠，每天 3 次。氯霉素在前列腺液内浓度能达到血液的 56%～65%，可选用试治此病，每天 3 次。氟喹诺酮类抗生素也可有效地进入前列腺。

慢性前列腺炎经常需要进行 8～12 周甚至更长时间的抗生素治疗。要每 6 周进行一次前列腺液培养，至少连续两次的培养结果均为阴性时才能停药。如果感染不能消除，必须一直使用抗生素来防止泌尿道感染。长期使用抗生素必须考虑不良反应，如长期使用磺胺甲氧嘧啶会出现干性角膜结膜炎。

细菌培养为阴性的慢性前列腺炎，抗生素治疗大多为经验性治疗，理论基础是推测某些常规培养阴性的病原体导致了炎症的发生。抗生素治疗时先用氟喹诺酮类抗生素 2～4 周，在临床症状确有减轻时再继续应用抗生素，总疗程为 4～6 周。

配合使用非类固醇消炎镇痛药，对缓解症状有一定的帮助。

适当的前列腺按摩可促进前列腺腺管排空并增加局部的药物浓度，进而缓解慢性前列腺炎的症状，可作为慢性前列腺炎的辅助疗法。

睾丸切除术能促进此病痊愈，可以用作辅助疗法。犬实验性的慢性前列腺炎在诱导感染后 2 周睾丸切除术能够促进感染的自然消退。使用非那雄胺也有助于减小前列腺的体积。

对前列腺脓肿要采取综合治疗措施，必要时可采取手术疗法。

第二十节　无 精 子 症

无精子症（azoospermia）是指射出的精液澄清无色，其中没有精子。无精子症通常是后天获得性疾病，继发于睾丸功能不全，大多数病例的两侧睾丸显著退化。患病动物交配时能射精，精液体积亦可以正常，临床上又无明显症状，常因不育就诊时被发现。无精子症是雄性不育中病因复杂、治疗困难的一种综合征，可能有一定的遗传性。无精子症常见于纯种犬，拉布拉多猎犬最为常见，也有苏格兰犬病例，也可发生于杂交犬，平均发病年龄为 3.7（1.5～8.0）岁，精子生成突然停止，约 45%的病例在发病前至少繁殖过一胎幼畜。

有时会发生不完全射精，射精过程在射出精液的第一部分之后就提前结束，或者空过精液的第二部分而射出第三部分，以至采集到的精液中没有精子。不完全射精见于公犬胆怯，性欲不高，没有发情母犬在场，在它不熟悉的区域采集精液，采精过程疼痛等。即便是正常的动物，偶尔也会发生不完全射精。因此，采精时要注意技术细节，避免导致假性精子减少和偶尔的无精子症，要在公犬处于最佳状态进行过几次采精都没有发现精子之后，才能作出无精子症的诊断。

1. 病因　无精子症潜在的原因包括两侧输精管或附睾管阻塞、逆行射精、性腺功能不全、药物、全身疾病、遗传因素、环境因素。无精子症的原因可以分为睾丸前性、睾丸性和睾丸后性三类。

（1）*睾丸前性无精子症*　垂体或丘脑下部出现肿瘤，垂体功能减退，FSH 和 LH 产生和释放出现障碍，并使精子生成和睾酮合成受损，可引起睾丸变性和萎缩，但无炎症发生。公犬肾上腺皮质功能亢进，甲状腺功能减退及体温升高会削弱精子的生成。通过详细的病史，全面的体检，甲状腺素测定，肾上腺功能测定，GnRH、FSH 和 LH 测定来排除睾丸前和睾丸因素。

（2）*睾丸性无精子症*　睾丸有两种主要功能，睾丸曲细精管产生精子和睾丸间质细胞分泌睾酮，对精子的发生、生长起决定性作用。当致病因子通过直接途径作用于睾丸或通过机体间接作用于睾丸，影响睾丸的生精功能，使睾丸不能产生精子。常见的病因有：①睾丸先天性异常，包括睾丸发育异常和睾丸位置异常，如无睾丸、雌雄间性、雌性假两性畸形、母犬 79/XXY 或 XX 性反转、生殖细胞不发育、隐睾。睾丸有程度不同的发育不全，体积较小，质地坚硬，或者相反比较柔软，容易触到附睾。大多数病犬有正常的性欲，但无精子。②外伤、手术、辐射、发热、感染或长期接受大剂量糖皮质激素造成的睾丸损伤。③睾丸炎、睾丸自体免疫紊乱和睾丸肿瘤。睾丸发炎会严重影响精子的生成，引起精子数量减少直至无精子症。睾丸肿瘤破坏睾丸组织引起炎症，提高阴囊内的温度，生成的雌激素或雄激素对垂体和丘脑下部产生负反馈作用，从而引起无精子症。偶尔阴囊皮炎也可引起无精子症，但受影响犬的性欲正常。1%～10%的无精子症犬的生殖细胞不发育，睾丸组织中只有支持细胞。④药物影响，如硝基呋喃类、安体舒通、5-羟色胺、四氧嘧啶、单胺氧化酶抑制剂、白消安、苯丁酸氮芥、长春新碱、环磷酰胺、氨甲蝶呤、灰黄霉素、两性霉素 B、大量阿司匹林等。

（3）*睾丸后性无精子症*　两侧附睾或输精管节段性发育不良，输精管路在此中断，虽然保持正常的射精反射，但射出的精液中无精子。仔细触诊睾丸、附睾及精索可以查明此种缺陷。附睾创伤、感染和发炎可引起输精管和附睾管阻塞，切断或结扎输精管，结扎附睾尾造成精子流出障碍，表现无精子症，仔细触诊睾丸和附睾可能发现疼痛、发炎或者团块损伤。超声检查睾丸、附睾、输精管和前列腺可能找出这些器官结构的不正常。

2. 诊断　正常射精过程中会有些精液逆流进入膀胱。完全的逆流射精很少见，但对于无精子症的犬应该考虑到这是个潜在的问题，可以在射精后通过膀胱穿刺术收集尿样来进行诊断。部分逆流射精导致精子减少，在尿分析中可以见到大量的精子。母猫交配后立即用 1mL 生理盐水冲洗阴道，可收集到精子。公猫射精时 46.8%（15%～90%）的精液回流进入膀胱，射精后做膀胱穿刺收集尿液进行尿沉渣检验，可收集到精子。犬逆向射精可用拟交感神经药进行治疗，苯丙醇胺 3mg/kg 每天内服 2～3 次，或假麻黄碱 3～5mg/kg 每天 3 次，或者在人工采精或尝试交配之前 1h 和 3h 使用，亦可尝试使用抗胆碱能作用的三环抗抑郁药。

详细询问有无影响精子输出管道通畅的疾病和外伤史，如睾丸炎、附睾炎、附睾结核及睾丸生精功能受损等，过去和当前的治疗用药情况，是否服用过影响睾丸生精功能的药物。寻找环境及家里或外面的潜在化学物质和毒素。全身性疾病可能影响生精过程，全血细胞计数、血液生化检查、血液甲状腺浓度测定、尿液分析等可以作为全身疾病检查的方法。健康犬血液 FSH 浓度≥130ng/mL，严重睾丸功能不全犬血液 FSH 浓度≥250ng/mL。血液 FSH 浓度升高，可能是支持细胞受损抑制素分泌不足，血睾屏障也可能遭到严重甚至是不可逆转的损伤。相反，血液FSH浓度正常或降低的无精子症犬可能是导管系统发生阻塞、逆行射精或采样错误。

发病动物没有明显的外在症状。仔细进行生殖器官的检查，如有无触及输精管，输精管有无结节、增粗变硬，附睾及睾丸有无触痛，睾丸大小和质地是否正常。触诊可以发现睾丸体积和硬度变化的情况组合有：45%体积硬度都正常，35%仅变得柔软，10%体积缩小坚硬，5%体积缩小柔软或者5%仅体积缩小。两侧睾丸变性及可触性的软化是两侧输精管切除或附睾尾部结扎的表现，这种睾丸改变在无精子症犬中更为普遍。变软或变硬的睾丸，严重变性或纤维化变性的睾丸，不太可能具有正常的功能。若第二性征正常，两侧睾丸的体积和质地正常，血液FSH浓度在正常范围，可初步诊断为阻塞性无精子症。精液中的碱性磷酸酶来自附睾，测定精液中碱性磷酸酶浓度可以区分引起无精的原因是输精管闭塞还是睾丸问题。正常犬精液的碱性磷酸酶浓度高于5000IU/L，发生不完全射精和两侧附睾远端精子输出通道阻塞时，如附睾部分发育不全、精子囊肿、精子肉芽肿等，精液中碱性磷酸酶通常低于1000IU/L。真正无精子症的公犬，除了两侧精子输出通道阻塞外，精液中碱性磷酸酶的浓度通常高于5000IU/L。

遗传因素也可以导致不育。若第二性征发育不全，性功能减退，血液FSH浓度高于正常，生殖器官异常或不成熟，如雌雄间性，以及近交或长期不育的犬，应该怀疑睾丸发育和精子发生的先天性缺陷，进一步进行染色体组型分析。

睾丸细菌感染的诊断需要对精液、尿液进行需氧菌、厌氧菌及支原体的培养，细胞学检查，布鲁菌免疫学检查，注意进行自体免疫性睾丸炎的检查和诊断。对培养结果的解释必须谨慎。分离到的细菌可能是导致不育的原发性感染，也可能是继发性感染，还可能是污染所致。精液中分离的细菌可能不同于睾丸组织和前列腺中分离到的细菌。然而，对于无精子症的犬，当细菌培养阳性的时候，就要采取抗生素疗法。

当上述诊断找不出原因时，可以考虑进行附睾抽吸或睾丸活组织检查。附睾尾部抽吸可以对精子活性、炎性细胞或细菌作出评估。

如果无精子症的原因没有确定的话，犬最少应该有两个月的时间不进行交配和采精。在此期间，所有潜在影响生精作用的因素都应该降到最低或者排除，如药物、食物供应和高强度工作。两个月之后，进行全面的身体检查，特别要注意睾丸大小、形状和坚韧度的改变，还要做精液分析。如果无精子症仍然存在但睾丸正常，过2～4个月之后再次进行检查。经过6个月左右，对大部分的犬可以找到无精子症的潜在原因。在此期间，通常可以发现身体的不正常，特别是有关睾丸方面的异常。

第二十一节 精子减少症

精子减少症（oligozoospermia）是指每次射精的精子总数少于1×10^8个。睾丸每天产生的精子数量取决于睾丸实质组织的质量，睾丸体积与体重和阴囊宽度有很好的相关性。犬精液中精子总数正常不低于300万个。小型犬的睾丸空间小，每磅[①]体重精子不

① 1磅（lb）=0.453 592kg

少于 10 万个。如果有试情母犬在旁边，人工采精的精子数量会增加。射精频率对精子浓度有着直接的影响。如果频繁交配或采集精液，精子总数会减少；附睾储存的精子耗尽后，再次采精的精子总数代表睾丸产生精子的量。犬每天可输出 29 500 万～47 500 万个精子，每天交配一次在较长时间内不应该出现精子减少。随着年龄的增长，每天的精子产量逐渐减少，节制使用可以积累附睾精子，重新获得很好的生殖能力。夏季犬精液的质量会下降，表现为射精精子总数目的下降。犬被关进笼子里的头 8～60 天会发生睾丸退行性变化，等关到 4 个月或更长时间后可以恢复。

精子减少并不一定会造成不育，15 000 万～20 000 万个精子可以使得母犬顺利妊娠。精子减少和无精子症取决于疾病的严重程度、生殖道的情况及相关疾病的发展阶段。大部分无精子症的病因可以导致精子减少，精子减少比无精子症更为普遍。随着时间推移，精子减少可以最终导致无精子症。

1. 病因　隐睾、睾丸肿瘤、睾丸炎、睾丸发育不全、衰老可以引起睾丸精子生成减少。甲状腺功能减退可继发性欲下降、睾丸变小变软、精液体积和/或精子数量减少。垂体促性腺激素减少引起性腺功能低下，导致精子减少。睾丸自身免疫使生殖细胞脱落也可影响精子的发生，睾丸网及附睾的自身免疫可造成精子输出阻断。

许多药物可以导致精子数量下降，造成生殖障碍。糖皮质激素抑制 LH 的合成和释放，雌激素、雄激素和孕酮对丘脑下部和垂体负反馈，化疗药物对生殖细胞有直接副作用，酮康唑阻碍雄激素合成，灰黄霉素抑制精子发生，两性霉素 B 中止精子成熟，西咪替丁降低垂体对 GnRH 反应，GnRH 类似物或 GnRH 拮抗物直接在丘脑下部和垂体起作用。此外，抗胆碱能药、麻醉药、普萘洛尔、地高辛、噻嗪类利尿剂、抗肿瘤药等，也都具有对精子生成不利的副作用。这些药物对精子生成的副作用一般在停药后消失。糖尿病、应激、肾衰也可导致精子减少。

超过 10 岁的犬，睾丸发生衰老性萎缩，大型品种达到 8 岁就不宜再作种用。不完全射精和逆行射精后也会表现精子减少。

2. 诊断　精子数量存在明显的个体差异，同一个体在不同时期内也有差异，间隔 2～5 天多次重复检查精液，每次射精的精子总数少于 1×10^8 个。在作出诊断之后，根据病因不同区分原发性精子减少和继发性精子减少。

3. 治疗　犬精子减少的治疗要根据病因来决定。前列腺炎在特效的抗生素疗法后数天内就可见精子数量的增加。如果睾丸出现广泛性的炎症，纤维化或变性，并呈淡紫色，就不太可能恢复正常的生殖功能。在患单侧睾丸炎的公犬，切除感染侧的睾丸可以避免未感染侧遭受局部炎症或全身免疫应答。甲状腺功能减退的犬，适当补充甲状腺素（0.01～0.20mg/kg，每天 2 次）可以使患犬恢复繁殖，除非患犬并发甲状腺炎或睾丸炎及全身自体免疫性疾病。在停用对生殖功能有毒害的药物后，精子生成和精液中精子的数量会增加。

对于原因不明的精子减少，可在采精前 15min 皮下注射 0.1mg/kg $PGF_{2\alpha}$，或者在采精前 60min 肌肉注射 1～2μg/kg GnRH。还可以在采精前几分钟给采精员的工作服喷上犬的性外激素。

可尝试使用 GnRH 或 hCG 治疗先天性精子减少。中药八味地黄丸对轻度精子减少有一定的治疗作用。至少要等 3 个月才能看到精子数是否增加。

频繁射精，特别是对于精子发生减少的犬，精子数会减少得更快。交配间隔延长到2～5天以上，积累附睾精子储存，可以提高生殖性能。

第二十二节　精子畸形

精子畸形（teratozoospermia）是指精液中形态不正常精子的比例增加。犬精液中形态正常的精子占80%或更高，夏季形态正常精子比例有所下降。原发性精子形态异常者形态正常的精子少于10%，继发性精子形态异常者少于20%。然而，具有30%以上畸形精子应该视为很严重的问题，特别是对于不育的犬。

1．病因　精子畸形分为原发性和继发性两种类型。精子形态异常主要是在精子的发生中形成的，代表精子生成不正常，称为原发性畸形；在附睾存储和精子处理过程中形成的精子形态异常是非特异性的，称为继发性畸形。精子处理过程中渗透压不适宜，可导致尾部曲折畸形；采精频率高时，附有原生质滴的未成熟精子增加。继发性精子畸形可能是在导管运输过程中产生的，也可能是由环境因素、药物、全身疾病、生殖道感染、睾丸损伤、睾丸肿瘤、睾丸炎、附睾功能障碍、前列腺炎、昆虫叮咬阴囊、体温升高引起的，或者是由于阴囊肥大引起阴囊内温升高及长时间没有交配或交配过度造成的。精液处理和制作涂片的时候也能产生畸形精子。在进行诊断之前，应进行几次精液评估。如果形态缺陷持续存在，而且在病史和身体检查中没有发现任何线索，应该进行血细胞计数、精液生化检查、尿液分析等全身疾病的检查，用超声检查睾丸、附睾和前列腺，培养尿液和精液排除感染因素。

如果没有找出病因就停止交配，并设法将所有能够影响精子生成的因素降至最低或者排除，2个月后重新评估。如果精子畸形情况更严重，则进行彻底的历史调查和临床诊断，因为在2个月前进行的身体检查和诊断中可能存在遗漏。如果需要，这个时候可以做睾丸的活组织检查。如果精子畸形情况没有恶化或者有好转，则继续停止交配，过2～4个月后再次进行评估。

2．症状　畸形精子有顶体缺陷、头尾分离、近端小滴、末端小滴、双中段、中段卷曲、中段增粗、中段变细、尾卷曲、多尾等，这样的精子很快就会丧失受精能力。犬的生殖能力取决于畸形精子的类型和对精子功能的影响，畸形精子的比例及每次射精的总精子数。如果精液中精子总数和正常精子的比例正常，即使存在少数畸形精子，动物仍然有生殖能力；相反，如果精液中精子总数和正常精子的比例较低，则更容易发生不育。任何一种畸形的比率超过20%，头颈异常总数超过40%，未成熟精子达到20%，正常精子不到60%，就会导致受精力降低。

3．诊断　需要进行全面的病史及体检、精液评价和培养及布鲁菌免疫学检查。要间隔几天采集多份精液样品，对精子进行染色及显微观察。

4．治疗　在已知病因的情况下，治疗结果取决于病因，在痊愈后3～6个月才能见到精液品质的明显改善。如一侧睾丸出现肿瘤或发生睾丸炎，此睾丸激素分泌增加或者整个阴囊温度升高，可导致另一侧睾丸萎缩，切除这侧的睾丸可使对侧睾丸获得有效治疗。由包皮炎和阴囊浮肿引起精子畸形，治疗18周后恢复生殖功能，26周后精液恢复正常。一般而言，治疗后3个月未见好转，生殖功能的预后谨慎，6个月未见明显改善，则预后不良，治疗 12 个月后精液质量没什么变化则为生殖功能不可逆转，预后严重。

第二十三节　精子活力减小

精子活力减小（asthenozoospermia）是精液中精子的活动力下降。正常精液至少 70%的精子是向前运动的，以便从沉积处到达受精处，进而穿入卵子的放射冠及透明带。精子活力是精子的生活力和穿入卵子的能力，比精子密度及形态与生殖能力的关系更为密切。正常精子在丧失活动力前已经丧失了受精能力，而异常精子也可以表现为正常活动能力，但不能使卵子受精。

精子活力减小可能是动物对环境因素、药物、感染、发炎或者一些发热性疾病最先发生的反应，因而成了雄性不育症最常见的临床表现之一，与许多导致雄性不育的疾病密切相关。精子转圈运动或者往返运动是不正常的运动，精子无游动性不能等同于精子细胞是死的。目前还不清楚不正常运动精子的比例达到多少可造成犬的不育。精子活力小于 50%应该视为一个重要的指标，特别是对于不育犬。

精子活力受时间、温度等影响，精液采集或样本处理错误本身就可以造成精子活力减小。在进行精子活力减小的检查和诊断之前，应该连续几天进行几次采精。第一次射精中有大量的老化或死亡精子，这些精子的活力是降低的，在随后几天获得的精液样本就会正常。精子活力可因温度、酸性溶剂、水、尿液、脓汁、血液或者润滑剂的干扰而发生改变，某些水溶性润滑剂和乳胶可以降低精子活力。乳胶或塑料制品表面的加工过程残留物也会杀死部分或全部精子，降低精子活力。为了获得可靠的结果，必须认真仔细地进行精液采集和检查的各项操作。

1. 病因　精子活力问题反应睾丸和附睾的问题。引起精子活力减小的常见原因有环境因素、药物、生殖道感染、精子畸形、睾丸肿瘤。生殖道感染可以损害睾丸、附睾和前列腺的正常功能，引发自身免疫反应，改变精浆成分，从而影响精子的活力。精子活力减小通常与精子畸形联系在一起，影响精子形态的疾病也能影响精子的活力。精浆内的锌离子、果糖、肉毒碱、磷酸二酯酶等的浓度对精子运动有较大的影响，这些成分浓度的异常可影响精子的活动能力。精子成熟与血液睾酮浓度有关，血液雌二醇浓度增高、FSH 和睾酮浓度下降等生殖内分泌异常会影响精子的运动功能。精子活力减小也罕见于精子的不动纤毛综合征，是由精子尾部纤毛结构异常所引起。

犬的阴囊皮肤极为敏感，受到外伤、昆虫蜇刺、消毒药液刺激、被犬舔舐都能引起阴囊皮炎，进而导致精子活力减小。

动物中等程度的发热可导致精子活力表现一过性下降；阴囊受到 38～40℃热处理，在 5 天内就表现出精子活力减小；阴囊受热数天精子就会完全失去活力，恢复精子活力要等到 30 天之后；阴囊受热 10 天就会对精子活力造成不可逆转的损害。

如果精子活力减小持续存在但找不到任何可疑线索，应该进行身体检查、精液分析、血细胞计数、精液生化分析、尿液分析等，看是否存在全身疾病，超声检查睾丸、附睾和前列腺看是否存在局部异常，通过尿液和精液的细菌分离培养来排除感染的可能性。

如果还没有找出病因，犬应该性休息两个月，降低或排除所有可能影响精子活力的因素，然后重新进行评估。如果情况更糟，应该进行全面的身体检查，回顾以前的检查结果，看以前的检查是否存在遗漏，找出生殖道此前就出现的异常。如果没有检查出生殖道异常，犬应该性休息 2～4 个月后再检查。

2．诊断　精子活力减小经常与多种精液异常同时存在。在很多情况下，原发性疾病对生殖功能其他指标的影响可能比对精子活力的影响更严重。因而，精子活力减小的诊断需要进行全面的病史和身体检查、精液评价和培养、布鲁菌免疫学检查。对精子尾部横切面进行超微检查可以查出精子尾部微管纤维蛋白的缺陷，判定精子是否有不动纤毛综合征。曙红-苯胺黑染色，活精子不接受染色呈现出黑背景下的白色，死精子接受染色呈现粉红色，可以用来确定死精的比例。

3．治疗　对于生殖道感染进行抗生素治疗。

对于促性腺激素低下的性腺功能低下症、高催乳素血症，可以连续半年至一年少量补充雄激素改善精子功能。

腺苷三磷酸（ATP）能为精子提供能量促进鞭毛运动，是提高精子活力的重要药物。可可碱、胰激肽释放酶、甲基黄嘌呤类药物、锌剂、维生素 E、维生素 A、甲状腺素等也都有提高精子活力的作用。

患有睾丸肿瘤时，采取单侧睾丸切除的方法进行治疗后，对侧睾丸仍具有生殖能力。

第二十四节　不育的检查

兽医主要在两种情况下检查公畜的生育能力，即诊断不育及查清其生育能力是否达到交配所需要的水平。交配前对公畜进行生殖健康检查可以减少母畜不能妊娠的机会，这是动物健康管理的重要环节，也是种畜交易的重要组成部分。种公畜生育能力检查的最大用处是鉴别和淘汰生育能力低和丧失的动物，但由于还没有灵敏和特异的判断生育能力的标准，因此目前尚无判断公畜生育能力为接受或不接受标准。

公畜要具有正常的生殖能力，有赖于生成足够数量和正常形态的精子、性欲和交配能力正常、卵子能够受精着床、产出成活后代。但是，要判别这些功能是否正常，往往缺乏明确的标准；精液品质检查固然是衡量公畜生殖能力高低的重要指标，但是这些指标如密度、活力、畸形精子百分率等与公畜生殖能力的关系并不是绝对的。公畜不育的表现通常是：①不能产生或射出正常的精子；②不能正常交配；③正常交配后不能使母畜妊娠。引起公畜不育的原因按性质不同可以概括为七类，即先天性（或遗传）因素、营养因素、管理因素、生殖技术因素、衰老、疾病和免疫（表 14-1）。

表 14-1　公畜不育的种类和原因

<table>
<tr><th colspan="2">不育的种类</th><th>引起的原因</th></tr>
<tr><td colspan="2">先天性不育</td><td>染色体异常，睾丸发育不全，尿道下裂</td></tr>
<tr><td rowspan="3">获得性不育</td><td>营养性不育</td><td>过瘦或肥胖，维生素不足，矿物质不足</td></tr>
<tr><td>管理性不育</td><td>运动不足，交配过度</td></tr>
<tr><td>生殖技术性不育</td><td>本交：发情鉴定失误，公母畜体格不匹配，交配场地不习惯等
人工授精：错配，精液处理不当等</td></tr>
</table>

续表

<table>
<tr><th colspan="2">不育的种类</th><th>引起的原因</th></tr>
<tr><td rowspan="3">获得性不育</td><td>衰老性不育</td><td>生殖器官萎缩，生殖功能衰退</td></tr>
<tr><td>疾病性不育</td><td>睾丸肿瘤，睾丸萎缩，睾丸炎
包茎，阳痿，阴茎损伤
前列腺增生，前列腺炎
无精子症，精子减少，精子畸形
结核病，布鲁菌病</td></tr>
<tr><td>免疫性不育</td><td>精子的特异性抗原引起免疫反应，产生抗体，使生殖功能受到干扰或抑制</td></tr>
</table>

导致公畜不育和生殖能力低下的疾病有的很容易检查出来，如由于生殖系统功能损伤和外生殖器损伤所引起的生精障碍、不能交配或不能正常射精。但是，其他器官异常也可能直接或间接影响丘脑下部-垂体-睾丸的内分泌功能，进而影响到精子的发生和性欲；一些外部症状表现不明显或呈慢性经过的生殖系统疾病，在临床上特别是在发病初期往往被忽略，以致这些疾病对生殖能力所造成的影响很难及时得到克服和矫正。可见，全面的身体检查对于评价公畜的不育很重要。身体检查的内容除了对全身各个系统器官的检查之外，还应包括品种、年龄、体型、个体发育、营养状况、遗传缺陷、免疫注射、步态、行为表现、管理、环境等。老龄公畜精液品质、性欲和交配能力容易降低，四肢和背部疾病可影响性欲和交配；年轻公畜要能识别发情母畜和具有性经验。在对其他器官系统已经检查过之后，再对生殖系统进行全面的检查。对不育公畜和生殖能力低下公畜进行全面系统的检查和诊断，能为发现问题提供最好的机会。不加选择地使用生殖激素和药物治疗通常是无效的，而且有潜在的危险性，还会给以后的诊治造成混淆。在对不育的公畜进行准确诊断和适当治疗后，转归为可以繁殖的比例不超过 10%；对于生殖能力低下的公畜，除了某些遗传性缺陷难以治疗或不应治疗外，大多数病例在消除获得性病因后，生殖能力可以得到一些改善。

一、临床检查

（一）病史调查

全面收集病史有助于找出那些影响繁殖的潜在的或永久的因素。在过去 6 个月之内，患有发热或其他一些全身性疾病，如慢性肝炎、肿瘤、肾衰竭，或一些慢性消耗疾病，以及在过去 6 个月之内治疗用药，如抗真菌药、类固醇和化疗药物，都会影响精子发生而导致精液质量变差。饲喂全肉食物或非商业性饲料可能引起精液缺乏，因为维生素 A 或其他营养物质缺乏容易引起睾丸发生变性、退化。使用糖皮质激素、孕酮、雄激素等能抑制促性腺激素分泌，严重影响精子生成。应了解使用激素类药物的时间、剂量、个体反应等。近亲繁殖公畜的生殖性能较低，产子数和幼畜成活率下降。了解公畜以前是否患过生殖疾病，发病治疗经过及治疗结果如何，睾丸、阴茎或阴囊是否受过损伤或发生过疾病。

对发情母畜是否有交配兴趣和能力，交配和采精的频率，采精记录，近年配种的母畜的年龄、胎次、数目和受孕情况，产仔数和新生仔畜的死亡率进行调查。

对生殖管理和母畜进行彻底检查。在许多病例中，问题出在繁殖时间不当、环境不合适、人工授精技术错误或者母畜有生殖问题。应了解确定交配时间的方法，了解自然交配或人工授精的方法和步骤。

为了不浪费时间去询问一些繁杂的问题，避免在繁忙的工作中遗漏对一些重要条目的询问，在开始对不育公犬进行临床检查之前，先请犬主书面回答表 14-2 所列出的基本问题，使得兽医能够在此基础之上迅速了解背景情况，作出从何处着手工作的正确决定。这个评价犬不育的调查问卷也同样适用于猫，有些内容要做相应改变或调整，如是否观察到交配及交配的次数等。

表 14-2　不育公犬的畜主询问表（引自 Feldman and Nelson, 1996）

一、犬名：　品种：　年龄：	登记日期：		
二、普通病史（不包括生殖问题）			
1．该犬最近是否进行过疫苗接种？	是	否	
2．该犬以前是否患过需要住院的严重疾病？	是	否	
若有，请作简要描述：			
3．该犬以前是否发生过创伤？	是	否	
若有，请作简要描述：			
4．该犬近半年来是否出现过 40℃以上的高烧？	是	否	
5．该犬是否：			
a．呕吐？	是	否	
b．腹泻？	是	否	
c．多饮？	是	否	
d．多尿？	是	否	
e．有正常的玩耍和运动能力？	是	否	
f．有正常的身高和体重？	是	否	
g．有正常的皮毛？	是	否	
h．有其他问题？	是	否	
若有，请作简要描述：			
6．该犬是否进行过甲状腺功能检测？	是	否	
7．该犬是否注射过甲状腺素？过去：	否	是	剂量：
现在：	否	是	剂量：
8．现在是否正在给犬使用药物？	是	否	
若是，请写出药物名称和剂量：			
9．该犬近期是否进行过严格的顺从或攻击训练？	否	是	时间范围：
若是，请写出每天训练时间的长度：			
10．该犬是否参加巡回表演或展出？	是	否	
若是，参加这些活动的大致频率：			
交通方式：			
最后一次参加的时间：			
11．请列出现在给犬食喂的食物和添加物：			

续表

三、繁育史			
1. 该犬繁育过后代吗?	是	否	
若是，最后一窝小犬的出生日期是:			
2. 该犬见到发情母犬时表现很强的性欲吗?	是	否	
若不是，那么该犬以前表现出过很强的性欲吗?	是	否	
若是，该犬表现过很强性欲的时间是:			
3. 该犬的阴茎是否能够:			
a. 勃起	是	否	
b. 插入	是	否	
c. 形成交配结	是	否	
若是，交配结持续的时间:			
4. 该犬是否能够射精?	是	否	
若是，射精是在插入前发生的吗?	是	否	
5. 你见到该犬的精液了吗?	是	否	
若是，精液是什么颜色?			
6. 该犬通常多长时间交配一次?			
7. 该犬最后一次交配的时间:			
8. 你是如何决定让该犬去交配的时间的?			
9. 该犬与最后一只母犬交配的次数是多少?			
10. 该犬进行过布鲁菌检测吗?	否	是	时间:
11. 该犬进行过精液评价吗?	是	否	
若是，最近一次评价的时间:			
最近一次评价的结果:			
12. 该犬包皮流出过分泌物吗?	是	否	
若是，请描述分泌物的性状:			
时间:			
治疗方法:			
13. 该犬的阴囊是否发生过:			
a. 肿胀	是	否	
b. 疼痛	是	否	
c. 发红	是	否	
d. 皮炎	是	否	
14. 曾经注意到该犬睾丸的体积或质地发生过变化吗?			
若是，请进行简要描述:			
四、同窝情况			
该犬同窝的其他母犬或公犬是否患有生殖疾病?	是	否	
若是，请进行简要描述:			
五、家族情况			
该犬家族其他母犬或公犬是否患有生殖疾病?	是	否	
若是，请进行简要描述:			

（二）生殖器官检查

阴囊表面覆盖有光滑柔软的被毛，阴囊皮肤厚度均匀，触摸没有损伤和疼痛。比较两侧阴囊的充盈度、对称性及悬垂的程度（睾丸变性、隐睾、短阴囊）；触摸阴囊皮肤有无破溃、增厚、热度和痛感；阴囊内有无多量液体（阴囊积液）和异物（阴囊疝）；阴囊皮肤有无皮炎、皮肤结核，有无睾丸切除术瘢痕，阴囊皮肤是否与睾丸鞘膜粘连；阴囊上的小瘤可能是肉芽肿和肿瘤；阴囊可能发生的肿瘤有扁平细胞癌、肥大细胞瘤、黑素瘤。阴囊壁薄可能见于积液、睾丸或附睾肿大或阴囊疝。

睾丸是椭圆形的，表面光滑，两侧形状大小对称，可在阴囊内自由移动，结实而有弹性，没有触痛。附睾的头部和附睾体在睾丸的背外侧，输精管沿着睾丸体中部回转。从附睾开始向腹股沟方向检查精索的状况。睾丸的体积和重量与每次的精液体积呈正比。测量阴囊周长可以相当准确地判断生精能力，并可作为评价生殖能力的一项重要指标，在临床上对判断睾丸先天性发育不全或睾丸变性具有重要的参考价值。检查睾丸是否位于腹股沟或腹腔（隐睾）。睾丸发育不全或睾丸萎缩时，睾丸会较小，而且比较柔软。老年时睾丸会萎缩。炎症或肿瘤性疾病时睾丸会扩大，触摸有疼痛见于睾丸炎和睾丸扭转。大范围硬化或形态不规则可能是睾丸变性或炎症后纤维化或钙化的结果，附睾尾松软可能是生精障碍或交配采精过度耗竭精子储备所致。附睾囊肿可能为精液滞留，硬结可能为肿瘤或精子肉芽肿。触摸腹股沟管的外口大小和深浅，检查腹股沟淋巴结是否肿大。

检查阴茎的大小，阴茎是否有疼痛、炎症、粘连、损伤、肿胀、流血、肿瘤。触摸阴茎骨的大小和构造，阴茎骨的骨折或短小导致交配能力下降。阴茎是否能够伸出，阴茎是否脱垂或形成嵌顿包茎，包皮是否损伤、肿胀、脱垂或外翻；包皮开口是否有分泌物排出，包皮腔内有无异物或积液，包皮与阴茎间有无粘连，包皮黏膜上有无淋巴滤泡。包皮的长度应该覆盖住阴茎，犬包皮中有脓性黏液性分泌物是正常的。向包皮腔内充入空气，可检查包皮腔的大小和是否发生粘连。使公猫阴茎伸出，检查是否存在阴茎异常、包茎、阴茎毛环和龟头角质化突起。

前列腺位于骨盆的入口，当膀胱充满尿液时会位于腹腔。通过直肠指诊可以检查前列腺的大小、形态、质地和对称性，以及有无炎性肿大和触痛。精液品质降低经常与前列腺疾病相联系。老年时前列腺会伴随着睾丸的萎缩而萎缩。如果怀疑前列腺有病变，应进行 X 线或 B 超成像检查。

（三）性欲及交配能力

观察和测定公畜感觉到发情母畜的存在或接触到发情母畜开始到阴茎充分勃起完成交配所需的时间，观察和测定公畜在单位时间内能够完成交配的次数，从而判断公畜的性欲及交配能力。观察的具体内容包括交配前准备阶段的先兆、试图爬跨的情况、母畜接受交配的情况、公畜骨盆冲击情况、阴茎在包皮内和包皮外勃起的程度等。在观察之前 12h，不能让公母畜相互接触；如果母畜不接受公畜，应改换其他发情母畜再进行尝试。

在自由状态下，公犬拒绝爬跨发情母犬时，可将母犬加以保定或者戴上嘴套后再让公犬接近。如果公畜对这头母畜不感兴趣，应改换其他发情母畜再进行尝试，可以找该公畜所熟悉和喜欢的母畜，甚至可以是卵巢切除的母畜。在用发情母畜逗引时，观察阴茎是否勃起及勃起的程度，伸出的长短和方向，是否出现螺旋形扭转或向下偏转，阴茎上是否有损伤或肿瘤。如不见阴茎伸出，应触摸包皮内是否有勃起的阴茎，以区别阳痿、包茎和阴茎粘连等情况。阴茎难以插入阴道时，则应检查母犬阴道是否存有阴道狭窄或阴道肿瘤。有的公犬在阴茎插入阴道之前，龟头就已充分勃起竖直，见有此种情况时，应立即将它同母犬分离开，待阴茎松软后再交配。公犬性欲旺盛但拒绝爬跨交配时，需检查是否存在有引起疼痛的病况，如前列腺感染引起的疼痛使射精受到抑制。类似地，由于关节（尤其是臀部、后膝关节或椎骨）疼痛，犬不能或者不愿意完成或维持正常交配的姿势，这就可以阻止公犬爬跨母犬和表现正常的骨盆冲击。伴有勃起和射精动作的射精失败，可见于性未成熟、疼痛、心理因素、药物治疗及交感神经性疾病、先天性或继发于糖尿病或脊髓损伤等疾病。

公犬的性别分化异常引起交配成功率下降。雄性假两性畸形外生殖器界于雌雄两性之间，既有雄性特征又有雌性特征。雌性假两性畸形犬有卵巢、前端阴道和子宫，阴蒂增大，或有类似阴门的包皮和发育不全的阴茎。真正雌雄同体同时具有公犬和母犬的性腺组织，不太可能表现出正常的交配行为，通常是不育的。心理上的约束可以阻止生理上正常的公犬获得正常的交配行为。在接触发情母犬和尝试爬跨插入时，有些公犬表现立即爬跨，而另一些公犬在接近母犬之前先进行交往和试探。如果公犬不对母犬表现出性欲的话，应该考虑以往的饲养及圈养环境。从3～12周龄起跟其他犬隔离饲养的公犬，在长大后出现正常爬跨和交配行为的可能性比同窝公犬要低。某些品系动物的性欲较低。先天性性欲低下的公犬，血液睾酮浓度通常是正常的。对于不射精的公犬，在采精或交配前给予1～2μg/kg GnRH，会引起性欲增加和正常的交配射精；给予雄激素可以增加性欲，也能取得相同的效果。然而，重复使用GnRH或雄激素都会抑制睾丸内雄激素浓度及精子生成，并且会恶化雄性激素依赖性疾病，如良性前列腺肥大和肛周腺瘤。

性欲正常但不育暗示睾丸、附睾或前列腺功能障碍，但睾丸间质细胞和血液睾酮浓度正常。反之，如果不育同时性欲下降，则表明睾丸间质细胞受损外周血液睾酮浓度降低，应该考虑内分泌病、激素分泌型睾丸肿瘤、外源性的激素调控，以往性交受伤、受罚或疼痛导致的心理问题；血液睾酮浓度降低还见于垂体-睾丸轴受到抑制，这普遍见于甲状腺功能减退、肾上腺皮质功能亢进、睾丸肿瘤。测定血液甲状腺素浓度，评价甲状腺对促甲状腺素刺激的应答，促肾上腺皮质激素刺激试验，睾丸超声检查，睾丸活组织学检查，可以帮助鉴别这些症状。许多导致后天获得性不育但有正常性欲的疾病，也可以导致睾丸间质细胞的毁坏和性欲的丧失。典型的获得性不育发生发展顺序是先丧失生殖能力，接着丧失性欲。在获得性不育发生发展过程中，睾丸体积正常或变小，睾丸质地正常、变软或变硬，最后外周血液睾酮浓度降低但LH浓度升高。同样，在垂体-睾丸轴受抑制病例中，也会出现睾丸变软或变小，从开始外周血液睾酮和LH浓度就都降低。因此，对于性欲降低不能就简单地下结论说是由于睾丸问题引起的。公畜明显无性欲时，应对它的系谱进行检查。

如果公猫爬跨时间延长、啃咬母猫颈部，在母猫的侧面踏步并作出骨盆部冲击动作，母猫没有出现配后反应，说明阴茎没有完全插入阴道。对发情母猫的前庭、阴道进行X线造影照相，可以看到母猫阴道是否存在阻碍公猫阴茎插入的先天性异常。让公猫与不同的发情母猫进行交配，就可以排除某只母猫存在异常的因素。母猫在交配后40天内血液孕酮浓度低于1ng/mL，说明发情猫没有发生排卵。排卵失败的原因之一是阴茎没有完全插入阴道，交配没有成功。有一半的母猫在经历过一次正常交配后不排卵，所以血液孕酮浓度低（＜2ng/mL）不能区分交配失败还是排卵失败。如果交配正常，排卵失败可以通过观察使用药物诱导排卵或重复交配一次后的反应来确诊。母猫不能排卵的原因还有：交配次数不够，交配时阴道刺激不够充分，先天性阴道异常，LH分泌不足。要留意，母猫在没有受到阴道刺激的条件下偶尔也可以排卵。

二、实验室检查

（一）精液检查

采精时将被检公畜隔离在一个安静的场所，用发情旺盛的母畜作为台畜，采用假阴道法收集精液。犬还可以透过阴茎包皮人工按摩阴茎头球采精，约20s就开始射出前列腺液和部分精液。

犬精液由射精过程中的前、中、后三部分组成，中间部分为牛奶色或乳白色，精子浓度最高。进行精液品质检查只需采集前两段精液。公犬在射出前两部分精液时，阴茎剧烈充血肿胀，这时要稳稳地掌握住假阴道和橡皮圆锥体，以便减小阴茎头部的顶冲力量，否则会引起阴茎膜破裂出血。发现射精时出血，必须查明是阴茎表面出血，还是由尿生殖道排出的血液。如果精液中含有血液或感染，可以采用逆行尿道造影术来确定发病的位置和感染的严重程度。在检查之前停止采精或交配4～7天。应连续采集3份精液，间隔2个月之后还应再检查1次，这样才能比较全面地分析陈旧精液和新鲜精液的情况及公畜的生精能力。想要了解睾丸变性及恢复的程度和过程，需要每隔6～8周反复进行精液检查。一些动物睾丸损伤恢复的早期征兆是大量异常精子被尾部带有质滴的精子所替代。虽然让胆小、性欲低或没调教好的公畜射精比较困难，但为了获得精液的样本，应该尝试。

精液采集后立即进行检查，整个精液采集、保管、检查各个环节的温度最好保持在37℃，避免温度剧烈或大幅度的改变；精液保管过程中还要避免光线直接照射。载玻片和显微镜的载物台应当温暖，不要接触酒精和润滑剂。精液样品应该进行需氧菌、厌氧菌和支原体培养试验，在对精液样品离心过滤后进行细胞学检验。精液培养可以鉴定前列腺炎、睾丸炎、附睾炎。采集精液后用穿刺术来收集尿样，进行精子沉渣检查，可作为逆向射精的一个指示剂。

犬精液的颜色是不透明的白色到乳白色，在静止状态不呈现翻腾滚动的云雾状。透明表示没有精子，明亮表明精子缺乏活力，暗灰表明精液含有脂肪小粒或细菌及炎性细胞，黄色表明精液含有尿液或炎性分泌物。偶尔的污染可能不会影响到生殖性能，但持续的污染就有影响，因为尿液对精子有毒害作用。红色或棕色表明精液含有血液，血液通常来源于前列腺疾病或阴茎损伤。轻微的出血不会影响繁殖，交配前等待时间过长可能导致前列腺出血。持续的出血可能由于前列腺良性增生、前列腺炎、前列腺瘤、凝血病或者尿道损伤造成。绿色或不均质的精液表明精液含有脓性分泌物，通常见于前列腺感染。pH增加与睾丸炎、附睾炎和前列腺炎有关。污染有尿液、血液或白细胞的精液，可加入稀释液后（700～1000）*g* 离心 5min，弃上清液，沉淀用稀释液混匀后可用于人工授精。

精液中没有精子或精子质量异常的可能原因有：性别分化异常、睾丸炎、睾丸外伤、睾丸变性、睾丸肿瘤、雄激素缺乏、使用类固醇激素、发热、辐射、全身性疾病。体重超过 13.5kg 的犬，精细胞总数应为 50 万个，最低有效数量为 20 万个，低于 20 万个者受精力下降。前进运动精子正常是 80%，前进运动精子在 70%以下者则为异常。除去精清后精子能保持活力数小时，且对冷冻有一定的抵抗力。进行精子抹片检查，形态异常的精子超过 20%者，受精力将大为下降。精子顶体呈圆顶样或为扁平的尖顶，以及精细胞中有大量的细胞质滴，都与不育有关。精子卷尾是阴囊受到刺激或创伤所致。少精和死精是雄性不育的一个特征。

在用显微镜评估精子的时候，偶尔会看到精子的凝集现象。凝集现象往往与睾丸和附睾的感染有关。由于感染导致的继发性炎症可以冲破血睾屏障，使得精子与免疫系统接触。抗精子抗体产生的时候，精子凝集现象就产生了。

很难收集公猫的精液，因而很难描述公猫的不育。如果不具备电射精法采集精液的条件，应该允许公猫与发情母猫交配，交配后从母猫阴道内可获得细胞学检验的样品。正常的精子可能很快就进入母猫的子宫，剩下异常的精子在阴道内。从阴道中获得的精子可能表现形态异常的比例较高，而且不清楚它们与原始精液质量的关系，但可以帮助区分无精猫和有精猫。公猫射精后，可采用尿道导管或膀胱穿刺从膀胱中获得精子。用这些方法，找不到精子不能证明没有射精或者精液中没有精子，找到精子可以肯定能生成和射出精子。给猫使用美托咪啶（medetomidine），然后再用尿道导管采集精子更加方便和可靠。

（二）生殖内分泌功能测定

GnRH 以波动的方式从丘脑下部释放，经由垂体的门脉系统到达垂体，刺激 FSH 和 LH 分泌；FSH 和 LH 同样以波动的方式从垂体分泌，经由全身血液循环到达睾丸。FSH 和 LH 分泌的波动稍微滞后于 GnRH 波动，但比 GnRH 波动的幅度要大许多。LH 刺激睾丸间质细胞发育和分泌睾酮，促进精子成熟。睾酮的分泌同样是波动的。睾酮使雄性动物发生并维持第二性征，刺激并维持雄性性器官和副性腺的发育，刺激并维持雄性动物的性欲及性行为，刺激精子发生，促进精子成熟，延长附睾中精子寿命。FSH 分泌的波动性远比 LH 的波动性小，FSH 促进生精上皮发育和精子形成。检测血液睾酮和促性腺激素浓度，可为了解丘脑下部-垂体-睾丸轴功能提供信息，有助于诊断少精、性欲下降、隐睾症、睾丸瘤和雌性化等病症。

1. 促性腺激素浓度测定　FSH 和 LH 是以一定节律阵发式分泌的，尤其是 LH 分泌的波动很大，公犬白天每 100min 出现一次脉冲，夜间每 80min 出现一次脉冲，需要每隔 20min 一次共收集 3 个血样，可以分别测定这 3 个血样，也可将这 3 个血样等体积混合后测定。成年公犬血液 LH 基础浓度为 1.0～1.2ng/mL，峰值浓度为 3.8～10.0ng/mL。成年公猫血液 LH 浓度为 3.0～29.0ng/mL。切除睾丸后，公畜失去睾丸的负反馈作用，老年公畜睾丸的负反馈作用明显减弱，外周血液 FSH 和 LH 浓度升高。少精、睾丸功能低下的公畜，其外周血液 FSH 和 LH 浓度增高；如果仅血液 FSH 浓度增高，可能是支持细胞受损抑制素分泌不足，血睾屏障也可能遭到严重的甚至是不可逆转的损伤。血液FSH浓度正常或降低时的无精子症可能是导管系统发生阻塞，逆行射精，或采样错误。血液FSH浓度下降，导致睾丸萎缩、性欲降低、少精症和不育。

2. GnRH刺激试验　给雄性动物注射GnRH，30min内引起血液LH浓度升高，60min引起血液睾酮浓度升高。注射GnRH后血液FSH和LH浓度显著升高，说明垂体功能基本完好；注射GnRH后FSH和LH无明显变化，则表示垂体功能低下。

3. 克罗米芬刺激试验　克罗米芬是一种抗雌激素药物，它可以与丘脑下部雌二醇受体结合。在正常情况下，睾酮在丘脑下部可能转变为雌二醇，而对丘脑下部GnRH分泌产生抑制作用（负反馈）。当克罗米芬占据丘脑下部雌二醇受体后，睾酮对丘脑下部的负反馈作用降低，引起GnRH分泌增强。如果内服克罗米芬后血液促性腺激素和睾酮浓度都不升高，则应考虑睾丸功能低下是由于丘脑下部病变所致。

4. 睾丸内分泌功能测定　睾丸组织睾酮浓度是外周血液中50～100倍。直接检测外周血液睾酮浓度，或是在注射GnRH、LH或hCG前后检查血液睾酮浓度的变化，可以了解睾丸间质细胞的功能，可以帮助诊断隐睾公畜。睾酮是以脉冲方式分泌的，血液睾酮浓度的变动范围很大，即使在同一天内，时间早晚不同，血液睾酮浓度也有很大的变化。因此，需要间隔4～5h多次采样测定。公犬血液睾酮基础浓度为0.5～1.5ng/mL，峰值浓度为3.5～6.0ng/mL。注射25μg GnRH后1h血液睾酮浓度为3.7～6.2ng/mL，注射250IU hCG后4h血液睾酮浓度为4.6～7.5ng/mL。公猫血液睾酮浓度≤3.0ng/mL，注射25μg GnRH后1h血液睾酮浓度为5～12ng/mL；注射250IU hCG后4h血液睾酮浓度为3.1～9.0ng/mL。血液睾酮浓度过高可见于睾丸间质细胞瘤；血液睾酮浓度过低可见于重度睾丸炎、隐睾、辐射后遗症等引发的间质细胞功能障碍。睾酮在维持性欲方面起重要作用，大多数缺乏性欲的公畜血液睾酮浓度很低。睾丸切除不完全，或者腹腔内存在隐睾，公畜的性行为如爬跨、交配、尿液标记等都会继续存在。不管公畜是否有生殖能力，维持正常性欲和交配的外周血液睾酮浓度是400pg/mL；然而，血液睾酮浓度超过此值的公畜却不一定有正常的性欲。

切除睾丸的公畜血液睾酮浓度<0.1ng/mL，注射GnRH或hCG后血液睾酮浓度保持不变；体内存在睾丸组织的动物血液睾酮浓度≥1ng/mL，注射GnRH或hCG后血液睾酮浓度显著上升。对于体内存在睾丸组织的动物，如果阴囊内有两个睾丸，即为正常公畜；如果阴囊内无睾丸，可以诊断为两侧隐睾；如果阴囊内只有一个睾丸，切除阴囊内的这个睾丸后再次进行内分泌功能测定，就可将单侧隐睾与单睾区分开来。单睾（monorchid）指一侧睾丸没有发育。对于睾丸切除不完全的情况，睾丸内分泌功能测定结果与隐睾相同。

（三）睾丸活组织检查

通过睾丸活组织检查可以评价曲细精管的组织结构、精细胞的分化过程和程度、睾丸间质细胞的状态，了解睾丸内部的病理信息，如炎症、变性、损伤的程度，并据此判断生精障碍和内分泌紊乱的程度，可以提示生殖预后。适合于睾丸活组织检查的指征有：采集不到精液，精子活力减小，FSH正常的少精子，获得性无精子症，可触及的睾丸变性，怀疑的肿瘤。如果曲细精管基膜完整，管内精原细胞大量存在及管腔通畅，预后良好。如果没有见到精原细胞，将不可能出现精子发生；如果整个睾丸都发生了萎缩，表现为质地变得柔软体积变小，睾丸活组织检查没有什么用处。

然而，被检组织只是睾丸的局部，也许并不能代表整个睾丸的病理变化，很少可以获得可用于解决临床异常的信息。睾丸活组织检查价格比较贵，对公畜睾丸造成一定损伤，可能并发许多病症，如出血、感染、局部发热、阴囊肿胀、睾丸阴囊粘连、精子外渗、免疫性睾丸炎、睾丸萎缩、暂时或永久性精液减少。睾丸活组织检查的优势被它所带来的众多并发症所抵消，睾丸活组织检查有时不易被畜主所接受。由于可以选择睾丸超声检查和精液中肉碱和碱性磷酸酶测定这些非损伤性检验，采用睾丸活组织检查的必要性很小。如果经过严密细致的检查确定动物属于不育，精液评价和精液培养异常，但仍然不能诊断出不育的原因，或者不能获得精液样本，才考虑采用睾丸活组织检查来对不育进行诊断和预后评价。在雄性不育症的实验性研究中，睾丸活组织检查是非常有用的。

1. 针吸 给动物使用镇静剂。阴囊不用剃毛，不要使用消毒药液或乙醇。用手拽紧阴囊和睾丸，将细针头刺入睾丸和/或附睾尾的实质软组织中，用 1 支 10mL 注射器接上 20～22 号针头抽吸 3～4 次吸取细胞，释放负压退出针头。用采集到的细胞进行涂片染色和细胞学评价，检查是否存在成熟精子、支持细胞、炎性细胞、肿瘤细胞和病原体，但通常看不到间质细胞。睾丸炎时可以见到嗜中性粒细胞和细菌，睾丸肿瘤时可见非典型的精子细胞和支持细胞。收集到成熟的精子，就证明有活跃的精子产生。附睾尾部的吸引术可以验证有无精子发育及精子的死活和运动性，无精病例在附睾尾采到精子说明发生了输精管闭塞，但不能区分阻塞性精子缺乏和不完全射精。针吸适合对散在病灶进行多点采样，不会影响精液质量和性欲，还可以用一部分样品做细菌培养。针吸后可见阴囊轻度肿胀和红斑，并在 3 天内消退，对性欲和精液质量没有长期影响。

2. 穿刺 动物深度镇静和全身麻醉，阴囊皮肤进行剃毛和消毒，阴囊注射利多卡因进行局部麻醉。在阴囊的后下方切开一个小口，助手固定好睾丸，用 18 号套管穿刺针刺入睾丸白膜。拔出穿刺针，把获取的少量睾丸活组织材料放入 Bouin 氏或 Zenker 氏固定液中。有时穿刺针上没有取到组织，只好再次重复操作一次。长时间局部恒定按压止血，缝合阴囊创口。穿刺可以快速、简便地获得睾丸组织进行病理学诊断，但这种采样方法不能保存组织结构，不能评价精子生成能力的变化，造成信息失真，还有损伤睾丸实质和造成管道闭塞的风险。

3. 楔形组织采样 动物保定和阴囊处理如上。在阴囊前方中线纵向切开一个 0.5cm 的小口，进入鞘膜腔，助手固定好睾丸，按压精索进行止血。用手术刀尖在睾丸白膜上刺出一个小口，轻挤睾丸，这样就有一小块楔形睾丸组织膨出切口，用手术刀片从基部把它切下并立即放入固定液中。这时可用一载玻片轻触膨出切口的睾丸组织，然后向玻片喷涂固定剂即可进行镜检。此时还可以用棉签在睾丸切片上蘸取样品进行培养。用 5 号、6 号可吸收缝线连续缝合睾丸白膜，然后将睾丸推回阴囊。此时利用这个创口可对另一个睾丸进行采样。阴囊创口用丝线缝合。楔形组织采样可以获得较大的睾丸组织，可以评价曲细精管的组织结构、精子发生过程、间质细胞和支持细胞数量、是否存在炎症和肿瘤，但这些组织是浅表的，可能不能代表整个睾丸，而且伤害较大，更有可能发生术后出血、粘连和动物自我损伤。术前应进行血小板计数和凝血功能检查，术后动物要在诊所过夜，以便观察术后出血情况。

（四）前列腺活组织检查

视需要使用镇静剂。动物取背卧姿势，耻骨前后区域剪毛。在B超的指引下找到膀胱，由此找到膀胱颈背侧的前列腺尾部，进而找到前列腺主体。前列腺被膜为高回声，前列腺中央的尿道为低回声圆形或V形区域，正常的前列腺图像由均匀的浅亮度斑点组成。

用手术创布盖住B超探头。如果针吸取样，针吸时用22号长针头接上注射器，从B超探头旁边进针，看着针头进入前列腺实质区域中需要取样的部位。用注射器抽吸几次，需要时可以将针头换个地方再抽吸几次。释放注射器负压，取出针头。将抽吸物放到载玻片上进行细胞学检查，或放入培养基进行培养。如果穿刺取样，穿刺针进入前列腺后，要在确认取到足够的样品之后才能苏醒动物。穿刺和针吸后会出现不超过4天的一过性血尿，也可能出现血精。可预防性地进行抗生素治疗。

（五）染色体核型分析

核型是指染色体的组成，常以数字表示染色体的总数，以XY表示性染色体组型。染色体核型分析是研究染色体数量的完整性和X、Y染色体的正常与否，可以揭示某些因染色体数量和组型变化导致的不育。犬有76个常染色体和2个性染色体，母犬核型为（78，XX），公犬核型为（78，XY）；猫有36个常染色体和2个性染色体，母猫核型为（38，XX），公猫核型为（38，XY）。

核型常常通过培养末梢静脉血淋巴细胞或皮肤成纤维细胞来判定，还可以用睾丸活组织细胞或口腔颊部细胞进行检查。一般情况下，静脉血淋巴细胞的核型与睾丸中二倍体精原细胞的核型一致。所以，淋巴细胞核型代表着睾丸细胞的核型。试管标签上注明动物的身份和样品采集日期，样品在室温下于24h内送到实验室进行分析。肝素抗凝血液7～10mL，皮肤样本要在无毛区采集。分离培养样品中的淋巴细胞或成纤维细胞，然后诱导细胞分裂，把细胞在分裂中期停止下来，融解染色质，固定染色。至少拍摄30张分裂中期的照片，用电脑技术进行处理，使染色体配对排列以便分析。染色体异常有以下几类：①三倍体。一对染色体出现了一条额外的染色体，如多一个性染色体（79，XXY）。②单倍体。缺乏与之配对的染色体，如单个性染色体（77，XO）。③多细胞系。为嵌合体（出现不止一种细胞染色体，由受精卵引起）。④移位。一条染色体中某一部分转移到了另一条毫不相似的染色体。⑤多倍体。出现两种以上与单倍染色体相配对的染色单体。

第十五章 繁殖节制

宠物，又称为家庭动物或伴侣动物，是指那些供玩赏与伴侣目的而在家中饲养的动物，主要是犬和猫。犬猫多是作为宠物散养于各家各户，生活条件优越，与畜主的关系非常密切，繁殖效率很容易达到其生物学性状的上限，后代数量呈几何级数增长。例如，一只母犬和它的后代在六年内可产生67 000只小犬，一只母猫和它的后代在七年内可产生420 000只小猫。繁殖节制是解决犬猫数量过剩问题的有效方法和途径。虽然一个雄性动物一年繁殖后代的总数可以超过一个雌性动物一生所产后代的总数，但小动物群体中公畜的绝育和节育比例不容易达到很高，所以繁殖节制的重点就不可避免地要放在母畜方面。

第一节 流浪动物

宠物直接生活在人类家庭中，与人类的关系非常密切。随着犬猫数量的增加，由犬猫带给人的健康风险明显增加。犬猫数量超出了人类饲养的能力后，势必会出现大量流浪动物。流浪动物的群体日益庞大，造成了日益严重的公共安全、公共卫生、环保、动物保护等社会问题。例如，没有给予流浪动物必要的免疫预防，它们必然成为动物传染病和人畜共患病的传染源和传播途径之一，其后果是家庭饲养犬猫的健康受到威胁，甚至人类的生命安全也受到威胁。人们之所以关心流浪动物，是关心这些流浪动物的福利，是关心自己的宠物福利，是关心人类的公共健康。

一、成因和处境

随着社会经济的发展和生活水平的提高，人们有了饲养宠物的时间、金钱和意愿。犬猫具有活泼、可爱、乖巧、善解人意等特性，畜主与宠物之间容易产生情感交流，进而衍生出情感依附，结果很多畜主将宠物犬猫当作朋友甚至家庭成员共同分享生活。现代家庭独门独户，没有小孩的夫妻和空巢老人会将宠物视为小孩，独生子女则会将犬猫视为兄弟姐妹。还有些畜主认为犬猫的个性与自己相似，因而将犬猫视为自我延伸。在这些畜主眼中，犬猫与人的唯一差别只是宠物身上多了一层毛皮。犬猫作为人际关系的替代品，能够减轻人们的寂寞和沮丧，缓冲人们的紧张情绪，为人们提供心理支持、情感慰藉和精神寄托，对于儿童的成长、成年人的生活和老年人的健康有多种益处。通过驯养和束缚动物，还可以在有限的时空内满足和实现人类接触自然和掌控自然的欲望。结果，饲养宠物的人便越来越多了。

流浪动物是没有家的野动物，弃养是流浪动物的首要成因。其次，商业性的宠物养殖和经营活动是制造和产生流浪动物的重要条件和渠道。最后，流浪动物处于自然繁殖状态，加快了流浪动物群体的扩张速度。半数畜主是在没有充分思想准备的情况下把动物带回家的，半数畜主在到遇到问题后会改变或减少饲养宠物的意愿。如果没有接续动物的人家或处理动物的途径，有些畜主就会将宠物一扔了之。犬猫遭到畜主遗弃的常见原因有：①缺乏饲养犬猫所需的空间、时间、经济条件，或者缺乏饲养、管护、调教等方面的基本知识；②犬猫的掉毛、便溺会污染房间；③犬猫有破坏家具、吠叫咬人等不受欢迎的行为且得不到矫正，和其他宠物不兼容等；④畜主过敏、搬家、离异、生病、去世等变故不能或不愿意继续饲养的犬猫；⑤动物进入初情期后，犬猫与畜主的关系将面临新的问题。母畜在发情期间经常不安、鸣叫、不驯服，（犬）阴道流出带血分泌物，还会出去寻找并带回性伙伴，猫在交配时的嚎叫和打斗令人厌恶心烦，有的离家时掉下楼摔死摔伤，离家后在路上被车辆撞伤或轧死，甚至造成交通事故；在妊娠和哺乳期间不仅在外观上不漂亮，而且行为也变得不可爱，畜主很少希望自己的犬猫经常繁殖。动物偷配或误配后，畜主为此会非常着急，最终生下一窝畜主不愿饲养的幼仔，给畜主造成许多烦恼和负担。公畜长大后不仅身上有一股难闻的气味，更会表现攻击性、游荡、攀爬、尿液标记引诱异性，很快就会在房间内留下令人不快的臊臭气味。

被遗弃的犬猫为了寻找食物和栖息处到处流浪，生活和出没于居民小区、公园、绿地、车库、地下室、下水道和窝棚，它们以城市生活垃圾、餐馆厨余为主要食物来源，到处被人追打，偶尔也会遇到好心人施舍饲喂流浪犬猫。少数从家里逃出来又不认路回不了家的宠物，也加入了流浪动物的行列。由于遭受饥饿、冷冻、疾病的痛苦折磨，不时还会造成交通事故，这些流浪犬猫会过早地死亡，平均寿命不到正常寿命的 1/4。流浪犬猫约有一半为 0.5～3 岁，约有一半没有切除性腺，处于没有控制的自然繁殖状态，一则加快了流浪动物群体的扩张速度，二则将流浪的命运传递给了它们弱小无助的后代。户外产下的无人照料小猫，在 8 周龄前约有一半死亡。

有些畜主允许自己饲养的犬猫自由出入家门，这些动物在畜主家附近漫游活动，会在一定程度上与流浪动物混群，但并不是流浪动物。农村养的犬猫多数住在草棚或杂物房中，可在庭院内外自由活动，用于看家护院和捕捉老鼠，很少获得疾病防治关怀。

二、危害

1. 传播疾病　流浪动物无家可归，四处游荡，经常接触垃圾、污水等，易携带各种病原微生物，并通过它们的分泌物、排泄物和皮屑等到处传播，流浪动物皮毛中藏匿的虱子和跳蚤也参加并加剧了动物疾病的传播，所以侵袭性和感染性疾病在流浪动物之间的传播和扩散速度极快，其中人畜共患病的传播还对人类的生命安全构成严重的威胁。犬对人类最大的危害是传播狂犬病。流浪犬猫一般没有经过狂犬病的免疫注射，很可能携带狂犬病毒，一旦发生咬人事件，人发病率和死亡率极高。流浪动物的尸体也能传播病菌，如果得不到及时处理甚至走上人们的餐桌，将会对人体健康带来巨大的风险。

2. 污染环境　流浪动物随处便溺污染环境，破坏环境卫生。流浪动物的尸体得不到妥善和及时处理，也会污染环境。

3. 扰民　流浪动物到处流窜影响城市容貌，犬吠猫叫侵扰人们正常的生活，咬人事件时有发生，威胁公众的人身安全，大型犬可使人们产生惧怕心理，人们对流浪动物的态度不同还会引发邻里矛盾。

4. 影响交通　流浪动物随意穿行街道马路扰乱交通秩序，常使过往车辆紧急避让而引发交通事故，对城市公共交通安全构成了严重的威胁。

5. 人道灾难 以上几项危害虽然不能完全归罪于流浪动物，但这类事件的发生却总要流浪动物付出生命的代价。流浪动物的存在不仅会给它们带来疾病和争斗，还引发了捕捉、贩卖和宰杀流浪动物的行为。可见，对宠物的数量进行控制是兼顾动物福利的双赢作法。

三、解决措施

解决流浪动物问题，首先是进行有效的宣传和教育，使全社会认识到宠物过剩对人类福利带来的危害，应对饲养宠物保持高度的警惕；使潜在的畜主明白其对社会和宠物要承担的责任和义务，对将要饲养宠物的行为持谨慎态度；使当前的畜主管理好自己的宠物，尽早给宠物进行绝育手术，不丢弃自己所养的宠物。只要不再发生弃养行为，如此只要再过3～4年，流浪动物会自然消失殆尽。所以，控制繁殖和减少弃养是解决流浪动物问题的根本措施。

（一）普及宠物常识

宠物是不能自立的生命体，要依靠畜主提供食物、保护和各种福利才能得以生活；宠物有繁殖、老化、生病和死亡等生命特征。犬是与人类关系最为密切的社会化动物，它需要与人交流和受人宠爱，需要畜主多花些时间照顾它。犬视畜主为主人，对畜主绝对忠诚和服从。猫是独立性较强的动物，容易适应长时间的独处。猫视畜主为朋友，对畜主非常爱戴和信任。宠物是有情感的生命个体，具有与人类互动产生情感连接的能力。动物对刺激有痛觉，对压力亦有恐惧。宠物需要畜主的仁慈和怜悯、理解与尊重。畜主要关心和爱护自己所饲养的每个宠物，为宠物提供适当的食物、饮水、玩具及充足的活动空间。栖息处能防风避雨、保暖御寒，住所环境舒适卫生，避免宠物遭受恶意或无故的骚扰、虐待或伤害；为宠物提供与同种动物交往的机会，训练、指导和纠正宠物的行为，定时陪伴宠物运动和玩耍，但不要和犬玩打斗性游戏，包括摔跤等；定期为宠物洗澡，梳理修剪毛发，打扫笼舍，跟在宠物的后面清理粪便；定期进行身体检查和免疫注射，有病及时进行治疗。给宠物一个幸福的家，使宠物成为家庭中的快乐一员。基于宠物与畜主的这种关系，宠物发生的任何变故都会在某种程度上影响到畜主。犬猫的寿命不到10年，宠物死亡会给畜主造成明显的精神创伤，对少年儿童的精神创伤会更加严重和长久。由此可见，虽然饲养宠物可以给畜主带来一些心理层面的效益，但饲养宠物既不是民生必需，也不能提供实用或经济价值，而是畜主的奢侈性消费，需要付出大量的时间和金钱。

犬是由狼驯化而来，在生物学上与狼属于同一科动物，在一定条件下仍会表现出狼的凶残本性。家中养犬多少有些“引狼入室”的意味，一定要提高警惕，不能让婴儿、幼儿、儿童和老人单独与犬相处。要定期重复对儿童讲以下基本安全提示，教会小孩如何正确与犬相处：不要打扰正在睡觉、吃东西或照顾仔犬的犬；不要接近陌生的犬；当陌生犬靠近时要停住不动，不要发出尖叫；要确保犬能看到你，并能对你进行嗅探，然后才可以与犬嬉戏；没有成年人在旁边时不要和犬嬉戏；避免眼睛与犬长时间对视，这可能被犬误解成是赌气、挑战；如果被犬扑倒，尽量将身体蜷缩成球状，并静静地躺着装死；如果发现行为异常的犬，如果被犬咬伤，要立即告诉家长或其他成年人。

畜主不应饲养政府明令禁止饲养的动物，应防止所饲养宠物侵害他人的生命、身体、自由、财产或安宁。宠物出入公共场所应由成年人伴同，并采取适当防护措施。畜主应给予受伤或患病的动物以必要的医疗，对于不想继续饲养的宠物，可送交动物收容所或其他人收养，不得遗弃。

（二）养宠物前慎重思考

在接纳宠物进入家庭之前，家庭的每个成员都应进行长时间的认真思考，达到迎接宠物的共识。如果家庭中有一人不愿意接纳和照管宠物，硬性引进宠物的后果只能是增加对宠物的怨恨，宠物最终可能会落得无家可归的下场。所以，在将宠物领回家之前，全家应该认真地讨论以下问题。

1）社会上已经存在严重的宠物过剩问题，你会允许你的宠物繁殖来加重这个问题吗？

2）如果你的宠物繁殖得数量过多，会使你的房间装载不下，你会为了安置这些宠物而搬家、去换一个更大的住所吗？如果房东或邻居反对你养宠物怎么办？家里的地毯、木地板、家具、装饰品等是否比你的宠物更重要？

3）如果你允许宠物外出，你会遵从当地的动物法规而不侵害他人的权利吗？

4）你会每天分出时间来打点和训练宠物、陪宠物运动和玩耍吗？如果你要离家一天以上，你能请人来家陪伴宠物吗？你工作时宠物会孤独地待在家里吗？你是否打算给宠物找个同伴？

5）如果你家里有小孩，你是否想过让孩子也参与照管宠物？你是否会抽时间教孩子们如何照管、训练和清洁宠物？

6）如果你的宠物患了严重疾病，或者病了很长时间，或者得了老年性疾病，你是否会带宠物去看兽医而不计较花费？对于生病或年老宠物的额外关照和花费会影响你的生活质量吗？

7）如果你的婚姻或朋友关系发生破裂，你的宠物会受到什么影响？如果你的宠物更喜欢你的前友，你会为了宠物而放弃你自己的情感吗？

8）如果你丧失了经济来源，你的宠物会因此而失去生活在你家的权利吗？你会想到放弃这个宠物吗？例如，送给同事、朋友或亲戚，送到动物收容所，放到街上，安乐死等。如果你必须放弃宠物时，你是否思考过宠物的新畜主是否会对宠物负起责任？你是否会跟踪观察宠物在新家里是否过得幸福快乐？如果宠物的新家不能满足要求，或者你对新畜主有所疑虑的话，你是否会将宠物要回？

如果你和你的家人对上述问题中的任何一条不能给出确切的回答，或者有任何理由放弃你的宠物，你都不应该拥有和饲养宠物。若如此，你倒是可以拥有一个宠物模型用来把玩，它完全不需要你负任何责任。

（三）养宠物后要切实负责

首先是学习和掌握一些饲养和训练宠物的基本知识，在科学指导下选择适合自己的宠物。例如，坚决不养曾有过攻击行为的犬，在准备接纳犬进入家庭之前要多观察和等待一段时间。其次是在接纳宠物进入家庭之后，通常要有一个星期的隔离饲养期，主要是让宠物适应新的环境，观察宠物的健康状况。如果一切正常且动物又到了计划免疫年龄，就要抓紧时间给宠物进行免疫注射，再进行一个星期的隔离饲养观察。最后才是给宠物洗澡美容、训练调教和外出游玩。

尽早将宠物带到动物医院进行绝育手术，这是防止宠物无序繁殖而最终成为流浪动物的最佳途径。还要将宠物带到政府指定部门进行宠物登记和植入标记芯片。宠物植入芯片后如果走失被捡到时，可以迅速查到畜主并通知畜主领回，有助于减少流浪动物的数量。畜主要做好宠物的出生、取得、免疫注射、繁殖、绝育手术、重要疾病诊治、转让、遗失、死亡等重要事件的记录。

一旦选择，终生负责。做一名负责任的畜主是一件愉快的事情，看着小动物在自己的照顾和教育下出落得那么惹人喜爱，那么健康伶俐，会由衷地感到欣慰、快乐和自豪。小动物也会因为有这样一位负责任的畜主而享受到健康快乐的幸福生活，并带给畜主更多的乐趣。

畜主一旦不愿或无法继续喂养宠物时，可将信息发布到动物交流网站或将动物送至动物收容所，这将大大减少遗弃动物的数量。

（四）捕捉—绝育—放归

猫是地域性的动物，喜欢在一个区域内长期生活而不是到处迁移。如果该地食物减少，它们不但不会离开社区，反而会侵入居民住所觅食。当一个群落的猫数量减少了，邻近的猫便会过来填充空档，食物的来源和消耗之间很快就会再度达到平衡。

TNR 是 trap（捕捉）、neuter（绝育）、relase（放归）的缩写，意思是尽可能地把一个区域里的流浪猫全部捕捉起来，施以绝育手术后剪去耳朵的一角作为标记，放回它们原来生存的地方，由社区志愿者为它们提供食物及照顾，并做观察、记录的工作，以此达到控制流浪猫数量的目的。捕捉—绝育—放归方案的主要内容如下。

1. 招募培训　以社区为单位招募培训志愿者，使志愿者了解捕捉—绝育—放归的意义，掌握这项工作的技巧。

2. 社区工作　志愿者去自己居住的社区做宣传和沟通工作，告诉居民那些流浪猫抓去做完绝育手术就放回来了，让社区里多数的人容许流浪猫继续留下。

3. 观察记录　了解这一区域的流浪猫的数量、栖息地、健康状况、习性及与人的亲近度。

4. 喂食　在固定时间和固定地点给猫喂食。猫是很有习性的动物，这样可以训练它们在固定时间在固定地点出现，等到要捕捉它们的时候就容易了。

5. 捕捉　停止喂食 24h，设置后端有门的箱型诱笼。饥饿的猫容易受到食饵的诱惑进入诱笼，在笼子内踏到机关时笼门就会关起来。如果猫在笼子里发狂，可以用布盖住笼子，这样可以让猫放松精神。一般不用急着把捕到猫的笼子收起来。因为当有人走近诱笼时，很可能会把别的猫吓跑。每移走一个笼，便在原先的位置上再放一个笼。最好一次捕捉该群落中所有的猫，如果要从一群猫中捕捉被遗漏的那一两只，难度就要大很多了。

6. 安置动物　利用社区的车库、地下室、仓库、多余的房间等安置被捉到的猫。收容的空间必须够大，除了容纳与猫群数量相当的诱笼以外，还能方便照顾它们的人在笼子间走动、清洁、喂食。

7. 绝育手术 将猫送到附近的动物诊疗机构进行体检，对体检合格的猫实施绝育手术、剪耳及狂犬病疫苗注射，有的还顺便清除跳蚤和清理耳疥虫。通常把猫左耳尖端剪去0.6cm，放养后可轻易分辨哪些猫已绝育过。

8. 放归 术后48h内将没并发症的猫放回原先居住的地方。

9. 观察照料 对放归的猫进行长期的喂食和持续的观察，发现有新加入的流浪猫立即对其实施捕捉—绝育—放归。

捕捉—绝育—放归方案的理念在于用绝育代替扑杀，让已经存在的动物活下去，不要再繁殖出更多的动物。结果，流浪动物用绝育换取了生存空间，从而达到保护动物生命和维护居民生活品质的目标。这是明显的文明和进步，因此也容易招募到捐款、志愿者和合作组织。流浪猫对社区居民的干扰小，还能捕鼠，比较容易获得接纳和容忍。

捕捉—绝育—放归方案的缺点在于，狂犬病疫苗的有效期限约为一年，给放归的动物定时加强注射疫苗还要每年再次捕捉动物；如果不能按时加强注射疫苗，仍然存在发生狂犬病的现实风险。流浪动物放归后仍然得不到遮蔽和医疗保证，仍然继续传播疾病、污染环境、打斗扰民和制造交通事故，从而会继续招致人类的厌恶、排斥甚至虐待。

在某个相对封闭或独立区域内，在较短的时间内捕捉到至少70%的流浪动物才能暂时控制住流浪动物的数量，捕捉到至少90%的流浪动物才能使流浪动物的数量逐年下降，这是件困难的工作。流浪动物存在着很大的流动性。如果相邻区域没有同步开展捕捉行动或者捕捉工作开展不利，这个区域的捕捉工作就很难取得预期的成效。要想通过捕捉来控制流浪动物数量，就得在尽可能广泛的区域内同时开展有效的捕捉工作，这是件相当困难的工作。接着还要长期监控并及时捕捉漏网的、新产生的和新进入的流浪动物，才能不使流浪动物的数量发生反弹，这是件非常困难的工作。可见，捕捉只能算是解决流浪动物问题的权宜措施。

（五）动物收容

捕捉流浪动物，将它们养在动物收容所，等待人们前来领回或收养，对没人领养的动物实施安乐死。收容流浪犬猫的主要意义是免除流浪犬猫对居民的骚扰。动物收容所设立检疫隔离区和室外动物场，具有排水、通风、照明、卫生和通讯设备，维持舒适、卫生的动物生活环境，有专任、兼任或契约兽医师，工作人员及志愿者有文明礼貌和专业素养。

动物收容所接受每一只带进来的动物，对流浪动物提供管理照顾。进入动物收容所的动物分为三类：①畜主带来要求安乐死的可立刻执行；②有身份的动物（芯片或颈牌等）通知畜主领回；③无身份的动物由兽医师进行行为评估和健康检查。对检查发现对人具攻击性、有严重疾病、有重伤或老年的动物马上进行安乐死，给通过行为评估和健康检查的动物洗澡、驱虫、注射疫苗，帮助动物恢复体力，并做初步的服从训练等处理，让宠物能与人更好相处，然后放在认养区。

动物进入收容所后处于应激状态，会表现恐惧、沮丧、厌食、呕吐、腹泻、自残、流口水等症状，免疫功能下降，容易感染疾病。如果饲养环境拥挤，还会产生严重的攻击行为，相互咬伤致残机会增加。犬在这里很快就学会用吠叫来引起人们注意的行为习惯，进而发展成为过度吠叫。这些异常行为不利于日后被领养。所以，留置动物时不要过密饲养，注意将犬与猫分开，将幼年与成年分开，将雄性与雌性分开。要特别注意彼此的争斗关系，对于特别有领袖企图心的犬猫应单独留置，以免同居的其他犬猫遭其虐待。给每个留置的动物编制和安放卡片并进行种类、年龄、性别、体重、健康等登记和记录。

动物收容所每日进行宠物的带进、领回、认养的登记和签名，在认养流浪动物网站上及时发布和更新留置动物的信息，记录和查阅宠物遗失报导并与留置动物进行比对，提供24h动物遗失及招领电话服务。动物在进入认养区的前3天接受畜主认领，如果错过这3天的认领时间，畜主就失去了拥有此宠物的权利；在接下来的7天，动物接受其他人认养。工作人员要陪伴有心认养的民众到认养区参观和选择动物，从中寻找和选择能照顾动物一生的合适家庭。工作人员要了解认养人过去饲养宠物的记录与经验，中断饲养前一只动物的原因，不允许有吃认养动物肉或弃养动物记录的人认养。工作人员要给认养人说明该动物的特征及所需的照顾方式，讲述动物的相关资料，告知认养的动物不可当作礼物赠送他人，认养人应全家出席认养咨询讨论会。同一家庭中长辈赠与子女或赠与配偶则可，但需共同出席面谈。认养人可在动物收容所先与该动物相处数小时熟悉动物，以确定彼此适合程度。认养人还要与动物收容所签署协议，接受动物收容所至少一次的上门回访或调查，并且在不能恰当照顾动物的情况下将动物收回。尽量不要将动物交给动物被发现地域附近的人家认养，犬猫很可能再次跑回当初抛弃它们的家庭。被认养的每只动物均要在做绝育手术和植入芯片后才能离开动物收容所。动物收容所可向认养人赠送颈圈、皮链、毛毯及饲料等饲养基本设备，帮助初步饲养，动物若在认养后两周内生病仍可带回动物收容所诊治。

认养活动可以培养人们以认养代替购买意识和习惯，这样可以压缩商业性的宠物养殖和经营活动的空间。人们认养宠物时具有明显的帮助动物免受流浪之苦和处死之灾的动机和意识，日后遗弃动物的可能性较小。

（六）安乐死

流浪犬猫的生存资源是社区中的空间与食物，固定的资源只能维持一定数目流浪犬猫的生存。当流浪犬猫数目超过生存资源后，多出来的犬猫必定死亡。施舍饲喂不让流浪犬猫饿死，并不能提高流浪犬猫的生活质量。当部分流浪犬猫被动物收容所饲养后，留出的空间与食物很快就会被新弃养和出生的流浪犬猫填补。因此，施舍饲喂和设立动物收容所只会增加流浪犬猫的数目。

动物收容所收容动物的领养率非常低，只有10%被畜主领回；社会认养犬猫的能力非常有限，动物收容所收容动物只有25%被他人认养。也就是说，动物收容所收容的动物约65%无人领养和认养。由于社会没有能力无限收容，这就造成了动物收容所里经常是动物挤满为患。将一大堆犬猫无限制地养在动物收容所或犬猫公寓（监狱）里，不仅财务成本高，而且对犬猫极不人道。犬猫有领域性及阶级性，多个犬猫关在一起会以打斗来确认群体的阶级性。阶级次序确认后，又会有地盘扩展的打斗。这些过程会反复进行，这对犬猫是极其残忍的。让犬猫大量且拥挤地终老，犹如让它们互相折磨致死。流浪犬猫族群的成长速度永远胜过动物收容所的兴建速度，动物收容制度无法从根本上解决问题。

由此可见，上述情况客观地反映出，要求将所有的犬猫都养到终老，是没有一个社会或政府能够做到。动物收容所只能是流浪犬猫的临时收容和分流站。为了救助更多的流浪动物，维持收容所中动物的生活品质，大部分动物在进入动物收容所认养区后不久（通常为7～10天）也将面临安乐死。虽然没有一个人或宗教愿意见到死亡，安乐死是解决宠物数量过剩问题的无奈和人道选择。所以，安乐死也就成了动物收容所最敏感也是最重要的功能。具体见本章第五节。

第二节　绝　　育

绝育（sterillization）指使动物永久和彻底失去生育能力。绝育手术是阻止宠物繁殖、限制宠物数量增长的简单快速、安全可靠、永久和人道的措施。兽医临床中常用的绝育手术有卵巢子宫切除术、卵巢切除术、睾丸切除术、输卵管或输精管结扎切断术。

切除性腺后，动物不再发生性腺疾病，如卵巢肿瘤、卵巢囊肿、睾丸创伤、睾丸肿瘤等，不再（或减少）发生性腺激素引起的相关疾病，如假孕、子宫积脓、阴道脱出、乳腺增生、乳腺肿瘤、前列腺良性增生、前列腺肿瘤和肛门周围腺瘤等，也不再发生与妊娠和分娩相关的疾病，患传染病的机会也明显降低。由此可见，切除性腺的绝育手术还是宠物减少疾病、延长寿命（如犬可平均延长寿命1.5岁）的简单方法。动物切除性腺后繁殖行为消失，发生外伤的概率明显降低，攻击人的倾向也明显降低。公畜不再有漫游活动，不再有标记和保卫领地活动，不再有争斗和交配，尿液中的强烈气味降低；母畜不再有发情、妊娠和泌乳，不再会影响表演、运动和工作，变得更加温顺。因此，动物切除性腺后便于饲养管理而更加讨人喜欢，使宠物有更多的机会成为家庭成员。

不拟用作繁殖的犬和猫，从手术的安全性方面考虑，7周龄起就可以切除性腺；从个体的长期健康方面考虑，最好在3月龄后进行手术。在初情期之前切除性腺的优点是出血量少，动物康复快，公畜可有效防止出现性行为，母畜可减少乳腺肿瘤的发病概率，但手术时要注意失温、低血糖、血量较少及组织脆弱等。在初情期之前切除性腺，动物不能长出雌雄动物的特有外貌，如被毛生长不良，雌性动物阴门幼稚，长骨的生长期会延长5～7个月，长骨增长约10%而表现为个子较高。切除性腺后，动物活动减少采食增加，容易肥胖，应注意限制进食和增加运动。切除性腺后，动物寿命延长，发生肿瘤性疾病的概率增加。切除性腺的长期效应还有容易发生骨质疏松，骨折风险增加。

犬猫皮肤愈合能力非常强，手术后经过若干时日皮肤上的手术疤痕就会消失，以后很难根据皮肤上有无手术疤痕来辨别是否做过绝育手术。为了避免无谓的再次手术的痛苦及浪费金钱，绝育手术后最好给犬猫进行简单、快速和永久的识别标记，如植入晶片，在手术创口部位用刺青法做标识，将猫的左耳尖剪去0.6cm等。

一、母畜的绝育

当畜主由于自身的生活条件或方式，或者由于动物的血统、健康或安置因素，不希望母畜将来繁殖时，应进行卵巢子宫切除术。

（一）卵巢子宫切除术

卵巢子宫切除术（ovariohysterectomy）是通过切除卵巢和子宫来达到绝育目的手术。这个手术在英国和美国广泛流行。对于过了初情期的动物，乏情期是最好的手术时期。发情期生殖器官供血增加，会增加术中和术后出血的风险，应尽量避免在此时进行手术。发情间期的早期生殖器官供血减少，也是实施手术的良好时机。在发情间期的中后期施卵巢子宫切除术，有的犬会出现泌乳，猫则很少发生。

妊娠的动物亦可以实施卵巢子宫切除术，手术时机以妊娠3～4周为好。等到了妊娠中后期进行手术，母畜失血较多，有造成贫血的风险。但那时卵巢系膜伸展，结扎血管容易，也是安全的手术时机。母畜确实发生了错配或误配，而畜主又不想让母畜现在和将来产仔，如果满足以下任何一项条件，就可以对母畜进行卵巢子宫切除术：母畜已经进入中老年，母畜有先天性异常或畸形，母畜是杂交品种，母畜所怀的仔畜没有价值。

一般进行全身麻醉，仰卧或侧卧保定，腹中线切口。静脉或腹腔注射2%～5%的戊巴比妥，剂量为28～35mg/kg。幼年犬的外科麻醉方案还可选择肌肉注射阿托品和吗啡酮，15min 后静脉注射异丙酚。术前1h内服止痛药卡洛芬4mg/kg，可产生术后止痛作用。幼龄动物肝脏和骨骼肌的体积较小，糖原储备量低，易发低血糖；幼龄动物体内脂肪较少，颤抖能力低，保持体温的能力低。麻醉前动物禁食不超过8h，小于10周龄犬禁食时间应少于4h，以防止出现低血糖。减少手术部位的剃毛和擦洗面积，在温暖的房间进行手术，术中输注温热的葡萄糖。术后应立即检查直肠温度，用温热的毯子保持体温，低血糖低体温的动物可能苏醒期较长。

成年犬在脐后1cm处沿腹中线做3～4cm的皮肤切口，或切口长度是脐部到耻骨前缘长度的一半。猫的切口常在脐孔和耻骨之间的中点上，这样更容易接近子宫体和子宫颈。左侧卵巢位置稍微靠后一些，比较容易接近和暴露，一般先找到左侧卵巢和子宫角。手持卵巢钩沿腹壁轻轻滑向脊柱，在最底部钩住子宫角并提到创口处。或者右手食指伸入腹腔，沿腹壁在膀胱背侧探摸到子宫体，再向前在后腹部背外侧先找到左侧子宫角（呈较硬的管状物）。屈曲指节，将子宫角夹在指肚与腹壁之间带出，将子宫角提出腹腔。用拇指和食指顺着子宫角向前找到卵巢，轻轻地向后拉卵巢，使连在卵巢头端的悬韧带完全伸展拉长。在悬韧带头端放置两把止血钳，向相反方向拧动止血钳以扯断韧带；或者用拇指和中指抓住卵巢向后背侧壁牵拉，并用食指将悬吊韧带钝性撕断。如果已经使用肌肉松弛药，则这个过程比较容易。切断悬韧带后，卵巢就可拉出创口外2～3cm。将猫的卵巢拉出创口，一般不需要将悬韧带切断。

大部分犬的卵巢系膜、阔韧带、固有韧带沉积的脂肪较多，由于脂肪而通常看不清楚卵巢系膜中的卵巢血管。用止血钳在卵巢动静脉丛后方的卵巢系膜上脂肪较少的无血管区钝性开一个小孔，用三把止血钳穿过此孔夹住卵巢系膜血管丛，其中一把靠近卵巢，另两把远离卵巢。在卵巢远端止血钳外侧2mm处放置一条结扎线，当第一个结扣接近拉紧时移去卵巢远端的这把止血钳，在该止血钳留下的夹痕处收紧缝线打结。在犬经常是透过脂肪对卵巢血管进行压迫结扎，打结时一定要持续用力，结扎确实。为保险起见，可在结扎点再做一个贯穿结扎。然后在中间止血钳和卵巢近端止血钳之间切断卵巢系膜。用带齿的镊子提起中间止血钳一侧的卵巢系膜断端，松开中间止血钳，检查断端确实无出血后涂布碘酊，松开镊子让卵巢系膜断端缩回腹腔。

暴露整个子宫。在靠近子宫处分别双重结扎子宫阔韧带中的主要动静脉血管，在每条血管的两个结扎点之间剪断血管。然后从卵巢开始向后沿子宫角剪开阔韧带，直至子宫颈处。子宫阔韧带中部有一索状物，即子宫圆韧带，也应将其剪断。注意不要损伤子宫阔韧带内与子宫角、子宫体伴行的子宫动静脉。由于没有结扎整个子宫阔韧带，这个过程允许有不产生临床问题的轻微出血。在切除大型犬的子宫及妊娠和积脓的子宫时，必须再用两个或三个集束结扎绑紧整个子宫阔韧带，才能切断子宫阔韧带。

顺着左侧子宫角向后，经过子宫体拉出右侧的子宫角和卵巢，用同样的方法处理右侧的卵巢和子宫阔韧带。右侧卵巢的位置比左侧卵巢靠前，拉出更加困难。

将两侧游离的卵巢和子宫角引出创外，暴露子宫体和子宫颈。在子宫颈处以贯穿结扎法双重结扎子宫颈，但结扎线不能穿过子宫颈腔。第一道缝线于子宫颈左侧 1/3 处穿过，可将左子宫动静脉结扎在一起；第二道缝线于子宫颈右侧 1/3 处穿过，可将右侧子宫动静脉结扎在一起。对于大型犬或子宫动静脉粗大者，要在子宫颈处分别对两侧的子宫动静脉进行双重结扎，在两个结扎点之间切断血管。输尿管在此处与血管并行，结扎血管时要注意识别，不要误将输尿管结扎住。进行结扎操作时注意避开膀胱周围的脂肪，输尿管有时就在脂肪中。用肠钳在结扎点之前 2cm 处夹住子宫体，在结扎点之前 1.5cm 处切断子宫，取走游离的子宫和卵巢。仔细检查子宫的在体断端，确保没有出血，对子宫断端进行内翻缝合。保留完整的子宫颈，有利于将腹腔与外界环境隔断。

在手术期间和关闭腹腔之前仔细观察和检查是否有血液渗漏。如有出血，出血可能来自：①卵巢血管，由结扎不确实所致。找到十二指肠系膜并将其移向左侧，可露出右侧卵巢残端；找到结肠系膜并将其移向右侧，可露出左侧卵巢残端。②子宫血管，通常由于子宫动脉从尾部的结扎线中脱出来所致，如由于阴道鞘向前伸缩时，这种出血能致命。向外牵拉膀胱，就可看见后面的子宫血管。③阔韧带血管，出血不可能很严重。④腹壁切口血管。发现出血部位后，要重新进行血管结扎；如果是多处出血，可能是凝血功能不良。某些特定的品种，如杜宾犬，可能会有遗传性的凝血障碍。慢性肝病可造成凝血因子缺乏，血小板减少症和洛基山斑疹热都表现血小板异常，这些情况都容易发生凝血阻障碍。

按常规闭合腹壁创口，创口做保护绷带。给动物套上伊丽莎白项圈，防止动物舔舐创口。使用抗生素 5～7 天防止感染，8～10 天拆除皮肤缝线。

在术后 6h 内严密监视全身反应。动物表现麻醉苏醒延迟、心跳过速、呼吸急促、黏膜苍白、脉搏减弱、毛细血管再充盈时间延长、创口出血、腹部扩张等症状时，提示可能发生了术后出血，可用腹腔穿刺进行确诊。术后出血的两大原因是凝血功能障碍和血管结扎松脱。手术过程中小动脉不出血是因为血压过低，而术后又出血则可能是由于动物的血压恢复了正常。在面临术后出血时，很难决定是保守处理好还是外科干预好。如果症状轻微并且发展缓慢，可以先静脉输液然后打开原来的创口进行开腹探查。开腹探查时，最好将小肠移到腹腔之外，这样方便检视腹腔。

手术后不要过早进食。动物苏醒 30min 后可尝试喂给少量饮水，观察饮水时吞咽反射是否已经恢复正常；待饮水正常后要再等 30min 才能开始尝试喂食，开始时也是只给少量食物观察进食时吞咽反射是否已经恢复正常，以避免发生异物性肺炎。为避免幼年动物禁食时间太长发生低血糖，在正常饲喂之前可以先静脉注射一些葡萄糖液进行补充。

动物呻吟或触碰时发出呻吟、跛行、不愿移动、起立困难、夜间不睡、有人接近时不到笼子的前面不摇尾巴，说明动物术后疼痛。对于疼痛明显的动物，可以使用药物止痛。布托啡诺 0.4mg/kg，每 1～2h 注射 1 次，要注意该药的镇静作用时间长于它的镇痛时间。术前用过卡洛芬的话，到术后 12h 再用。氟胺烟酸葡胺 0.5～1.0mg/kg，此药术后使用一次即可，但不要在术前使用。

手术中如果误将输尿管进行了结扎，可引起肾脏肿大和肾盂积水。这种情况通常只发生在一侧，结扎点在子宫颈断端或卵巢残端。如果在术后很快作出诊断并且拆除结扎，肾功能可以部分恢复，否则就要切除肾脏。

术后过一段时间，个别动物可见阴门流出血性液体，可能是子宫颈断端结扎处发生了坏死或感染。多数病例出血症状轻微，进行抗菌消炎和支持疗法治疗可以治愈；极少病例出血症状严重，需要对子宫颈断端重新进行外科处理。

3%～20%的犬在术后 3（0～10）年出现尿失禁，即在睡熟或躺卧时尿液流出，可能归因于雌激素缺失引起尿道括约肌表面黏膜厚度改变，这在大型犬和在 3 月龄前摘除卵巢的犬较为常见，可用麻黄碱、拟交感神经药物和雌激素进行治疗。对尿失禁病例进行体检、血液生化、尿液检验、尿液细菌培养及神经检查，排除多尿症、尿道感染和神经性尿失禁；给年轻犬静脉注射造影剂进行肾脏 X 线检查，看是否存在泌尿器官畸形，如输尿管异位；对术后一个月内发病的病例静脉注射造影剂进行肾脏 X 线检查，看是否存在医源性输尿管瘘管。猫在术后没有尿失禁现象。

（二）卵巢切除术

卵巢切除术（ovariectomy, spay）是通过切除卵巢来达到绝育目的的手术。这个手术在英国和美国以外广泛流行。手术时间短创伤小，手术部位可以更靠前些，以便于暴露卵巢悬韧带，很少发生卵巢残留和术后粘连。切除卵巢后，子宫萎缩变小，一般不会发病，除非使用类固醇生殖激素。由于子宫没有切除，就不会发生因子宫结扎不彻底而引起的出血，不会发生子宫颈残端结扎处感染出血，不会发生结扎输尿管的情况。因而，这是初情期之前绝育的首选方法。动物过了初情期，由于子宫经历过卵巢激素的作用，将卵巢子宫一并切除可能更好些。

打开腹腔拉出卵巢，展平卵巢系膜，在脂肪较少的无血管区用止血管钳捅开个小孔，向此孔中引入两条手术缝线，向前滑动一条缝线结扎卵巢动脉，向后滑动另一条缝线结扎子宫动脉。在两个结扎点的近卵巢侧剪断血管，检查两个断端结扎确实没有出血后，摘除卵巢及卵巢囊，断端涂布碘酊。顺着该子宫角向后经过子宫体拉出另一侧子宫角和卵巢，同法摘除另一侧的卵巢。对于较胖、体型较大或已生育过的母犬，在切除卵巢之前还要集束结扎绑紧卵巢系膜，防止牵拉或挣扎造成卵巢系膜创口处撕裂而引起出血。

要注意一侧子宫角发育不全的情况。一侧子宫角发育不全是一种先天性畸形，一侧子宫角短小或缺失，同侧的卵巢也会相应很小、改变位置或者不存在，按常规方法无法探测到这个卵巢和子宫角。如遇探测不到一侧卵巢和子宫角的情况，要扩大创口仔细探查，最好改做卵巢子宫切除术。

（三）输卵管结扎切断术

输卵管结扎切断术（tubal ligation, fallotoimy）是通过结扎和切断输卵管来达到绝育目的的手术。在腹中线打开腹腔，对输卵管进行双重结扎，剪去双重结扎之间长约1cm的输卵管。或者借助于腹腔镜，用电凝或粘堵法在子宫角和输卵管结合处将输卵管阻断，可以用于大多数动物的绝育。向输卵管中注射聚醚型聚氨酯弹性体液体，凝固后形成弹性栓子机械闭塞输卵管。类似地，将向输卵管中注射的药物改成石炭酸，除机械性堵塞作用之外，还通过引起输卵管局部的无菌性炎症导致粘连，致使输卵管完全闭塞。由于卵巢仍然存在并产生激素，输卵管结扎切断术后动物仍会出现发情，还吸引公畜和接受交配，不能阻止子宫积脓，不能提供对抗乳腺肿瘤的保护。

二、公畜的绝育

（一）睾丸切除术

睾丸切除术（orchidectomy, castration）是通过切除睾丸来达到绝育目的的手术。这个手术经常用于公畜的绝育。睾丸切除术后会出现阴茎和包皮萎缩或发育不全、生长缓滞等副效应，个别有交配经验的公畜几年内仍然可以勃起交配，但大多数公畜的性行为可立即消除。对于隐睾动物，应该在三岁前切除睾丸。

动物注射短效麻醉剂，如静脉注射硫喷妥钠或者硫戊巴比妥。对猫还可肌肉或静脉注射盐酸氯胺酮。幼年犬的外科麻醉方案还可选择肌肉注射阿托品和吗啡酮，15min后静脉注射异丙酚。

犬阴囊前中线是最好的切口位置。由于出血、阴囊肿胀和术后自伤的原因，应该避免做阴囊切口。把一个睾丸推到阴囊前部位置，在睾丸表面的皮肤处作一纵切口，切口长度以睾丸能从此处挤出为宜。切透皮肤、肉膜和筋膜。阴囊筋膜内的血管较多，为了避免术后发生阴囊血肿，应以止血钳夹住筋膜断面，然后进行结扎。挤出睾丸，钝性分离并切断阴囊韧带。拉紧睾丸，从睾丸基部纵行剪开鞘膜，切断或结扎后切断鞘膜壁层和睾丸提肌。将鞘膜向腹腔方向推移，将精索向外后方牵引，充分显露精索。用三把止血钳钳夹精索，精索的近心端为第一把止血钳。在第一把止血钳附近放置一条结扎线，移去止血钳，在夹痕处做贯穿结扎，结扎血管和输精管，打结后剪去尾线。对于体型较大的犬，要进行第二道结扎或贯穿结扎。在第二把和第三把止血钳之间切断精索。连带着第三把止血钳取走睾丸。检查精索的在体断端，确保没有发生出血或结扎线松脱，取下第二把止血钳，精索缩回腹腔。在同一创口对另一个睾丸重复这样的操作。切实做好皮下组织止血，分两层缝合创口。

猫在阴囊最高处切开。一手握住一侧睾丸，使阴囊皮肤紧张。另一手持手术刀片在阴囊上平行于阴囊缝际切开皮肤、内膜及精索筋膜，将睾丸挤出创口，向后方牵引睾丸使精索露出。猫的精索比较细软，在睾丸基部钝性分离并剪断精索鞘膜，从精索中分离出血管和输精管。在近睾丸处剪断输精管，用输精管与睾丸血管打结两次，在结扎处的远端剪断血管，取走睾丸。在同一创口贯穿睾丸中隔，对另一个睾丸重复这样的操作。做好皮下组织止血，缝合阴囊创口。

（二）输精管结扎切断术

输精管结扎切断术（vasoligation, vasotomy）是通过结扎和切断输精管来达到绝育目的的手术。在阴囊和腹股沟之间用手触摸找到一侧精索，术部皮肤剪毛、消毒，切开皮肤 1.0～1.5cm，分离浅筋膜，剥出精索。用镊子将白色的输精管挑起并拉出创口，对输精管进行双重结扎，剪去双重结扎之间长约 1cm 的输精管，常规闭合皮肤。或者用电凝或粘堵法将输精管阻断，可以用于大多数动物的绝育。向输精管中注射聚醚型聚氨酯弹性体液体，凝固后形成弹性栓子机械闭塞输精管。现在已经找到一种可以溶解的聚合物用来阻断输精管，当不需要继续绝育时，只要注射能够溶解这种聚合物的药剂即可，从而实现了这种绝育的可逆性。类似地，将向输精管中注射的药物改成石炭酸，除机械性堵塞作用之外，还通过引起输精管局部的无菌性炎症导致粘连，致使输精管完全闭塞。输精管不通之后，动物依然可以正常射精，只是精液中不包含精子。然而，输精管不通之后附睾中充满精子和液体，引起慢性炎症反应，形成肉芽肿；睾丸中压力升高，曲细精管的上皮细胞发生不可逆性损伤，导致睾丸变性。由于睾丸仍然存在并产生激素，输精管结扎切断术后公畜保留了攻击性、游荡、攀爬和尿液标记秉性，保留了性欲和交配行为。如果该公畜在群中居首领位置，还能继续阻止其他公畜的交配活动，这样的公猫与母猫交配可以引起排卵、阻断发情。

（三）化学去势

化学去势（chemical castration）是向睾丸和/或附睾注射能引起组织变性的硬化剂，引起相应组织变性、萎缩和硬化，造成无精子症，达到绝育目的的方法。化学去势不能消除睾酮的产生，可以保留犬的看家护院和捕猎天性，但同时也保留了公畜的性欲和交配能力。可用的硬化剂有乳酸、石炭酸、硝酸银、乙醇、甲醛、高锰酸钾、葡萄糖酸锌、洗必泰等。

睾丸注射时采用药物镇静即可。附睾注射定位稍慢，这种操作需要全身麻醉。注射器吸取硬化剂后更换针头，避免进针途径发生硬化剂泄漏；注射时不要将硬化剂注射到非目标组织，以免造成非目标组织损伤。睾丸注射硬化剂简单易行，从睾丸一端进针刺向另外一端，也可从睾丸上部顶端附睾旁边进针刺向睾丸中心。在退针的过程匀速推注硬化剂，使硬化剂广泛而均匀地分布在睾丸内。附睾注射硬化剂，多是选择向附睾尾进针注射。

睾丸注射硬化剂后立即引起睾丸急性炎症反应，继而发生睾丸组织纤维化，导致无精子症。若有残留精子，也无运动能力。由于附睾中储存有精子，睾丸注射硬化剂后 60 天内动物仍可能有繁殖力。睾丸注射硬化剂后睾丸局部不形成肉芽肿，全身不产生抗精子抗体。附睾注射硬化剂引起的炎症反应或许比睾丸注射轻。附睾注射硬化剂可造成无精子症或严重的少精子症，继发睾丸网萎缩，有时发生精子肉芽肿和/或精液囊肿，甚至发生睾丸萎缩。

化学去势方法的绝育效果，如开始出现不育的时间、不育的程度、不育是否可逆等，与硬化剂的种类、配制浓度、注射体积、注射次数和注射部位有关。注射硬化剂后可引起阴囊或睾丸持续肿大疼痛 1～2 周，还可出现溃疡、皮炎、阴囊损伤、呕吐、腹泻、厌食、沉郁等局部和/或全身症状。由于化学绝育方法存在着绝育效果不确实和副作用明显两个缺点，实践中已经很少使用。

第三节　节　育

节育（contraception）有时也称为避孕，是指使动物临时和可逆性地失去繁殖能力。节育方法应该安全、可靠和可逆，包括阻止雌雄两性配子的形成、阻止交配及胚泡附植等。由于雌性动物的卵子生成、排卵、配子转运和胚泡的附植比雄性动物的精子生成更便于干预或者调控，因此节育措施更广泛地用于雌性动物。

从发情前期到发情期，将母畜限制在屋内，出门时带上颈皮带并严加看管，严格制止动物的交配活动，是经济有效的和非损伤性的繁殖控制方法。然而，这种方法对于大多数畜主而言并不实用，兽医也不会为畜主提这种建议。如果畜主确切希望这只动物要在将来繁殖后代，现在要随着家庭成员外出度假，或参加一些要求遵守服从的比赛和表演，畜主希望暂时性地阻止动物发情，才考虑采用伤害性小且功能上可以逆转的药物节育方法。药物节育通常用于猎犬和工作犬，因为不合时宜地发情会干扰工作性能。对于种用价值很高的珍稀品种，不要使用药物节育措施。

如果采用药物节育方法，兽医必须给畜主讲明药物的副作用，了解动物以往的患病史，给动物进行认真的身体检查，最后确定给药的方法、剂量和时间。

（一）孕酮

孕酮通过负反馈抑制促性腺激素的合成和分泌，使外周血液 FSH 和 LH 浓度下降，对雌性动物抑制卵巢周期活动，阻止排卵或延迟发情，对雄性动物抑制精子的发育和成熟，都可达到节育的目的。在乏情期快要结束时开始使用孕酮，可阻止发情前期和发情期的出现，从而使乏情期得以延长。这种情况孕酮使用剂量最低，应列为优先选择方案。到了发情前期，大剂量使用孕酮能抑制发情和排卵，抑制生殖道收缩，减缓配子运送速度，改变子宫内膜特性，阻止受精和附植。长效注射剂型和埋植缓释剂型可延长用药间隔，使用比较方便，且不易出现用药错漏，效果也比较确实。

用药前需进行肝脏、子宫、乳腺检查和阴道细胞学检查，避免给肝脏、子宫和/或乳腺处于异常状态的动物使用孕酮，避免给处于发情间期和妊娠期的动物使用孕酮。发情间期使用孕酮会与黄体分泌的孕酮产生叠加，容易发生孕酮浓度过高而引发副作用。妊娠期使用孕酮可引起雌性胎儿雄性化和雄性胎儿隐睾，以及造成分娩延迟。多数犬猫可以耐受连续使用 24 个月孕酮，实际连续使用孕酮 12～18 个月比较合适。长期使用孕酮可引起囊性子宫内膜增生、子宫积脓、乳腺增生和乳腺肿瘤，加重糖尿病或肝病。孕酮的副作用还有更加驯服、抑郁嗜睡、食欲增强、体重增加、皮肤变薄、肢端肥大、烦渴多尿、毛发褪色、头部脱毛、停用药物后偶然出现泌乳。使用孕酮 1～2 周可能发生暂时性的高血糖症和糖尿症，解决方法就是停药，这种状况持续存在到停药后的 2～4 周，注射胰岛素后血糖通常回到正常，但有些猫会形成永久性的糖尿病。长期使用孕酮会使有些动物发生肾上腺皮质功能减退，在发生严重的应激反应时，如疾病、创伤、手术等，应该用糖皮质激素进行补充性治疗。为了避免长期使用孕酮引起的副作用，在一个疗程结束后应当停药一段时间，让动物自然发情一次，然后再开始下一个疗程。对有乳腺增生、糖尿病、肝脏功能异常或子宫疾病病史的动物，应限制使用孕酮，对将来用于繁殖的犬猫不要长期使用孕酮。如果需要进行繁殖，在用药结束后的第二个发情期进行配种。在猫可以用来增加产仔间隔，母猫产后有一段性休止期，好为下次繁殖准备足够好的体况。

乙酸甲地孕酮（megestrol acetate）是相对温和的孕酮制剂。犬消化道吸收好，半衰期约为 8 天。犬在乏情期的后期开始给药，每天内服 0.5mg/kg，连用 30～40 天，能将发情推迟 2～8 个月；若是从乏情期的早期或中期开始给药，则不能推迟发情；若发情前期即将来临，阴道细胞涂片上看见红细胞，此时开始给药也不能推迟发情。从发情前期的前 3 天开始给药，每天内服 2.2mg/kg 连用 8 天，或者前 4 天每天 2.2mg/kg 后 12 天每天 0.5mg/kg，都能减少阴门肿胀和子宫内膜血液渗出，阻止发情，抑制排卵，母犬很快进入发情间期，用药结束后平均 4～6 个月进入下一个发情期。在发情前期开始处理过迟，则可能来不及抑制发情；如果母犬在配种前至少连续接受了 3 天的孕酮处理，则不会发生妊娠。

猫在乏情期的后期开始给药，每周内服 1 次 2.5mg，连续使用 18 个月。从发情间隔期开始，每天内服 2.5mg，连续 10 周。母猫产后马上开始使用孕酮，可以避免产后的第一个发情期。发情母猫每天内服 5mg，连用 5～7 天，然后每周内服 1 次 2.5mg，连续 10 周。在用药的前几天要将母猫与公猫分开，用药 3～4 天约有一半猫停止发情行为，7 天后约 90%的猫发情行为消失。

在没有乙酸甲地孕酮的情况下，也可参考使用其他孕酮制剂。乙酸甲羟孕酮（medroxyprogesterone acetate）对子宫的副作用较强，可引起皮肤脱毛、变色和变薄等。犬每天内服 1.0～2.0mg/kg，连续 4 天，然后改为每天 0.5～1.0mg/kg，连续 12 天；注射用的是长效剂型，每 6 个月注射 1 次，每次注射 2.5～3.0mg/kg。猫从乏情期的后期开始给药，每周内服 1 次 2.5mg 或每 5 个月注射 2.0mg/kg。普罗孕酮（proligestone）的孕酮活性低，犬和猫在乏情期的后期每 5 个月皮下注射 1 次 10mg/kg。乙酸美仑孕酮（melengestrol acetate）采用硅胶埋置法使用，犬剂量 2.0mg/kg，1 次埋植 2 年有效。

对于雄性动物，孕酮可以在一定程度上减轻或抑制犬的攻击性、漫游性、争夺地盘性、交配行为、破坏行为和兴奋行为，但不能干扰精子生成。公犬每天内服乙酸甲地孕酮 2mg/kg，连续 7 天，不影响精液质量；若用高剂量 4mg/kg，可造成轻微的继发性精子畸形。公犬皮下注射乙酸甲羟孕酮 20mg/kg，可在 3 天之内迅速降低精子的活力、数量和形态，10mg/kg 剂量则没有影响。公猫每周内服一次乙酸甲地孕酮，可以完全控制性兴趣；每天内服一次，连用 7～14 天，可使公猫停止游走和在房间里做尿液标记。乙酸甲地孕酮对公猫的副作用是乳腺增生和肿瘤。

（二）雄激素

雄激素在垂体发挥负反馈作用，减少促性腺激素分泌，使卵巢上的卵泡很少能发育成熟。重复使用或长期使用雄激素能够引起阴蒂增大，在极少数病例可见产生阴蒂骨，阴道炎，皮脂腺活动增加，颈部皮肤增厚，肥胖，溢泪，肝脏功能改变，增加叫的次数和攻击性行为。妊娠期使用雄激素，会导致雌性胎儿的泌尿生殖器官发生严重的异常变化。雄激素有导致水钠滞留的作用，不能用于患有肾病的动物。

米勃酮（mibolerone）是一种化学合成的雄激素，能长期抑制大多数犬猫的发情。最好是从乏情期的后期开始给药，即至少在发情前期开始前 30 天开始给药。持续用药会使卵巢处于抑制状态，防止动物进入下一个发情期，可连续使用 2 年，停药后平均在 70 天内恢复发情（1～7 个月）。体重 5～12kg 的犬每天内服 30μg，13～23kg 的犬每天内服 60μg，24～45kg 的犬每天内服 120μg，大于 45kg 的犬每天内服 180μg。猫每天内服 50μg。小剂量米勃酮不能抑制发情，但这已接近中毒剂量（60μg/天），因此不推荐使用这种药物。如果动物已经处于发情前期或发情期，应该停止使用米勃酮。

犬皮下注射 0.6mg/kg 丙酸睾酮，1.2mg/kg 苯丙酸睾酮，1.2mg/kg 异己酸睾酮，或 2.0mg/kg 癸酸睾酮，可在 3 周内显著降低精子活力，这种状态可以持续 3 个月。每天内服 50mg 甲基睾酮，连续 90 天，可以减少精子产量。睾酮也可皮下植入。

（三）雌激素

在动物交配后的 24～48h，至迟在 72h 内，注射一次雌激素可以关闭宫管结合处，阻止胚胎进入子宫；在交配后 10 天注射雌激素，可影响子宫腺体的发育，使子宫内环境变得不利于胚胎着床和发育，从而达到节育的目的。雌二醇环戊酸盐是阻止妊娠最有效的制剂，犬肌肉注射 20μg/kg，最高剂量不能超过 1mg；猫 125～250μg。苯甲酸雌二醇的效果稍弱，肌肉注射 0.01mg/kg，需隔天注射，共注射 3 次，总剂量不能超过 3mg。同时使用地塞米松抑制卵裂，每天 5～20mg，连续 7 天。

这种处理方法属于事后节育措施，在动物交配后处理得越早效果越好。用雌激素处理后动物的发情通常要延长 7～15 天，若动物在这次发情期间再次交配，不用再次处理。给犬猫注射雌激素，发生子宫积脓的风险很高。用药后约 30 天体检一次，看是否发生了子宫积脓。许多误配一次的犬和猫并没有妊娠。犬对雌激素非常敏感，在使用雌激素后 2～8 周内出现严重的骨髓抑制副作用，导致再生障碍性贫血，表现为严重贫血，白细胞减少，血小板减少，淤血或出血。由于骨髓抑制较难治疗，传统上只能用重复输血来维持生命。鉴于以上种种原因，给犬最好不要采用雌激素处理，而是留待以后用其他方法结束妊娠。

（四）GnRH 类似物

1. GnRH 激动剂 先引起垂体促性腺激素分泌细胞分泌 FSH 和 LH，使垂体促性腺激素分泌细胞释放所有的促性腺激素，然后再引起垂体促性腺激素分泌细胞 GnRH 受体的降调节，此后长期抑制 FSH 和 LH 分泌，从而抑制性腺激素的分泌和配子生成，引起不育，达到可逆性的化学去势的目的。从开始处理到 GnRH 受体降低通常需要 2～4 周，动物在此期间可能表现发情，如果配种可以妊娠。

地洛瑞林（Deslorelin），皮下埋植 4.7mg，药物释放时间至少 6 个月。每 6 个月重复一次可持续发挥作用，撤出埋植药物后母犬可恢复发情，繁殖力正常。在乏情期埋植，有些母犬可在处理后 4～15 天发情；在发情间期埋植则不会出现发情。公犬埋植后 4 周内将血液睾酮及 LH 浓度降低到不可测，6 周内造成不育；撤出埋植药物后，血液睾酮及 LH 浓度和精液质量逐渐恢复正常。猫可用相同剂量进行处理。

那法瑞林（Nafarelin），每天皮下注射 2μg/kg，3 周内降低血液睾酮浓度，停用后 8 周重建正常繁殖。

布舍瑞林（Buserelin），皮下埋植 6.6mg，血液睾酮浓度降低到基础水平，埋植 3 周造成不育，不育状态可持续 233 天。

亮丙瑞林（Leuprolide），皮下注射 1mg/kg，降低精液体积，增加畸形精子，显著降低血液睾酮和 LH 浓度。效应长达 6 周，停用后 20 周精子发生恢复正常。亮丙瑞林可用于公猫。

2．GnRH 拮抗剂　阻止垂体对 GnRH 的反应，抑制促性腺激素的释放，在发情前期的早期使用很快就会阻止发情和排卵，停止处理后 3 周可恢复发情，未观察到它的副作用。在配后早期（胚胎附植前 1 周）使用，可降低孕酮浓度和阻止妊娠，到妊娠中期使用效果降低一半。

（五）诱导排卵

猫诱导排卵可以产生 40 天的发情间期，在此期间不会表现发情行为。诱导排卵的方法是在发情旺期进行机械刺激或药物刺激。前者使用输精管结扎公猫交配，或用玻璃棒或棉签刺激阴道，后者连续 3 天每天肌注 250IU hCG 或 25μg GnRH，一般在注射后 24～36h 排卵。反复诱导排卵可能使母猫易患子宫积脓。

（六）免疫节育

免疫节育（immunocontraception）是以精子、卵子、生殖激素或生殖激素的受体为抗原免疫动物，靠产生的抗体来抑制动物的繁殖，以达到长期节育目的。母畜产生抗精子抗体是一个公认的不育原因，患布鲁菌病的公犬可检出抗精子抗体。在抗体效价消退后，繁殖功能可以恢复。理想的免疫节育疫苗应当安全、高效、速效和长效，对犬猫都有效，方便使用。免疫节育的缺点有：所用抗原会被识别为自身组织，根本不产生抗体；免疫反应产生的细胞毒性会攻击生殖组织以外的组织，导致其他器官的异常；注射部位会发生肉芽肿。

1. 透明带　透明带是卵母细胞分泌的一种糖蛋白，覆盖在卵母细胞表面起保护作用，是精子与卵子结合的位点。透明带表面蛋白 ZP3 与精子结合引起顶体反应，释放的消化酶分解透明带，精子才得以穿过透明带与卵母细胞融合。透明带具有种间特异性，用异种动物的透明带蛋白免疫才有效果。透明带抗体可以阻止精子与卵母细胞的结合。给母犬注射猪透明带，产生高滴度抗体的母犬不孕，卵母细胞发育迟滞，但仍然出现发情，低滴度抗体的母犬没有节育效果。给母猫注射猪透明带可以产生高滴度抗体，但没有节育效果，母猫仍然可以妊娠。很明显，必须小心地管理这种节育剂，避免非目标动物（或人）的意外绝育。

2. 精子抗原　精子抗原被雌雄两性认为是非自身的物质，可用作免疫节育疫苗的靶分子物质。精子与其他体细胞具有多种相同的抗原，不能用全精子来制作疫苗，而要用精子特异性的表位以增加对精子免疫的特异性。乳酸脱氢酶及顶体素是两种主要的精子特异性抗原。母畜产生抗精子抗体，可将精子摧毁于雌性生殖道；公畜产生抗精子抗体，表现无精子症。但尚未见有用精子抗原成功进行繁殖力控制的疫苗。

3．GnRH　GnRH 抗体能抑制促性腺激素及性腺激素的合成和分泌，抑制繁殖行为，阻止配子生成，引起性腺萎缩。GnRH 是无免疫原性的小分子多肽，与清蛋白结合在一起成为抗原，给犬反复注射产生中等滴度抗体，8 只试验母犬中有 5 只不再发情。

将 GnRH 与商陆抗病毒蛋白结合，可以增加节育效果。

4. LH 用绵羊 LH 免疫母犬，导致母犬初情期延迟，可能是产生了 LH 抗体。LH 受体的抗体能抑制发情周期循环，能降低雄性动物血液睾酮浓度。犬和猫用牛 LH 受体疫苗免疫之后抑制发情可长达 11 个月，抗体滴度下降后发情恢复，免疫公犬使繁殖能力缺失 1 年。使用 LH 的 β 亚基进行免疫，可以避免对具有相同 α 亚基的其他激素造成干扰。

（七）生殖毒素

酮康唑（Ketoconazole）是一种细胞分裂抑制剂，对犬、兔、猴和人都具有精子抑制作用。犬内服 50～246mg/kg 酮康唑后 4～24h 精子活力快速下降，血液睾酮浓度也受到明显抑制。高剂量酮康唑可以产生肝脏毒性，消化道也不能耐受。

恩贝灵（Embelin）取自天然苯醌植物，犬隔天内服 80mg/kg 共 100 天，显著降低睾丸重量，精子发生不同程度停滞，主要停滞于精母细胞阶段，对血液生化和肝脏组织没有副作用。停药后 8 个月精子发生恢复。

α-氯丙二醇（α-chlorohydrin）是一种烷化剂，可耗竭曲细精管中的精子成分。给予一次高剂量 70mg/kg，或连续 70 天每天 8mg/kg，在 33 天内抑制精子发生，用药结束 100 天内生精功能恢复。

阿米巴杀虫药 Bisdiamine 可作用于生精上皮，猫每天内服 150mg/kg，可使生精活动停止而不损伤精原细胞。

（八）其他方法

向阴道内放置人用阴道内避孕润滑剂。避孕润滑剂具有很高的杀精子活性，精子与其接触 5min 便失去运动能力。接触后及时反复洗涤，精子活力也难以恢复。可用于犬的避孕。

阴道插入 Agrophysics Breeding Control Device （Agrophysics, Inc）装置，起到机械性阻止交配的作用，用于母犬的节育。该装置在整个发情期间滞留在阴道中，对阴道局部有明显的刺激作用；该装置有时会滑出阴道，可导致避孕失败。

用开腹手术的方法向子宫内放置人用避孕环。避孕环在子宫内形成机械屏障效果，可以引起子宫内膜慢性炎症反应，释放的金属离子还能起到杀精子作用，从而可以干扰胚胎附植，能有效阻止动物妊娠。避孕环可在子宫内可放置 2 年，没有发现任何副作用。给小动物安放和取出子宫内避孕装置比较困难，使得这种方法的实用性很差。

超声波处理睾丸，可通过热和机械振动等作用引起皮下组织结构凝固性坏死，处理后 22 周造成曲细精管闭合，从而抑制精子生成，但不影响血液睾酮浓度。功率强度 1～2W/cm^2，每次 10～15min，间隔 2～7 天处理 1 次，连续处理 1～3 次。处理时注意采用低功率，防止阴囊皮肤烧伤。

第四节 终 止 妊 娠

终止妊娠（termination of pregnancy）是指人为地使母畜排出不需要的胎儿。母畜在年龄、健康条件不合适或畜主意愿不允许的情况下发生了偷配，或因工作疏忽而使母畜被劣种公畜或近亲公畜交配，母畜怀了不理想公畜的后代，如果发现得及时可通过节育防止妊娠，否则可通过人工流产排出不需要的胎儿。偶尔当母畜妊娠时患有其他严重疾病不宜继续妊娠时，也需要及时中断妊娠。从胚胎附植之后到胚胎分化完成之前终止妊娠，不考虑胎儿在产出时的死活及胎儿在产出后是否具有独立生活能力，这是人工流产（artificial abortion）；如果将终止妊娠的时间限制在妊娠末期的一定时间内，人为地诱发孕畜分娩，生产出具有独立生活能力的仔畜，这就是诱导分娩（induction of parturition）。可见，人工流产和诱导分娩都是人为地终止妊娠，使孕畜将胎儿排出体外；诱导分娩则是终止妊娠的特例，许多人工流产的方法可以用于诱导分娩。

毫无疑问，节育优于流产，流产优于产下一窝不愿意饲养的幼仔。宠物偷配或误配后，兽医可以采用终止妊娠的措施进行补救，畜主不必为生下一窝不愿饲养的幼仔而着急和烦恼。然而，现在尚没有精确诱导犬猫分娩的方法，安全有效的人工流产方法也有待建立。在进行药物处理之前，必须给畜主交代清楚人工流产的风险。如果是在妊娠后期进行人工流产，B 超检查时胎儿活着，那么在排出胎儿时胎儿可能已经死亡或者仍然活着，畜主对此要有充分的思想准备，并尽可能回避流产过程。兽医工作者也需注意观察、实践和总结，不断丰富和完善相关的理论和技术，为兽医学的发展作出贡献。

一、适用情况

（一）人工流产

畜主可能没有注意到他们的宠物已经发情，或者畜主发现了动物发情，但低估了异性动物之间的吸引力，并不知道动物已经交配。相反，有些畜主仅是因为动物在发情期出外游荡过，以后凭借自己的观察就认为动物怀孕了，其实并没有确定动物是否真的已经妊娠。犬在排卵前后的 5 天之内都可以进行交配，随机发生一次交配的妊娠概率只有 38%。带到诊所进行人工流产的犬，30%～38%没有妊娠。

接诊医生首先应当询问畜主，动物卵巢是否已经切除，最后是在什么时候看见动物发情，动物有哪些发情表现，是否看见动物交配。检视母猫颈部是否有交配时公猫留下的咬痕。如果在 24～36h 内看见了动物交配，应该检查阴道中是否存在精子，同时进行阴道细胞学检查。

用棉签插入阴道，1min 之后取出棉签并放入含 0.4mL 生理盐水的试管中，不时轻轻摇荡试管，10min 后在试管壁上按压并取出棉签。溶液离心，在 400 倍镜下观察沉淀。交配后 24h 的样品 100%可检查到精子，交配后 48h 的样品 75%可检查到精子。动物在采集阴道上皮细胞样品之前 24h 之内交配过，在涂片上检查到精子的概率有 65%。检查到精子证明动物进行了交配，可导致受孕；没有检查到精子不能证明没有发生交配，不能排除受孕的可能性。在猫，检查到精子无法知道交配是否引起了 LH 排卵峰及排卵。精子在雌性生殖道中的运行速度很快，仅需数分钟就可到达受精部位。因此，在交配后立即冲洗阴道不能达到避孕目的。

阴道上皮细胞涂片可以指示动物所处繁殖周期的阶段。发情前期、发情间期或乏情期的阴道上皮细胞涂片与发情期的不同，动物只有在发情期才可能交配妊娠。如果从阴道中检查到精子，或者涂片证实动物处在发情期，则必须假定动物可能怀孕了，到30天时用B超扫描检查进行妊娠确定；如果没有从阴道中检查到精子，或者涂片证实动物不是处在发情期，则妊娠的可能性很低，到30天时也应当进行B超扫描检查，但多数结果是阴性的。无论第一次B超检查的结果如何，都要一个星期后再检查一次，以确定母畜是否妊娠。在妊娠中期进行人工流产也非常有效，这些检查所延误的时间对后面的人工流产不会产生负面影响。

当怀疑母畜可能妊娠时，或者确定母畜已经妊娠后，都可以选择药物处理方法来避免可能发生的妊娠或者中断正在进行的妊娠。此外，当发生胎水过多、胎儿死亡及胎儿干尸化等情况时，应及时中止这些毫无意义的妊娠状态。当妊娠母畜受伤、产道异常或患有不宜继续妊娠的疾病时，如骨盆狭窄或畸形、腹部疝气或肿胀、关节炎、阴道脱出、妊娠毒血症、骨软症等，可通过中止妊娠来缓解母畜的病情。

一般而言，人工流产进行得越早，流产发生得就越快，流产的副作用就越小，流产的症状就越轻，流产后母畜子宫恢复得就越快。到了妊娠后期，人工流产就不易实现，还容易出现问题，术后母畜需要更多的照料。所以，应当尽量避免在妊娠后期进行人工流产。

（二）诱导分娩

根据配种日期和临产表现，人们很难准确预测孕畜分娩开始的时间。采用诱导分娩的方法，可以使绝大多数分娩发生在预定的日期和白天。这样既避免了在预产期前后日夜观察，节省人力；又便于对临产孕畜和新生仔畜进行集中和分批护理，减少或避免伤亡事故；还能合理安排产房，在各批分娩之间对产房进行彻底消毒，保证产房的清洁卫生。

在实行同期发情配种制度的基础上，分娩也趋向同期化，这有利于对孕畜群体诱发同期分娩。而同期分娩则为同期断奶和下一个繁殖周期进行同期发情配种奠定了基础，也为新生仔畜的寄养提供了机会。例如，在窝产仔数太多和太少的母畜之间，可进行并窝或为孤儿仔畜寻找养母等。

胎儿在妊娠末期的生长发育速度很快，诱导分娩可以减轻新生仔畜的初生重，降低因胎儿过大发生难产的可能性。这适用于母畜骨盆发育不充分、妊娠延期及小品种个体怀大品种胎儿等情况。

当妊娠母畜受伤、产道异常或患有不宜继续妊娠的疾病时，如骨盆狭窄或畸形、腹部疝气或肿胀、关节炎、阴道脱出、妊娠毒血症、骨软症等，可通过诱导分娩在屠宰母畜之前获得可以成活的仔畜。

二、方法

根据妊娠和分娩机制，可以通过药物处理来中断妊娠和启动分娩，从而达到人工流产和诱导分娩的目的。常用的药物有抗孕激素和 $PGF_{2\alpha}$。其中一种药物就能引起流产，将药物配合使用可以提高效果。配合使用少量雌二醇，可能有助于改进诱导分娩的用药效果。

选择药物处理的母畜必须住院，直到流产过程完成。人工流产用药后要注意观察和检查动物，每 48h 必须至少进行一次 B 超检查。如果是在妊娠早期给药，则需在妊娠中期进行 B 超检查。没有一种药物是 100%有效的，如果发现流产不成功或不完全，就要重复用药处理。妊娠 40 天前流产以胚胎吸收为主要形式，用 B 超通常可以观察到胎儿变形吸收和胎盘脱落，很少出现临床症状，对母畜健康的影响很小，是理想的人工流产时间；妊娠 40～50 天流产可见阴门排出分泌物和组织，50 天后可见成形的胎儿，55 天后可见活的胎儿排出。鉴于这个原因，尽量不要在妊娠后期进行人工流产；对于流产出来的活胎儿，则要随即进行安乐死处理。流产会出现明显的流产症状，阴道排出较多的黏液或带血分泌物，排出胎儿和/或胎膜，努责，不安，肌肉颤抖，筑窝，过分舔舐会阴部，直肠温度降到 37.5℃以下。流产后还有出现乳腺发育和泌乳的风险。最好不让畜主看见流产过程，以免对畜主心理产生负面影响。

（一）抗孕激素

抗孕激素能与孕酮竞争受体，具有恢复子宫收缩活动和促进子宫颈松软开张的作用，可在动物妊娠的任何阶段用于诱导流产，在附植前使用没有明显可见的副作用。常用的人工合成的抗孕激素有阿来司酮和米非司酮。

阿来司酮（Aglepristone）是人工合成的抗孕激素，对子宫孕酮受体的亲和力在犬是孕酮的 3 倍，在猫是孕酮的 9 倍，是终止早期妊娠最为安全有效的药物。此药的局部刺激性大，可引起坏死，不能肌肉注射。即使皮下注射也要分点注射，同一部位不要注射 2 次。犬 10mg/kg，猫 15mg/kg，连续 2 天皮下注射。在配后 21 天之前几乎 100%有效，用药后 3 天之内发生胚胎吸收；配后 22～40 天约 95%有效，用药后 3～6 天流产；妊娠 45 天之后约 90%有效，最好与收缩子宫的药物配合使用，以避免死胎滞留于子宫之内。犬妊娠 58 天时间隔 9h 注射 2 次，开始给药后 41.0±3.7h 分娩；或者注射 1 次，24h 后每 2h 注射 1 次催产素 0.15IU/kg，开始给药后 31.6±3.6h 分娩。对于进行计划性剖宫产的犬，给药后 18～24h 进行手术。

米非司酮（Mifepristone）是人工合成的抗孕激素，内服后吸收迅速，半衰期为 18h，肝脏代谢，排出途径 90%通过粪，10%通过尿。犬妊娠 30 天内每天内服 2 次，每次 2.5mg/kg，连用 5 天，3～5 天引起流产而无明显的副作用。如果配合少量 $PGF_{2\alpha}$，可以减少米非司酮的用量，增加米非司酮的效果。犬在妊娠 56 天后使用，可在 26～70h 引起分娩。

环氧司坦（Epostane）是羟基类固醇脱氢酶-异构酶系统的竞争性抑制剂，能够抑制黄体合成孕酮。每天内服 50mg，连续 7 天，可以引起犬的流产。猫皮下注射 2 次，2 周内流产率近 90%。

（二）$PGF_{2\alpha}$

$PGF_{2\alpha}$ 具有收缩平滑肌和溶解黄体的作用，从而可以终止动物妊娠。犬猫妊娠 30 天之前的黄体对前列腺素有一定的抵抗力，但平滑肌对前列腺素非常敏感，因而溶解黄体和诱导流产一般需要使用低剂量反复注射。可用测定血液孕酮的方法监测黄体溶解是否完全。用 $PGF_{2\alpha}$ 诱导犬猫流产，使用剂量与治疗子宫积脓相似，$PGF_{2\alpha}$ 的副作用及其预防参见第十四章第四节。

$PGF_{2\alpha}$ 每天皮下注射 3 次。犬每次 30～50μg，连续注射 3 天；然后每天 2 次，直到通过B超检查确定所有的胎儿排出以后方可停止用药。通常是在开始用药后5～7天流产，最迟9天流产。氯前列烯醇的腹泻副作用更加明显，用量2.5μg/kg，间隔48h皮下注射1次，连续注射3次。

猫$PGF_{2\alpha}$方案和剂量与犬相同，但副作用明显，通常只用连续注射5天，人工流产的效果不如犬。

（三）促乳素抑制剂

促乳素在犬猫起促黄体作用。在妊娠中期使用促乳素抑制剂可引起血液促乳素和孕酮浓度下降，从而引起动物流产。促乳素抑制剂在犬猫妊娠30天之前无明显作用，在30～40天有轻微作用，在40天之后才有确实作用。需要注意的是，猫妊娠45天之后使用此类药物无效。给妊娠犬猫每天内服溴隐亭或卡麦角林，连用5天或直到引起流产为止。

（四）糖皮质激素

地塞米松只能用于妊娠中后期流产，约有80%的成功率，效果不如$PGF_{2\alpha}$确实，具有免疫抑制、厌食和烦渴多尿等副作用。用糖皮质激素进行人工流产的成功率不高，副作用明显，现在只是在无法获得前面几种药物的情况下才考虑使用。给妊娠35～40天犬连续10天内服地塞米松，每天2次每次0.2mg/kg，用药开始后5～13天胎儿死亡，7～15天排出死胎。犬妊娠57天后用药，1～2天就开始分娩。糖皮质激素可以增强胎儿肺脏成熟，提高胎儿存活力，幼犬吸收免疫球蛋白下降。

第五节 安 乐 死

安乐死（euthanasia）一词来自希腊文，eu代表好的意思，thanatos是死亡的意思。因此，安乐死是指使动物在安宁、轻松和无痛苦情况下死亡的手段。动物从遭遇和直觉中能够预见自己的死亡，并且感到惊吓或恐惧。自然死亡很少是轻松或无痛苦的。选择终止宠物的生命不是一个医疗性决定，而是基于个人价值、面对死亡或濒死经历所作出的决定。

一、程序

对小动物实施安乐死的条件及理由是：①有不适合作为伴侣的行为个性，不能与人类正常相处；②有严重疾病或外伤；③无人认领和收养的流浪犬猫。

（一）作出决定

当动物有严重疾病或外伤并且预后不好时，或者就伤病的情形而言进行安乐死可以减少患病动物精神和身体上的痛苦时，兽医师要面对畜主提出安乐死的建议。给宠物实施安乐死对畜主来说是一个极大的刺激，会造成巨大的心理压力，接受安乐死建议常常是一个漫长的过程，需要帮助和支持。畜主刚听到安乐死可能表现出愤怒并且坚决拒绝，兽医一定要有心理准备。之后畜主会提出各种问题和要求，然后沮丧抑郁直到最后的接受。兽医师要为畜主提供一个舒适的环境，耐心解答畜主提出的问题，帮助畜主舒缓悲伤情绪，让畜主了解安乐死过程中动物不会有痛苦的感觉，使畜主相信安乐死是对畜主和动物最好的决定，给畜主留有足够时间来思考和接纳安乐死的建议。对于突然死亡的病例，畜主从悲痛中解脱的时间会很长，有些畜主需要12～18个月才能完全解脱出来。在整个安乐死过程中，所有医护人员必须对动物畜主表示同情和支持。

有时畜主也会带着自己的宠物来到动物医院，向兽医提出给宠物实施安乐死的请求。虽然很多时候兽医不同意畜主的决定，但宠物是属于畜主的，所以最后的决定是由畜主来做。如果兽医选择不给动物安乐死，畜主将会带宠物去下一家愿意给予安乐死的动物医院或诊所。

（二）做好准备

在作出安乐死的决定后，兽医首选要询问畜主是想要与宠物共同经历整个过程还是放下动物后就离开。若要与宠物共同经历整个过程，应向畜主说明安乐死时动物可能出现的生理反应，如濒死的喘气、肌肉震颤和眼睛张开等。兽医接着要询问畜主愿意现在或是在给宠物实施安乐死之前签署安乐死同意书等相关文件。兽医接着要告知畜主市区内不允许埋葬宠物（查阅一下国家的和当地的法律规定），询问畜主对于动物的尸体有什么要求。告知宠物公墓的电话号码，无标记宠物公墓埋葬或骨灰、火化等相关服务的价格。畜主可以选择自己去找地方埋葬，可以直接与宠物公墓商量相关事宜，还可以委托兽医办理相关事宜。最后要按畜主的要求预约安乐死，尽可能把安乐死安排在当天临下班前。

接待人员准备好所有需签署的文件，在畜主到达之前的15min准备好诊室。检查台上放一条折叠好的毛巾或毯子，为畜主准备一把椅子。工作台上放一盒纸巾，并排放置两支贴有标签的注射器，一支事先抽好安乐死药液，一支事先抽好镇静药，配备大小合适的针头。在管制药物日志上做好记录。如果这个操作需要放置留置针，那工作台上还要准备留置针和相关用品。在畜主视线外的柜橱抽屉或隔壁房间内准备一个折叠好的尸体袋、一卷胶带和一个已填写完整的尸体袋标签。请一名有经验的工作人员检查所做的准备是否充分。

（三）实施安乐死

畜主和动物到达后立即到诊室，把动物放在检查台的毛巾或毯子上，尽量让它舒适些。完成所有未完成的文件。请畜主就座，告知畜主一切就绪，把纸巾放在他（她）身边。

兽医进入房间后，兽医助理留在诊室内帮助保定动物。如果注射镇静药，畜主和动物可以单独待在一起等待药物起作用，这期间兽医助理应常进去看看畜主是否需要帮助或有无问题咨询；如果要放置留置针，则由兽医或兽医技术人员操作，兽医助理帮助保定动物，这个可能需要在麻醉药起作用或在注射安乐死之前实施。如果不放置留置针，只做静脉穿刺，那么兽医助理负责保定动物。静脉注射安乐死药物应流畅和快速，注射完安乐死药物能感觉到动物的身体完全松弛，拔出针头，让动物呈侧卧姿势。

畜主的反应是各种各样的，从简单的解脱至突发的晕厥。做好应对畜主各种反应的准备，让他们尽可能地感到舒适，尽量满足他们需求，如与宠物的尸体单独相处几分钟。

把动物的项圈等东西取下并交给畜主，可介绍畜主参加丧失宠物的帮助团体。如果有可能，陪同畜主从侧门走出动物医院或诊所。

对于动物收容所中的动物，执行安乐死前要核对记录和检查动物，该动物是否达到最短收留期，该动物的行为与健康情况，确认动物的状态跟相关记录的信息是否一致，若找到畜主则取消安乐死。安乐死所用的药物很多是管制药品，应有严密的药品管理和使用制度。必须按日保存执行安乐死日期、动物种类和体重、使用药量及执行兽医师签名等记录。

（四）处置尸体

动物死亡后，尸体会逐渐腐烂，有些细菌和病毒在一定的时间内仍会存留在动物尸体内，甚至随着雨水的冲刷进入其他地点，污染环境，这也是一些动物疫病传播的途径。所以，动物尸体的无害化处理是防止动物疫病传播、保障人与动物健康、保护环境安全的重要一环。

动物死亡后，无论是正常老龄死亡还是患病死亡，要将尸体装入塑料袋中并临时置于冰库，按环保及卫生机关的规定处置动物尸体。

最好的处置方法是火化。动物死亡后，畜主先与动物火化场联系，了解尸体处理的手续。然后自己开车将动物尸体送去，或者请火化场出车来取。动物尸体火化后，畜主可将骨灰掩埋在动物墓地或存放在动物骨灰存放处，或者自己保存动物的骨灰。这样，既安全卫生，又不会造成环境污染。

如果打算深埋动物尸体，要选择离水源50m以上的地点，挖坑1m以上，将尸体放入后体表覆盖生石灰和漂白粉，然后用干土掩埋，防止被雨水冲开污染环境。

如需要将尸体用于解剖等医学研究，必须征得畜主的同意。

二、方法

在兽医学上，安乐死必须由兽医师或兽医师指导技术员在安静封闭的环境中两人一组操作执行，使动物在无应激状态下迅速失去知觉，在死亡过程中没有明显的恐惧和痛苦，经历最少的身体挣扎及表情和声音变化，并令旁观者可以接受。

（一）犬猫

常用的安乐死技术为注射法。注射用的药物有：戊巴比妥及其衍生物，水合氯醛，硫酸镁＋水合氯醛＋戊巴比妥，T-61，等等。

静脉注射戊巴比妥之后，药物马上运送到心脏，然后通过肺脏再被左心压出经大动脉送到脑及身体各处。药物接触大脑皮层后会使动物立刻丧失知觉，痛觉中心停止功能，然后才抑制呼吸中枢与血压中枢。虽然心跳会持续几十秒钟，在30s左右动物会脑死并停止呼吸，但动物此时没有感觉，死亡过程没有生理痛苦。戊巴比妥的稳定性高，作用快，过程平顺，是世界公认最适合安乐死的药品。

戊巴比妥有刺激性，注射到皮下动物会很疼痛。因此，要求注射者的静脉注射技术非常熟练，使动物历经最少的身体挣扎及表情、声音的变化，让旁观者也能接受。动物可能会出现濒死期呼吸、瞳孔散大、黏膜发绀至变白、叫声减弱、膀胱和直肠括约肌松弛，动物有时会有排尿排粪。动物在死前的表现会造成其他动物的不安，应尽量在动物熟悉的环境中一次一只进行，不可让其他动物看到安乐死过程。对驯良的犬只由执行者保定安抚，抱着动物直到它的心脏停止跳动。动物死亡的特征是瞳孔放大、没有呼吸、没有心跳，碰触眼睑没有反射。兽医检查有无残余的心音和反射，确认动物死亡。动物死亡数小时后肌肉会僵硬，约半天后又会软化。

安乐死时要采取一些措施来减少动物焦虑不安与恐惧。如安乐死的房间应该与犬舍分开，安静，最好有轻音乐。要拥抱动物，用黑布或毛巾捂住动物的眼睛，抚摸并跟动物谈话。母畜要比它的仔畜先做安乐死。猫于安乐死前不要暴露于犬面前。对发生惊慌的动物先注射镇静剂，等镇静剂发挥作用动物呈无意识状态时以心脏注射方式使之安乐死。

（二）其他动物

1．小型哺乳动物 如鼠、兔、貂、猫等，腹腔注射戊巴比妥。若遇抗拒，可先用赛拉嗪深度镇定，然后心脏注射戊巴比妥。若尸体将用于喂食狩猎鸟、肉食动物、蛇类时，应使用二氧化碳气体室（40%～60%分压）或一氧化碳气体室（10%分压）。

2．鸟类 在胸骨后腹中线右侧向腹腔内注射 0.5mL 戊巴比妥，也可使用二氧化碳气体室。若是大型鸟难以控制，可将赛拉嗪（20mg/mL）和氯胺酮（100mg/mL）等体积混合，按 0.2mL/kg 的剂量来镇定。

3．蛇 将蛇放于厚粗麻袋或隔绝的开放容器内，再置于 4℃冰箱。蛇遇低温后运动神经受到抑制不能爬动，此时心脏注射戊巴比妥。蛇的心脏介于身体前段与中段之间，要耐心地触摸找寻心跳位置。蛇遇低温后感觉神经未受抑制，虽无法反应但能感到疼痛，操作仍需精准。若无冷藏设备可将蛇头固定在地上，于背部中线分点肌肉注射氯胺酮 100mg/kg，镇定后再做心脏注射。

4．蝙蝠 蝙蝠是狂犬病带毒者，需戴皮手套，并避免接触唾液。用毛巾将蝙蝠盖住再抓紧颈部，腹腔注射 1mL 戊巴比妥，或用二氧化碳气体室。

5．马及其他大型动物 因很难保定受伤的动物，故先使用肌肉麻痹剂，然后静脉注射戊巴比妥。

氯化钾、烟草碱、硫酸镁、肌肉麻痹药会引起骨骼肌麻痹，但不作用于大脑，注射后动物死亡过程痛苦，不能单独用来安乐死。若要使用，应先静脉注射中枢神经抑制剂。

动物对人类的确是很重要，对动物福利的道德、人文关怀是人性的应有之义。动物缺少道德判断的能力，人类只能是从自己的道德观出发，关注动物福利，减少动物不必要的痛苦，这最终是为了维护人类的道德理念。关注动物福利，需要加强人们对动物福利的道德、科学教育，增强公民的动物福利观念，在动物生产加工人员和畜牧兽医科技人员中普及动物福利知识，尽量减少动物实验的次数，减少使用动物的种类和数量，健全动物实验的伦理评估体系。

三、情绪评估和支持

提出安乐死建议的兽医师和执行安乐死的兽医师承受着巨大的心理压力。兽医师对某个动物安乐死的个人感情取决于诊疗疾病和认识畜主时间的长短。当兽医的价值观念与畜主的决定不相符时，实施安乐死将会给兽医精神上带来更多的痛苦。每个人对悲伤和压力的反应各不相同，敏感的人需要有更大的忍耐度。要学会分享情感，学会认识自己的痛苦和压力，寻求有过这种感情经历的人的支持，休息时间和朋友和同事一起活动有助于消除压抑情绪。执行安乐死的兽医师必须有情绪的支持及定期的情绪工作评估。绝不可让未成年人见到或参与此项工作。

主要参考文献

王力光，董君艳．2000．犬的繁殖与产科．长春：吉林科学技术出版社．
赵兴绪．2009．兽医产科学．4 版．北京：中国农业出版社．
Aspinall V. 2004. Introduction to Veterinary Anatomy and Physiology. Edinburgh: Butterworth-Heinemann.
Burke TJ. 1986. Small Animal Reproduction and Infertility: A Clinical Approach to Diagnosis and Treatment. Philadelphia: Lea & Febiger.
Constantinescu GM. 2002. Clinical Anatomy for Small Animal Practitioners. Ames: Iowa State University Press.
England GCW, Heimendahl AV. 2010. BSAVA Manual of Canine and Feline Reproduction and Neonatology. 2nd ed. Quedgeley: British Small Animal Veterinary Association.
England GCW. 1998. Allen's Fertility and Obstetrics in the Dog. 2nd ed. Oxford: Blackwell Science Publishers.
Feldman EC, Nelson RW. 1996. Canine and Feline Endocrinology and Reproduction. 2nd ed. Philadelphia: WB Saunders.
Johnston SD, Kustritz MVR, Olson PNS. 2001. Canine and Feline Theriogenology. Philadelphia: WB Saunders.
Kustritz MVR. 2010. Clinical Canine and Feline Reproduction: Evidence-Based Answers. Ames: Wiley-Blackwell.
Noakes DE, Parkinson TJ, England GCW. 2001. Arthur's Veterinary Reproduction and Obstetrics. 8th ed. London: WB Saunders.
Noakes DE, Parkinson TJ, England GCW. 2009. Veterinary Reproduction and Obstetrics. 9th ed. Edinburgh: WB Saunders.
Noakes DE, Parkinson TJ, England GCW. 2014．兽医产科学．9 版．赵兴绪译．北京：中国农业出版社．